U0825944

《北京大学数学教学系列丛书》编委会

名誉主编：姜伯驹

主　　编：张继平

副 主 编：李　忠

编　　委：(按姓氏笔画为序)

王长平　刘张炬　陈大岳　何书元

张平文　郑志明

编委会秘书：方新贵

责任编辑：刘　勇

内 容 简 介

时间序列分析是概率统计学科中应用性较强的一个分支，在金融经济、气象水文、信号处理、机械振动等众多领域有着广泛的应用. 本书是高等院校"应用时间序列分析"课程的教材，较系统讲授应用时间序列分析的基本理论、方法及其应用. 本书以时间序列的线性模型和平稳序列的谱分析为主线，介绍平稳时间序列的基本知识、常用的建模和预测方法，目的是使学生对时间序列的应用理论和方法有基本的了解，能够用时间序列的基本方法处理简单的时间序列数据. 全书共分九章，内容包括：时间序列的分解、平稳序列、线性平稳序列、ARMA 模型、时间序列的预报、加窗谱估计和多维平稳序列介绍. 每节配有适量习题和部分计算机作业，可供教师和学生选用. 授课使用的 PDF 文件请到 http://cn.math.pku.edu.cn/teachers/hesy/index.htm 免费下载.

本书可作为综合性大学、工科大学和高等师范院校本科生或研究生的"应用时间序列分析"课程的教材或教学参考书，也可以作为工程技术人员和应用工作者的参考书. 学习本书的先修课程是高等数学和概率统计.

作 者 简 介

何书元　博士、北京大学数学科学学院教授，从事时间序列分析、应用随机过程和概率极限定理的教学和科研工作. 近年的研究方向是不完全数据的统计分析.

北京高等教育精品教材

北京大学数学教学系列丛书

应用时间序列分析

何书元　编著

北京大学出版社
·北　　京·

图书在版编目(CIP)数据

应用时间序列分析/何书元编著. 一北京:北京大学出版社,2003.9
(北京高等教育精品教材)
(北京大学数学教学系列丛书)
ISBN 978-7-301-06347-7

Ⅰ.应… Ⅱ.何… Ⅲ.时间序列分析-高等学校-教材
Ⅳ.0211.61

中国版本图书馆 CIP 数据核字(2003)第 044296 号

书　　名:应用时间序列分析
著作责任者:何书元　编著
责 任 编 辑:刘　勇
标 准 书 号:ISBN 978-7-301-06347-7/O·0569
出 版 发 行:北京大学出版社
地　　址:北京市海淀区成府路 205 号　100871
网　　址:http://www.pup.cn
新 浪 微 博:@北京大学出版社
电 子 信 箱:zpup@pup.cn
电　　话:邮购部 62752015　发行部 62750672　编辑部 62765014
出版部 62754962
印　刷　者:河北滦县鑫华书刊印刷厂
经　销　者:新华书店
890×1240　A5 开本　10.75 印张　300 千字
2003 年 9 月第 1 版　2022 年 6 月第 14 次印刷
定　　价:23.00 元

未经许可,不得以任何方式复制或抄袭本书之部分或全部内容。
版权所有,侵权必究
举报电话:010-62752024　电子信箱:fd@pup.pku.edu.cn

序　言

自1995年以来，在姜伯驹院士的主持下，北京大学数学科学学院根据国际数学发展的要求和北京大学数学教育的实际，创造性地贯彻教育部"加强基础，淡化专业，因材施教，分流培养"的办学方针，全面发挥我院学科门类齐全和师资力量雄厚的综合优势，在培养模式的转变、教学计划的修订、教学内容与方法的革新，以及教材建设等方面进行了全方位、大力度的改革，取得了显著的成效。2001年，北京大学数学科学学院的这项改革成果荣获全国教学成果特等奖，在国内外产生很大反响。

在本科教育改革方面，我们按照加强基础、淡化专业的要求，对教学各主要环节进行了调整，使数学科学学院的全体学生在数学分析、高等代数、几何学、计算机等主干基础课程上，接受学时充分、强度足够的严格训练；在对学生分流培养阶段，我们在课程内容上坚决贯彻"少而精"的原则，大力压缩后续课程中多年逐步形成的过窄、过深和过繁的教学内容，为新的培养方向、实践性教学环节，以及为培养学生的创新能力所进行的基础科研训练争取到了必要的学时和空间。这样既使学生打下宽广、坚实的基础，又充分照顾到每个人的不同特长、爱好和发展取向。与上述改革相适应，积极而慎重地进行教学计划的修订，适当压缩常微、复变、偏微、实变、微分几何、抽象代数、泛函分析等后续课程的周学时。并增加了数学模型和计算机的相关课程，使学生有更大的选课余地。

在研究生教育中，在注重专题课程的同时，我们制定了30多门研究生普选基础课程（其中数学系18门），重点拓宽学生的专业基础和加强学生对数学整体发展及最新进展的了解。

教材建设是教学成果的一个重要体现。与修订的教学计划相配合，我们进行了有组织的教材建设。计划自1999年起用8年的时间修订、编写和出版40余种教材。这就是将陆续呈现在大家面前的《北京大学数学教学系列丛书》。这套丛书凝聚了我们近十年在人才培养方面的思考，记录了我们教学实践的足迹，体现了我们教学改革的成果，反映了我们对新世纪人才培养的理念，代表了我们新时期的数学教学水平。

经过20世纪的空前发展，数学的基本理论更加深入和完善，而计算机技术的发展使得数学的应用更加直接和广泛，而且活跃于生产第一线，促进着技术和经济的发展，所有这些都正在改变着人们对数学的传统认识。同时也促使数学研究的方式发生巨大变化。作为整个科学技术基础的数学，正突破传统的范围而向人类一切知识领域渗透。作为一种文化，数学科学已成为推动人类文明进化、知识创新的重要因素，将更深刻地改变着客观现实的面貌和人们对世界的认识。数学素质已成为今天培养高层次创新人才的重要基础。数学的理论和应用的巨大发展必然引起数学教育的深刻变革。我们现在的改革还是初步的。教学改革无禁区，但要十分稳重和积极；人才培养无止境，既要遵循基本规律，更要不断创新。我们现在推出这套丛书，目的是向大家学习。让我们大家携起手来，为提高中国数学教育水平和建设世界一流数学强国而共同努力。

张 继 平

2002年5月18日

于北京大学蓝旗营

前　言

时间序列分析是概率统计学科中应用性较强的一个分支，在金融经济、气象水文、信号处理、机械振动等众多领域有着广泛的应用. 本书以时间序列的线性模型和平稳序列的谱分析为主线，介绍时间序列的基本知识、常用的建模和预测方法. 在内容上强调平稳序列的频率特性，注重解释功率谱的统计含义. 为了便于读者了解估计方法的可使用性，本书还就估计方法作了随机模拟计算，顺便介绍了随机模拟的基本方法.

时间序列分析已经有完整的理论系统，许多理论结果对于应用有重要的指导意义，但是部分定理的证明又涉及到更多的预备知识. 由于本书以介绍基本的应用理论和方法为主，所以在叙述上采取避重就轻，将部分定理的证明略去，将需要以泛函分析和条件数学期望作为基础的内容打上星号“*”，供读者选择使用. 不带“*”的内容是本书的基本内容.

作者从 20 世纪 80 年代末开始在北京大学讲授“应用时间序列分析”课程，并长期从事时间序列分析方面的应用和研究工作，在地震预测、气象和金融数据分析、时间序列的不完全观测和异常值处理等方面都做过实际项目，特别对潜周期模型的参数估计和应用以及对时间序列的频谱特性等都有较深体会. 多年来，北京大学的时间序列分析讨论班在江泽培教授的带领下取得了许多研究成果，其中的部分成果在理论和应用上具有特色，借此机会作者也将适用的内容介绍出来，以表达对江泽培先生的感激之情. 本书作为讲义在 2002 年秋使用时，姬志成等同学对讲义进行了认真的校对，作者对他们表示衷心的感谢.

由于本人水平有限和时间仓促，书中难免有不妥之处，希望读者不吝指教.

何书元

2003 年 2 月于北京大学

目　录

第一章　时 间 序 列

时间序列是按时间次序排列的随机变量序列.任何时间序列经过合理的函数变换后都可以被认为是由三个部分叠加而成.这三个部分是趋势项部分、周期项部分和随机噪声项部分.从时间序列中把这三个部分分解出来是时间序列分析的首要任务.本章通过举例介绍了时间序列的分解方法,介绍了时间序列和随机过程的关系,重点介绍了平稳序列的性质.

§1.1　时间序列的分解

A. 时间序列

按时间次序排列的随机变量序列

$$X_1, X_2, \cdots \tag{1.1}$$

称为**时间序列**.如果用

$$x_1, x_2, \cdots, x_N \tag{1.2}$$

分别表示随机变量 $X_1, X_2, \cdots, X_N$ 的**观测值**,就称(1.2)是时间序列(1.1)的 N 个**观测样本**.这里 N 是观测样本的个数.如果用

$$x_1, x_2, \cdots \tag{1.3}$$

表示 $X_1, X_2, \cdots$的依次观测值,就称(1.3)是(1.1)的**一次实现**或**一条轨道**.

在实际问题中所能得到的数据只是时间序列的有限观测样本(1.2).时间序列分析的主要任务就是根据观测数据的特点为数据建立尽可能合理的统计模型.然后利用模型的统计特性去解释数据的统计规律,以期达到控制或预报的目的.

为了表达方便,我们用$\{X_t\}$表示时间序列(1.1),用$\{x_t\}$表示观测 样本(1.2)或(1.3).为了表达简单,有时还用 $X(t)$表示 X_t,用

$x(t)$表示 x_t.

例 1.1　北京作为古都,历史上自然灾害频繁发生.在各种自然灾害中,水旱灾害发生的机遇最多,危害最大.表 1.1.1 列出了北京地区 1949 至 1964 年的洪涝灾害面积的数据(单位:万亩,来源见文献[2]).

表 1.1.1　北京地区洪涝灾害数据

年份	序号	受灾面积(万亩)	成灾面积(万亩)
1949	1	331.12	243.96
1950	2	380.44	293.90
1951	3	59.63	59.63
1952	4	37.89	18.09
1953	5	103.66	72.92
1954	6	316.67	244.57
1955	7	208.72	155.77
1956	8	288.79	255.22
1957	9	25.00	0.50
1958	10	84.72	48.59
1959	11	260.89	202.96
1960	12	27.18	15.02
1961	13	20.74	17.09
1962	14	52.99	14.66
1963	15	99.25	45.61
1964	16	55.36	41.90

现在考虑受灾面积.用 X_1 表示第 1 年(1949 年)的受灾面积,X_2 表示第 2 年(1950 年)的受灾面积等等. $X_1,X_2,\cdots$,是一列按时间次序排列的随机变量,因而是一个时间序列.用 $x_1,x_2,\cdots,x_{16}$分别表示第 1 年,第 2 年,…,第 16 年的实际受灾面积,则

$$x_1 = 331.12,\quad x_2 = 380.44,\quad \cdots,\quad x_{16} = 55.36$$

是时间序列$\{X_t\}$的观测样本.样本量 $N=16$.它是时间序列$\{X_t\}$的一次实现的一部分.

如果用 $Y_1,Y_2,\cdots,Y_{16}$分别表示第 1,2,…,第 16 年的成灾面积,则

$$y_1 = 243.96, \quad y_2 = 293.90, \quad \cdots, \quad y_{16} = 41.90$$

是时间序列$\{Y_t\}$的 16 个观测样本. 时间序列的观测样本可以用数据图 1.1.1 表出.

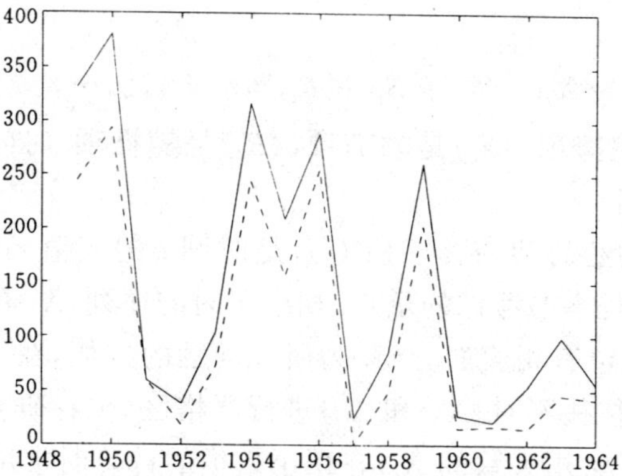

图 1.1.1 北京地区洪涝灾害数据图,虚线是成灾面积

由于$\{X_t\}$和$\{Y_t\}$之间存在着相关关系,所以还需要研究向量值的时间序列

$$\xi_t = (X_t, Y_t)^{\mathrm{T}}, \quad t = 1, 2, \cdots,$$

这里和以后 A^{T} 表示向量或矩阵 A 的转置. 向量值的时间序列又称为**多维时间序列**. 我们将在第九章进行介绍.

类似地,时间序列可以表示:

(1) 某地区的月降水量.

(2) 某航空公司的逐日客流量.

(3) 北京地区每月的煤炭消耗量.

(4) 某渔业公司的逐月水产品的产量.

(5) 某国家的逐月失业率.

B. 时间序列的分解

上述例子中,时间指标都是等间隔排列的. 为了研究和叙述的方便,如果没有特殊说明,本书中时间序列时间指标都是等间隔排列的. 时间序列分析的主要任务就是对时间序列的观测样本建立尽可能合适的统计模型.合理的模型会对所关心的时间序列的预测、控制和诊断提供帮助.大量时间序列的观测样本都表现出趋势性、季节性和随机性,或者只表现出三者中的其二或其一.这样,可以认为每个时间序列,或经过适当的函数变换的时间序列,都可以分解成三个部分的叠加

$$X_t = T_t + S_t + R_t, \quad t = 1,2,\cdots, \tag{1.4}$$

其中$\{T_t\}$是**趋势项**,$\{S_t\}$是**季节项**,$\{R_t\}$是**随机项**.时间序列$\{X_t\}$是这三项的叠加.

通常认为趋势项$\{T_t\}=\{T(t)\}$是时间t的实值函数.它是非随机的,因而不是本书考虑的重点.相应于时间序列$\{X_t\}$的分解(1.4),观测样本$\{x_t\}$也有相应的分解.为研究问题的方便,在不引起混淆的情况下,我们往往不对$\{X_t\}$和$\{x_t\}$进行严格区分.在研究和关心数据的统计性质时常用大写的X_t,在用于数据的计算时常用小写的x_t.

时间序列分析的首要任务是通过对观测样本(1.2)的观察分析,把时间序列的趋势项、季节项和随机项分解出来.这项工作被称为**时间序列的分解**.在模型(1.4)中,如果季节项$\{S_t\}$只存在一个周期s,则

$$S(t+s) = S(t), \quad t = 1,2,\cdots.$$

于是,$\{S_t\}$在任何一个周期内的平均是常数

$$\frac{1}{s}\sum_{j=1}^{s} S(t+j) = c.$$

把模型(1.4)改写成

$$X_t = (T_t + c) + (S_t - c) + R_t, \quad t = 1,2,\cdots,$$

就得到新的季节项$\{S_t - c\}$.它仍有周期s且在任何一个周期内的和是零.于是,在模型(1.4)中可以要求

$$\sum_{j=1}^{s} S(t+j) = 0, \quad t = 1,2,\cdots. \tag{1.5}$$

同理,可以要求随机项的数学期望等于零,即

$$\mathrm{E}R_t = 0, \quad t = 1,2,\cdots. \tag{1.6}$$

例 1.2　下面的表 1.1.2 中的数据是某城市 1991～1996 年中每个季度的民用煤消耗量(单位:吨).数据图形由图 1.1.2 给出.

表 1.1.2　某城市居民季度用煤消耗量　(单位：吨)

年份	1 季度	2 季度	3 季度	4 季度	年平均
1991	6878.4	5343.7	4847.9	6421.9	5873.0
1992	6815.4	5532.6	4745.6	6406.2	5875.0
1993	6634.4	5658.5	4674.8	6645.5	5853.3
1994	7130.2	5532.6	4989.6	6642.3	6073.7
1995	7413.5	5863.1	4997.4	6776.1	6262.6
1996	7476.5	5965.5	5202.1	6894.1	6384.5
季平均	7058.1	5649.3	4909.6	6597.7	

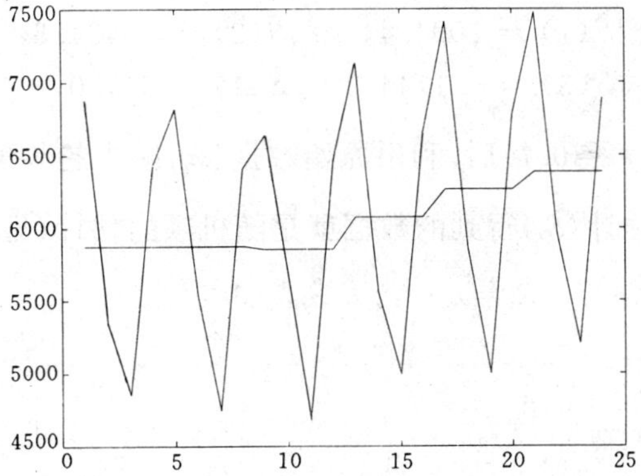

图 1.1.2　例 1.2 的数据图和分段趋势

下面通过对例 1.2 中的数据分析，介绍几种常用的分解时间序列的方法.

方法 1　分段趋势.

从数据图 1.1.2 可以看出，数据随着季节的变化有明显的周期 $s=4$. 从年平均看出，数据有缓慢的逐年上升趋势. 最直接和最简单的方法是把趋势项 $\{T_t\}$ 定义成年平均值. 例如对 $1\leqslant j\leqslant 4$, $\hat{T}_j$ 是 1991 年的数据平均(见图 1.1.2). 这样得到

$$\hat{T}_1 = \cdots = \hat{T}_4 = 5873.0,$$

$$\hat{T}_5 = \cdots = \hat{T}_8 = 5875.0,$$

$$\cdots\cdots\cdots\cdots$$

$$\hat{T}_{21} = \cdots = \hat{T}_{24} = 6384.5.$$

利用原始数据$\{x_t\}$减去趋势项的估计$\{\hat{T}_t\}$得到的数据基本只含有季节项和随机项. 可以用第 k 季度的平均值作为季节项 $S(k)$, $1\leqslant k\leqslant 4$ 的估计. 如果用 $x_{j,k}$, $T_{j,k}$分别表示第 j 年第 k 个季度的数据和趋势项,则时刻(j,k)的时间次序指标为 $k+4(j-1)$.

$$\begin{aligned}\hat{S}(k) &= \frac{1}{6}\sum_{j=1}^{6}(x_{j,k}-\hat{T}_{j,k}) \\ &= \frac{1}{6}\sum_{j=0}^{5}(x_{k+4j}-\hat{T}_{k+4j}),\quad 1\leqslant k\leqslant 4.\end{aligned}\tag{1.7}$$

经计算:

$$\hat{S}(1)=1004.4,\qquad \hat{S}(2)=-404.3,$$
$$\hat{S}(3)=-1144.1,\quad \hat{S}(4)=544.0.$$

这时, $\sum_{j=1}^{4}\hat{S}(j)=0$. 最后,利用原始数据$\{x_t\}$减去趋势项的估计$\{\hat{T}_t\}$和季节项的估计$\{\hat{S}_t\}$得到的数据就是随机项的估计(见图 1.1.3):

$$\hat{R}_t=x_t-\hat{T}_t-\hat{S}_t,\quad 1\leqslant t\leqslant 24.$$

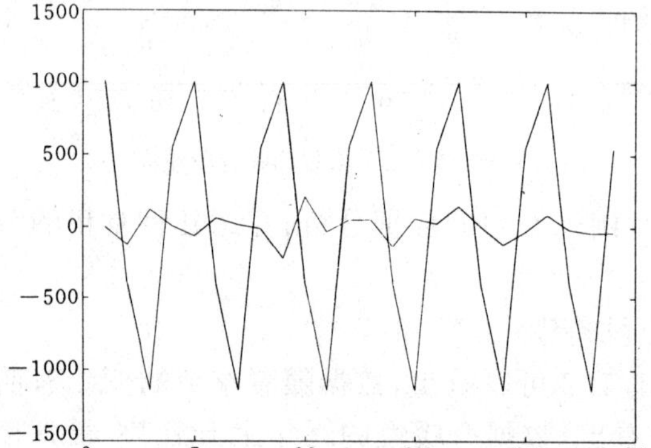

图 1.1.3 季节项和随机项

方法 2 回归直线趋势.

由于数据有缓慢的上升趋势,可以试用回归直线表示趋势项. 这时认为(x_t,t)满足一元线性回归模型

$$x_t=a+bt+\varepsilon_t,\quad t=1,2,\cdots.$$

定义

$$X=(x_1,x_2,\cdots,x_{24})^{\mathrm{T}},$$

$$Y=\begin{bmatrix}1 & 1 & \cdots & 1\\ 1 & 2 & \cdots & 24\end{bmatrix}.$$

$(a,b)^{\mathrm{T}}$ 的最小二乘估计由公式

$$(\hat{a},\hat{b})^{\mathrm{T}}=(YY^{\mathrm{T}})^{-1}YX$$

决定,经计算得到

$$\hat{a}=5780.1,\quad \hat{b}=21.9.$$

回归方程为

$$x_t=5780.1+21.9t.$$

这时,趋势项$\{T_t\}$的估计值是回归直线(见图 1.1.4):

$$\hat{T}_t=5780.1+21.9t. \tag{1.8}$$

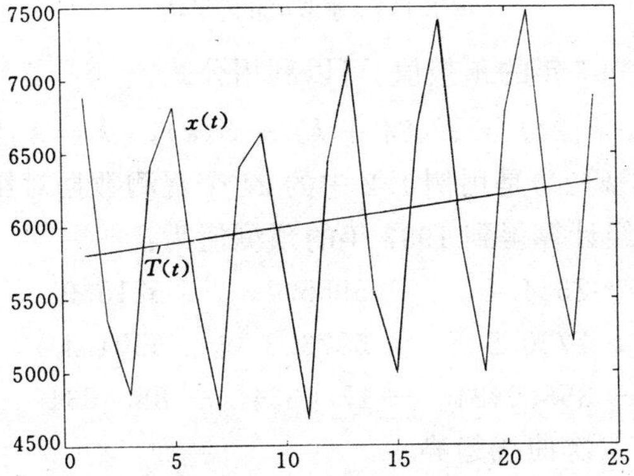

图 1.1.4 数据和直线趋势项

利用原始数据$\{x_t\}$减去趋势项的估计$\{\hat{T}_t\}$后得到的数据基本只含有季节项和随机项. 仍可以用第 k 季度的平均值作为季节项 $S(k)$ 的估计. 利用方法 1 中的公式(1.7)计算出

$$\hat{S}(1)=1037.2,\quad \hat{S}(2)=-393.4,$$

$$\hat{S}(3)=-1155.0,\quad \hat{S}(4)=511.2.$$

这时, $\sum_{j=1}^{4}\hat{S}(j)=0$.

最后,利用原始数据$\{x_t\}$减去趋势项的估计$\{\hat{T}_t\}$和季节项的估

计$\{\hat{S}_t\}$后得到的数据就是随机项的估计 $\hat{R}_t=x_t-\hat{T}_t-\hat{S}_t, 1\leqslant t\leqslant 24$. 见图 1.1.5.

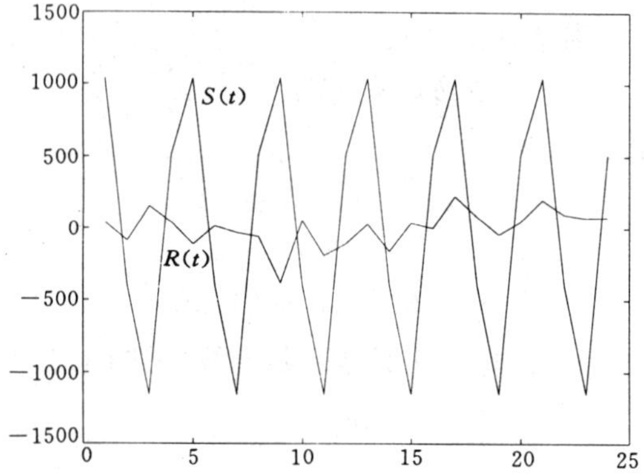

图 1.1.5 季节项和随机项

为得到 1997 年的预报值,可以利用公式

$$\hat{X}(24+k|24)=\hat{T}(24+k)+\hat{S}(k), \quad k=1,2,3,4. \tag{1.9}$$

这里,$\hat{X}(24+k|24)$是用例 1.2 中的 24 个观测数据对第 $24+k$ 个数据的预测值. 经计算得到 1997 年的预测值为:

预测值	7364.4	5955.7	5215.9	6904.0
真值	7720.5	5973.3	5304.4	7075.1
预测误差	−356.0434	−17.6334	−88.4634	−171.0984

方法 3 二次曲线趋势.

我们还可以用二次曲线来拟合例 1.2 中数据的趋势项. 这时认为(x_t,t)满足二元线性回归模型:

$$x_t=a+bt+ct^2+\varepsilon_t, \quad t=1,2,\cdots.$$

定义

$$X=(x_1,x_2,\cdots,x_{24})^{\mathrm{T}}, \quad Y=\begin{bmatrix}1 & 1 & \cdots & 1\\ 1 & 2 & \cdots & 24\\ 1 & 2^2 & \cdots & 24^2\end{bmatrix}.$$

$(a,b,c)^{\mathrm{T}}$ 的最小二乘估计由公式

$$(\hat{a},\hat{b},\hat{c})^{\mathrm{T}}=(YY^{\mathrm{T}})^{-1}YX$$

决定. 经计算得到

$$\hat{a} = 5948.5, \quad \hat{b} = -17.0, \quad \hat{c} = 16.0.$$

回归方程为

$$x_t = 5948.5 - 17.0t + 16t^2.$$

这时,趋势项$\{T_t\}$的估计值是二次曲线(见图 1.1.6):

$$\hat{T}_t = 5948.5 - 17.0t + 16t^2.$$

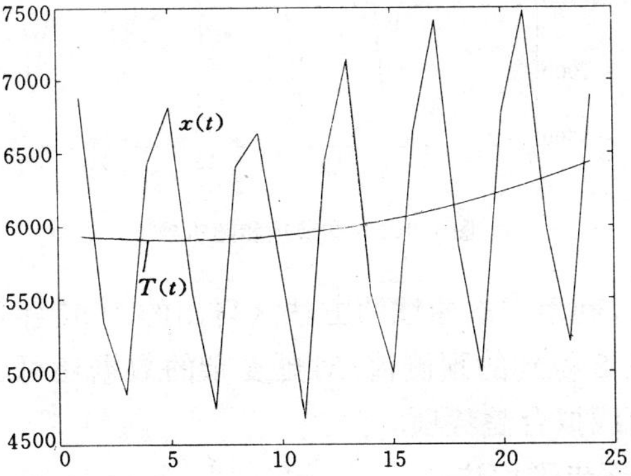

图 1.1.6 数据和二次趋势项

利用原始数据$\{x_t\}$减去趋势项的估计$\{\hat{T}_t\}$,得到的数据基本只含有季节项和随机项. 再用第 k 季度的平均值作为季节项 $S(k)$的估计. 利用公式(1.7)计算出

$$\hat{S}(1) = 1035.7, \quad \hat{S}(2) = -391.18,$$
$$\hat{S}(3) = -1153.5, \quad \hat{S}(4) = 509.6.$$

季节项的估计数据见图 1.1.7.

这时, $\sum_{j=1}^{4}\hat{S}(j)=0.62$. 从原始数据$\{x_t\}$减去趋势项的估计$\{\hat{T}_t\}$和季节项的估计$\{\hat{S}_t\}$后得到的数据就是随机项的估计

$$\hat{R}_t = x_t - \hat{T}_t - \hat{S}_t, \quad 1 \leqslant t \leqslant 24.$$

最后利用公式(1.9)计算出 1997 年的预测值如下:

预测值	7531.3	6166.1	5469.8	7201.4
真值	7720.5	5973.3	5304.4	7075.1
预测误差	−189.2	192.7	165.4	126.3

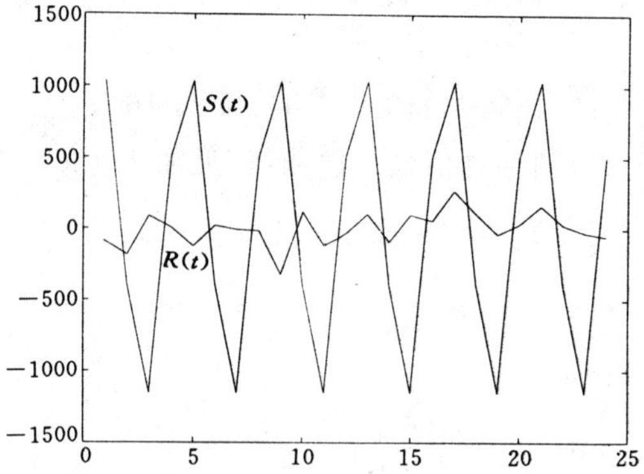

图 1.1.7　季节项和随机项

可以看出,利用二次曲线的方法 3 得出的 1997 年的预测值在总体上好于方法 2 得到的预测值.对更复杂的数据还可以用更高阶多项式或其他曲线拟合趋势项.

方法 4　逐步平均法.

拟合趋势项还有常用的逐步运动平均法.回忆样本数据的季节项有明显的周期 $s=4$.对观测样本做逐步平均如下:

$$U_{2.5}=\frac{1}{4}\sum_{j=0}^{3}x_{1+j},\quad U_{3.5}=\frac{1}{4}\sum_{j=0}^{3}x_{2+j},\quad \cdots,$$

$$U_{22.5}=\frac{1}{4}\sum_{j=0}^{3}x_{21+j},$$

其中 U 的下标是相应的求和项中 x 的下标的平均.这个数据是趋势项的拟合.但是时间的指标不在整数位上.为克服这个不足,可以再取

$$\hat{T}_3=\frac{1}{2}(U_{2.5}+U_{3.5}),\quad \hat{T}_4=\frac{1}{2}(U_{3.5}+U_{4.5}),\quad \cdots,$$

$$\hat{T}_{22}=\frac{1}{2}(U_{21.5}+U_{22.5}).$$

注　当数据季节项的周期是奇数时,时间指标在整数位上.上述步骤就没有必要了.

这种方法的缺点是,在 $t=1,2$ 和 $t=23,24$ 处无法拟合出趋势

项.

利用原始数据$\{x_t\}$减去趋势项的估计$\{\hat{T}_t\}$得到的数据基本只含有季节项和随机项. 仍然用第k季度的平均值作为季节项$S(k)$的估计. 但是由于缺少$t=1,2$和$t=23,24$处的趋势项值,只能用公式

$$\hat{S}(k)=\frac{1}{5}\sum_{j=2}^{6}(x_{j,k}-\hat{T}_{j,k})$$
$$=\frac{1}{5}\sum_{j=1}^{5}(x_{k+4j}-\hat{T}_{k+4j}),\quad 1\leqslant k\leqslant 2$$

和

$$\hat{S}(k)=\frac{1}{5}\sum_{j=1}^{5}(x_{j,k}-\hat{T}_{j,k})$$
$$=\frac{1}{5}\sum_{j=0}^{4}(x_{k+4j}-\hat{T}_{k+4j}),\quad 3\leqslant k\leqslant 4$$

进行计算. 经计算得到:

$$\hat{S}(1)=1036.7,\quad \hat{S}(2)=-367.5,$$
$$\hat{S}(3)=-1151.4,\quad \hat{S}(4)=505.5.$$

这时 $\sum_{j=1}^{4}\hat{S}(j)=23.3$.

最后,从数据$\{x_t\}$减去趋势项的估计$\{\hat{T}_t\}$和季节项的估计$\{\hat{S}_t\}$后得到的数据就是随机项的估计.

为得到1997年的预测值,还需要对趋势项进行直线拟合. 得到趋势项的回归直线

$$\hat{T}(t)=5665.3+30.2t.$$

于是,由

$$\hat{X}(24+k|24)=\hat{T}(24+k)+\hat{S}(k),\quad k=1,2,3,4$$

计算得到1997年的预测值为:

预测值	7456.8	6082.8	5329.1	7016.1
预测误差	−263.6975	109.4307	24.7217	−59.0035

注 在以上的四种方法中,为了得到更好的趋势项,还可以利用数据

$$x_t-\hat{S}_t$$

重新估计趋势项 T_t,得到趋势项的新估计 $\widetilde{T}_t$. 最后得到随机项

$$\hat{R}_t = x_t - \hat{S}_t - \widetilde{T}_t.$$

方法 5 回归方法.

对于时间序列观测样本,如果只为了预测的目的还可以用多元回归的方法. 假设例 1.2 中的数据满足多元线性回归模型:

$$\begin{aligned} x_t = & \ b + b_0 t + b_1 d_{1,t} + b_2 d_{2,t} \\ & + b_3 d_{3,t} + b_4 d_{4,t} + \varepsilon_t, \quad t = 1,2,\cdots,24, \end{aligned} \tag{1.10}$$

其中 $b, b_0, b_1, \cdots, b_4$ 是待估计的常数, $d_{k,t}$是哑元,满足

$$d_{k,t} = \begin{cases} 1, & t = k + 4(j-1) \text{是第 } k \text{ 季度时间指标}, 1 \leqslant j \leqslant 6, \\ 0, & \text{其他}. \end{cases}$$

模型(1.10)的设计使得第 k 季度的数据有相同的斜率 b_k. 由于模型(1.10)中的参数过多,使得设计矩阵不满秩. 为了克服这个问题,取 $b=0$,得到下面的模型

$$x_t = b_0 t + b_1 d_{1,t} + b_2 d_{2,t} + b_3 d_{3,t} + b_4 d_{4,t} + \varepsilon_t, \quad t = 1,2,\cdots. \tag{1.11}$$

定义

$$X = (x_1, x_2, \cdots, x_{24})^{\mathrm{T}},$$

$$Y = \begin{bmatrix} 1 & 2 & 3 & 4 & 5 & \cdots & 23 & 24 \\ 1 & 0 & 0 & 0 & 1 & \cdots & 0 & 0 \\ 0 & 1 & 0 & 0 & 0 & \cdots & 0 & 0 \\ 0 & 0 & 1 & 0 & 0 & \cdots & 1 & 0 \\ 0 & 0 & 0 & 1 & 0 & \cdots & 0 & 1 \end{bmatrix},$$

则 $(b_0, b_1, \cdots, b_4)^{\mathrm{T}}$ 的最小二乘估计为

$$(\hat{b}_0, \hat{b}_1, \cdots, \hat{b}_4)^{\mathrm{T}} = (YY^{\mathrm{T}})^{-1} YX.$$

经计算得到回归方程:

$$x_t = 28.1t + 6748.4 d_{1,t} + 5311.6 d_{2,t} + 4543.6 d_{3,t} + 6203.6 d_{4,t}.$$

于是可以计算 1997 年的预测值为:

预测值	7452.2	6043.4	5247.4	6907.3
预测误差	−268.3014	70.1086	−57.0200	−167.8043

同样的方法也可以处理 1973～1978 年美国意外事故死亡的数据(见习题 1.3).

在实际问题中,有时需要对时间序列的数据先进行适当的函数变换.根据数据图选定一个已知的函数 $g(x)$,然后对变换后的数据 $y_t=g(x_t)$, $t=1,2,\cdots,N$ 进行时间序列的分解.采用这种方法有时会得到很好的效果.常用的函数有对数函数 $\ln x$,指数函数 $\exp(ax)$,倒数函数 a/x 等.

C. 时间序列和随机过程

设 $\mathscr{T}$ 是实数集合 $\mathbb{R}=(-\infty,\infty)$的子集.通常称 $\mathscr{T}$ 为指标集.如果对每个 t 属于 $\mathscr{T}$,都有一个随机变量 X_t 与之对应,就称随机变量的集合

$$\{X_t\}=\{X_t: t\in\mathscr{T}\} \tag{1.12}$$

是一个**随机过程**.当 $\mathscr{T}$ 是全体整数或全体非负整数时,称相应的随机过程为**随机序列**.把随机序列的指标集合 $\mathscr{T}$ 看成时间指标时,这个随机序列就是**时间序列**.

当 $\mathscr{T}$ 是全体实数或全体非负实数时,相应的随机过程被称为**连续时随机过程**.如果把 $\mathscr{T}$ 认做时间指标,连续时随机过程就是**连续时的时间序列**.

在应用上,对连续时的时间序列的处理大多是通过离散化完成的.这种离散化被称为**离散采样**.因此,我们以后把重点放在离散时的时间序列上.

时间序列在适当的去掉趋势项和季节项后,剩下的随机部分通常会有某种平稳性.带有平稳性的时间序列是时间序列分析的研究重点.

习 题 一

1.1 证明例 1.2 方法三中 a,b,c 的最小二乘估计是

$$(\hat{a},\hat{b},\hat{c})^{\mathrm{T}}=(YY^{\mathrm{T}})^{-1}YX.$$

1.2 附录 B 中的 B1,B2 分别是北京地区 1985～2000 年的月平均气温和月降水量数据,其中缺少 1989 年的数据, B2 还缺少 1995 年 1 月的数据.

(1) 用简单方法补齐 1989 年的数据和 B2 中 1995 年 1 月的数

据，给出季节项的周期；

(2) 对 1990～2000 年的两种数据各给出一种计算趋势项、季节项和随机项的公式；

(3) 利用(2)的公式对所述的数据进行时间序列的分解计算，用数据图列出结果；

(4) 用(2)中的结果补充 1989 年的数据.

1.3 附录 B 中的 B6 是 1973 至 1978 年美国在意外事故中的死亡人数.

利用至少两种方法对该时间序列进行分解. 要求如下：

(1) 画出数据图，给出数据的周期 T；

(2) 给出趋势项、季节项和随机项的计算公式；

(3) 画出趋势项、季节项和随机项的数据图；

(4) 对 1979 年的意外死亡人数做出预测.

1.4 对随机变量 ξ 证明下面的结论：

(1) 切比雪夫不等式：对任何正常数 α,ε，

$$P(|\xi|\geqslant\varepsilon)\leqslant \mathrm{E}|\xi|^{\alpha}/\varepsilon^{\alpha};$$

(2) 如果 $\mathrm{E}|\xi|=0$，则 $P(\xi=0)=1$；

(3) 如果 $\mathrm{var}(\xi)=0$，则 $P(\xi=m)=1$，这里 $m=\mathrm{E}\xi$；

(4) 如果 $\mathrm{E}|\xi|<\infty$，则 $P(|\xi|<\infty)=1$.

§1.2 平稳序列

从§1.1 的例 1.2 看出，时间序列的趋势项和季节项的预报是比较简单的. 这是因为它们可以用非随机的函数进行刻画. 分离出趋势项和季节项后的时间序列往往表现出某种平稳波动性，我们称这种时间序列为平稳序列. 平稳序列的波动和独立的时间序列的波动有所不同. 对于独立时间序列 $\{X_t\}$，$(X_1,X_2,\cdots,X_n)$ 和 X_{n+1} 独立，从而不会含有关于 X_{n+1} 的信息. 而平稳时间序列的历史 $X_1,X_2,\cdots,X_n$ 中往往含有 X_{n+1} 的信息. 这就使得利用历史样本 $x_1,x_2,\cdots,x_n$ 预测将来 x_{n+1} 成为可能.

为方便我们以后总用 $\mathbb{Z}$ 表示全体整数，用 $\mathbb{N}_+$ 表示全体正整数，

用 $\mathbb{N}$ 表示 $\mathbb{Z}$ 或者 $\mathbb{N}_+$.

A. 平稳序列及其自协方差函数

定义 2.1 如果时间序列 $\{X_t\}=\{X_t: t\in\mathbb{N}\}$ 满足

(1) 对任何 $t\in\mathbb{N}$, $EX_t^2<\infty$;

(2) 对任何 $t\in\mathbb{N}$, $EX_t=\mu$;

(3) 对任何 $t,s\in\mathbb{N}$, $E[(X_t-\mu)(X_s-\mu)]=\gamma_{t-s}$,

就称 $\{X_t\}$ 是**平稳时间序列**,简称为**平稳序列**. 称实数列 $\{\gamma_t\}$ 为 $\{X_t\}$ 的**自协方差函数**.

由定义看出,平稳序列中的随机变量 X_t 的均值 EX_t,方差 $\mathrm{var}(X_t)=E(X_t-\mu)^2$ 都是和 t 无关的常数. 对任何 $s,t\in\mathbb{Z}$ 和 $k\in\mathbb{Z}$,(X_t,X_s) 和平移 k 步后的 (X_{t+k},X_{s+k}) 有相同的协方差

$$\mathrm{cov}(X_t,X_s)=\mathrm{cov}(X_{t+k},X_{s+k})=\gamma_{s-t}.$$

协方差结构的平移不变性是平稳序列的特性. 为此,又称平稳序列是**二阶矩平稳序列**.

平稳序列的统计特性在自协方差函数中得到充分体现. 时间序列分析的重要特点之一是利用自协方差函数研究平稳时间序列的统计性质,所以有必要对 $\{\gamma_t\}$ 的性质进行探讨.

从概率论的知识知道,随机变量的方差越小,这个随机变量就越向它的数学期望集中. 特别当一个随机变量的方差等于零时,这个随机变量等于它的数学期望的概率等于 1. 平稳序列中的每个随机变量有相同的方差 γ_0 和数学期望 μ. 当 $\gamma_0=0$,这个平稳序列中的观测样本都等于常数 μ. 对这样的时间序列没有进一步分析的必要. 为了说话的方便,我们以后总认为所述平稳序列的方差 $\gamma_0=\mathrm{var}(X_t)>0$.

自协方差函数满足以下三条基本性质:

(1) 对称性: $\gamma_k=\gamma_{-k}$ 对所有 $k\in\mathbb{Z}$ 成立;

(2) 非负定性: 对任何 $n\in\mathbb{N}_+$, n 阶自协方差矩阵

$$\Gamma_n=(\gamma_{k-j})_{k,j=1}^n=\begin{bmatrix}\gamma_0 & \gamma_1 & \cdots & \gamma_{n-1}\\ \gamma_1 & \gamma_0 & \cdots & \gamma_{n-2}\\ \vdots & \vdots & & \vdots\\ \gamma_{n-1} & \gamma_{n-2} & \cdots & \gamma_0\end{bmatrix} \tag{2.1}$$

是非负定矩阵；

(3) 有界性：$|\gamma_k|\leqslant\gamma_0$ 对所有 $k\in\mathbb{Z}$ 成立.

任何满足上述性质(1),(2),(3)的实数列都被称为**非负定序列**. 所以平稳序列的自协方差函数是非负定序列. 可以证明,每个非负定序列都可以是一个平稳序列的自协方差函数(见文献[9]).

下面证明这些性质. 对称性(1)由定义直接得到.

为证明非负定性(2),任取一个 n 维实向量 $\boldsymbol{\alpha}=(a_1,a_2,\cdots,a_n)^{\mathrm{T}}$,有

$$\begin{aligned}\boldsymbol{\alpha}^{\mathrm{T}}\Gamma_n\boldsymbol{\alpha}&=\sum_{i=1}^{n}\sum_{j=1}^{n}a_ia_j\gamma_{i-j}=\sum_{i=1}^{n}\sum_{j=1}^{n}a_ia_j\mathrm{E}[(X_i-\mu)(X_j-\mu)]\\&=\mathrm{E}\Big[\sum_{i=1}^{n}\sum_{j=1}^{n}a_ia_j(X_i-\mu)(X_j-\mu)\Big]\\&=\mathrm{E}\Big[\sum_{i=1}^{n}a_i(X_i-\mu)\Big]^2\\&=\mathrm{var}\Big[\sum_{i=1}^{n}a_i(X_i-\mu)\Big]\geqslant 0.\end{aligned}\tag{2.2}$$

为了得到性质(3),我们介绍一个常用的不等式.

引理 2.1 (Schwarz 不等式) 对任何方差有限的随机变量 X 和 Y,有

$$|\mathrm{E}(XY)|\leqslant\sqrt{\mathrm{E}X^2\mathrm{E}Y^2}.$$

证明 无妨设 $\mathrm{E}X^2>0$. 这时关于 a 的一元二次方程

$$\mathrm{E}(X^2)a^2+2\mathrm{E}(XY)a+\mathrm{E}Y^2=\mathrm{E}[(aX+Y)^2]\geqslant 0.$$

于是,判别式 $4(\mathrm{E}(XY))^2-4\mathrm{E}X^2\mathrm{E}Y^2\leqslant 0$.

取 $Y_t=X_t-\mu$ 时,性质(3)由 Schwarz 不等式得到：

$$|\gamma_k|=|\mathrm{E}(Y_{k+1}Y_1)|\leqslant\sqrt{\mathrm{E}Y_{k+1}^2\mathrm{E}Y_1^2}=\gamma_0.$$

从高等数学的知识和(2.2)知道,自协方差矩阵 Γ_n 退化的充分必要条件是存在非零的 n 维实向量 $\boldsymbol{\alpha}=(a_1,a_2,\cdots,a_n)^{\mathrm{T}}$,使得

$$\mathrm{var}\Big[\sum_{i=1}^{n}a_i(X_i-\mu)\Big]=0.$$

这时我们称随机变量 $X_1,X_2,\cdots,X_n$ 是**线性相关的**. 容易看出,如果 Γ_n 退化,则只要 $m>n$,Γ_m 退化. 于是,如果 $X_1,X_2,\cdots,X_n$ 线性相关,

则只要 $m>n, X_1, X_2, \cdots, X_m$ 就线性相关.

例 2.1 平稳序列$\{X_t\}$经过线性变换后仍然是平稳序列. 设 a, b 是常数, $Y_t=aX_t+b,\ t\in\mathbb{Z}$. 则对任何 $s, t\in\mathbb{Z}$,

$$\mathrm{E}Y_t=\mathrm{E}(aX_t+b)=a\mathrm{E}X_t+b=a\mu+b\overset{\text{记为}}{=\!=\!=}\mu_Y,$$

$$\begin{aligned}\mathrm{E}[(Y_t-\mu_Y)(Y_s-\mu_Y)]&=\mathrm{E}[a^2(X_t-\mu)(X_s-\mu)]\\&=a^2\gamma_{t-s}\overset{\text{记为}}{=\!=\!=}\gamma_Y(t-s).\end{aligned}$$

特别取

$$Y_t=\frac{X_t-\mu}{\sqrt{\gamma_0}},\quad t\in\mathbb{Z},\tag{2.3}$$

就得到标准化的平稳序列$\{Y_t\}$. 这时 $\mathrm{E}Y_t=0, \mathrm{E}Y_t^2=1$ 对每个 t 成立, 而且有

$$\gamma_Y(k)=\mathrm{E}(Y_{k+1}Y_1)=\gamma_k/\gamma_0.$$

定义 2.2 设平稳序列$\{X_t\}$的标准化序列是$\{Y_t\}$. $\{Y_t\}$的自协方差函数

$$\rho_k=\gamma_k/\gamma_0,\quad k\in\mathbb{Z}$$

称为平稳序列$\{X_t\}$的**自相关系数**.

于是,自相关系数$\{\rho_t\}$是满足 $\rho_0=1$ 的自协方差函数,从而也是非负定序列.

例 2.2(调和平稳序列) 设 a, b 是常数,随机变量 U 在$(-\pi, \pi)$内均匀分布. 则

$$X_t=b\cos(at+U),\quad t\in\mathbb{Z}$$

是平稳序列. 实际上

$$\mathrm{E}X_t=\frac{1}{2\pi}\int_{-\pi}^{\pi}b\cos(at+u)\mathrm{d}u=0,$$

$$\begin{aligned}\mathrm{E}(X_tX_s)&=\frac{1}{2\pi}\int_{-\pi}^{\pi}b^2\cos(at+u)\cos(as+u)\mathrm{d}u\\&=\frac{1}{2}b^2\cos((t-s)a).\end{aligned}\tag{2.4}$$

这个平稳序列的观测样本和自协方差函数 $\gamma_k=0.5b^2\cos(ak)$都是以 a 为角频率,以 $2\pi/a$ 为周期的函数. 这个例子告诉我们,平稳序列也可以有很强的周期性.

更一般的平稳序列将在§1.5中介绍.

B. 白噪声

最简单的平稳序列是白噪声,它在时间序列分析中有特殊的重要地位.

定义 2.3(白噪声)　设$\{\varepsilon_t\}$是一个平稳序列. 如果对任何$s,t\in\mathbb{N}$,

$$\mathrm{E}\varepsilon_t=\mu,\quad \mathrm{cov}(\varepsilon_t,\varepsilon_s)=\begin{cases}\sigma^2, & t=s,\\ 0, & t\neq s,\end{cases}\tag{2.5}$$

就称$\{\varepsilon_t\}$是一个**白噪声**,记做$\mathrm{WN}(\mu,\sigma^2)$. 设$\{\varepsilon_t\}$是$\mathrm{WN}(\mu,\sigma^2)$,

当$\{\varepsilon_t\}$是独立序列时,称$\{\varepsilon_t\}$是**独立白噪声**;

当$\mu=0$时,称$\{\varepsilon_t\}$为**零均值白噪声**;

当$\mu=0,\sigma^2=1$时,称$\{\varepsilon_t\}$为**标准白噪声**.

对独立白噪声,当ε_t服从正态分布时,称$\{\varepsilon_t\}$是**正态白噪声**.

引入 Kronecker 函数

$$\delta_t=\begin{cases}1, & t=0,\\ 0, & t\neq 0,\end{cases}\tag{2.6}$$

可以将(2.5)写成更简单的形式:

$$\mathrm{E}\varepsilon_t=\mu,\quad \mathrm{cov}(\varepsilon_t,\varepsilon_s)=\sigma^2\delta_{t-s}.$$

白噪声是用来描述简单随机干扰的平稳序列.

例 2.3(Poisson 过程和 Poisson 白噪声)　如果连续时的随机过程$\{N(t):t\in[0,\infty)\}$满足

(1) $N(0)=0$,且对任何$t>s\geqslant 0$和非负整数k,

$$P(N(t)-N(s)=k)=\frac{(\lambda(t-s))^k}{k!}\exp[-\lambda(t-s)],$$

其中λ是正数;

(2) $\{N(t)\}$有独立增量性:对任何$n>1$和$0\leqslant t_0<t_1<\cdots<t_n$,随机变量

$$N(t_j)-N(t_{j-1}),\quad j=1,2,\cdots,n$$

相互独立,

则称$\{N(t)\}$是一个强度λ的 **Poisson 过程**.

容易计算 Poisson 过程有数学期望 $\mathrm{E}[N(t)]=\lambda t$ 和方差 $\mathrm{var}(N(t))=\lambda t$. 定义

$$\varepsilon_n = N(n+1) - N(n) - \lambda, \quad n = 1,2,\cdots.$$

可以计算：$\mathrm{E}\varepsilon_n=0$, $\mathrm{var}(\varepsilon_n)=\lambda$. 于是，$\{\varepsilon_n\}$是一个独立白噪声，称为 **Poisson 白噪声**. 图 1.2.1 是 Poisson 白噪声的 60 个样本.

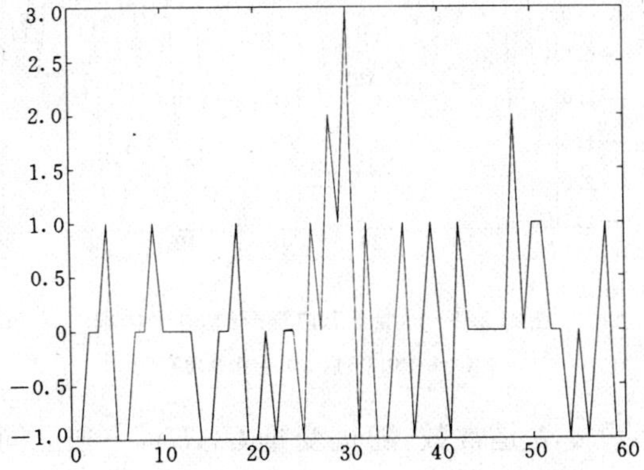

图 1.2.1 Poisson 白噪声的 60 个样本

($\lambda=2$, ave=0.017, std=0.892)

图中和以后皆用 ave 表示样本均值，用 std 表示样本标准差：

$$\mathrm{ave}(x_1,x_2,\cdots,x_N) = \frac{1}{N}\sum_{j=1}^{N} x_j = \bar{x};$$

$$\mathrm{std}(x_1,x_2,\cdots,x_N) = \left[\frac{1}{N-1}\sum_{j=1}^{N}(x_j-\bar{x})^2\right]^{1/2}.$$

例 2.4(布朗运动和正态白噪声) 如果连续时的随机过程 $\{B(t):t\in[0,\infty)\}$满足

(1) $B(0)=0$，且对任何 $t>s\geqslant 0$，$B(t)-B(s)$服从正态分布 $N(0,t-s)$；

(2) $\{B(t)\}$有独立增量性(参见例 2.3 的(2))，

则称$\{B(t)\}$是一个标准布朗运动.

定义

$$\varepsilon_n = B(n+1) - B(n), \quad n = 1,2,\cdots,$$

则$\{\varepsilon_n\}$是一个标准正态白噪声. 图 1.2.2 是标准正态白噪声的 60 个

样本.

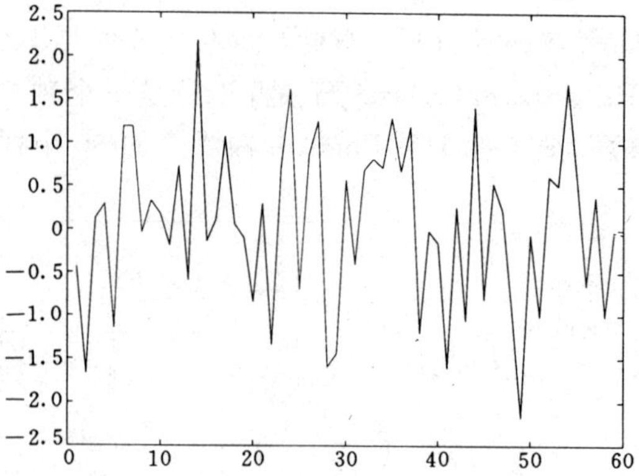

图 1.2.2 标准正态白噪声的 60 个样本

(ave=0.054, std=0.948)

例 2.5 设 a,b 是常数,随机变量 $U_1,U_2,\cdots$ 独立同分布且都在 $(0,2\pi)$ 上均匀分布,则

$$X_t = b\cos(at + U_t), \quad t \in \mathbb{Z}$$

是独立序列,满足

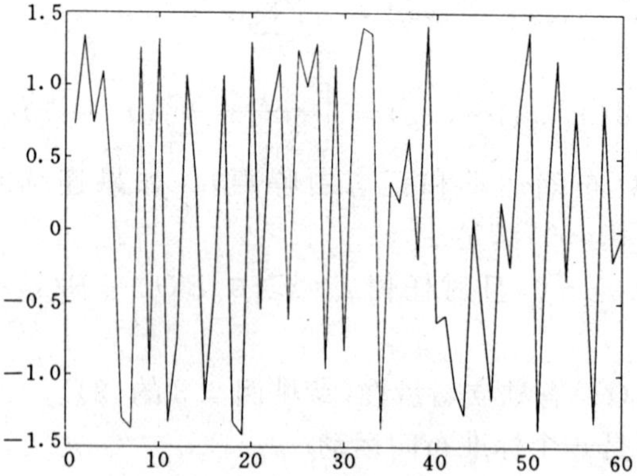

图 1.2.3 例 2.5 中的白噪声

(ave=0.09, std=0.981)

$$\mathrm{E}X_t = \frac{1}{2\pi}\int_0^{2\pi} b\cos(at+s)\mathrm{d}s = 0,$$

$$\mathrm{E}X_t^2 = \frac{1}{2\pi}\int_0^{2\pi} b^2\cos(at+s)^2\mathrm{d}s = \frac{1}{2}b^2.$$

于是$\{X_t\}$是独立的 $\mathrm{WN}(0,b^2/2)$. 由于

$$X_t = b\cos(U_t)\cos(at) - b\sin(U_t)\sin(at)$$

是两个具有随机振幅的三角函数的叠加,容易认为它有周期性,但是从平稳序列的谱理论可以解释白噪声是没有周期性的. 图 1.2.3 是$\{X_t\}$的 60 个样本,该图的 $b=\sqrt{2}$,$a=4$.

C. 正交平稳序列

设 X 和 Y 是方差有限的随机变量. 如果 $\mathrm{E}(XY)=0$,就称 X 和 Y 是正交的. 如果 $\mathrm{cov}(X,Y)=0$,则称 X 和 Y 是**不相关的**. 容易看出,对零均值的随机变量,正交性和不相关性等价.

定义 2.4 对于平稳序列$\{X_t\}$和$\{Y_t\}$,

(1) 如果对任何 $s,t\in\mathbb{Z}$,$\mathrm{E}(X_tY_s)=0$,则称$\{X_t\}$和$\{Y_t\}$是**正交的**;

(2) 如果对任何 $s,t\in\mathbb{Z}$,$\mathrm{cov}(X_t,Y_s)=0$,则称$\{X_t\}$和$\{Y_t\}$是**不相关的**.

可以看出,对于零均值的平稳序列,正交性和不相关性等价.

定理 2.2 设 $\gamma_X(k)$和 $\gamma_Y(k)$分别是平稳序列$\{X_t\}$和$\{Y_t\}$的自协方差函数. 记 $\mu_X=\mathrm{E}X_t$ 和 $\mu_Y=\mathrm{E}Y_t$. 定义

$$Z_t = X_t + Y_t,\quad t\in\mathbb{Z}. \tag{2.7}$$

(1) 如果$\{X_t\}$和$\{Y_t\}$正交,则$\{Z_t\}$是平稳序列,有自协方差函数

$$\gamma_Z(k) = \gamma_X(k) + \gamma_Y(k) - 2\mu_X\mu_Y,\quad k=0,1,2,\cdots; \tag{2.8}$$

(2) 如果$\{X_t\}$和$\{Y_t\}$不相关,则$\{Z_t\}$是平稳序列,有自协方差函数

$$\gamma_Z(k) = \gamma_X(k) + \gamma_Y(k),\quad k=0,1,2,\cdots. \tag{2.9}$$

证明 首先,对每个 t 利用不等式 $(a+b)^2\leqslant 2a^2+2b^2$ 得到 $\mathrm{E}Z_t^2\leqslant 2\mathrm{E}X_t^2+2\mathrm{E}Y_t^2<\infty$,并且

$$\mu_Z = \mathrm{E}Z_t = \mathrm{E}X_t + \mathrm{E}Y_t = \mu_X + \mu_Y$$

和 t 无关.

(1) 当 $\{X_t\}$ 和 $\{Y_t\}$ 正交. 利用公式 $\mathrm{cov}(X,Y)=\mathrm{E}(XY)-\mathrm{E}X\mathrm{E}Y$ 得到

$$\begin{aligned}\mathrm{cov}(Z_t,Z_s) &= \mathrm{cov}(X_t+Y_t,X_s+Y_s)\\ &= \mathrm{cov}(X_t,X_s)+\mathrm{cov}(Y_t,Y_s)+\mathrm{cov}(X_t,Y_s)\\ &\quad +\mathrm{cov}(Y_t,X_s)\\ &= \gamma_X(t-s)+\gamma_Y(t-s)-\mathrm{E}X_t\mathrm{E}Y_s-\mathrm{E}Y_t\mathrm{E}X_s\\ &= \gamma_X(t-s)+\gamma_Y(t-s)-2\mu_X\mu_Y.\end{aligned}$$

(2) 公式(2.9)由上面的推导和 $\mathrm{cov}(X_t,Y_s)+\mathrm{cov}(Y_t,X_s)=0$ 得到.

习 题 二

2.1 设时间序列 $\{X_t\}=\{X_t\colon t\in\mathbb{Z}\}$ 满足:

(1) 对任何 $t\in\mathbb{Z}$, $\mathrm{E}X_t^2<\infty$;

(2) 对任何 $t\in\mathbb{Z}$, $\mathrm{E}X_t=\mu$;

(3) 对任何 $t,s\in\mathbb{Z}$, $\mathrm{E}(X_tX_s)=b_{t-s}$.

证明 $\{X_t\}$ 是平稳时间序列,并求它的自协方差函数.

2.2 设 X 和 Y 是方差有限的随机变量. 证明若 $\mathrm{E}X=0$,则

$$\mathrm{E}(XY)=\mathrm{cov}(X,Y).$$

2.3 如果平稳序列 $\{X_t\}$ 的 n 阶自协方差矩阵退化,则对任何 $m>n$,一定存在常数 $a_0,\cdots,a_{n-1}$,使得

$$X_m=a_0+\sum_{j=1}^{n-1}a_jX_{n-j},\quad \text{a.s.}.$$

2.4 平稳序列 $\{X_t\}$ 有 n 阶自协方差矩阵 Γ_n. 求 $X_n,X_{n-1},\cdots,X_1$ 的协方差矩阵.

§1.3 线性平稳序列和线性滤波

在应用时间序列分析中,最常用到的平稳序列是线性平稳序列. 它是由白噪声的线性组合构成的平稳序列. 最简单的线性平稳序列是有限运动平均.

A. 有限运动平均

设$\{\varepsilon_t\}=\{\varepsilon_t: t\in\mathbb{Z}\}$是$\mathrm{WN}(0,\sigma^2)$. 对于非负整数$q$和常数$a_0$, $a_1,\cdots,a_q$,我们称

$$X_t = a_0\varepsilon_t + a_1\varepsilon_{t-1} + \cdots + a_q\varepsilon_{t-q}, \quad t\in\mathbb{Z} \tag{3.1}$$

是白噪声$\{\varepsilon_t\}$的(**有限**)**运动平均**,简称为MA (Moving Average). 运动平均又称为**滑动平均**. 可以直接计算

$$\mathrm{E}X_t = \sum_{j=0}^{q} a_j \mathrm{E}\varepsilon_{t-j} = 0,$$

$$\begin{aligned}\mathrm{E}(X_n X_m) &= \sum_{j=0}^{q}\sum_{k=0}^{q} a_k a_j \mathrm{E}(\varepsilon_{n-k}\varepsilon_{m-j}) \\ &= \begin{cases}\sigma^2 \sum\limits_{j=0}^{q-(n-m)} a_j a_{n-m+j}, & 0\leqslant n-m\leqslant q, \\ 0, & n-m>q.\end{cases}\end{aligned}$$

于是, $\{X_t\}$是平稳序列,有自协方差函数

$$\gamma_k = \mathrm{E}(X_k X_0) = \begin{cases}\sigma^2 \sum\limits_{j=0}^{q-k} a_j a_{j+k}, & 0\leqslant k\leqslant q, \\ 0, & k>q.\end{cases} \tag{3.2}$$

如果$\{X_t\}$是用来描述随机干扰的,上述运动平均序列说明现在的随机干扰X_n是现时刻及前面的q个时间的白噪声(简单随机干扰)的线性组合. 由于当$k>q$时, $\gamma_k=0$,所以,时间间隔大于q步的随机干扰是不相关的. 这样的序列又被称为是q **相关的**.

为了把上面的有限运动平均推广到无限的场合,我们需要介绍下面的两个定理. 从概率论的知识知道,随机变量是样本空间上的实值函数,所以可以比较随机变量的大小和讨论随机变量序列的极限和求和问题. 下面的单调收敛定理和控制收敛定理是对随机变量的无穷级数求数学期望的有力工具.

定理 3.1 (单调收敛定理) 如果非负随机变量序列单调不减: $0\leqslant\xi_1\leqslant\xi_2\leqslant\cdots$,则当$\xi_n\to\xi$ a.s. 时,有$\mathrm{E}\xi=\lim\limits_{n\to\infty}\mathrm{E}\xi_n$.

由于单调不减序列必有极限(极限可以是正无穷),所以上述定

理中的随机变量 ξ 一定存在. 但是可能会有 $P(\xi=\infty)>0$,这时 $\mathrm{E}\xi=\infty$. 可以取值 $\pm\infty$ 的随机变量通常被称为**广义随机变量**.

对于任何时间序列 $\{Y_t\}$,利用单调收敛定理得到

$$\mathrm{E}\Big[\sum_{t=-\infty}^{\infty}|Y_t|\Big]=\lim_{n\to\infty}\mathrm{E}\Big[\sum_{t=-n}^{n}|Y_t|\Big]=\sum_{t=-\infty}^{\infty}\mathrm{E}|Y_t|. \tag{3.3}$$

定理 3.2 (控制收敛定理) 如果随机变量序列 $\{\xi_n\}$ 满足 $|\xi_n|\leqslant\xi_0$ a.s. 和 $\mathrm{E}|\xi_0|<\infty$,则当 $\xi_n\to\xi$ a.s. 时, $\mathrm{E}|\xi|<\infty$ 并且 $\mathrm{E}\xi_n\to\mathrm{E}\xi$.

B. 线性平稳序列

如果实数列 $\{a_j\}$ 满足

$$\sum_{j=-\infty}^{\infty}|a_j|<\infty,$$

就称 $\{a_j\}$ 是**绝对可和的**. 对于绝对可和的实数列 $\{a_j\}$,定义零均值白噪声 $\{\varepsilon_t\}$ 的无穷滑动和如下

$$X_t=\sum_{j=-\infty}^{\infty}a_j\varepsilon_{t-j},\quad t\in\mathbb{Z}. \tag{3.4}$$

下面说明 $\{X_t\}$ 是平稳序列. 由公式(3.3)和 Schwarz 不等式得到

$$\mathrm{E}\Big[\sum_{j=-\infty}^{\infty}|a_j\varepsilon_{t-j}|\Big]=\sum_{j=-\infty}^{\infty}|a_j|\mathrm{E}|\varepsilon_{t-j}|\leqslant\sigma\sum_{j=-\infty}^{\infty}|a_j|<\infty.$$

于是, (3.4)右边的无穷级数是 a.s. 绝对收敛的,从而是 a.s. 收敛的. 由于

$$\Big|\sum_{j=-n}^{n}a_j\varepsilon_{t-j}\Big|\leqslant\sum_{j=-\infty}^{\infty}|a_j\varepsilon_{t-j}|,$$

所以用控制收敛定理得到

$$\mathrm{E}X_t=\lim_{n\to\infty}\mathrm{E}\Big[\sum_{j=-n}^{n}a_j\varepsilon_{t-j}\Big]=0.$$

现在对 $t,s\in\mathbb{Z}$,定义

$$\xi_n=\sum_{j=-n}^{n}a_j\varepsilon_{t-j},\quad \eta_n=\sum_{k=-n}^{n}a_k\varepsilon_{s-k}.$$

则 $\xi_n\eta_n\to X_tX_s$ a.s.,并且

$$|\xi_n\eta_n|\leqslant V\overset{\text{def}}{=\!=}\sum_{j=-\infty}^{\infty}\sum_{k=-\infty}^{\infty}|a_ja_k\varepsilon_{t-j}\varepsilon_{s-k}|.$$

利用公式(3.3)知道

$$\mathrm{E}V=\sum_{j=-\infty}^{\infty}\sum_{k=-\infty}^{\infty}|a_ja_k|\mathrm{E}|\varepsilon_{t-j}\varepsilon_{s-k}|\leqslant\sigma^2\Big[\sum_{j=-\infty}^{\infty}|a_j|\Big]^2<\infty.$$

所以由控制收敛定理得到

$$\begin{aligned}\mathrm{E}(X_tX_s)&=\lim_{n\to\infty}\mathrm{E}(\xi_n\eta_n)=\lim_{n\to\infty}\sum_{j=-n}^{n}\sum_{k=-n}^{n}a_ja_k\mathrm{E}(\varepsilon_{t-j}\varepsilon_{s-k})\\&=\sigma^2\sum_{j=-\infty}^{\infty}a_ja_{j+(t-s)}.\end{aligned}$$

这就说明$\{X_t\}$是平稳序列,有自协方差函数

$$\gamma_k=\sigma^2\sum_{j=-\infty}^{\infty}a_ja_{j+k},\quad k\in\mathbb{Z}.\tag{3.5}$$

一般的线性平稳序列只要求$\{a_j\}$平方可和,即只要求

$$\sum_{j=-\infty}^{\infty}a_j^2<\infty.\tag{3.6}$$

这时由(3.4)定义的时间序列$\{X_t\}$仍然是平稳序列,有零均值和自协方差函数(3.5).因为这时可以证明(3.4)右边的无穷级数是均方收敛的(见例6.3).

定理 3.3 设$\{\varepsilon_t\}$是$\mathrm{WN}(0,\sigma^2)$,实数列$\{a_j\}$平方可和,线性平稳序列$\{X_t\}$由(3.4)定义,则自协方差函数$\lim\limits_{k\to\infty}\gamma_k=0$.

证明 利用 Cauchy 不等式$\sum|a_jb_j|\leqslant\left(\sum a_j^2\sum b_j^2\right)^{1/2}$得到

$$\begin{aligned}|\gamma_k|&=\sigma^2\Big|\sum_{j=-\infty}^{\infty}a_ja_{j+k}\Big|\\&\leqslant\sigma^2\sum_{|j|\leqslant k/2}|a_ja_{j+k}|+\sigma^2\sum_{|j|>k/2}|a_ja_{j+k}|\\&\leqslant\sigma^2\Big[\sum_{j=-\infty}^{\infty}a_j^2\sum_{|j|\leqslant k/2}a_{j+k}^2\Big]^{1/2}+\sigma^2\Big[\sum_{j=-\infty}^{\infty}a_j^2\sum_{|j|>k/2}a_j^2\Big]^{1/2}\\&\leqslant2\sigma^2\Big[\sum_{j=-\infty}^{\infty}a_j^2\sum_{|j|\geqslant k/2}a_j^2\Big]^{1/2}\\&\to0,\quad\text{当 }k\to\infty\text{ 时}.\end{aligned}\tag{3.7}$$

线性平稳序列描述了相当广泛的一类平稳序列.如果$x_1,x_2,\cdots,x_N$是平稳序列的观测样本,则当$N\to\infty$,只要样本自协方差函数

$$\hat{\gamma}_k = \frac{1}{N}\sum_{t=1}^{N-k}(x_{t+k}-\overline{x})(x_t-\overline{x}),\quad 1 \leqslant k \leqslant \sqrt{N}$$

趋于零,就可以用线性平稳序列描述这个时间序列. 实际工作中遇到的大部分平稳时间序列的样本自协方差函数 $\hat{\gamma}_k$ 都有收敛到 0 的性质. 所以线性平稳序列是时间序列分析的研究重点之一.

应用时间序列分析中最常用到的是单边运动平均,也叫单边无穷滑动和:

$$X_t = \sum_{j=0}^{\infty} a_j \varepsilon_{t-j},\quad t \in \mathbb{Z}, \tag{3.8}$$

这里单边的含义是指求和项只有右半部分,它表明现在的观测 X_t 由 t 时刻及以前的所有白噪声造成,不受时刻 t 以后的白噪声的影响.

C. 时间序列的线性滤波

在数字信号分析和处理中,时间序列 $\{X_t\}$ 被称为信号过程. 按通常的定义,信号过程的频率是单位时间内该信号过程的振动次数. 振动次数越大,频率就越高. 在一些通讯工程问题里,常常需要设计一个线性滤波器来滤掉信号过程中的高频噪声. 这种滤波器被称为**线性低通滤波器**.

在线性滤波问题中,绝对可和的实数列 $H=\{h_j\}$ 被称为一个**保时线性滤波器**. 信号 $\{X_t\}$ 通过滤波器 H 后得到输出

$$Y_t = \sum_{j=-\infty}^{\infty} h_j X_{t-j},\quad t \in \mathbb{Z}. \tag{3.9}$$

如果 $\{X_t\}$ 是平稳信号(即平稳序列),有数学期望 $\mathrm{E}X_t=\mu$ 和自协方差函数 $\{\gamma_k\}$,则参照 B 中的推导,可以证明(3.9)是平稳信号,有数学期望

$$\mu_Y = \mathrm{E}Y_t = \sum_{j=-\infty}^{\infty} h_j \mathrm{E}X_{t-j} = \mu \sum_{j=-\infty}^{\infty} h_j \tag{3.10}$$

和自协方差函数

$$\begin{aligned}\gamma_Y(n) = \mathrm{cov}(Y_{n+1}, Y_1) &= \sum_{j,k=-\infty}^{\infty} h_j h_k \mathrm{E}[(X_{n+1-j}-\mu)(X_{1-k}-\mu)] \\ &= \sum_{j,k=-\infty}^{\infty} h_j h_k \gamma_{n+k-j}.\end{aligned} \tag{3.11}$$

如果取保时线性滤波器 H 满足

$$h_j = \begin{cases} \dfrac{1}{2M+1}, & |j| \leqslant M, \\ 0, & |j| > M, \end{cases} \quad M \in \mathbb{N}_+, \tag{3.12}$$

则 $$Y_t = \frac{1}{2M+1}(X_{t-M} + X_{t+1-M} + \cdots + X_{t+M}), \quad t \in \mathbb{Z}$$

是$\{X_t\}$的逐步平均. 它可以对平稳信号$\{X_t\}$起平滑的作用,同时对抑制噪声,特别是抑制高频噪声是有效的. 但是要得到更有效的滤波效果,必须针对具体的信号序列设计不同的滤波器 H.

例 3.1 余弦波信号的滤波. 设$\{\varepsilon_t\}$是零均值平稳序列, b 是非零常数, ω 是$(0,\pi]$中的常数,随机变量 U 和$\{\varepsilon_t\}$独立并且在$[0,2\pi]$上均匀分布. 这时观测信号

$$X_t = b\cos(\omega t + U) + \varepsilon_t, \quad t \in \mathbb{Z} \tag{3.13}$$

是余弦波信号$\{b\cos(\omega t+U)\}$和随机干扰噪声$\{\varepsilon_t\}$的叠加. 从例 2.2 知道余弦波信号是平稳信号序列,有方差 $b^2/2$. 由于这两个平稳序列是正交的,所以观测序列$\{X_t\}$是平稳序列. 噪声的方差 $\sigma^2=\mathrm{var}(\varepsilon_t)$表示噪声的强弱. 信号的方差 $b^2/2$ 表示信号的强弱. 于是信噪比可由

$$b^2/(2\sigma^2) \tag{3.14}$$

定义. 信噪比 $b^2/2\sigma^2$ 大,信号容易被识别. 信噪比 $b^2/2\sigma^2$ 过小,信号会被噪声淹没. 采用滤波器(3.12)对(3.13)进行滤波后得到

$$\begin{aligned} Y_t &= \frac{1}{2M+1}(X_{t-M} + X_{t+1-M} + \cdots + X_{t+M}) \\ &= \frac{1}{2M+1}\sum_{j=-M}^{M}[b\cos(\omega(t-j)+U) + \varepsilon_{t-j}] \\ &= \frac{1}{2M+1}\sum_{j=-M}^{M} b\cos(\omega j)\cos(\omega t + U) + \eta_t, \end{aligned}$$

其中 $$\eta_t = \frac{1}{2M+1}\sum_{j=-M}^{M}\varepsilon_{t-j}, \quad t \in \mathbb{Z}$$

是零均值平稳序列. 利用三角求和公式

$$\sum_{j=-M}^{M}\cos(\omega j) = \frac{\cos(\omega M) - \cos[\omega(M+1)]}{1-\cos(\omega)}$$

$$= \frac{2\sin[\omega(M+0.5)]\sin(\omega/2)}{2\sin^2(\omega/2)} = \frac{\sin[\omega(M+0.5)]}{\sin(\omega/2)}$$

得到

$$Y_t = \frac{b\sin[\omega(M+0.5)]}{(2M+1)\sin(\omega/2)}\cos(\omega t + U) + \eta_t.$$

于是,从滤波器(3.12)输出的信号序列$\{Y_t\}$和输入的信号序列$\{X_t\}$有相同的角频率ω和初始相位U. 如果$\{\varepsilon_t\}$是白噪声,则输出序列的随机干扰$\{\eta_t\}$的方差是

$$\operatorname{var}(\eta_t) = \frac{\sigma^2}{2M+1}.$$

于是输出序列的信噪比变为

$$\frac{b^2\sin^2[\omega(M+0.5)]}{2(2M+1)\sin^2(\omega/2)\sigma^2}.$$

特别当$\omega(M+0.5)=\pi/2$,即$M=\pi/2\omega-0.5$时,信噪比为

$$\frac{b^2\omega}{2\pi\sigma^2\sin^2(\omega/2)} > \frac{2b^2}{\pi\omega\sigma^2}.$$

这里用到了不等式$x>\sin x, x>0$. 和输入序列的信噪比相比较,输出序列的信噪比至少增加了$4/(\pi\omega)$倍. ω越小,信噪比增加的越大.

图 1.3.1 中的$X(t)$是来自模型(3.13)的 100 个观测,$b=1.5$, $\omega=\pi/7$, $\{\varepsilon_t\}$是方差等于 1 的正态白噪声. 信噪比是$1.5^2/2=1.125$. 保时线性滤波器由(3.12)定义,$M=3$. 输出过程的信噪比是 3.245,

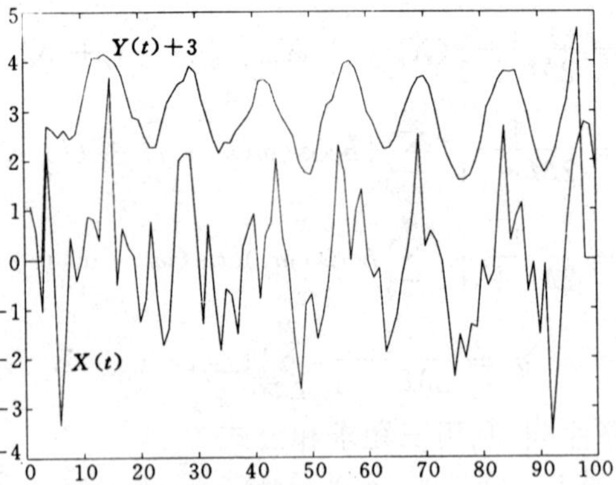

图 1.3.1 输入信号 X_t,输出信号 Y_t+3

是输入过程信噪比的 2.884 倍. 为了比较的方便,图中把输出过程提高了 3 个单位. 从图中看出,输入过程的高频干扰噪音被较大程度地过滤掉了. 输出过程明显是一个具有角频率 $\omega=\pi/7$ 的余弦波. 周期是 $T=2\pi/\omega=14$. 这时的滤波器就像一个硬毛刷,它蹭掉了信号过程中的毛刺.

习　题　三

3.1　如果输入序列 $\{X_t\}$ 是由(3.4)定义的线性平稳序列,则从保时线性滤波器 H 输出的序列 $\{Y_t\}$ 也是线性平稳序列.

*3.2　设 $\{X_t\}$ 是由(3.1)定义的有限滑动和. 如果多项式 $a(z)=\sum_{j=0}^{q} a_j z^j \neq 0$ 对一切 $|z|=1$ 成立,则存在实数 $b_0,b_1,\cdots,b_q$ 和零均值白噪声 $\{\eta_t\}$ 使得

$$X_t = b_0\eta_t + b_1\eta_{t-1} + \cdots + b_q\eta_{t-q}, \quad t \in \mathbb{Z},$$

并且当 $|z|\leqslant 1$ 时,多项式 $b(z)=\sum_{j=0}^{q} b_j z^j \neq 0$.

3.3　设 $\{X_t\}$ 和 $\{Y_t\}$ 是相互独立的平稳序列,并且有相同的均值和自协方差函数 γ_k. 定义加密序列

$$Z_t = \begin{cases} X_t, & \text{当 } t = 2n+1, \\ Y_t, & \text{当 } t = 2n. \end{cases}$$

问 $\{Z_t\}$ 是否平稳序列? 证明你的结果.

3.4　设 $\{\varepsilon_t\}$ 是 $\mathrm{WN}(0,\sigma^2)$, $X_0=0$. 对 $X_t=X_{t-1}+\varepsilon_t, t\in \mathbb{N}_+$, 计算 X_t, X_s 的相关系数 $\rho(t,s)$.

§1.4　正态时间序列和随机变量的收敛性

和统计学中正态分布的重要性一样,在时间序列分析中,多元正态分布和正态白噪声也有重要的地位.

A. 随机向量的数学期望和方差

对于以随机变量 $X_{i,j}$ 构成的 $m\times n$ 的矩阵 $\underline{X}=(X_{i,j})$, 如果每个

随机变量的数学期望 $\mathrm{E}X_{i,j}=\mu_{i,j}$ 存在，就定义 $\underline{X}$ 的数学期望如下：

$$\mathrm{E}\underline{X}=(\mathrm{E}X_{i,j})=(\mu_{i,j}). \tag{4.1}$$

如果 n 维随机向量 $\boldsymbol{X}=(X_1,X_2,\cdots,X_n)^{\mathrm{T}}$ 中每个 X_j 的方差有限，就定义 $\boldsymbol{X}$ 的协方差矩阵

$$\Sigma_{\boldsymbol{X}}=\mathrm{cov}(\boldsymbol{X},\boldsymbol{X})=\mathrm{E}[(\boldsymbol{X}-\boldsymbol{\mu})(\boldsymbol{X}-\boldsymbol{\mu})^{\mathrm{T}}]=(\sigma_{i,j}). \tag{4.2}$$

这里 $\boldsymbol{\mu}=\mathrm{E}\boldsymbol{X}$，$\sigma_{i,j}=\mathrm{cov}(X_i,X_j)$是 Σ_X 的第(i,j)元素．从(2.2)的推导可以看出协方差矩阵 Σ_X 总是对称非负定的．和一维的情况一样，协方差矩阵有如下的计算公式

$$\begin{aligned}\Sigma_{\boldsymbol{X}}&=\mathrm{cov}(\boldsymbol{X},\boldsymbol{X})=\mathrm{E}[(\boldsymbol{X}-\boldsymbol{\mu})(\boldsymbol{X}-\boldsymbol{\mu})^{\mathrm{T}}]\\&=\mathrm{E}(\boldsymbol{X}\boldsymbol{X}^{\mathrm{T}})-\boldsymbol{\mu}\mathrm{E}(\boldsymbol{X})^{\mathrm{T}}-\mathrm{E}(\boldsymbol{X})\boldsymbol{\mu}^{\mathrm{T}}+\boldsymbol{\mu}\boldsymbol{\mu}^{\mathrm{T}}\\&=\mathrm{E}(\boldsymbol{X}\boldsymbol{X}^{\mathrm{T}})-\mathrm{E}(\boldsymbol{X})\mathrm{E}(\boldsymbol{X})^{\mathrm{T}}.\end{aligned} \tag{4.3}$$

由概率论的知识知道，对于 m 维常数列向量 $\boldsymbol{a}$ 和 $m\times n$ 常数矩阵 B，由线性变换

$$\boldsymbol{Y}=\boldsymbol{a}+B\boldsymbol{X} \tag{4.4}$$

定义的 m 维随机向量 $\boldsymbol{Y}$ 分别有数学期望和协方差矩阵

$$\mathrm{E}\boldsymbol{Y}=\boldsymbol{a}+B\mathrm{E}\boldsymbol{X} \quad 和 \quad \mathrm{cov}(\boldsymbol{Y},\boldsymbol{Y})=B\Sigma_X B^{\mathrm{T}}. \tag{4.5}$$

定义 4.1 如果存在 m 维常数列向量 $\boldsymbol{\mu}$，$m\times n$ 常数矩阵 B 和相互独立的标准正态随机变量 $X_1,X_2,\cdots,X_n$ 使得 $Y=\boldsymbol{\mu}+B\boldsymbol{X}$，则称随机向量 $\boldsymbol{Y}=(Y_1,Y_2,\cdots,Y_m)^{\mathrm{T}}$ **服从 m 维(或多维)正态分布**.

利用公式(4.5)得到，$\mathrm{E}\boldsymbol{Y}=\boldsymbol{\mu}$，$\Sigma=\mathrm{cov}(\boldsymbol{Y},\boldsymbol{Y})=BB^{\mathrm{T}}$.

在定义 4.1 中，由于 X_i 有特征函数

$$\mathrm{E}[\exp(\mathrm{i}tX_i)]=\exp(-t^2/2),\quad t\in\mathbb{R}.$$

所以随机向量 $\boldsymbol{X}=(X_1,X_2,\cdots,X_n)^{\mathrm{T}}$ 有特征函数

$$\varphi_{\boldsymbol{X}}(\boldsymbol{t})=\mathrm{E}\exp(\mathrm{i}\boldsymbol{t}^{\mathrm{T}}\boldsymbol{X})=\prod_{j=1}^{n}\exp(-t_j^2/2)=\exp(-\boldsymbol{t}^{\mathrm{T}}\boldsymbol{t}/2),$$

其中 $\boldsymbol{t}=(t_1,t_2,\cdots,t_n)^{\mathrm{T}}\in\mathbb{R}^n$. 于是正态随机向量 $\boldsymbol{Y}$ 有特征函数

$$\begin{aligned}\varphi_{\boldsymbol{Y}}(\boldsymbol{t})&=\mathrm{E}\exp(\mathrm{i}\boldsymbol{t}^{\mathrm{T}}\boldsymbol{Y})=\mathrm{E}\exp[\mathrm{i}(\boldsymbol{t}^{\mathrm{T}}\boldsymbol{\mu}+\boldsymbol{t}^{\mathrm{T}}B\boldsymbol{X})]\\&=\exp(\mathrm{i}\boldsymbol{t}^{\mathrm{T}}\boldsymbol{\mu})\mathrm{E}\exp(\mathrm{i}(\boldsymbol{t}^{\mathrm{T}}B)\boldsymbol{X})\\&=\exp\left[\mathrm{i}\boldsymbol{t}^{\mathrm{T}}\boldsymbol{\mu}-\frac{1}{2}\boldsymbol{t}^{\mathrm{T}}\Sigma\boldsymbol{t}\right].\end{aligned} \tag{4.6}$$

从(4.5)看出，$\boldsymbol{Y}$ 的数学期望和协方差矩阵惟一决定 $\boldsymbol{Y}$ 的特征函数. 由于随机向量的特征函数和分布函数是相互惟一决定的，所以 $\boldsymbol{Y}$ 的分布由 $\boldsymbol{\mu}$ 和 Σ 惟一决定. 这样就可以用 $\boldsymbol{Y}\sim N(\boldsymbol{\mu},\Sigma)$ 表示 $\boldsymbol{Y}$ 服从均值是 $\boldsymbol{\mu}$，协方差矩阵是 Σ 的正态分布，或等价地说 $\boldsymbol{Y}$ 有特征函数(4.6).

实际上还可以证明，如果随机向量 $\boldsymbol{Z}$ 有特征函数(4.6)，则 $\boldsymbol{Z}$ 一定能表成(4.4)的形式(见习题 4.1). 下面的定理在判断一个随机向量是否服从正态分布时是十分有用的.

定理 4.1 $\boldsymbol{\xi}=(\xi_1,\xi_2,\cdots,\xi_n)^{\mathrm{T}}\sim N(\boldsymbol{\mu},\Sigma)$ 的充分必要条件是对任何 $\boldsymbol{a}=(a_1,a_2,\cdots,a_n)^{\mathrm{T}}\in\mathbb{R}^n$，有

$$Y=\boldsymbol{a}^{\mathrm{T}}\boldsymbol{\xi}\sim N(\boldsymbol{a}^{\mathrm{T}}\mu,\boldsymbol{a}^{\mathrm{T}}\Sigma\boldsymbol{a}). \tag{4.7}$$

证明 当 $\boldsymbol{\xi}\sim N(\mu,\Sigma)$ 时，利用(4.6)得到 Y 的特征函数

$$\begin{aligned}\varphi(t)&=\mathrm{E}\exp(\mathrm{i}tY)=\mathrm{E}\exp[\mathrm{i}(t\boldsymbol{a}^{\mathrm{T}})\boldsymbol{\xi}]\\&=\exp\left[\mathrm{i}t\boldsymbol{a}^{\mathrm{T}}\mu-\frac{1}{2}t^2\boldsymbol{a}^{\mathrm{T}}\Sigma\boldsymbol{a}\right].\end{aligned} \tag{4.8}$$

(4.8)式是 $N(\boldsymbol{a}^{\mathrm{T}}\mu,\boldsymbol{a}^{\mathrm{T}}\Sigma\boldsymbol{a})$ 的特征函数. 于是(4.7)成立. 反之，若(4.7)成立，则(4.8)成立. 取 $t=1$，由(4.8)得到 $\boldsymbol{\xi}$ 的特征函数

$$\varphi_{\xi}(\boldsymbol{a})=\mathrm{E}\exp(\mathrm{i}\boldsymbol{a}^{\mathrm{T}}\boldsymbol{\xi})=\exp\left(\mathrm{i}\boldsymbol{a}^{\mathrm{T}}\mu-\frac{1}{2}\boldsymbol{a}^{\mathrm{T}}\Sigma\boldsymbol{a}\right).$$

B. 正态平稳序列

定义 4.2 对于时间序列 $\{X_t\}$，如果对任何 $n\geqslant 1$ 和 $t_1,t_2,\cdots,t_n\in\mathbb{N}$，$(X(t_1),X(t_2),\cdots,X(t_n))$ 服从多元正态分布，就称 $\{X_t\}$ 是**正态时间序列**. 特别当 $\{X_t\}$ 还是平稳序列时，又称为**正态平稳序列**.

容易看出，$\{X_t:t\in\mathbb{N}_+\}$ 是正态时间序列的充分必要条件是对任何正整数 m，$(X_1,X_2,\cdots,X_m)$ 服从 m 维正态分布. $\{X_t:t\in\mathbb{Z}\}$ 是正态时间序列的充分必要条件是对任何正整数 m，

$$(X_{-m},X_{-m+1},\cdots,X_m)$$

服从 $2m+1$ 维正态分布(参考习题 4.2).

正态分布的主要性质之一是它的封闭性. 这个性质给判断线性平稳序列的正态性带来方便. 为了引进这些结果，需要回忆随机变量

收敛性的基本知识.

定义 4.3　设随机变量 ξ_n 和 ξ 分别有分布函数 $F_n(x)=P(\xi_n\leqslant x)$和 $F(x)=P(\xi\leqslant x)$. 当 $n\to\infty$时,

(1) 如果在 F 的每个连续点 x 有 $F_n(x)\to F(x)$,就称 ξ_n **依分布收敛**到 ξ;

(2) 如果对任取 $\varepsilon>0$ 有 $P(|\xi_n-\xi|\geqslant\varepsilon)\to 0$,就称 ξ_n **依概率收敛**到 ξ;

(3) 如果 $\mathrm{E}|\xi_n-\xi|\to 0$,就称 ξ_n **在 L^1 下收敛**到 ξ;

(4) 如果 $\mathrm{E}(\xi_n-\xi)^2\to 0$,就称 ξ_n **均方收敛**到 ξ.

上述定义中,依分布收敛和依概率收敛都不是生疏的,因为如果$\{\varepsilon_t\}$是独立同分布的 $\mathrm{WN}(\mu,\sigma^2)$,中心极限定理就是

$$\xi_n=\frac{1}{\sqrt{n\sigma^2}}\sum_{t=1}^{n}(\varepsilon_t-\mu),\quad n=1,2,\cdots$$

依分布收敛到 $\xi\sim N(0,1)$;弱大数律就是

$$\bar{\varepsilon}_n=\frac{1}{n}\sum_{t=1}^{n}\varepsilon_t,\quad n=1,2,\cdots$$

依概率收敛到 μ.

定理 4.2　在定义 4.3 的四种收敛中, (4)⇒(3)⇒(2)⇒(1).

证明　(4)⇒(3)　由 Schwarz 不等式得到.

(3)⇒(2)　由切比雪夫不等式得到

$$P(|\xi_n-\xi|\geqslant\varepsilon)\leqslant\frac{1}{\varepsilon}\mathrm{E}|\xi_n-\xi|\to 0.$$

(2)⇒(1)　对于 F 的连续点 x,取 $\delta>0$, $x_0=x-\delta$ 和 $x_1=x+\delta$. 利用

$$\begin{aligned}F_n(x)-F(x)&=P(\xi_n\leqslant x,\xi>x_1)\\&\quad+P(\xi_n\leqslant x,\ \xi\leqslant x_1)-F(x)\\&\leqslant P(|\xi_n-\xi|>\delta)+F(x_1)-F(x)\end{aligned}$$

和

$$\begin{aligned}F(x)-F_n(x)&=P(\xi_n>x)-P(\xi>x)\\&=P(\xi_n>x,\xi\leqslant x_0)+P(\xi_n>x,\xi>x_0)-P(\xi>x)\\&\leqslant P(|\xi_n-\xi|>\delta)+P(\xi>x_0)-P(\xi>x)\end{aligned}$$

$$= P(|\xi_n - \xi| > \delta) + F(x) - F(x_0)$$

得到

$$|F_n(x) - F(x)| \leqslant 2P(|\xi_n - \xi| > \delta) + F(x_1) - F(x_0).$$

当 $n \to \infty$ 时,得到

$$\overline{\lim_{n\to\infty}} |F_n(x) - F(x)| \leqslant F(x_1) - F(x_0).$$

令 $\delta \to 0$,得到 $\overline{\lim\limits_{n\to\infty}} |F_n(x) - F(x)| = 0$.

定理 4.3 如果正态时间序列 $\{\xi_n, n \in \mathbb{N}_+\}$ 依分布收敛到随机变量 ξ,则 $\xi \sim N(\mathrm{E}\xi, \mathrm{var}(\xi))$,并且

$$\mathrm{E}\xi_n \to \mathrm{E}\xi, \quad \mathrm{var}(\xi_n) \to \mathrm{var}(\xi).$$

(见文献[9]第 18 页.)

定理 4.4 如果 $\{\varepsilon_t\}$ 是正态 WN$(0, \sigma^2)$,实数列 $\{a_j\}$ 绝对可和,则由

$$X_t = \sum_{j=-\infty}^{\infty} a_j \varepsilon_{t-j}, \quad t \in \mathbb{Z}$$

定义的平稳序列是零均值正态序列,自协方差函数由(3.5)给出.

证明 先证明对任何 $m \in \mathbb{N}_+$,有

$$\boldsymbol{X} = (X_1, X_2, \cdots, X_m)^{\mathrm{T}} \sim N(0, \Sigma_m), \tag{4.9}$$

其中 $\Sigma_m = (\gamma_{j-k})_{m\times m}$,$\gamma_k$ 由(3.5)定义. 定义

$$\eta_k(n) = \sum_{j=-n}^{n} a_j \varepsilon_{k-j},$$

则有 $\mathrm{E}|\eta_k(n) - X_k| \to 0$,当 $n \to \infty$ 时. 对任何 $\boldsymbol{b} = (b_1, b_2, \cdots, b_m)^{\mathrm{T}}$,定义

$$Y = \boldsymbol{b}^{\mathrm{T}}\boldsymbol{X} = \sum_{k=1}^{m} b_k X_k, \quad \eta_n = \sum_{k=1}^{m} b_k \eta_k(n).$$

当 $n \to \infty$ 时,利用

$$\mathrm{E}(|Y - \eta_n|) = \mathrm{E}\left[\left|\sum_{k=1}^{m} b_k (X_k - \eta_k(n))\right|\right]$$

$$\leqslant \sum_{k=1}^{m} |b_k| \mathrm{E}[|X_k - \eta_k(n)|] \to 0$$

和定理 4.2,得到 η_n 依分布收敛到 Y. η_n 服从正态分布,故 $Y \sim N(\mathrm{E}Y, \mathrm{var}(Y))$. 从 $\mathrm{E}Y = 0$,$\mathrm{var}(Y) = \boldsymbol{b}^{\mathrm{T}}\Sigma_m \boldsymbol{b}$ 和定理 4.1 得到(4.9).

用同样的方法可以证明：对任何 $l\in \mathbb{N}_+$，有

$$\boldsymbol{X} = (X_{1-l},X_{2-l},\cdots,X_{m-l})^{\mathrm{T}} \sim N(0,\Sigma_m), \tag{4.10}$$

其中 $\Sigma_m=(\gamma_{j-k})_{m\times m}$. 所以定理 4.4 成立.

注　在定理 4.4 中可将 $\{a_j\}$ 绝对可和减弱成平方可和(见 §1.6 习题 6.1).

习　题　四

4.1　如果随机向量 $\boldsymbol{Z}$ 有特征函数(4.6)，则存在 n 维列向量 μ，$n\times n$ 常数矩阵 B 和相互独立的标准正态随机变量 $X_1,X_2,\cdots,X_n$，使得 $\boldsymbol{Z}=\mu+B\boldsymbol{X}$，其中 $\boldsymbol{X}=(X_1,X_2,\cdots,X_n)^{\mathrm{T}}$.

4.2　证明：

(1) $\{X_t: t\in \mathbb{N}_+\}$ 是正态时间序列的充分必要条件是，对任何正整数 m，$(X_1,X_2,\cdots,X_m)^{\mathrm{T}}$ 服从 m 维正态分布；

(2) $\{X_t: t\in \mathbb{Z}\}$ 是正态时间序列的充分必要条件是，对任何正整数 m，$(X_{-m},X_{-m+1},\cdots,X_m)^{\mathrm{T}}$ 服从 $2m+1$ 维正态分布.

4.3　设 $\{\varepsilon_t\}$ 是正态白噪声 $\mathrm{WN}(0,\sigma^2)$，时间序列 $\{X_t: t\geqslant 1\}$ 由

$$X_t = X_{t-12} + \varepsilon_t,\quad t\geqslant 1,\quad X_0 = X_{-1} = \cdots = X_{-11} = 0$$

定义. 对 $t,s\in \mathbb{N}_+$，求 (X_t,X_s) 的联合分布.

4.4　证明对线性平稳序列(3.4)，总有正态时间序列 $\{Y_t\}$ 和 $\{X_t\}$ 有相同的自协方差函数.

§1.5　严平稳序列及其遍历性

在概率论中，随机向量 $(Y_1,Y_2,\cdots,Y_n)^{\mathrm{T}}$ 的联合分布由

$$F(y_1,y_2,\cdots,y_n) = P(Y_1\leqslant y_1,Y_2\leqslant y_2,\cdots,Y_n\leqslant y_n)$$

定义. 具有相同的联合分布函数的随机向量被称为是**同分布的**.

在时间序列分析中，称时间序列 $\{X_t: t\in \mathbb{N}\}$ 和 $\{Y_t: t\in \mathbb{N}\}$ 是同分布的，如果对任何正整数 n 和 $t_1,t_2,\cdots,t_n\in \mathbb{N}$，随机向量

$$(X(t_1),X(t_2),\cdots,X(t_n))^{\mathrm{T}} \quad 和 \quad (Y(t_1),Y(t_2),\cdots,Y(t_n))^{\mathrm{T}}$$

是同分布的.

定义 5.1 设$\{X_t: t\in \mathbb{N}\}$是时间序列. 如果对任何正整数 n 和 $k\in \mathbb{N}$,随机向量

$$(X_1,X_2,\cdots,X_n)^{\mathrm{T}} \quad 和 \quad (X_{1+k},X_{2+k},\cdots,X_{n+k})^{\mathrm{T}}$$

同分布,就称$\{X_t: t\in \mathbb{N}\}$是**严平稳序列**.

严平稳序列的特征是它的分布平移不变性: 对任何固定的 $k\geqslant 1$,时间序列$\{X_t: t\in \mathbb{Z}\}$和$\{X_{t+k}: t\in \mathbb{Z}\}$同分布. 于是,对任何多元函数 $\varphi(x_1,x_2,\cdots,x_m)$,

$$Y_t=\varphi(X_{t+1},X_{t+2},\cdots,X_{t+m}),\quad t\in \mathbb{Z} \tag{5.1}$$

仍然是严平稳序列(见习题 5.2).

严平稳序列和平稳序列有密切的关系. 由于$\{X_t\}$的均值 $\mathrm{E}X_t$ 和协方差 $\mathrm{cov}(X_t,X_s)$都由联合分布决定,所以如果严平稳序列$\{X_t\}$的方差 $\mathrm{var}(X_t)$有限,则它一定是平稳序列. 但是,平稳序列一般不必是严平稳序列. 鉴于这点,平稳序列又被称为**弱平稳序列**或**宽平稳序列**. 严平稳序列又被称为**强平稳序列**. 但是对于正态时间序列$\{X_t\}$来讲,由于 $\boldsymbol{X}=(X(t_1),X(t_2),\cdots,X(t_n))^{\mathrm{T}}$ 的数学期望 $\mathrm{E}\boldsymbol{X}$,协方差矩阵 $\mathrm{cov}(\boldsymbol{X},\boldsymbol{X})$和 $\boldsymbol{X}$ 的联合分布相互惟一决定,所以严平稳性和平稳性是等价的.

在很多的应用科学中,时间序列的观测是不能重复的. 于是,人们总是遇到要用时间序列$\{X_t\}$的一次实现 $x_1,x_2,\cdots$推断$\{X_t\}$的统计性质这个问题. 要做到这点,必须对时间序列有所要求. 遍历性的要求就是其中一种. 我们不去关心遍历性的数学定义,但是需要知道如果严平稳序列是遍历的,那么从它的一次实现 $x_1,x_2,\cdots$就可以推断出这个严平稳序列的所有有限维分布:

$$F(x_1,x_2,\cdots,x_m)=P(X_1\leqslant x_1,X_2\leqslant x_2,\cdots,X_m\leqslant x_m),\quad m\in \mathbb{N}_+.$$

有遍历性的严平稳序列被称为**严平稳遍历序列**. 在应用工作中以下定理是有用的. 它的证明超出了本书关心的范围.

定理 5.1(遍历定理) 如果$\{X_t\}$是严平稳遍历序列,则有如下的结果:

(1) 强大数律: 如果 $\mathrm{E}|X_1|<\infty$,则

$$\lim_{n\to\infty}\frac{1}{n}\sum_{t=1}^{n}X_t=\mathrm{E}X_1,\quad \text{a.s.}.$$

(2) 对任何多元函数 $\varphi(x_1,x_2,\cdots,x_m)$,

$$Y_t = \varphi(X_{t+1},X_{t+2},\cdots,X_{t+m})$$

是严平稳遍历序列.

下面的定理在判定线性平稳序列的遍历性时是十分有用的.

定理 5.2 如果$\{\varepsilon_t\}$是独立同分布的 $\mathrm{WN}(0,\sigma^2)$,实数列$\{a_j\}$平方可和,则线性平稳序列

$$X_t = \sum_{j=-\infty}^{\infty} a_j\varepsilon_{t-j}, \quad t \in \mathbb{Z} \tag{5.2}$$

是严平稳遍历的.

引入事件 A 的示性函数

$$I[A] = \begin{cases} 1, & \text{当 } A \text{ 发生}, \\ 0, & \text{当 } A \text{ 不发生}. \end{cases}$$

例 5.1 对严平稳序列$\{X_t\}$,定义严平稳序列

$$Y_t=I[X(t+t_1)\leqslant y_1,X(t+t_2)\leqslant y_2,\cdots,X(t+t_m)\leqslant y_m], \quad t\in \mathbb{Z}.$$

如果$\{X_t\}$是遍历的,由定理 5.1 的(2)知道$\{Y_t\}$也是遍历的,并且有界. 利用强数大数律(1)得到

$$\begin{aligned}\lim_{n\to\infty} \frac{1}{n}\sum_{t=1}^{n} Y_t &= \mathrm{E}Y_0 \\ &= P(X(t_1) \leqslant y_1,X(t_2) \leqslant y_2,\cdots,X(t_m) \leqslant y_m), \quad \text{a.s.}.\end{aligned}$$

这个例子说明,在几乎必然的意义下,$\{X_t\}$的每一次观测都可以决定$\{X_t\}$的有限维分布.

例 5.2 若$\{X_t\}$是严平稳遍历序列,则$\{X_tX_{t+k};t\geqslant1\}$也是严平稳遍历序列. 当 $\mathrm{E}X_t^2<\infty$时,有

$$\lim_{N\to\infty}\frac{1}{N}\sum_{t=1}^{N}X_tX_{t+k} = \mathrm{E}(X_tX_{t+k}), \quad \text{a.s.}.$$

严平稳遍历序列是时间序列的应用和理论分析中常用的时间序列. 如果要使得一个估计量能(几乎必然)收敛到所要估计的参数,通常都需要这个条件.

习 题 五

5.1 对例 2.2 中的调和平稳序列求极限

$$\lim_{N\to\infty}\frac{1}{N}\sum_{t=1}^{N}X_t.$$

5.2 设$\{X_t\}$是严平稳序列. 对多元函数$\varphi(x_1,x_2,\cdots,x_m)$，证明

$$Y_t=\varphi(X_{t+1},X_{t+2},\cdots,X_{t+m}),\quad t\in\mathbb{Z}$$

是严平稳序列.

5.3 试举出一个非遍历的严平稳序列的例子.

5.4 设$\{\varepsilon_t\}$是独立同分布的白噪声，实数列$\{h_j\}$绝对可和. 证明

$$X_t=\sum_{j=-\infty}^{\infty}h_j\varepsilon_{t-j},\quad t\in\mathbb{Z}$$

是严平稳序列.

*§1.6 Hilbert 空间中的平稳序列

早在 1941 年柯尔莫哥洛夫(Kolmogorov)就用泛函分析的方法在 Hilbert 空间中研究了平稳序列的预测问题，为平稳序列的研究开辟了具有实践意义的领域. 他在这个领域中创立的概念和方法已经成为研究平稳序列的有力工具(见文献[7]).

A. Hilbert 空间

在研究时间序列的预测问题时，常常考虑用历史资料$X_1,X_2,\cdots,X_n$的线性组合

$$a_1X_1+a_2X_2+\cdots+a_nX_n \tag{6.1}$$

对未来X_{n+k}进行预测. 也是为了回答§1.4中线性序列的均方收敛问题，我们有必要对形如(6.1)的线性组合进行详细考察.

用$L^2(X)$表示平稳序列$\{X_t\}$中随机变量有限线性组合的全体：

$$L^2(X)=\Big\{\sum_{j=1}^{k}a_jX(t_j)\,|\,a_j\in\mathbb{R},t_j\in\mathbb{Z},1\leqslant j\leqslant k,k\in\mathbb{N}_+\Big\},$$

则对任何$X,Y,Z\in L^2(X)$，$a,b\in\mathbb{R}$不难看出以下的结论成立：

(1) $X+Y=Y+X\in L^2(X)$，$(X+Y)+Z=X+(Y+Z)$；

(2) $0\in L^2(X)$，$X+0=X$，$X+(-X)=0\in L^2(X)$；

(3) $a(X+Y)=aX+aY\in L^2(X)$，

$(a+b)X=aX+bX$，$a(bX)=(ab)X$.

所以，$L^2(X)$是一个线性空间. 在$L^2(X)$上定义内积$\langle X,Y\rangle=\mathrm{E}(XY)$，则有

(4) $\langle X,Y\rangle=\langle Y,X\rangle$，$\langle aX+bY,Z\rangle=a\langle X,Z\rangle+b\langle Y,Z\rangle$；

(5) $\langle X,X\rangle\geqslant 0$，并且$\langle X,X\rangle=0$当且仅当$X=0$，a.s..

所以$L^2(X)$又是内积空间. 在任何内积空间上有 Schwarz 不等式(习题 6.2)：

$$|\langle X,Y\rangle|\leqslant[\langle X,X\rangle\langle Y,Y\rangle]^{1/2}.\tag{6.2}$$

在$L^2(X)$上引入距离$\|X-Y\|=(\langle X-Y,X-Y\rangle)^{1/2}$，则有

(6) $\|X-Y\|=\|Y-X\|\geqslant 0$，并且$\|X-Y\|=0$，当且仅当$X=Y$，a.s..

利用 Schwarz 不等式可以证明如下的

(7) 三角不等式：$\|X-Y\|\leqslant\|X-Z\|+\|Z-Y\|$.

这样，$L^2(X)$又成为距离空间. 不难看出，在任何内积空间上都可以定义距离，使它自然成为距离空间.

如果用L^2表示二阶矩有限的随机变量的全体：

$$L^2=\{X:\ \mathrm{E}X^2<\infty\},\tag{6.3}$$

则L^2也是内积空间和距离空间，并且$L^2(X)$是L^2的子空间.

定义 6.1 对$\xi_n\in L^2$，$\xi_0\in L^2$，

(1) 如果$\lim\limits_{n\to\infty}\|\xi_n-\xi_0\|=0$，就称$\xi_n$在$L^2$中(或均方)收敛到$\xi_0$，记做$\xi_n\xrightarrow{\text{m.s.}}\xi_0$；

(2) 如果当$n,m\to\infty$时，$\|\xi_n-\xi_m\|\to 0$，就称$\{\xi_n\}$是L^2中的基本列或 Cauchy 列.

由于$\|\xi_n-\xi_0\|^2=\mathrm{E}(\xi_n-\xi_0)^2$，所以定义 6.1 中的(1)和定义 4.3 中的(4)是一致的.

定理 6.1 如果$\{\xi_n\}$是L^2中的基本列，则(在 a.s. 的意义下)有惟一的$\xi\in L^2$，使得$\xi_n\xrightarrow{\text{m.s.}}\xi$.

证明 由基本列的定义知道，存在$\{n\}$的子序列$\{n_k\}$，使得当$n,m\geqslant n_k$时，$\|\xi_n-\xi_m\|^2\leqslant 2^{-3k}$. 利用切比雪夫不等式得到

$$P(|\xi_n-\xi_m|\geqslant 2^{-k})\leqslant 2^{2k}\mathrm{E}(\xi_n-\xi_m)^2\leqslant 2^{-k}.$$

于是由单调收敛定理得到

$$
\begin{aligned}
&\mathrm{E}\sum_{k=1}^{\infty} I[\,|\xi(n_{k+1})-\xi(n_k)|\geqslant 2^{-k}] \\
&\quad=\sum_{k=1}^{\infty}\mathrm{E}I[\,|\xi(n_{k+1})-\xi(n_k)|\geqslant 2^{-k}] \\
&\quad=\sum_{k=1}^{\infty}P(\,|\xi(n_{k+1})-\xi(n_k)|\geqslant 2^{-k}) \\
&\quad\leqslant\sum_{k=1}^{\infty}2^{-k}<\infty.
\end{aligned}
$$

从而

$$\sum_{k=1}^{\infty} I[\,|\xi(n_{k+1})-\xi(n_k)|\geqslant 2^{-k}]<\infty,\quad \text{a.s.}.$$

于是对充分大的 k，有 $|\xi(n_{k+1})-\xi(n_k)|\leqslant 2^{-k}$，这样

$$|\xi(n_{k+m})-\xi(n_k)|\leqslant\sum_{j=1}^{m}|\xi(n_{k+j})-\xi(n_{k+j-1})|\leqslant 2^{-k+1}.$$

说明(在 a.s. 意义下)$\{\xi(n_k)\}$是实数基本列. 由实数的完备性知道有 ξ，使得 $\lim\xi(n_k)=\xi$，a.s.，利用 Fatou 引理(习题 6.3)得到

$$
\begin{aligned}
\mathrm{E}(\xi_n-\xi)^2&=\mathrm{E}[\varliminf_{k\to\infty}[\xi_n-\xi(n_k)]^2] \\
&\leqslant\varliminf_{k\to\infty}\mathrm{E}[\xi_n-\xi(n_k)]^2 \\
&\to 0,\quad \text{当 } n\to\infty.
\end{aligned}
$$

利用三角不等式知道，$\sqrt{\mathrm{E}\xi^2}=\|\xi\|\leqslant\|\xi_n-\xi\|+\|\xi_n\|<\infty$. 于是 $\xi\in L^2$.

下面证明惟一性. 如果又有 $\xi_n\xrightarrow{\text{m.s.}}\eta$ 成立，再利用三角不等式得到：

$$\|\eta-\xi\|\leqslant\|\xi-\xi_n\|+\|\eta-\xi_n\|\to 0,\quad \text{当 } n\to\infty,$$

所以 $\eta=\xi$，a.s..

如果内积空间中的每个基本列都有极限，而且极限也在这个内积空间中，就称这个内积空间是**完备的**. 定理 6.1 说明内积空间 L^2 是完备的. 完备的内积空间又称为 **Hilbert 空间**. 所以 L^2 是 Hilbert 空间. 正因为如此，才使得平稳序列的研究和 Hilbert 空间的理论发生密切的联系. 其实，著名数学家柯尔莫哥洛夫最早就是在一般的 Hilbert 空间中定义平稳序列的：设$\{\xi_n\}$是 Hilbert 空间 H 中的序

列,如果对任何 n,m,$\langle \xi_{n+m},\xi_m\rangle = B(n)$不依赖 m,就称$\{\xi_n\}$是 Hilbert 空间 H 中的平稳序列.

如果用 $\overline{L}^2(X)$表示 L^2 中含 $L^2(X)$的最小闭子空间,则 $\overline{L}^2(X)$是 Hilbert 空间,称为由平稳序列$\{X_t\}$生成的 Hilbert 空间.

B. 内积的连续性

内积的连续性是内积空间的基本性质. 它方便我们研究时间序列的收敛性.

定理 6.2（内积的连续性） 在内积空间中,如果$\| \xi_n - \xi \| \to 0$, $\| \eta_n - \eta \| \to 0$,则有

(1) $\| \xi_n \| \to \| \xi \|$;

(2) $\langle \xi_n,\eta_n\rangle \to \langle \xi,\eta\rangle$.

证明 (1) 由三角不等式

$$\| \xi_n \| \leqslant \| \xi_n - \xi \| + \| \xi \| \text{ 和 } \| \xi \| \leqslant \| \xi - \xi_n \| + \| \xi_n \|$$

得到.

(2) 由 Schwarz 不等式得到

$$\begin{aligned} |\langle \xi_n,\eta_n\rangle - \langle \xi,\eta\rangle| &= |\langle \xi_n,\eta_n - \eta\rangle + \langle \xi_n - \xi,\eta\rangle| \\ &\leqslant |\langle \xi_n,\eta_n - \eta\rangle| + |\langle \xi_n - \xi,\eta\rangle| \\ &\leqslant \| \xi_n \| \| \eta_n - \eta \| + \| \xi_n - \xi \| \| \eta \| \\ &\to 0, \quad \text{当 } n \to \infty \text{ 时}. \end{aligned}$$

例 6.1 用 $\mathbb{R}^n$ 表示 n 维实向量空间

$$\mathbb{R}^n = \{\boldsymbol{a}: \boldsymbol{a} = (a_1,a_2,\cdots,a_n)^{\mathrm{T}}, a_i \in \mathbb{R}\},$$

则 $\mathbb{R}^n$ 是线性空间. 在 $\mathbb{R}^n$ 上定义内积$\langle \boldsymbol{a},\boldsymbol{b}\rangle = \boldsymbol{a}^{\mathrm{T}}\boldsymbol{b}$,则 $\mathbb{R}^n$ 成为内积空间. 利用实数的完备性,不难证明 $\mathbb{R}^n$ 是完备的,从而是 Hilbert 空间. 以后用$|\boldsymbol{a}| = \sqrt{\boldsymbol{a}^{\mathrm{T}}\boldsymbol{a}}$ 表示 $\mathbb{R}^n$ 中的欧氏模.

例 6.2 如果随机向量 $\boldsymbol{X} = (X_1,X_2,\cdots,X_n)^{\mathrm{T}}$ 是零均值平稳序列$\{X_t\}$一段,则它的线性组合全体构成的内积空间

$$L_n \xlongequal{\text{记为}} \mathrm{sp}(X_1,X_2,\cdots,X_n) \xlongequal{\text{def}} \{\boldsymbol{a}^{\mathrm{T}}\boldsymbol{X}: \boldsymbol{a} \in \mathbb{R}^n\} \tag{6.4}$$

是 Hilbert 空间,称为由 $\boldsymbol{X}$ **生成**的 Hilbert 空间.

实际上, L_n 首先是线性空间和内积空间. 我们来证明 L_n 的完备

性. 先设$\{X_t\}$是标准白噪声 WN(0,1),对任何线性组合 $\xi_n=\boldsymbol{a}_n^{\mathrm{T}}\boldsymbol{X}$,只要

$$\|\xi_n-\xi_m\|^2=\|\boldsymbol{a}_n^{\mathrm{T}}\boldsymbol{X}-\boldsymbol{a}_m^{\mathrm{T}}\boldsymbol{X}\|^2=(\boldsymbol{a}_n-\boldsymbol{a}_m)^{\mathrm{T}}(\boldsymbol{a}_n-\boldsymbol{a}_m)\to 0,$$

由例 6.1 知道有 $\boldsymbol{a}\in\mathbb{R}^n$,使得$|\boldsymbol{a}_n-\boldsymbol{a}|\to 0$,当 $n\to\infty$. 取 $\xi=\boldsymbol{a}^{\mathrm{T}}\boldsymbol{X}$ 时,

$$|\xi_n-\xi|^2=(\boldsymbol{a}_n-\boldsymbol{a})^{\mathrm{T}}(\boldsymbol{a}_n-\boldsymbol{a})\to 0.$$

于是, L_n 是完备的.

对一般的零均值平稳序列,可以设协方差阵 $\Gamma=\mathrm{E}(\boldsymbol{X}\boldsymbol{X}^{\mathrm{T}})$的秩是 m,$m\leqslant n$. 就有非退化矩阵 B 使得 $\boldsymbol{Y}=B\boldsymbol{X}$ 有协方差矩阵

$$\Gamma_Y=B\Gamma B^{\mathrm{T}}=\mathrm{diag}(1,1,\cdots,1,0,\cdots,0).$$

于是 $\boldsymbol{Y}=(Y_1,Y_2,\cdots,Y_m,0,\cdots,0)$,且 $Y_1,Y_2,\cdots,Y_m$ 为某个 WN(0,1)的一段. 由 $\boldsymbol{X}=B^{-1}\boldsymbol{Y}$ 知道 L_n 为$(Y_1,Y_2,\cdots,Y_m)$的线性组合的全体,从而是完备的.

例 6.3 设$\{\varepsilon_t\}$是 WN$(0,\sigma^2)$,$\{a_j\}$平方可和. 定义

$$\xi_n=\sum_{j=-n}^{n}a_j\varepsilon_{t-j},\quad t\in\mathbb{Z}.$$

则对 $m<n$,当 $m\to\infty$时,

$$\begin{aligned}\|\xi_n-\xi_m\|^2&=\Big\|\sum_{j=m+1}^{n}a_j\varepsilon_{t-j}+\sum_{j=-n}^{-m-1}a_j\varepsilon_{t-j}\Big\|^2\\&=\sigma^2\Big[\sum_{j=m+1}^{n}a_j^2+\sum_{j=-n}^{-m-1}a_j^2\Big]\to 0.\end{aligned}$$

于是,有 $X_t\in L^2$,使得 $\xi_n\xrightarrow{\text{m.s.}}X_t$. 为了表示 X_t 是 ξ_n 的均方极限,定义

$$X_t=\sum_{j=-\infty}^{\infty}a_j\varepsilon_{t-j},\quad t\in\mathbb{Z}.\tag{6.5}$$

利用内积的连续性得到

$$\mathrm{E}X_t=\lim_{n\to\infty}\langle\xi_n,1\rangle=\lim_{n\to\infty}\mathrm{E}\xi_n=0,$$

$$\begin{aligned}\gamma_k=\mathrm{E}(X_tX_{t+k})&=\lim_{n\to\infty}\Big\langle\sum_{j=-n}^{n}a_j\varepsilon_{t-j},\sum_{j=-n}^{n}a_j\varepsilon_{t+k-j}\Big\rangle\\&=\lim_{n\to\infty}\mathrm{E}\Big[\sum_{j=-n}^{n}a_j\varepsilon_{t-j}\sum_{j=-n}^{n}a_j\varepsilon_{t+k-j}\Big]=\sigma^2\sum_{j=-\infty}^{\infty}a_ja_{j+k}.\end{aligned}\tag{6.6}$$

这说明$\{X_t\}$是平稳序列，以(6.6)为自协方差函数.

C. 复值时间序列

在时间序列分析中，引入复值的随机变量往往会带来很多的方便. 如果 X 和 Y 是随机变量，就称 $Z=X+\mathrm{i}Y$ 是**复随机变量**. 如果 $\mathrm{E}X$ 和 $\mathrm{E}Y$ 都存在，就称 $Z=X+\mathrm{i}Y$ 的数学期望存在，并且定义

$$\mathrm{E}Z=\mathrm{E}X+\mathrm{iE}Y.$$

如果

$$\mathrm{E}|Z|^2=\mathrm{E}X^2+\mathrm{E}Y^2<\infty,$$

就称 Z 是**二阶矩有限**的复随机变量.

用 H 表示二阶矩有限的复随机变量的全体，用 $\overline{Y}$ 表示 Y 的共轭. 在 H 上定义内积$\langle X,Y\rangle=\mathrm{E}(X\overline{Y})$，可以证明 H 是复(复数域上的)Hilbert 空间. 这是因为$\{Z_n\}$是基本列，当且仅当$\{Z_n\}$的实部和虚部都是基本列. 定理 6.2 在复 Hilbert 空间上也成立.

按时间次序排列的复随机变量$\{Z_n\}$的序列称为**复时间序列**. 如果复时间序列$\{Z_n\}$满足

$$\mathrm{E}Z_n=\mu,\quad \gamma_{n-m}=\mathrm{E}[(Z_n-\mu)(\overline{Z_m-\mu})],\quad n,m\in\mathbb{Z},$$

就称$\{Z_n\}$是一个**复值平稳序列**，称$\{\gamma_k\}$是$\{Z_n\}$的**自协方差函数**.

特别当

$$\mathrm{E}Z_n=0,\quad \mathrm{E}(Z_n\overline{Z}_m)=\sigma^2\delta_{n-m},\quad n,m\in\mathbb{Z}$$

时，称$\{Z_n\}$是一个**复值零均值白噪声**. 这里 δ_{n-m}是 Kronecker 函数.

例 6.4　设随机变量 Y 在$[-\pi,\pi]$上均匀分布，于是有概率密度 $p(x)=1/2\pi, x\in[-\pi,\pi]$. 定义 $\varepsilon_n=\mathrm{e}^{\mathrm{i}nY}, n\in\mathbb{Z}$，则

$$\mathrm{E}\varepsilon_n=\delta_n,\quad \mathrm{E}(\varepsilon_n\bar{\varepsilon}_m)=\frac{1}{2\pi}\int_{-\pi}^{\pi}\mathrm{e}^{\mathrm{i}(n-m)y}\mathrm{d}y=\delta_{n-m}.$$

对于平方可和的实数列$\{a_j\}$，定义

$$Z_n=\sum_{j=-\infty}^{\infty}a_j\varepsilon_{n-j}=\sum_{j=-\infty}^{\infty}a_j\mathrm{e}^{\mathrm{i}(n-j)Y},\quad n\in\mathbb{Z}.$$

由内积的连续性得到

$$\mathrm{E}Z_n = a_n,\quad \mathrm{E}(Z_n\overline{Z}_m) = \sum_{j=-\infty}^{\infty} a_j a_{j+n-m}.$$

另一方面又有

$$\begin{aligned}\mathrm{E}(Z_n\overline{Z}_m) &= \mathrm{E}\Big[\sum_{j=-\infty}^{\infty} a_j \mathrm{e}^{\mathrm{i}(n-j)Y} \sum_{k=-\infty}^{\infty} a_k \mathrm{e}^{-\mathrm{i}(m-k)Y}\Big] \\ &= \frac{1}{2\pi}\int_{-\pi}^{\pi}\Big[\sum_{j=-\infty}^{\infty} a_j \mathrm{e}^{\mathrm{i}(n-j)y}\Big]\Big[\sum_{k=-\infty}^{\infty} a_k \mathrm{e}^{-\mathrm{i}(m-k)y}\Big]\mathrm{d}y \\ &= \frac{1}{2\pi}\int_{-\pi}^{\pi}\Big|\sum_{j=-\infty}^{\infty} a_j \mathrm{e}^{-\mathrm{i}jy}\Big|^2 \mathrm{e}^{\mathrm{i}(n-m)y}\mathrm{d}y.\end{aligned}$$

最后得到

$$\sum_{j=-\infty}^{\infty} a_j a_{j+k} = \frac{1}{2\pi}\int_{-\pi}^{\pi}\Big|\sum_{j=-\infty}^{\infty} a_j \mathrm{e}^{-\mathrm{i}jy}\Big|^2 \mathrm{e}^{\mathrm{i}ky}\mathrm{d}y.$$

定义

$$f(\lambda) = \frac{\sigma^2}{2\pi}\Big|\sum_{j=-\infty}^{\infty} a_j \mathrm{e}^{-\mathrm{i}j\lambda}\Big|^2 = \frac{\sigma^2}{2\pi}\Big|\sum_{j=-\infty}^{\infty} a_j \mathrm{e}^{\mathrm{i}j\lambda}\Big|^2.$$

就得到公式

$$\sigma^2\sum_{j=-\infty}^{\infty} a_j a_{j+k} = \int_{-\pi}^{\pi} f(y)\mathrm{e}^{\mathrm{i}ky}\mathrm{d}y,\quad k\in\mathbb{Z}. \tag{6.7}$$

注 以后在使用复值随机变量时将有说明.没有说明的随机变量都是实值的.

习 题 六

6.1 设$\{\varepsilon_t\}$是正态 $\mathrm{WN}(0,\sigma^2)$,$\{a_j\}$平方可和,证明由(6.5)定义的平稳序列是正态平稳序列.

6.2 在任何内积空间上有 Schwarz 不等式:

$$|\langle X,Y\rangle| \leqslant [\langle X,X\rangle\langle Y,Y\rangle]^{1/2}.$$

6.3 对时间序列$\{\xi_n\}$,证明 Fatou 引理:

$$\mathrm{E}(\underline{\lim}_{n\to\infty}|\xi_n|) \leqslant \underline{\lim}_{n\to\infty}\mathrm{E}|\xi_n|.$$

6.4 证明 Borel-Cantelli 引理:对随机事件 A_n,$n=1,2,\cdots$,如果

$$\sum_{n=1}^{\infty} P(A_n) < \infty,$$

则有无穷个 A_n 同时发生的概率等于零.

6.5　设随机变量 $\xi_j \in L^2, j=1,2,\cdots,n$. 证明：由 $1,\xi_1,\xi_2,\cdots,\xi_n$ 的线性组合的全体构成的内积空间是 Hilbert 空间，称为由 $1,\xi_1,\xi_2,\cdots,\xi_n$ 生成的 Hilbert 空间.

§1.7　平稳序列的谱函数

随机变量的统计性质可以由它的分布函数或概率密度刻画. 分布函数是单调不减的右连续函数. 概率密度是在整个直线上积分值等于 1 的非负函数. 任何随机变量的分布函数都惟一存在. 只有连续型的随机变量才有概率密度. 完全类似地，平稳序列的二阶统计性质可以由它的谱分布函数或谱密度函数刻画. 下面会看到平稳序列的谱分布函数是惟一存在的，但是并不是所有的平稳序列都存在谱密度.

定义 7.1　设平稳序列 $\{X_t\}$ 有自协方差函数 $\{\gamma_k\}$，

(1) 如果有 $[-\pi,\pi]$ 上的单调不减右连续的函数 $F(\lambda)$，使得

$$\gamma_k = \int_{-\pi}^{\pi} e^{ik\lambda} dF(\lambda), \quad F(-\pi) = 0, \quad k \in \mathbb{Z}, \tag{7.1}$$

就称 $F(\lambda)$ 是 $\{X_t\}$ 或 $\{\gamma_k\}$ 的**谱分布函数**，简称为**谱函数**.

(2) 如果有 $[-\pi,\pi]$ 上的非负函数 $f(\lambda)$，使得

$$\gamma_k = \int_{-\pi}^{\pi} f(\lambda) e^{ik\lambda} d\lambda, \quad k \in \mathbb{Z}, \tag{7.2}$$

就称 $f(\lambda)$ 是 $\{X_t\}$ 或 $\{\gamma_k\}$ 的**谱密度函数**或**功率谱密度**，简称为**谱密度**或**功率谱**.

如果 $\{X_t\}$ 有谱密度 $f(\lambda)$，则变上限的积分

$$F(\lambda) = \int_{-\pi}^{\lambda} f(s) ds \tag{7.3}$$

就是 $\{X_t\}$ 的谱函数. 当谱函数 $F(\lambda)$ 绝对连续，它的几乎处处导函数 $F'(\lambda)$ 就是谱密度. 特别，当 $F(\lambda)$ 是连续函数，除去有限点外导函数存在且连续，则

$$f(\lambda) = \begin{cases} F'(\lambda), & \text{当 } F'(\lambda) \text{ 存在}, \\ 0, & \text{当 } F'(\lambda) \text{ 不存在} \end{cases}$$

是谱密度.

平稳序列的谱函数是否总存在呢？Herglotz 定理给出了肯定的回答. 证明可以参见文献[11].

定理 7.1（Herglotz 定理） 平稳序列的谱函数是惟一存在的.

从 Herglotz 定理知道，平稳序列的功率谱如果存在，则在几乎处处的意义下是惟一的.

定理 7.2 如果$\{\varepsilon_t\}$是 $\mathrm{WN}(0,\sigma^2)$，实数列$\{a_j\}$平方可和，则线性平稳序列

$$X_t = \sum_{j=-\infty}^{\infty} a_j \varepsilon_{t-j}, \quad t \in \mathbb{Z}$$

有谱密度

$$f(\lambda) = \frac{\sigma^2}{2\pi}\left|\sum_{j=-\infty}^{\infty} a_j \mathrm{e}^{\mathrm{i}j\lambda}\right|^2. \tag{7.4}$$

***证明** 由于$\{X_t\}$有自协方差函数(6.6)，故从(6.7)式知道(7.4)是$\{X_t\}$的谱密度.

定理 7.3 设$\{X_t\}$和$\{Y_t\}$是相互正交的零均值平稳序列，c 是常数，定义

$$Z_t = X_t + Y_t + c, \quad t \in \mathbb{Z}.$$

(1) 如果$\{X_t\}$和$\{Y_t\}$分别有谱函数 $F_X(\lambda)$和 $F_Y(\lambda)$，则平稳序列$\{Z_t\}$有谱函数 $F_Z(\lambda)=F_X(\lambda)+F_Y(\lambda)$；

(2) 如果$\{X_t\}$和$\{Y_t\}$分别有谱密度 $f_X(\lambda)$和 $f_Y(\lambda)$，则$\{Z_t\}$有谱密度 $f_Z(\lambda)=f_X(\lambda)+f_Y(\lambda)$.

证明 由定理 2.2 知道$\{Z_t\}$是平稳序列，且有自协方差函数

$$\gamma_Z(k) = \gamma_X(k) + \gamma_Y(k), \quad k \in \mathbb{Z}.$$

于是，在(1)的条件下，由

$$\begin{aligned}&\int_{-\pi}^{\pi} \mathrm{e}^{\mathrm{i}k\lambda}\mathrm{d}[F_X(\lambda) + F_Y(\lambda)]\\ &\quad = \int_{-\pi}^{\pi} \mathrm{e}^{\mathrm{i}k\lambda}\mathrm{d}F_X(\lambda) + \int_{-\pi}^{\pi} \mathrm{e}^{\mathrm{i}k\lambda}\mathrm{d}F_Y(\lambda)\\ &\quad = \gamma_X(k) + \gamma_Y(k) = \gamma_Z(k)\end{aligned}$$

和谱函数的定义，得到$\{Z_t\}$的谱函数 $F_Z(\lambda)=F_X(\lambda)+F_Y(\lambda)$.

在(2)的条件下，由

$$\int_{-\pi}^{\pi} e^{ik\lambda}[f_X(\lambda) + f_Y(\lambda)]d\lambda = \int_{-\pi}^{\pi} e^{ik\lambda} f_X(\lambda)d\lambda + \int_{-\pi}^{\pi} e^{ik\lambda} f_Y(\lambda)d\lambda$$
$$= \gamma_X(k) + \gamma_Y(k) = \gamma_Z(k)$$

和谱密度的定义，得到$\{Z_t\}$的谱密度 $f_Z(\lambda)=f_X(\lambda)+f_Y(\lambda)$.

下面考察从线性滤波器输出的平稳序列的谱函数和谱密度的变化. 设平稳序列$\{X_t\}$有谱函数 $F_X(\lambda)$和自协方差函数$\{\gamma_k\}$. $H=\{h_j\}$是一个绝对可和的保时线性滤波器(参考§1.3). 当输入过程是$\{X_t\}$时，输出过程是

$$Y_t = \sum_{j=-\infty}^{\infty} h_j X_{t-j}, \quad t \in \mathbb{Z}. \tag{7.5}$$

由(3.11)知道，$\{Y_t\}$有自协方差函数

$$\gamma_Y(k) = \sum_{l,j=-\infty}^{\infty} h_l h_j \gamma(k + l - j). \tag{7.6}$$

利用等式

$$\sum_{l,j=-\infty}^{\infty} |h_l h_j| = \left[\sum_{j=-\infty}^{\infty} |h_j|\right]^2 < \infty$$

和控制收敛定理，得到

$$\begin{aligned}\gamma_Y(k) &= \sum_{l,j=-\infty}^{\infty} h_l h_j \int_{-\pi}^{\pi} \exp(i(k + l - j)\lambda)dF_X(\lambda)\\ &= \int_{-\pi}^{\pi} \sum_{l,j=-\infty}^{\infty} h_l h_j \exp(i(l - j)\lambda)e^{ik\lambda}dF_X(\lambda)\\ &= \int_{-\pi}^{\pi} \left|\sum_{j=-\infty}^{\infty} h_j \exp(-ij\lambda)\right|^2 e^{ik\lambda}dF_X(\lambda)\\ &= \int_{-\pi}^{\pi} |H(e^{-i\lambda})|^2 e^{ik\lambda}dF_X(\lambda),\end{aligned} \tag{7.7}$$

其中

$$H(z) = \sum_{j=-\infty}^{\infty} h_j z^j, \quad |z| \leqslant 1. \tag{7.8}$$

于是得到$\{Y_t\}$的谱函数

$$F_Y(\lambda) = \int_{-\pi}^{\lambda} |H(e^{-is})|^2 dF_X(s). \tag{7.9}$$

特别当$\{X_t\}$有谱密度 $f_X(\lambda)$时，可以将(7.9)写成

$$F_Y(\lambda) = \int_{-\pi}^{\lambda} |H(e^{-is})|^2 f_X(s) ds. \tag{7.10}$$

于是,滤波后的平稳序列$\{Y_t\}$有谱密度

$$f_Y(\lambda) = |H(e^{-i\lambda})|^2 f_X(\lambda). \tag{7.11}$$

我们把上述结果总结成定理如下.

定理 7.4 设$\{X_t\}$是平稳序列, $H=\{h_j\}$是绝对可和的保时线性滤波器, $\{Y_t\}$和$H(z)$分别由(7.5)和(7.8)定义.

(1) 如果$\{X_t\}$有谱函数$F_X(\lambda)$,则$\{Y_t\}$有谱函数(7.9);

(2) 如果$\{X_t\}$有谱密度$f_X(\lambda)$,则$\{Y_t\}$有谱密度(7.11).

在本节的最后指出: 实值平稳序列的谱密度是偶函数(习题7.1).

习 题 七

7.1 设$f(\lambda)$是实值平稳序列$\{X_t\}$的谱密度. 证明$f(\lambda)$是偶函数: $f(\lambda)=f(-\lambda)$. 从而有

$$\text{cov}(X_t, X_{t+k}) = 2\int_0^{\pi} \cos(k\lambda) f(\lambda) d\lambda, \quad k = 0,1,2,\cdots.$$

7.2 设$g(x)$是$[-\pi,\pi]$上的非负可积偶函数,证明

$$b_k = 2\int_0^{\pi} g(\lambda)\cos(k\lambda) d\lambda, \quad k \in \mathbb{Z}$$

是非负定序列.

7.3 称实数列$\{b_k\}$是**正定的**,如果对任何$n\in \mathbb{N}_+$和不全为零的实数$a_1,a_2,\cdots,a_n$,二次型

$$\sum_{j,k=1}^{n} a_j a_k b_{j-k} > 0.$$

在习题 7.2 中,如果$\int_0^{\pi} g(\lambda) d\lambda > 0$,证明$\{b_k\}$是正定序列.

7.4 设$\{X_t\}$和$\{Y_t\}$分别有谱密度$f_X(\lambda)$和$f_Y(\lambda)$,分别有n阶自协方差矩阵Γ_X和Γ_Y. 如果$f_X(\lambda)\geqslant f_Y(\lambda)$对$\lambda\in[-\pi,\pi]$成立,证明$\Gamma_X-\Gamma_Y$非负定.

7.5 设平稳序列$\{X_t\}$有谱密度$f(\lambda)$. 证明$\{X_t\}$为白噪声的充分必要条件是$f(\lambda)$为非零常数.

*§1.8 离散谱序列及其周期性

A. 简单的离散谱序列

设随机变量 ξ,η 满足 $\mathrm{E}\xi=\mathrm{E}\eta=0,\mathrm{E}(\xi\eta)=0,\mathrm{E}\xi^2=\mathrm{E}\eta^2=\sigma^2$. 对于常数 $\lambda_0\in(0,\pi]$,定义时间序列

$$Z_t=\xi\cos(t\lambda_0)+\eta\sin(t\lambda_0),\quad t\in\mathbb{N}_+. \tag{8.1}$$

如果取 A 和 θ 满足

$$A=\sqrt{\xi^2+\eta^2},\quad \cos\theta=\frac{\xi}{A},\quad \sin\theta=\frac{\eta}{A}, \tag{8.2}$$

可以把 Z_t 改写成

$$Z_t=A\cos(t\lambda_0-\theta),\quad t\in\mathbb{N}_+. \tag{8.3}$$

这是一个以 λ_0 为角频率,以 $T=2\pi/\lambda_0$ 为周期的具有随机振幅 A 和随机初始相位 θ 的三角函数. 容易计算出, $\mathrm{E}Z_t=0$,及

$$\begin{aligned}\gamma_{t-s}&=\mathrm{E}(Z_tZ_s)\\&=\sigma^2[\cos(t\lambda_0)\cos(s\lambda_0)+\sin(t\lambda_0)\sin(s\lambda_0)]\\&=\sigma^2\cos((t-s)\lambda_0).\end{aligned} \tag{8.4}$$

于是$\{Z_t\}$平稳,有自协方差函数$\{\gamma_k\}$. (8.3)也称为**调和平稳序列**. 完全不同于线性平稳序列的自协方差函数收敛到零, $\{Z_t\}$的自协方差函数 γ_k 是周期函数. 这里我们再次看到: 平稳序列的观测也可以是纯周期函数.

为了得到(8.3)的谱函数,用 $I_{[a,b]}(\lambda)$表示集合$[a,b]$上以 λ 为自变量的示性函数:

$$I_{[a,b]}(\lambda)=\begin{cases}1, & \lambda\in[a,b],\\ 0, & \text{其他}.\end{cases}$$

当 $\lambda_0\neq\pi$ 时,定义阶梯函数

$$F(\lambda)=\frac{\sigma^2}{2}[I_{[-\lambda_0,\pi]}(\lambda)+I_{[\lambda_0,\pi]}(\lambda)].$$

则有 $F(-\pi)=0$,并且对任何整数 k,

$$\int_{-\pi}^{\pi}\mathrm{e}^{\mathrm{i}k\lambda}\mathrm{d}F(\lambda)=\frac{\sigma^2}{2}[\mathrm{e}^{-\mathrm{i}k\lambda_0}+\mathrm{e}^{\mathrm{i}k\lambda_0}]=\gamma_k.$$

所以 $F(\lambda)$是$\{Z_t\}$的谱函数. 当 $\lambda_0=\pi$,$\{Z_t\}$的谱函数是

$$F(\lambda)=\sigma^2 I_{\{\pi\}}(\lambda).$$

当平稳序列的谱函数 $F(\lambda)$是阶梯函数时,习惯上就把它称为**离散谱函数**. 把相应的平稳序列称为**离散谱序列**. (8.1)是最简单的离散谱序列.

设$\{Z_t\}$由(8.1)定义,从数学上讲,$\{Z_t\}$的谱密度是不存在的. 但是对 $\lambda_0<\pi$,定义集合

$$A_n=[\lambda_0-1/2n,\lambda_0],\quad B_n=[-\lambda_0,-\lambda_0+1/2n]$$

和非负函数

$$f_n(\lambda)=\begin{cases} n\sigma^2, & \text{当 } \lambda\in A_n\cup B_n, \\ 0, & \text{其他}. \end{cases}$$

相应地按公式(7.3)定义

$$F_n(\lambda)=\int_{-\pi}^{\lambda} f_n(\lambda)\mathrm{d}\lambda.$$

这时 $F_n(\lambda)$是一连续的折线函数. 当 $n\to\infty$时,

$$F_n(\lambda)\to F(\lambda),\quad \lambda\neq\pm\lambda_0.$$

利用中值定理,还知道对某列 $a_n\in(-1/2n,0)$,当 $n\to\infty$时,

$$\begin{aligned} g_k(n) &= \int_{-\pi}^{\pi} \mathrm{e}^{\mathrm{i}k\lambda} f_n(\lambda)\mathrm{d}\lambda = \sigma^2\int_{A_n} n\mathrm{e}^{\mathrm{i}k\lambda}\mathrm{d}\lambda+\sigma^2\int_{B_n} n\mathrm{e}^{\mathrm{i}k\lambda}\mathrm{d}\lambda \\ &= 2n\sigma^2\int_{\lambda_0-1/2n}^{\lambda_0}\cos(k\lambda)\mathrm{d}\lambda \\ &= \sigma^2\cos(k\lambda_0+ka_n) \\ &\to \sigma^2\cos(k\lambda_0)=\gamma_k. \end{aligned} \tag{8.5}$$

不难看出,对任何固定的 m,当 $n\to\infty$时,

$$\max_{0\leqslant k\leqslant m}|g_k(n)-\gamma_k|\to 0.$$

从图 1.8.1 看到,当 $n=20$,对于 $0\leqslant k\leqslant 50$,γ_k 和 $g_k(n)$已经很接近了. 如果取 $n=80$,对 $0\leqslant k\leqslant 50$,γ_k 和 $g_k(n)$就基本相同了. 由于自协方差函数反映平稳序列的统计规律,所以对较大的 n,以 $f_n(\lambda)$为谱密度的平稳序列有与调和平稳序列$\{Z_t\}$相近的统计规律. 由于$\{Z_t\}$是余弦函数,角频率是 λ_0,所以可以想象对较大的 n,以 $f_n(\lambda)$为谱密度的平稳序列也近似地有角频率 λ_0. n 越大,频率特性越强.

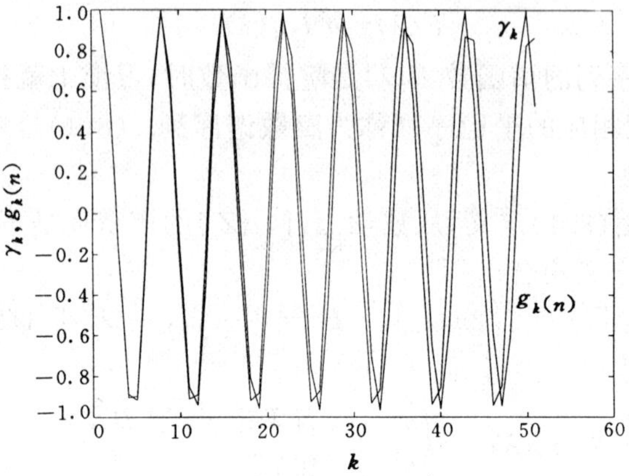

图 1.8.1　$n=20,\lambda=0.9$ 时，γ_k 和 $g_k(n)$ 的 50 个数据

从上面的解释可以联想到下面的现象：如果平稳序列的谱密度存在，并且在某一点 λ_0 有一个显著的峰值，则该平稳序列应该有一个以 λ_0 为角频率的频率成分. 这个峰值越陡峭，相应的频率成分就越重要，或说在这个频率点集中的能量越大. 实际情况确实是这样的. 我们将在 § 8.1 中对此做出进一步解释.

在上面的举例中，$F_n(\lambda)$ 向 $F(\lambda)$ 的收敛是一个从量变到质变的过程. 每个 F_n 有密度 f_n，随着谱密度 $f_n(\lambda)$ 的能量逐步向角频率 λ_0 集中，时间序列的周期性越来越明显，最终通过质变得到一个以 $F(\lambda)$ 为谱函数的离散谱序列.

B. 多个频率成分的离散谱序列

上面定义了有单个频率的平稳序列，实际问题中常遇到的是多个频率成分叠加构成的离散谱序列. 设随机变量 $\xi_j, \eta_k\ (j,k=1,2,\cdots,p)$ 两两正交，满足

$$\mathrm{E}\xi_j = \mathrm{E}\eta_j = 0,\quad \mathrm{E}\xi_j^2 = \mathrm{E}\eta_j^2 = \sigma_j^2. \tag{8.6}$$

对于正整数 p 和 $\lambda_j \in (0,\pi]$，定义时间序列

$$Z_t = \sum_{j=1}^{p} [\xi_j \cos(t\lambda_j) + \eta_j \sin(t\lambda_j)]$$

$$= \sum_{j=1}^{p} A_j \cos(t\lambda_j - \theta_j), \quad t \in \mathbb{N}_+, \tag{8.7}$$

其中

$$A_j = \sqrt{\xi_j^2 + \eta_j^2}, \quad \cos(\theta_j) = \frac{\xi_j}{A_j}, \quad \sin(\theta_j) = \frac{\eta_j}{A_j}. \tag{8.8}$$

这是 p 个以 λ_j 为角频率，以 $T=2\pi/\lambda_j$ 为周期具有随机振幅 A_j 和随机初始相位 θ_j 的三角函数的叠加. 不难看到在(8.7)中，尽管 A_j 和 θ_j 是随机变量，但是在观测数据中它们不随时间 t 变化，所以只起到常数的作用. 人们把这种随机序列称为**伪随机序列**.

由于$\{Z_t\}$是 p 个相互正交的零均值平稳序列的和，利用定理 2.2 知道，$\{Z_t\}$是平稳序列，具有零均值和自协方差函数

$$\gamma_k = \sum_{j=1}^{p} \sigma_j^2 \cos(k\lambda_j), \quad k \in \mathbb{Z}. \tag{8.9}$$

自协方差函数$\{\gamma_k\}$也是 p 个三角函数的叠加. 利用定理 7.3 知道当 $\lambda_j \neq \pi, 1 \leqslant j \leqslant p$ 时，阶梯函数

$$F(\lambda) = \sum_{j=1}^{p} \frac{\sigma_j^2}{2} [I_{[-\lambda_j, \pi]}(\lambda) + I_{[\lambda_j, \pi]}(\lambda)]$$

是$\{Z_t\}$的谱函数. 这是一个纯跳跃函数，在每个 $\pm\lambda_j$ 处有跳跃 $\sigma_j^2/2$，$j=1,2,\cdots,p$.

实际问题中，用这样的离散谱序列描述具有多个频率成分叠加的观测数据时，经常取得较满意的结果. 下页图 1.8.2 是离散谱序列(8.7)的 80 个观测值. $p=5, \xi_j, \eta_j$ 服从正态分布 $N(0, j^2)$，$\lambda_1 = 0.12, \lambda_2 = 0.18, \lambda_3 = 0.7, \lambda_4 = 1.45, \lambda_5 = 1.97$. 只从数据本身来看，周期性并不明显.

最一般的离散谱序列由可列个简单的离散谱序列叠加而成. 设 $\xi_j, \eta_k (j, k=1,2,\cdots)$两两正交，满足(8.6). 对于角频率 $\lambda_j \in (0, \pi]$，当

$$\sum_{j=1}^{\infty} \sigma_j^2 < \infty \tag{8.10}$$

时，定义

$$Z_t = \sum_{j=1}^{\infty} [\xi_j \cos(t\lambda_j) + \eta_j \sin(t\lambda_j)], \quad t \in \mathbb{N}_+. \tag{8.11}$$

由于 Z_t 可以改写成

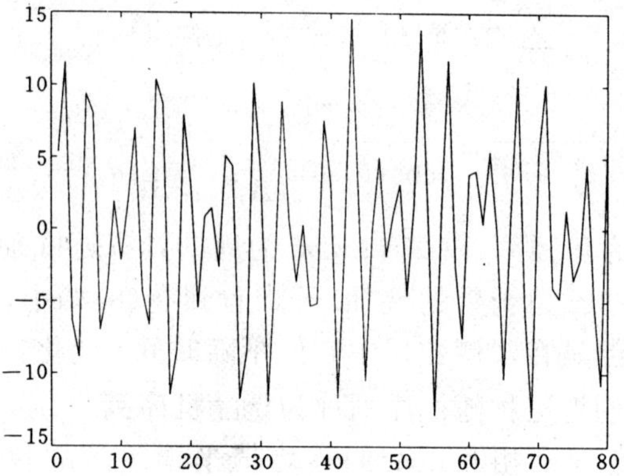

图 1.8.2 ave=0.034，std=6.953

$$Z_t = \sum_{j=1}^{\infty} [\sigma_j \cos(t\lambda_j)(\xi_j/\sigma_j) + \sigma_j \sin(t\lambda_j)(\eta_j/\sigma_j)], \quad t \in \mathbb{N}_+, \tag{8.12}$$

其中$\{\xi_j/\sigma_j\}$和$\{\eta_j/\sigma_j\}$是 WN(0,1)，组合系数平方可和：

$$\sum_{j=1}^{\infty} [(\sigma_j \cos(t\lambda_j))^2 + (\sigma_j \sin(t\lambda_j))^2] = \sum_{j=1}^{\infty} \sigma_j^2 < \infty.$$

因而，级数(8.12)的右端均方收敛. 这样对任何 $t,s \leqslant 1$，由内积的连续性得到

$$\mathrm{E}Z_t = \mathrm{E}(Z_t \cdot 1) = \lim_{n\to\infty} \mathrm{E}\left[\sum_{j=1}^{n} (\xi_j \cos(t\lambda_j) + \eta_j \sin(t\lambda_j))\right] = 0,$$

$$\begin{aligned}
\mathrm{E}(Z_t Z_s) &= \lim_{n\to\infty} \mathrm{E}\left\{\sum_{j=1}^{n} [\xi_j \cos(t\lambda_j) + \eta_j \sin(t\lambda_j)]\right. \\
&\qquad \left. \cdot \sum_{j=1}^{n} [\xi_j \cos(s\lambda_j) + \eta_j \sin(s\lambda_j)]\right\} \\
&= \lim_{n\to\infty} \sum_{j=1}^{n} \sigma_j^2 \cos[(t-s)\lambda_j] \\
&= \sum_{j=1}^{\infty} \sigma_j^2 \cos[(t-s)\lambda_j].
\end{aligned}$$

于是，由(8.11)定义的$\{Z_t\}$是零均值平稳序列，由可列个正弦波和余弦波叠加构成，有自协方差函数

$$\gamma_k = \sum_{j=1}^{\infty} \sigma_j^2 \cos(k\lambda_j), \quad k \in \mathbb{Z} \tag{8.13}$$

和谱函数

$$F(\lambda)=\sum_{j=1}^{\infty}\frac{\sigma_j^2}{2}(I_{[-\lambda_j,\pi]}(\lambda)+I_{[\lambda_j,\pi]}(\lambda)). \qquad (8.14)$$

这是一个有可列个跳跃点的纯阶梯函数. 它在$\pm\lambda_j$有跳跃$\sigma_j^2/2$.

注 (8.14)中如果有$\lambda_j=\pi$,则相应的

$$(\sigma_j^2/2)[I_{[-\lambda_j,\pi]}(\lambda)+I_{[\lambda_j,\pi]}(\lambda)]$$

应当改为$\sigma_j^2 I_{\{\pi\}}(\lambda)$,以保持右连续性和$F(-\pi)=0$.

尽管离散谱序列是平稳序列,但是它的每一次观测是确定的三角函数的简单叠加. 所以在实际工作中常常被人们视做非随机的处理. 这时的模型称为**调和模型**(Harmonic Model).

习 题 八

8.1 设$A_1,A_2,\cdots,A_p$是常数,$\lambda_1,\lambda_2,\cdots,\lambda_p\in[0,\pi]$,随机变量$\theta_1,\theta_2,\cdots,\theta_p$相互独立且在$[-\pi,\pi]$上均匀分布. 证明

$$Z_t=\sum_{j=1}^{p}A_j\cos(t\lambda_j+\theta_j),\quad t\in\mathbb{Z}$$

是零均值平稳序列. 求它的自协方差函数.

8.2 用Γ_m表示平稳序列(8.1)的m阶自协方差矩阵. 对$m\geqslant 1$,计算$\det(\Gamma_m)$.

第二章　自回归模型

为了方便对时间序列中的自回归模型进行讨论，本章先介绍有关常系数线性差分方程的基本知识.

§2.1　推移算子和常系数差分方程

A. 推移算子

时间序列是按时间次序排列的随机变量序列. 为了方便对时间序列的讨论，需要对时间序列的时间指标 t 引入向后推移算子 $\mathscr{B}$.

对任何时间序列 $\{X_t\}$ 和无穷级数

$$\psi(z) = \sum_{j=-\infty}^{\infty} b_j z^j,$$

只要级数

$$\sum_{j=-\infty}^{\infty} b_j X_{t-j}$$

在某种意义下收敛(例如 a.s. 收敛，依概率收敛，均方收敛)，就定义

$$\begin{aligned} \psi(\mathscr{B}) &= \sum_{j=-\infty}^{\infty} b_j \mathscr{B}^j, \\ \psi(\mathscr{B})X_t &= \sum_{j=-\infty}^{\infty} b_j \mathscr{B}^j X_t = \sum_{j=-\infty}^{\infty} b_j X_{t-j}, \end{aligned} \tag{1.1}$$

并且称 $\mathscr{B}$ 是时间 t 的**向后推移算子**，简称为**推移算子**.

推移算子又被称为**时滞算子**或**延迟算子**. 从定义(1.1)可以得到推移算子 $\mathscr{B}$ 的以下性质：

(1) 对和 t 无关的随机变量 Y，有 $\mathscr{B}Y=Y$.

(2) 对整数 n，常数 a，有 $\mathscr{B}^n(aX_t)=a\mathscr{B}^n X_t=aX_{t-n}$.

(3) 对整数 n,m，有 $\mathscr{B}^{n+m}X_t=\mathscr{B}^n(\mathscr{B}^m)X_t=X_{t-n-m}$.

(4) 对多项式 $\psi(z)=\sum_{j=0}^{p} c_j z^j$，有 $\psi(\mathscr{B})X_t=\sum_{j=0}^{p} c_j X_{t-j}$.

(5) 对于多项式 $\psi(z)=\sum_{j=0}^{p}c_jz^j$ 和 $\varphi(z)=\sum_{j=0}^{q}d_jz^j$ 的乘积 $A(z)=\psi(z)\varphi(z)$，有

$$A(\mathscr{B})X_t=\psi(\mathscr{B})[\varphi(\mathscr{B})X_t]=\varphi(\mathscr{B})[\psi(\mathscr{B})X_t].$$

(6) 对于时间序列$\{X_t\}$，$\{Y_t\}$，多项式 $\psi(z)=\sum_{j=0}^{p}c_jz^j$ 和随机变量U,V,W，有

$$\psi(\mathscr{B})(UX_t+VY_t+W)=U\psi(\mathscr{B})X_t+V\psi(\mathscr{B})Y_t+W\psi(1).$$

下面证明这些性质：

(1) 对 $t\in\mathbb{Z}$，取 $X_t\overset{\text{def}}{=\!=}Y$，对 $j\neq1$ 定义 $b_j=0$. 取 $b_1=1$，由(1.1)得到

$$\mathscr{B}Y=\mathscr{B}X_t=X_{t-1}=Y.$$

(2) 令 $Y_t=aX_t, t\in\mathbb{Z}$. 由(1.1)得到 $\mathscr{B}^nY_t=Y_{t-n}=aX_{t-n}$.

(3) $\mathscr{B}^n[\mathscr{B}^mX_t]=\mathscr{B}^nX_{t-m}=X_{t-n-m}$.

(4) 对 $j<0$ 或 $j>p$ 取 $b_j=0$，由(1.1)得到(4).

(5) 利用

$$A(z)=\sum_{k=0}^{p}\sum_{j=0}^{q}c_kd_jz^{k+j},$$

$$Z_t\equiv\varphi(\mathscr{B})X_t=\sum_{j=0}^{q}d_jX_{t-j},\quad t\in\mathbb{Z},$$

得到

$$\begin{aligned}\psi(\mathscr{B})[\varphi(\mathscr{B})X_t]&=\psi(\mathscr{B})Z_t\\&=\sum_{k=0}^{p}c_kZ_{t-k}=\sum_{k=0}^{p}c_k\sum_{j=0}^{q}d_jX_{t-k-j}\\&=\sum_{k=0}^{p}\sum_{j=0}^{q}c_kd_jX_{t-k-j}=A(\mathscr{B})X_t.\end{aligned}$$

同理可证 $A(\mathscr{B})X_t=\varphi(\mathscr{B})[\psi(\mathscr{B})X_t]$. (6)的证明留给读者.

B. 常系数齐次线性差分方程

给定 p 个实数 $a_1,a_2,\cdots,a_p,a_p\neq0$，我们称

$$X_t-[a_1X_{t-1}+a_2X_{t-2}+\cdots+a_pX_{t-p}]=0,\quad t\in\mathbb{Z}\qquad(1.2)$$

为 p 阶**齐次常系数线性差分方程**，简称为**齐次差分方程**. 满足(1.2)的实值(或复值)时间序列$\{X_t\}$称为(1.2)的**解**.

可以看出，(1.2)的解$\{X_t\}$可以由它的 p 个初值 $X_0, X_1, \cdots, X_{p-1}$逐步递推得到：

$$X_t = [a_1X_{t-1} + a_2X_{t-2} + \cdots + a_pX_{t-p}], \quad t \geqslant p,$$

$$X_t = X_{t+p}/a_p - [a_1X_{t+p-1} + \cdots + a_{p-1}X_{t+1}]/a_p, \quad t < 0.$$

所以$\{X_t\}$可以由这 p 个初值惟一决定. 因为初值是可以任意选择的，所以(1.2)的解有无穷多个. 如果把 t 看成时间指标，初值$(X_0, X_1, \cdots, X_{p-1})$是随机向量，则由这个初值决定的解是时间序列. 利用推移算子 $\mathscr{B}$，可以把(1.2)写成等价的形式

$$A(\mathscr{B})X_t = 0, \quad t \in \mathbb{Z},$$

其中

$$A(z) = 1 - \sum_{j=1}^{p} a_j z^j. \tag{1.3}$$

$A(z)$称为(1.2)的**特征多项式**. 容易看出，如果时间序列$\{X_t\}$和$\{Y_t\}$都是(1.2)的解，则它们的线性组合

$$Z_t = \xi X_t + \eta Y_t, \quad t \in \mathbb{Z}$$

也是(1.2)的解. 实际上利用推移算子的性质(6)，得到

$$A(\mathscr{B})Z_t = \xi A(\mathscr{B})X_t + \eta A(\mathscr{B})Y_t = 0.$$

设多项式 $A(z)$有 k 个互不相同的零点 $z_1, z_2, \cdots, z_k$，其中 z_j 是 $r(j)$重零点. 我们证明，对任何 $1 \leqslant j \leqslant k, 0 \leqslant l \leqslant r(j)-1$，有

$$A(\mathscr{B})t^l z_j^{-t} = 0. \tag{1.4}$$

实际上，设 $A(z)$有因式分解

$$A(z) = \prod_{j=1}^{k} (1 - z_j^{-1} z)^{r(j)},$$

则有

$$A(\mathscr{B}) = \prod_{j=1}^{k} (1 - z_j^{-1} \mathscr{B})^{r(j)}.$$

于是只要证明

$$(1 - z_j^{-1}\mathscr{B})^{l+1} t^l z_j^{-t} = 0, \quad l = 0, 1, \cdots. \tag{1.5}$$

用归纳法. 当 $l=0$ 时，

$$(1-z_j^{-1}\mathscr{B})z_j^{-t}=z_j^{-t}-z_j^{-1}z_j^{-(t-1)}=0.$$

假设对于 $0\leqslant l<m$ 已经证明

$$(1-z_j^{-1}\mathscr{B})^{l+1}t^l z_j^{-t}=0,$$

则对 $1\leqslant k\leqslant m$ 有

$$(1-z_j^{-1}\mathscr{B})^m t^{m-k}z_j^{-t}=0.$$

这样,对 $l=m$ 有

$$\begin{aligned}
&(1-z_j^{-1}\mathscr{B})^{m+1}t^m z_j^{-t}\\
&=(1-z_j^{-1}\mathscr{B})^m[t^m z_j^{-t}-z_j^{-1}(t-1)^m z_j^{-t+1}]\\
&=(1-z_j^{-1}\mathscr{B})^m[t^m-(t-1)^m]z_j^{-t}\\
&=(1-z_j^{-1}\mathscr{B})^m[c_1t^{m-1}+c_2t^{m-2}+\cdots+c_m]z_j^{-t}\\
&=0,
\end{aligned}$$

其中 $c_1,\cdots,c_m$ 是某些常数. 于是(1.5)成立.

定理 1.1　设 $A(z)$有 k 个互不相同的零点 $z_1,z_2,\cdots,z_k$,其中 z_j 是 $r(j)$重零点. 则

$$\{z_j^{-t}t^l\},\quad l=0,1,\cdots,r(j)-1,\quad j=1,2,\cdots,k \tag{1.6}$$

是(1.2)的 p 个解;而且,(1.2)的任何解$\{X_t\}$都可以写成这 p 个解的线性组合:

$$X_t=\sum_{j=1}^{k}\sum_{l=0}^{r(j)-1}U_{l,j}t^l z_j^{-t},\quad t\in\mathbb{Z}, \tag{1.7}$$

其中的随机变量$U_{l,j}$可以由$\{X_t\}$的初值 $X_0,X_1,\cdots,X_{p-1}$惟一决定.

(证明见文献[18].)

以后将(1.7)称为齐次差分方程(1.2)的**通解**. 对差分方程(1.2)的解,如果初值 $X_0,X_1,\cdots,X_{p-1}$是常数,则由它决定的解是常数序列. 这时,通解(1.7)中的$U_{l,j}$也都是常数.

将$U_{l,j}$和 z_j 写成指数的形式

$$U_{l,j}=V_{l,j}\mathrm{e}^{\mathrm{i}\theta_{l,j}},\quad z_j=\rho_j\mathrm{e}^{\mathrm{i}\lambda_j},\quad \mathrm{i}=\sqrt{-1},$$

则(1.7)中

$$U_{l,j}t^l z_j^{-t}=V_{l,j}t^l\rho_j^{-t}\mathrm{e}^{-\mathrm{i}(\lambda_j t-\theta_{l,j})}$$

的实部是

$$V_{l,j}t^l\rho_j^{-t}\cos(\lambda_j t-\theta_{l,j}).$$

于是,满足差分方程(1.2)的任何实值时间序列可以表示成

$$\sum_{j=1}^{k}\sum_{l=0}^{r(j)-1} V_{l,j}t^l\rho_j^{-t}\cos(\lambda_j t-\theta_{l,j}),\quad t\in\mathbb{Z}. \tag{1.8}$$

因为 $U_{l,j}$ 可以由 $\{X_t\}$ 的初值 $X_0,X_1,\cdots,X_{p-1}$ 惟一决定,所以作为 $U_{l,j}$ 的模和辐角, $V_{l,j}$ 和 $-\theta_{l,j}$ 也由 $X_0,X_1,\cdots,X_{p-1}$ 惟一决定.

不难看出,如果特征多项式 $A(z)$ 的根都在单位圆外: $|z_j|>1$, 则有正数 α 使得 $1<\alpha<\min\{|z_j|: 1\leqslant j\leqslant k\}$. 利用当 $t\to\infty$ 时,

$$t^l|z_j|^{-t}=t^l(\alpha/|z_j|)^t\alpha^{-t}=o(\alpha^{-t}),$$

得到(1.2)的任何解 $\{X_t\}$ 满足

$$|X_t|\leqslant\sum_{j=1}^{k}\sum_{l=0}^{r(j)-1}|U_{l,j}|t^l|z_j|^{-t}=o(\alpha^{-t}),\quad t\to\infty. \tag{1.9}$$

这时,我们称 $\{X_t\}$ 以**负指数阶收敛到零**.

如果多项式 $A(z)$ 在单位圆上有根 $z_j=\exp(\mathrm{i}\lambda_j)$,利用

$$A(\mathscr{B})z_j^{-t}=A(\mathscr{B})[\cos(\lambda_j t)-\mathrm{i}\sin(\lambda_j t)]=0$$

得到(1.2)的实值解

$$X_t=\cos(\lambda_j t),\quad t\in\mathbb{Z}.$$

这是(1.2)的一个周期解. 如果多项式 $A(z)$ 在单位圆内有根 $z_j=\rho_j\exp(\mathrm{i}\lambda_j)$,利用

$$A(\mathscr{B})z_j^{-t}=A(\mathscr{B})\rho_j^{-t}[\cos(\lambda_j t)-\mathrm{i}\sin(\lambda_j t)]=0$$

得到(1.2)的实值解

$$X_t=\rho_j^{-t}\cos(\lambda_j t),\quad t\in\mathbb{Z}.$$

这个解有快速发散的性质.

C. 非齐次线性差分方程

设 $A(z)$ 由(1.3)定义,非齐次线性差分方程由

$$A(\mathscr{B})X_t=Y_t,\quad t\in\mathbb{Z} \tag{1.10}$$

定义. 其中 $\{Y_t\}$ 是实值时间序列. 这时, $A(z)$ 也称为(1.10)的**特征多项式**. 满足(1.10)的任何时间序列 $\{X_t\}$ 称为(1.10)的解. 如果 $\{X_t^{(0)}\}$ 是(1.10)的解(可称为特定解),则对(1.10)的任何解 $\{X_t\}$,有

$$A(\mathscr{B})(X_t-X_t^{(0)})=A(\mathscr{B})X_t-A(\mathscr{B})X_t^{(0)}$$

$$= Y_t - Y_t = 0, \quad t \in \mathbb{Z}.$$

这就得到相应的齐次差分方程(1.2)的解 $X_t - X_t^{(0)}, t \in \mathbb{Z}$. 于是,利用通解(1.7)得到

$$X_t = X_t^{(0)} + \sum_{j=1}^{k} \sum_{l=0}^{r(j)-1} U_{l,j} t^l z_j^{-t}, \quad t \in \mathbb{Z}. \tag{1.11}$$

由于非齐次差分方程(1.10)的任何解可以用(1.11)表示,我们称(1.11)是(1.10)的**通解**.

习 题 一

1.1 证明推移算子的性质(6).

1.2 设 $\psi(t)$ 是 t 的 p 阶多项式,证明 $(1-\mathscr{B})\psi(t)$ 是 t 的 $p-1$ 阶多项式.

1.3 对于二阶差分方程 $(1-a_1\mathscr{B}-a_2\mathscr{B}^2)X_t=0$ 和以下各种情况,分别给出实值通解 $\{X_t\}$:

(1) $A(z)=1-a_1z-a_2z^2$ 有两个不同的实根;

(2) $A(z)$ 有相同的实根;

(3) $A(z)$ 有一对共轭根.

1.4 设 $A(z)$ 由(1.3)定义. 如果 α_j 是 $A(z)$ 的 $r(j)$ 重实根, $\beta_j=\rho_j\exp(\mathrm{i}\lambda_j)$ 是 $A(z)$ 的 $h(j)$ 重复根. 直接验证

$$\begin{aligned} &\alpha_j^{-t} t^l, && 0 \leqslant l \leqslant r(j)-1; \\ &\rho_j^{-t} t^l \cos(t\lambda_j), && 0 \leqslant l \leqslant h(j)-1; \\ &\rho_j^{-t} t^l \sin(t\lambda_j), && 0 \leqslant l \leqslant h(j)-1 \end{aligned}$$

都是差分方程(1.2)的解.

§2.2 自回归模型及其平稳性

考虑单摆

$$X_t = aX_{t-1} + \varepsilon_t, \quad t \in \mathbb{N}_+, \tag{2.1}$$

其中 $\{\varepsilon_t\}$ 是由空气振动造成的随机干扰,通常认为是 $\mathrm{WN}(0,\sigma^2)$. X_0 是单摆的初始振幅, X_t 是第 t 次摆动的最大振幅. a 越接近 0,阻尼

越大,单摆稳定得越快(见图 2.2.1). a 越接近±1,阻尼越小,单摆振荡得越剧烈(见图 2.2.2). 但只要 $a\in(-1,1)$,随着时间的推移,单摆总能稳定下来,这时的系统(2.1)被称为**稳定的**. 当 $a=\pm1$ 时,单摆成为无阻尼运动,无法稳定下来,这时称系统(2.1)是**非稳定的**. 类似的说明可以明白当 $|a|>1$ 时,系统(2.1)也是非稳定的.

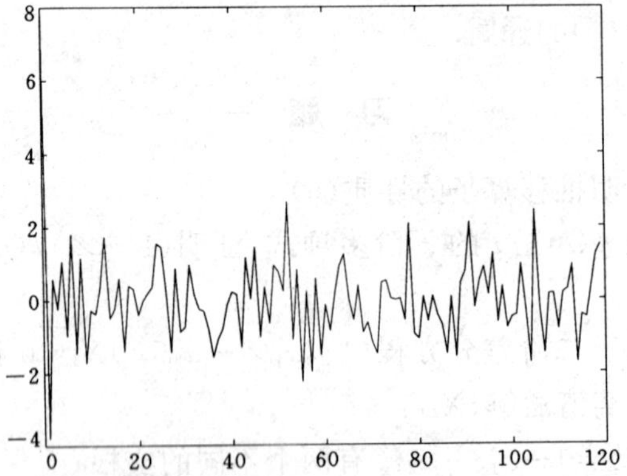

图 2.2.1 单摆(2.1)的 120 个观测, $a=-0.35$, $x_0=8$

(ave=0.059, std=1.234)

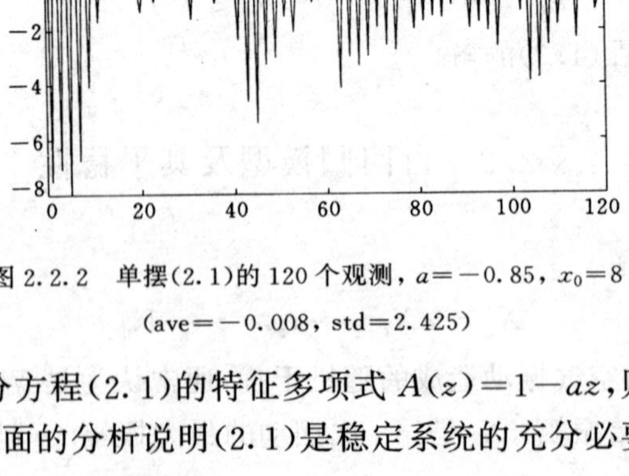

图 2.2.2 单摆(2.1)的 120 个观测, $a=-0.85$, $x_0=8$

(ave=−0.008, std=2.425)

引入差分方程(2.1)的特征多项式 $A(z)=1-az$,则 $z_1=a^{-1}$是 $A(z)$的根. 上面的分析说明(2.1)是稳定系统的充分必要条件是,特

征多项式的根 $z_1=1/a$ 在单位圆外：$|z_1|>1$.

当 $|a|<1$，定义平稳序列

$$X_t=\sum_{j=0}^{\infty}a^j\varepsilon_{t-j},\quad t\in\mathbb{Z},\tag{2.2}$$

有

$$X_t=a\sum_{j=0}^{\infty}a^j\varepsilon_{t-1-j}+\varepsilon_t=aX_{t-1}+\varepsilon_t.$$

这说明(2.2)是(2.1)的解，称为**平稳解**. 由差分方程的知识知道，(2.1)的通解是

$$X_t=\sum_{j=0}^{\infty}a^j\varepsilon_{t-j}+\xi a^t,\quad t\in\mathbb{Z},\tag{2.3}$$

其中 ξ 是随机变量. 不难看到通解和平稳解之间只差一个无穷小量 $|\xi a^t|=o(|a|^t)$，$t\to\infty$. 也就是说，系统(2.1)的任何解都随着时间的推移稳定于平稳解(2.2). 或者说由(2.2)定义的平稳序列描述的是在稳定状态下单摆的运动情况. 这时，只有白噪声 $\{\varepsilon_t\}$ 和 a 在起作用. 从

$$\operatorname{var}(X_t)=\sigma^2\sum_{j=0}^{\infty}a^{2j}=\frac{\sigma^2}{1-a^2}$$

知道，σ^2 固定时，特征多项式 $A(z)=1-az$ 的根 a^{-1} 越接近 ±1，单摆的稳定性越差. $|a^{-1}|$ 越大，单摆的稳定性越好.

(2.1)是一个 1 阶自回归模型. 它表明当前的随机现象 X_t 由前一时间的随机现象 X_{t-1} 和当前的随机干扰 ε_t 造成. 如果当前的随机现象 X_t 是由前 p 个时间的随机现象 $X_{t-1},X_{t-2},\cdots,X_{t-p}$ 和当前的随机干扰 ε_t 造成，就得到系统(2.1)的推广.

定义 2.1 (AR(p)**模型**) 如果 $\{\varepsilon_t\}$ 是白噪声 WN$(0,\sigma^2)$，实数 $a_1,a_2,\cdots,a_p(a_p\neq0)$ 使得多项式 $A(z)$ 的零点都在单位圆外：

$$A(z)=1-\sum_{j=1}^{p}a_jz^j\neq0,\quad |z|\leqslant1,\tag{2.4}$$

就称 p 阶差分方程

$$X_t=\sum_{j=1}^{p}a_jX_{t-j}+\varepsilon_t,\quad t\in\mathbb{Z}\tag{2.5}$$

是一个 p 阶**自回归模型**，简称为 AR(p)模型. 满足 AR(p)模型(2.5)的平稳时间序列 $\{X_t\}$ 称为平稳解或 AR(p)序列. 称 $\boldsymbol{a}=$

$(a_1, a_2, \cdots, a_p)^{\mathrm{T}}$ 是 AR(p)模型的自回归系数. 称条件(2.4)是**稳定性条件或最小相位条件**.

定义中的 AR 是 Autoregression 的缩写. 通常把由(2.4)定义的 $A(z)$称为模型(2.5)的特征多项式. 利用时间 t 的向后推移算子可以将 AR(p)模型(2.5)改写成

$$A(\mathscr{B})X_t = \varepsilon_t, \quad t \in \mathbb{Z}. \tag{2.6}$$

设多项式 $A(z)$ 的互异根是 $z_1, z_2, \cdots, z_k$. 则对 $1 < \rho < \min\{|z_j|\}$, $A^{-1}(z) = 1/A(z)$是$\{z: |z| \leqslant \rho\}$内的解析函数. 从而有 Taylor 级数

$$A^{-1}(z) = \sum_{j=0}^{\infty} \psi_j z^j, \quad |z| \leqslant \rho. \tag{2.7}$$

由级数(2.7)在 $z=\rho$ 的绝对收敛性得到：当 $j \to \infty$时，$|\psi_j \rho^j| \to 0$. 于是由

$$\psi_j = o(\rho^{-j}), \quad j \to \infty \tag{2.8}$$

知道$\{\psi_j\}$绝对可和. 而且，$\min\{|z_j|\}$越大，ψ_j 趋于零越快.

定义

$$A^{-1}(\mathscr{B}) = \sum_{j=0}^{\infty} \psi_j \mathscr{B}^j.$$

从(2.6)得到下面的形式运算

$$X_t = A^{-1}(\mathscr{B})A(\mathscr{B})X_t = A^{-1}(\mathscr{B})\varepsilon_t, \quad t \in \mathbb{Z}.$$

上式提示我们,由

$$X_t = A^{-1}(\mathscr{B})\varepsilon_t = \sum_{j=0}^{\infty} \psi_j \varepsilon_{t-j}, \quad t \in \mathbb{Z} \tag{2.9}$$

决定的平稳序列是 AR(p)序列. 下面的定理证明了这个结论. (2.9)中的系数$\{\psi_j\}$称为平稳序列$\{X_t\}$的 **Wold 系数**,以后对它将有进一步探讨.

类似于差分方程解的讨论,设多项式 $A(z)$的 k 个互异根是 $z_1, z_2, \cdots, z_k$,其中 z_j 是 $r(j)$重零点.

定理 2.1 (1) 由(2.9)定义的时间序列$\{X_t\}$是 AR(p)模型(2.5)的惟一平稳解.

(2) AR(p)模型的通解有如下的形式

$$Y_t = \sum_{j=0}^{\infty} \psi_j \varepsilon_{t-j} + \sum_{j=1}^{k} \sum_{l=0}^{r(j)-1} U_{l,j} t^l z_j^{-t}, \quad t \in \mathbb{Z}, \tag{2.10}$$

其中$\{U_{l,j}\}$是随机变量.

证明 先证明平稳序列(2.9)是(2.5)的解.设$a_0=-1$,对$k<0$定义$\psi_k=0$.由于$\{\psi_k\}$绝对可和,所以对$|z|\leqslant 1$有

$$1 = A(z)A^{-1}(z) = -\sum_{j=0}^{p} a_j z^j \sum_{k=0}^{\infty} \psi_k z^k = -\sum_{k=0}^{\infty} \sum_{j=0}^{p} a_j \psi_{k-j} z^k.$$

比较系数得到

$$\psi_0 = 1, \quad \sum_{j=0}^{p} a_j \psi_{k-j} = -\psi_k + \sum_{j=1}^{p} a_j \psi_{k-j} = 0, \quad k \geqslant 1.$$

通过对系数的相同运算得到

$$A(\mathscr{B})X_t = -\sum_{j=0}^{p} a_j X_{t-j} = -\sum_{j=0}^{p} a_j \sum_{k=0}^{\infty} \psi_k \varepsilon_{t-j-k}$$

$$= -\sum_{k=0}^{\infty} \sum_{j=0}^{p} a_j \psi_{k-j} \varepsilon_{t-k} = \varepsilon_t.$$

这就证明了(2.9)是平稳解.如果(2.5)另有平稳解$\{Y_t\}$,则$A(\mathscr{B})Y_t=\varepsilon_t$是平稳序列,并且

$$Y_t = A^{-1}(\mathscr{B})A(\mathscr{B})Y_t = A^{-1}(\mathscr{B})\varepsilon_t = X_t, \quad t \in \mathbb{Z}.$$

于是知道平稳解是惟一的.最后,利用非齐次差分方程的通解(1.11)得到(2.5)的通解(2.10).

从上面的推导,我们还可得到,由自回归系数$a_1, a_2, \cdots, a_p$递推Wold系数$\{\psi_k\}$的公式

$$\psi_0 = 1, \quad \psi_k = \sum_{j=1}^{p} a_j \psi_{k-j}, \quad k \geqslant 1. \tag{2.11}$$

从定理2.1知道,AR(p)模型的通解$\{Y_t\}$和平稳解之差满足

$$|X_t - Y_t| = \left| \sum_{j=1}^{k} \sum_{l=0}^{r(j)-1} U_{l,j} t^l z_j^{-t} \right| \leqslant o(\rho^{-t}), \quad t \to \infty, \tag{2.12}$$

其中ρ是$(1, \min\{|z_j|\})$中的数.也就是说,AR(p)模型的任何解都随着时间的推移以负指数阶的速度接近平稳解(2.9).可以看出,$\min\{|z_j|\}$越大,$\{Y_t\}$趋于平稳解越快,或说$\{Y_t\}$稳定下来的越快.实际上从(2.5)的通解表达式(2.10)也可以看出,(2.9)是AR(p)模

型(2.5)的惟一平稳解.

(2.12)式还告诉我们,利用白噪声$\{\varepsilon_t\}$和 AR(p)模型的自回归系数 $\boldsymbol{a}$ 产生 AR(p)序列的方法. 取初值 $Y_0=Y_1=\cdots=Y_{p-1}=0$ 和

$$Y_t = \sum_{j=1}^{p} a_j Y_{t-j} + \varepsilon_t, \quad t = p, p+1, \cdots, m+n,$$

可以将

$$X_t = Y_{m+t}, \quad t = 1, 2, \cdots, n$$

视为所需要的 AR(p)序列. 一般取 $m \geqslant 50$ 就可以了. 当 $\min\{|z_j|\}$ 较小时, m 要适当放大.

数据图 2.2.3 是用这个方法产生的模型

$$X_j = 0.35X_{j-1} + 0.23X_{j-2} - 0.15X_{j-3} + 0.06X_{j-4} + \varepsilon_j \tag{2.13}$$

的 80 个观测数据,其中 $m=50$, $\{\varepsilon_t\}$是正态白噪声 WN$(0, 1.2^2)$,特征多项式是

$$A(z) = 1 - 0.35z - 0.23z^2 + 0.15z^3 - 0.06z^4.$$

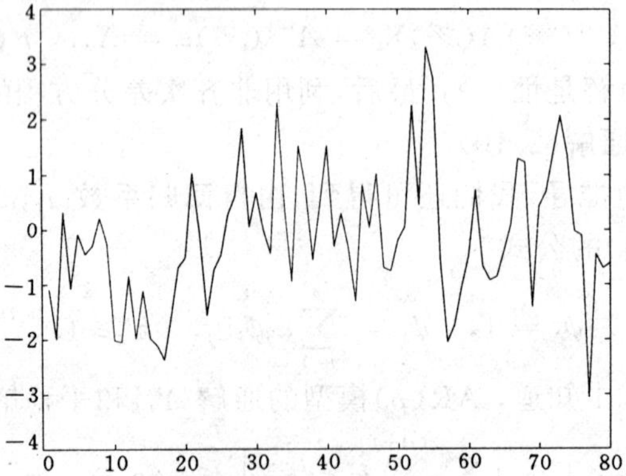

图 2.2.3　模型(2.13)的 80 个观测数据

(ave=−0.027, std=1.238)

注　如果使用 Matlab,可用命令语句

$$p = [-0.06, 0.15, -0.23, -0.35, 1]$$

表示 p 是多项式

$$A(z) = 0.06z^4 - 0.15z^3 + 0.23z^2 + 0.35z - 1.$$

再调用 r=roots(p)得到多项式 $A(z)$的 4 个根如下：

r=1.2047+2.1957i，1.2047−2.1957i，1.6761，−1.5854.

反过来，如果先用命令语句

r = [1.2047 + 2.1957i,1.2047 − 2.1957i,1.6761, − 1.5854]

给出多项式的 4 个根，可以调用 p=poly(r)得到和多项式(2.13)同根的多项式：

$$p = 16.6667[0.06, -0.15, 0.23, 0.35, -1].$$

用 angle(r)和 abs(r)还可以得到根 r 的辐角和模.

习 题 二

2.1 设$\{\varepsilon_t\}$是 WN$(0,\sigma^2)$，实数 a 的绝对值大于 1. 问差分方程 $X_t=aX_{t-1}+\varepsilon_t(t\in\mathbb{Z})$有没有平稳解？证明你的结论.

2.2 如果实系数多项式 $A(z)=1-\sum_{j=1}^{p}a_jz^j$ 的根都在单位圆内，$\{\varepsilon_t\}$是 WN$(0,\sigma^2)$，差分方程 $A(\mathscr{B})X_t=\varepsilon_t(t\in\mathbb{Z})$有没有平稳解？证明你的结论.

2.3 设$\{\varepsilon_t\}$是 WN(μ,σ^2)，$a_1,a_2,\cdots,a_p$ 满足最小相位条件. 求非中心化 AR(p)模型

$$X_t = a_0 + \sum_{j=1}^{p}a_jX_{t-j} + \varepsilon_t,\quad t\in\mathbb{Z}$$

的平稳解和通解.

2.4 在 AR(p)模型(2.5)中，证明$|a_p|<1$.

2.5 设$\{\varepsilon_t\}$是正态白噪声 WN$(0,\sigma^2)$，$X_t=\varepsilon_t-2\varepsilon_{t-1},t\in\mathbb{Z}$. 证明存在正态白噪声$\{\eta_t\}$，使得

$$X_t = \eta_t - 0.5\eta_{t-1},\quad t\in\mathbb{Z}.$$

§2.3 AR(p)序列的谱密度和 Yule-Walker 方程

A. AR(p)序列的谱密度

设$\{X_t\}$是 AR(p)模型(2.5)的平稳解，由(2.9)定义，利用线性

平稳序列的性质知道它有零均值和自协方差函数

$$\gamma_k = \mathrm{E}(X_{t+k}X_t) = \sigma^2 \sum_{j=0}^{\infty} \psi_j \psi_{j+k}, \quad k = 0,1,\cdots. \tag{3.1}$$

设正数 $\rho \in (1, \min\{|z_j|\})$. 利用 Cauchy 不等式和 Wold 系数 $\{\psi_k\}$的负指数阶收敛性(2.8),得到

$$|\gamma_k| \leqslant \sigma^2 \left[\sum_{j=0}^{\infty} \psi_j^2 \sum_{j=0}^{\infty} \psi_{j+k}^2 \right]^{1/2} \leqslant c_0 \left[\sum_{j=k}^{\infty} \rho^{-2j} \right]^{1/2} \leqslant c_1 \rho^{-k}, \tag{3.2}$$

其中 c_0, c_1 是正常数. 所以,和 Wold 系数$\{\psi_k\}$一样, AR(p)序列的自协方差函数也是以负指数阶收敛到 0 的. 而且 $\min\{|z_j|\}$越大, γ_k 收敛的越快. 说明 X_t 和 X_{t+k}的相关性减少的越快. 这种现象又被称为时间序列的**短记忆性**.

利用线性平稳序列的谱密度公式(§1.7(7.4)和(2.9)),可以得到 AR(p)序列$\{X_t\}$的谱密度函数

$$f(\lambda) = \frac{\sigma^2}{2\pi} \left| \sum_{j=0}^{\infty} \psi_j \mathrm{e}^{\mathrm{i}j\lambda} \right|^2 = \frac{\sigma^2}{2\pi |A(\mathrm{e}^{\mathrm{i}\lambda})|^2}, \tag{3.3}$$

其中 $A(z)$是 AR(p)模型(2.5)的特征多项式. AR(p)序列的谱密度 $f(\lambda)$是一个恒正的偶函数. 通过谱密度(3.3)看出,如果 $A(z)$有复根 $z_j = \rho_j \mathrm{e}^{\mathrm{i}\lambda_j}$靠近单位圆,利用因式分解公式可以看出 $f(\lambda)$会在 λ_j 附近表现出峰值. 说明相应的平稳序列的能量在 λ_j 处比较集中,或说平稳序列有一个角频率是 λ_j 的频率成分. 当 $\rho_j \to 1$ 时, $f(\lambda_j) \to \infty$, 这时(2.9)的平稳性将遭到破坏. 实际上当 $A(z)$在单位圆上有根时,差分方程(2.5)没有平稳解.

平稳序列的谱密度还可以由它的自协方差函数表示出来. 这就是下面的定理.

定理 3.1　如果平稳序列$\{X_t\}$的自协方差函数$\{\gamma_k\}$绝对可和: $\sum |\gamma_k| < \infty$,则$\{X_t\}$有谱密度

$$f(\lambda) = \frac{1}{2\pi} \sum_{k=-\infty}^{\infty} \gamma_k \mathrm{e}^{-\mathrm{i}k\lambda}. \tag{3.4}$$

由于谱密度是实值函数,所以(3.4)还可以写成

$$f(\lambda) = \frac{1}{2\pi} \sum_{k=-\infty}^{\infty} \gamma_k \cos(k\lambda) = \frac{1}{2\pi} \left[\gamma_0 + 2 \sum_{k=1}^{\infty} \gamma_k \cos(k\lambda) \right].$$

证明 不难验证,由(3.4)定义的 $f(\lambda)$满足

$$\int_{-\pi}^{\pi} f(\lambda)\mathrm{e}^{\mathrm{i}j\lambda}\mathrm{d}\lambda = \frac{1}{2\pi}\sum_{k=-\infty}^{\infty}\gamma_k\int_{-\pi}^{\pi}\mathrm{e}^{-\mathrm{i}(k-j)\lambda}\mathrm{d}\lambda = \gamma_j.$$

按谱密度的定义我们还要验证 $f(\lambda)$是非负函数. 由于自协方差函数 $\{\gamma_k\}$非负定,所以对正整数 N,

$$\begin{aligned}0 \leqslant f_N(\lambda) &\stackrel{\text{def}}{=\!=} \frac{1}{2\pi N}\sum_{k=1}^{N}\sum_{j=1}^{N}\gamma_{k-j}\mathrm{e}^{-\mathrm{i}(k-j)\lambda}\\ &= \frac{1}{2\pi N}\sum_{j=1-N}^{N-1}(N-|j|)\gamma_j\mathrm{e}^{-\mathrm{i}j\lambda}\\ &= \frac{1}{2\pi}\sum_{j=1-N}^{N-1}\gamma_j\mathrm{e}^{-\mathrm{i}j\lambda} - \frac{1}{2\pi N}\sum_{j=1-N}^{N-1}|j|\gamma_j\mathrm{e}^{-\mathrm{i}j\lambda}.\end{aligned}$$

利用 Kronecker 引理(见习题 3.3)得到

$$\lim_{N\to\infty}\frac{1}{2\pi N}\sum_{j=1-N}^{N-1}|j|\gamma_j\mathrm{e}^{-\mathrm{i}j\lambda} = 0,$$

于是

$$f(\lambda) = \lim_{N\to\infty} f_N(\lambda) \geqslant 0.$$

推论 3.2 由(2.9)定义的 AR(p)序列$\{X_t\}$有谱密度

$$f(\lambda) = \frac{1}{2\pi}\sum_{k=-\infty}^{\infty}\gamma_k\mathrm{e}^{-\mathrm{i}k\lambda} = \frac{\sigma^2}{2\pi|A(\mathrm{e}^{\mathrm{i}\lambda})|^2}.$$

B. Yule-Walker 方程

设 AR(p)序列$\{X_t\}$是(2.5)的解,由(2.9)定义. 对任何 $k\geqslant 1$,利用控制收敛定理得到

$$\mathrm{E}(X_t\varepsilon_{t+k}) = \sum_{j=0}^{\infty}\psi_j\mathrm{E}(\varepsilon_{t-j}\varepsilon_{t+k}) = 0. \tag{3.5}$$

(3.5)说明了模型(2.5)和解(2.9)的合理性:t 时刻的随机现象 X_t 和 t 以后的随机干扰无关. 特别当$\{\varepsilon_t\}$是独立白噪声时,X_t 和 t 以后的随机干扰 ε_{t+k}独立. 对 $n\geqslant p$,可以将模型(2.5)改写成向量的形式:

$$\begin{bmatrix}X_t\\X_{t+1}\\\vdots\\X_{t+n-1}\end{bmatrix} = \begin{bmatrix}X_{t-1} & X_{t-2} & \cdots & X_{t-n}\\X_t & X_{t-1} & \cdots & X_{t+1-n}\\\vdots & \vdots & & \vdots\\X_{t+n-2} & X_{t+n-3} & \cdots & X_{t-1}\end{bmatrix}\boldsymbol{a}_n + \begin{bmatrix}\varepsilon_t\\\varepsilon_{t+1}\\\vdots\\\varepsilon_{t+n-1}\end{bmatrix}, \tag{3.6}$$

其中

$$\boldsymbol{a}_n = (a_{n,1}, a_{n,2}, \cdots, a_{n,n})^{\mathrm{T}} \equiv (a_1, a_2, \cdots, a_p, 0, \cdots, 0)^{\mathrm{T}}. \quad (3.7)$$

定义自协方差矩阵

$$\boldsymbol{\Gamma}_n = \begin{bmatrix} \gamma_0 & \gamma_1 & \cdots & \gamma_{n-1} \\ \gamma_1 & \gamma_0 & \cdots & \gamma_{n-2} \\ \vdots & \vdots & & \vdots \\ \gamma_{n-1} & \gamma_{n-2} & \cdots & \gamma_0 \end{bmatrix} \quad 和 \quad \boldsymbol{\gamma}_n = \begin{bmatrix} \gamma_1 \\ \gamma_2 \\ \vdots \\ \gamma_n \end{bmatrix}, \quad (3.8)$$

在(3.6)两边同时乘上 X_{t-1} 后取数学期望,利用(3.5)得到

$$\boldsymbol{\gamma}_n = \boldsymbol{\Gamma}_n \boldsymbol{a}_n, \quad n \geqslant p.$$

由此看到,对于 $k \geqslant 1$,AR(p)序列的自协方差函数满足和AR(p)模型(2.5)相应的齐次差分方程:

$$\gamma_k = a_1 \gamma_{k-1} + a_2 \gamma_{k-2} + \cdots + a_p \gamma_{k-p}, \quad k \geqslant 1.$$

下面看 γ_0 所满足的方程. 利用模型(2.5)和(3.5)得到

$$\begin{aligned} \gamma_0 &= \mathrm{E}X_t^2 = \mathrm{E}\Big(\sum_{j=1}^{p} a_j X_{t-j} + \varepsilon_t \Big)^2 \\ &= \mathrm{E}\Big(\sum_{j=1}^{p} a_j X_{t-j} \Big)^2 + \mathrm{E}\varepsilon_t^2 \\ &= \mathrm{E}\Big(\sum_{j=1}^{n} a_{n,j} X_{t-j} \Big)^2 + \mathrm{E}\varepsilon_t^2 \\ &= \boldsymbol{a}_n^{\mathrm{T}} \boldsymbol{\Gamma}_n \boldsymbol{a}_n + \sigma^2 \\ &= \boldsymbol{a}_n^{\mathrm{T}} \boldsymbol{\gamma}_n + \sigma^2, \quad n \geqslant p. \end{aligned}$$

于是可以写出 AR(p)序列的自协方差函数的 Yule-Walker 方程.

定理 3.3 (Yule-Walker 方程) AR(p)序列的自协方差函数满足

$$\boldsymbol{\gamma}_n = \boldsymbol{\Gamma}_n \boldsymbol{a}_n, \quad \gamma_0 = \boldsymbol{\gamma}_n^{\mathrm{T}} \boldsymbol{a}_n + \sigma^2, \quad n \geqslant p, \quad (3.9)$$

其中的 $\boldsymbol{a}_n$ 由(3.7)定义.

C. 自协方差函数的周期性

对 $k<0$,定义 $\psi_k=0$. 可以把 Yule-Walker 方程写成更一般的形

式.

推论 3.4 AR(p)序列的自协方差函数$\{\gamma_k\}$满足和 AR(p)模型(2.5)相应的差分方程

$$\gamma_k - (a_1\gamma_{k-1} + a_2\gamma_{k-2} + \cdots + a_p\gamma_{k-p}) = \sigma^2\psi_{-k}, \quad k \in \mathbb{Z}. \tag{3.10}$$

证明 对 $k\geqslant 0$,从 Yule-Walker 方程得到(3.10). 对 $k<0$,利用(3.5)得到

$$\begin{aligned}\gamma_k &- (a_1\gamma_{k-1} + a_2\gamma_{k-2} + \cdots + a_p\gamma_{k-p}) \\ &= \mathrm{E}\Big[X_{t-k}\Big(X_t - \sum_{j=1}^{p} a_jX_{t-j}\Big)\Big] = \mathrm{E}(X_{t-k}\varepsilon_t) \\ &= \mathrm{E}\Big[\sum_{j=0}^{\infty}\psi_j\varepsilon_{t-k-j}\varepsilon_t\Big] = \sigma^2\psi_{-k}.\end{aligned}$$

设特征多项式 $A(z)$的所有根 $z_j=\rho_j\mathrm{e}^{\mathrm{i}\lambda_j}$互异,这里 $\rho_j=|z_j|$,则 $A(z)$有因式分解

$$A(z) = (1 - z/z_1)(1 - z/z_2)\cdots(1 - z/z_p).$$

从代数的知识知道,存在非零常数 $c_1,c_2,\cdots,c_p$,使得

$$\begin{aligned}A(z)^{-1} &= \frac{1}{(1 - z/z_1)(1 - z/z_2)\cdots(1 - z/z_p)} \\ &= \frac{c_1}{1 - z/z_1} + \frac{c_2}{1 - z/z_2} + \cdots + \frac{c_p}{1 - z/z_p}, \quad |z| \leqslant 1,\end{aligned}$$

其中 c_j 由下式决定

$$\begin{aligned} c_1 &= \frac{z_2z_3\cdots z_p}{(z_2 - z_1)(z_3 - z_1)\cdots(z_p - z_1)}, \\ c_2 &= \frac{z_1z_3\cdots z_p}{(z_1 - z_2)(z_3 - z_2)\cdots(z_p - z_2)}, \\ &\cdots\cdots \\ c_p &= \frac{z_1z_2\cdots z_{p-1}}{(z_1 - z_p)(z_2 - z_p)\cdots(z_{p-1} - z_p)} \end{aligned} \tag{3.11}$$

(见习题 3.5). 于是可以从差分方差(3.10)得到

$$\begin{aligned}\gamma_t &= A^{-1}(\mathscr{B})\sigma^2\psi_{-t} = \sigma^2\sum_{j=1}^{p} c_j(1 - z_j^{-1}\mathscr{B})^{-1}\psi_{-t} \\ &= \sigma^2\sum_{j=1}^{p} c_j\sum_{l=0}^{\infty} z_j^{-l}\mathscr{B}^l\psi_{-t} = \sigma^2\sum_{j=1}^{p} c_j\sum_{l=0}^{\infty} z_j^{-l}\psi_{-t+l}\end{aligned}$$

$$
\begin{aligned}
&= \sigma^2 \sum_{j=1}^{p} c_j \sum_{l=t}^{\infty} z_j^{-l} \psi_{l-t} = \sigma^2 \sum_{j=1}^{p} c_j \sum_{l=t}^{\infty} \psi_{l-t} z_j^{-l+t} z_j^{-t} \\
&= \sigma^2 \sum_{j=1}^{p} c_j A^{-1}(z_j^{-1}) z_j^{-t} \\
&= \sigma^2 \sum_{j=1}^{p} A_j \rho_j^{-t} \cos(\lambda_j t + \theta_j), \quad t \geqslant 0,
\end{aligned} \tag{3.12}
$$

其中 $A_j\cos(\lambda_j t+\theta_j)$ 是 $c_j A^{-1}(z_j^{-1})e^{-i\lambda_j t}$ 的实部. 从这个表达式看到, 当 $A(z)$ 有复根 z_j 接近单位圆(ρ_j 接近 1)时, $\{\gamma_k\}$ 的频率特性开始增强. 这种频率特性会在相应的 AR(p)序列 $\{X_t\}$ 中得到体现. 如果 $\rho_j=\min\{\rho_k\}$, 则在 $\{X_t\}$ 中, 角频率 λ_j 的作用最重要. 这时我们说 $\{X_t\}$ 的能量在 λ_j 处最集中. 完全类似于单摆的情况, 当 $\min\{|z_j|\}$ 越大, γ_k 收敛到零越快, 这时 $\{X_t\}$ 的平稳性越好. 当 $\min\{|z_j|\}$ 趋于 1 时, $\gamma_k \to 0$ 的性质和 $\{X_t\}$ 的平稳性都将遭到破坏.

例 3.1 考虑如下的三个 AR(4)模型.

(1) $A(z)$ 有两对共轭复根

$$
z_1 = 1.09e^{i\pi/3}, \qquad z_2 = \bar{z}_1,
$$
$$
z_3 = 1.098e^{i2\pi/3}, \quad z_4 = \bar{z}_3.
$$

由于 z_1, z_3 都很靠近单位圆, 所以谱密度 $f(\lambda)$ 会在 $\pi/3=1.047$ 和 $2\pi/3=2.094$ 附近有峰值. 图 2.3.1 中最上面的曲线是 $f(\lambda)$, 它在

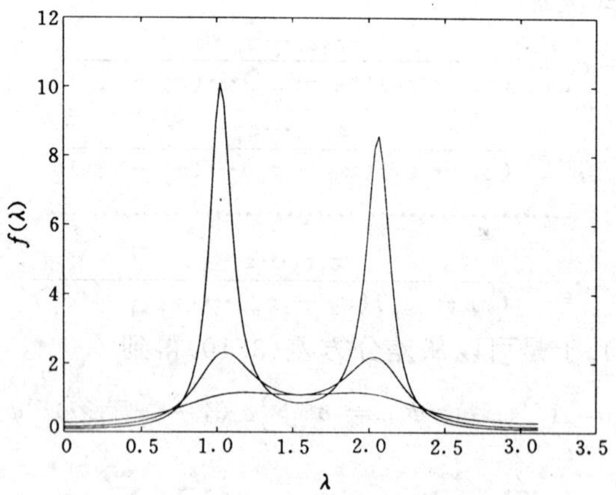

图 2.3.1 例 3.1 中的谱密度

$\lambda_1=1.052$ 和 $\lambda_2=2.065$ 有两个明显峰值，表示相应的 AR(4)序列的自协方差函数有周期 $T_1=2\pi/\lambda_1=5.97$ 和 $T_2=2\pi/\lambda_2=3.04$ 的特性. λ_1 和 λ_2 分别靠近 1.047 和 2.094. 图 2.3.2 是利用公式(3.12)计算的 25 个自协方差函数 γ_k. 可以看出 $|\gamma_k|$ 递减的比较慢，并且体现出有周期 T_1, T_2 的特性：在 $k=0,6,\cdots,24$ 处 $\{\gamma_k\}$ 有大峰值，在 $k=0,3,6,\cdots,24$ 处 $\{\gamma_k\}$ 有峰值.

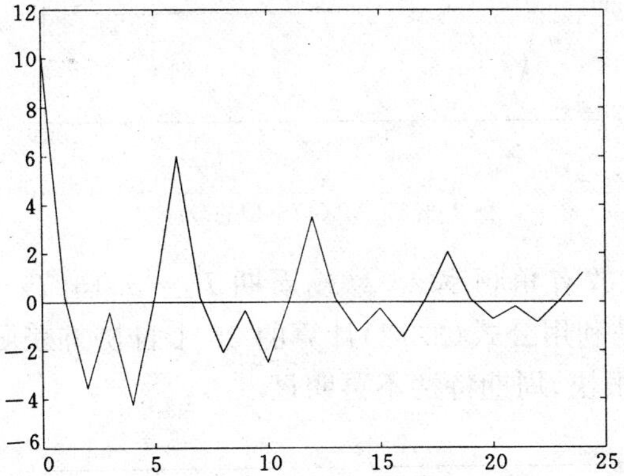

图 2.3.2 AR(4)模型的 $\{\gamma_k\}$

(2) $A(z)$有两对共轭复根

$$z_1 = 1.264e^{i\pi/3}, \quad z_2 = \bar{z}_1,$$
$$z_3 = 1.273e^{i2\pi/3}, \quad z_4 = \bar{z}_3.$$

相应的谱密度 $f(\lambda)$是图 2.3.1 中间的一条曲线，它在 $\lambda_1=1.07$ 和 $\lambda_2=2.06$ 有两个峰值，表示相应的 AR(4)序列的自协方差函数也有角频率 λ_1, λ_2 或周期 $T_1=5.87, T_2=3.05$ 的特性. 图 2.3.3 是利用公式(3.12)计算的 25 个自协方差函数 γ_k. 可以看出 $|\gamma_k|$ 递减的比(1)中的自协方差函数要快，但还是体现出有周期 T_1 和 T_2 的现象.

(3) $A(z)$有两对共轭复根

$$z_1 = 1.635e^{i\pi/3}, \quad z_2 = \bar{z}_1,$$
$$z_3 = 1.647e^{i2\pi/3}, \quad z_4 = \bar{z}_3.$$

相应的谱密度 $f(\lambda)$是图 2.3.1 中下面的一条曲线，它在 $\lambda_1=1.217$ 和 $\lambda_2=1.926$ 有两个不明显的峰值，也基本表示相应的 AR(4)序列

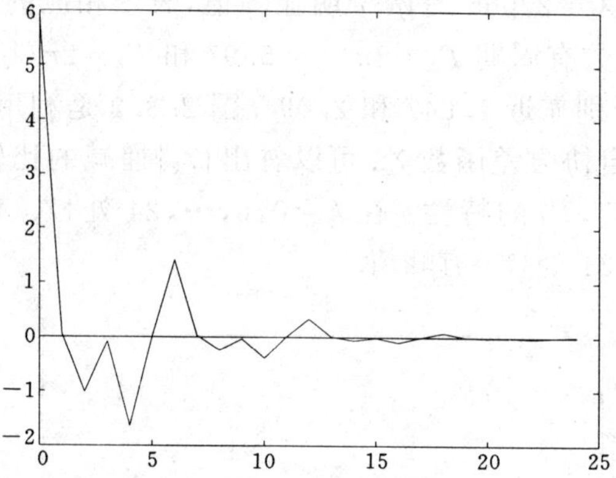

图 2.3.3　AR(4)模型的$\{\gamma_k\}$

的自协方差函数有角频率λ_1,λ_2或周期$T_1=5.16$,$T_2=3.26$的特性. 图 2.3.4 是利用公式(3.12)计算的 25 个自协方差函数γ_k. 可以看出$|\gamma_k|$递减很快,周期特性不再明显.

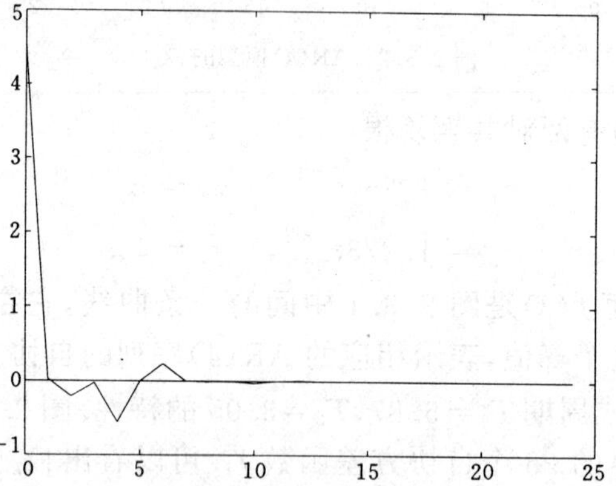

图 2.3.4　AR(4)模型的$\{\gamma_k\}$

让我们来看工程师是如何利用特征多项式$A(z)$的根判断机器运行的正常与否的. 举例来说,如果开车在良好的公路上行驶,对车辆的综合噪声进行等间隔采样后拟合一个 AR(p)模型. 假设计算出的特征多项式是$A(z)$. 如果车的性能良好,则噪声$\{X_t\}$体现出平稳性,$A(z)$的零点都远离单位圆. 随着汽车部件的磨损,$A(z)$的根逐步向单位圆靠近. 如果有一个根 $z_j=\rho_j e^{i\lambda_j}$距离单位圆最近,则噪声表现出以 λ_j 为角频率的振动. 当 z_j 靠近单位圆很近时,汽车就要大修了. 经验也告诉我们,开车的过程中,如果只是偶尔地出现异常振动,你不会认为是车有问题. 但是当异常振动有节律的出现时,你开始怀疑车出问题了. 当这种带节奏的噪声增大时,你也会怀疑车需要修理了. 实际上,这时 $A(z)$的一个或几个根开始靠近单位圆了. 于是,利用 $A(z)$的根靠近单位圆的距离,可以判定出汽车是否需要维修.

D. 自协方差函数的正定性

由于 AR(p)模型(2.5)的平稳解(2.9)是惟一的,所以自回归系数 $\boldsymbol{a}_p$ 和白噪声的方差通过谱密度(3.3)惟一决定自协方差函数 $\{\gamma_k\}$. 如果协方差矩阵 Γ_p 是正定的,在 Yule-Walker 方程(3.9)中取 $n=p$,可以惟一解出 AR(p)模型的自回归系数和白噪声的方差如下:

$$\boldsymbol{a}_p = \Gamma_p^{-1}\boldsymbol{\gamma}_p, \quad \sigma^2 = \gamma_0 - \boldsymbol{\gamma}_p^{\mathrm{T}}\Gamma_p^{-1}\boldsymbol{\gamma}_p. \tag{3.13}$$

上述方程为构造 AR(p)模型参数的矩估计打下了基础. 下面的定理告诉我们,在实际问题中,许多平稳序列的自协方差矩阵是正定的. 特别 AR(p)序列的自协方差矩阵总是正定的.

定理 3.5 设 Γ_n 是平稳序列$\{X_t\}$的 n 阶自协方差矩阵.

(1) 如果$\{X_t\}$的谱密度 $f(\lambda)$存在,则对任何 $n\geqslant 1$,Γ_n 正定;

(2) 如果当 $k\to\infty$时, $\gamma_k\to 0$,则对任何 $n\geqslant 1$,Γ_n 正定.

证明 (1) 对任何 n 维实向量 $\boldsymbol{b}=(b_1,b_2,\cdots,b_n)^{\mathrm{T}}\neq 0$,$\lambda$ 的函数 $\sum_{k=1}^{n} b_k e^{ik\lambda}$最多只有 $n-1$ 个零点. 由于 $\gamma_0=\int_{-\pi}^{\pi} f(\lambda)d\lambda>0$,所以知道

$$\begin{aligned}\boldsymbol{b}^{\mathrm{T}}\Gamma_n\boldsymbol{b} &= \sum_{j=1}^{n}\sum_{k=1}^{n} b_k\gamma_{k-j}b_j = \sum_{j=1}^{n}\sum_{k=1}^{n}\int_{-\pi}^{\pi} b_k b_j f(\lambda)e^{i(k-j)\lambda}d\lambda \\ &= \int_{-\pi}^{\pi}\Big|\sum_{k=1}^{n} b_k e^{ik\lambda}\Big|^2 f(\lambda)d\lambda > 0.\end{aligned}$$

(2) 设 Γ_n 正定, $\det(\Gamma_{n+1})=0$ 和 $EX_t=0$. 定义

$$\boldsymbol{X}_n = (X_1,X_2,\cdots,X_n)^{\mathrm{T}}.$$

对任何实向量 $\boldsymbol{b}=(b_1,b_2,\cdots,b_n)^{\mathrm{T}}\neq 0$,有

$$E(\boldsymbol{b}^{\mathrm{T}}\boldsymbol{X}_n)^2 = E[\boldsymbol{b}^{\mathrm{T}}\boldsymbol{X}_n\boldsymbol{X}_n^{\mathrm{T}}\boldsymbol{b}] = \boldsymbol{b}^{\mathrm{T}}\Gamma_n\boldsymbol{b} > 0,$$

同时存在 $\boldsymbol{a}=(a_1,a_2,\cdots,a_{n+1})^{\mathrm{T}}\neq 0$,使得

$$\mathrm{E}(\boldsymbol{a}^{\mathrm{T}}\boldsymbol{X}_{n+1})^2=\boldsymbol{a}^{\mathrm{T}}\Gamma_{n+1}\boldsymbol{a}=0,$$

于是

$$\boldsymbol{a}^{\mathrm{T}}\boldsymbol{X}_{n+1}=a_1X_1+a_2X_2+\cdots+a_{n+1}X_{n+1}=0,\ \text{a.s.}$$

成立,并且 $a_{n+1}\neq 0$. 说明 X_{n+1} 可以由 $\boldsymbol{X}_n$ 线性表示. 利用 $\{X_t\}$ 的平稳性知道,对任何 $k\geqslant 1$, X_{n+k} 可以由 $\boldsymbol{X}=(X_n,X_{n-1},\cdots,X_1)^{\mathrm{T}}$ 线性表示,即有实向量 $\boldsymbol{\alpha}=(\alpha_1,\alpha_2,\cdots,\alpha_n)^{\mathrm{T}}$,使得

$$X_{n+k}=\boldsymbol{\alpha}^{\mathrm{T}}\boldsymbol{X}.$$

用 $0<\lambda_1\leqslant\lambda_2\leqslant\cdots\leqslant\lambda_n$ 表示 Γ_n 的特征值,则有正交矩阵 T,使得

$$T\Gamma_nT^{\mathrm{T}}=\mathrm{diag}(\lambda_1,\lambda_2,\cdots,\lambda_n).$$

用 $|\boldsymbol{\alpha}|$ 表示 $\boldsymbol{\alpha}$ 的欧氏模,则有

$$\begin{aligned}\gamma_0&=\mathrm{E}X_{n+k}^2=\mathrm{E}(\boldsymbol{\alpha}^{\mathrm{T}}\boldsymbol{X})^2=\boldsymbol{\alpha}^{\mathrm{T}}\Gamma_n\boldsymbol{\alpha}=(\boldsymbol{\alpha}^{\mathrm{T}}T^{\mathrm{T}})(T\Gamma_nT^{\mathrm{T}})(T\boldsymbol{\alpha})\\&\geqslant\lambda_1(\boldsymbol{\alpha}^{\mathrm{T}}T^{\mathrm{T}})(T\boldsymbol{\alpha})=\lambda_1|\boldsymbol{\alpha}|^2,\end{aligned}$$

即有 $|\boldsymbol{\alpha}|\leqslant\sqrt{\gamma_0/\lambda_1}$. 另一方面

$$\begin{aligned}\gamma_0&=\mathrm{E}(\boldsymbol{\alpha}^{\mathrm{T}}\boldsymbol{X}X_{n+k})=\boldsymbol{\alpha}^{\mathrm{T}}\mathrm{E}(\boldsymbol{X}X_{n+k})\\&=\boldsymbol{\alpha}^{\mathrm{T}}(\gamma_k,\gamma_{k+1},\cdots,\gamma_{n+k-1})^{\mathrm{T}}\\&\leqslant|\boldsymbol{\alpha}|\left(\sum_{j=0}^{n-1}\gamma_{j+k}^2\right)^{1/2}\leqslant(\gamma_0/\lambda_1)^{1/2}\left(\sum_{j=0}^{n-1}\gamma_{j+k}^2\right)^{1/2}\\&\to 0,\quad \text{当 } k\to\infty \text{ 时}.\end{aligned}$$

这与 $\gamma_0>0$ 矛盾,故 $\det(\Gamma_{n+1})=0$ 不成立.

作为定理 3.5 的推论,利用 §1.3 的定理 3.3 得到以下结果.

推论 3.6　线性平稳序列的自协方差矩阵总是正定的.

为了回答什么时候自协方差矩阵会退化,我们介绍下面的定理.

*__定理 3.7__　设离散谱序列 $\{X_t\}$ 在 §1.8 中定义. 如果它的谱函数 $F(\lambda)$ 恰有 n 个跳跃点,则 Γ_n 正定, Γ_{n+1} 退化. 如果 $F(\lambda)$ 有无穷个跳跃点,则对任何 $n\geqslant 1$, Γ_n 正定.

证明　对任何实向量 $\boldsymbol{b}=(b_1,b_2,\cdots,b_n)^{\mathrm{T}}$, λ 的函数 $\sum_{k=1}^{n}b_k\mathrm{e}^{\mathrm{i}k\lambda}$ 最多只有 $n-1$ 个零点. 所以当 $F(\lambda)$ 的跳跃点个数 $\geqslant n$ 时,有

$$\boldsymbol{b}^{\mathrm{T}}\Gamma_n\boldsymbol{b}=\int_{-\pi}^{\pi}\left|\sum_{j=1}^{n}b_j\mathrm{e}^{\mathrm{i}\lambda j}\right|^2\mathrm{d}F(\lambda)>0.$$

这说明 Γ_n 正定. 当 $F(\lambda)$恰有 n 个跳跃点 $-\pi<t_1<t_2<\cdots<t_n\leqslant\pi$ 时，通过展开

$$\prod_{j=1}^{n}(1-\mathrm{e}^{\mathrm{i}(\lambda-t_j)})=\sum_{k=0}^{n}b_k\mathrm{e}^{\mathrm{i}k\lambda}$$

可以得到实向量 $\boldsymbol{b}=(b_0,b_1,\cdots,b_n)^{\mathrm{T}}\neq 0$,使得

$$\boldsymbol{b}^{\mathrm{T}}\Gamma_{n+1}\boldsymbol{b}=\int_{-\pi}^{\pi}\left|\sum_{k=0}^{n}b_k\mathrm{e}^{\mathrm{i}\lambda k}\right|^2\mathrm{d}F(\lambda)=0.$$

所以，Γ_{n+1}退化. 其余部分的证明是明显的.

从应用的角度讲，如果 Γ_n 退化，就应当认为平稳序列$\{X_t\}$是离散谱序列，具有周期性. 这点可以从定理 3.5、定理 3.7 和 §8.1 的定理 1.5 看出.

E. 时间序列的可完全预测性

在 §1.2 中介绍了随机变量的线性相关性. 对于方差有限的随机变量 $Y_1,Y_2,\cdots,Y_n$,如果有不全为零的常数 $b_0,b_1,\cdots,b_n$,使得

$$\mathrm{E}\left(\sum_{j=1}^{n}b_jY_j-b_0\right)^2=0,$$

就称随机变量 $Y_1,Y_2,\cdots,Y_n$ 是**线性相关**的，否则称为**线性无关**的. 线性相关时，$\sum\limits_{j=1}^{n}b_jY_j=b_0$ a.s. 成立. 并且当 $b_n\neq 0$ 时，Y_n 可以由 Y_1, $Y_2,\cdots,Y_{n-1}$线性表示. 这时我们称 Y_n 可以由 $Y_1,Y_2,\cdots,Y_{n-1}$**完全线性预测**.

对于平稳序列$\{X_t\}$的 n 阶自协方差矩阵 Γ_n 和 n 维向量 $\boldsymbol{b}=(b_1,b_2,\cdots,b_n)^{\mathrm{T}}$,总有

$$\mathrm{E}\left(\sum_{j=1}^{n}b_jX_{t-j}-b_0\right)^2\geqslant\mathrm{E}\left[\sum_{j=1}^{n}b_j(X_{t-j}-\mathrm{E}X_t)\right]^2=\boldsymbol{b}^{\mathrm{T}}\Gamma_n\boldsymbol{b}\geqslant 0.$$

于是 $X_{t-1},X_{t-2},\cdots,X_{t-n}$线性无关的充分必要条件是 Γ_n 正定.

从推论 3.6 知道，如果$\{X_t\}$是线性平稳序列，则对任何 n,t, $X_{t-1},X_{t-2},\cdots,X_{t-n}$线性无关. 于是，对任何 n,X_n 不能由 $X_1,X_2,\cdots$, X_{n-1}完全线性预测. 从定理 3.7 知道，如果离散谱序列$\{X_t\}$只有有限个角频率成分，则对某个 n,X_n 能由 $X_1,X_2,\cdots,X_{n-1}$完全线性预测.

习　题　三

3.1　对于方差有限的随机变量 $Y_1,Y_2,\cdots,Y_n$，有常数 $b_0,b_1,\cdots,b_n$，使得以下两式等价，

$$\mathrm{E}\left(\sum_{j=1}^{n} b_j Y_j - b_0\right)^2 = 0, \quad \mathrm{E}\left(\sum_{j=1}^{n} b_j (Y_j - \mathrm{E}Y_j)\right)^2 = 0.$$

3.2　设 $\{X_t\}$ 和 $\{Y_t\}$ 是相互正交的 AR(p) 序列，求 $Z_t = X_t + Y_t$，$t \in \mathbb{Z}$，仍然是 AR(p) 序列的充分条件.

3.3　(Kronecker 引理)　如果 b_n 单调上升趋于 ∞，复数列 a_n 使得 $\sum_{n\geqslant 1} a_n$ 收敛，则

$$\lim_{n\to\infty} \frac{1}{b_n}\sum_{j=1}^{n} b_j a_j = 0.$$

3.4　利用(3.12)式证明，对 AR(1) 序列有 $\gamma_k = \sigma^2 a^k/(1-a^2)$.

3.5　设实系数多项式 $A(z)$ 的所有根 z_j 互异，$A(0)\neq 0$. 证明由(3.11)定义的常数 $c_1,c_2,\cdots,c_p$，使得

$$A(z)^{-1} = \frac{c_1}{1 - z/z_1} + \frac{c_2}{1 - z/z_2} + \cdots + \frac{c_p}{1 - z/z_p}.$$

§2.4　平稳序列的偏相关系数和 Levinson 递推公式

设 $\{\gamma_k\}$ 和 Γ_n 分别是平稳序列 $\{X_t\}$ 的自协方差函数和 n 阶自协方差矩阵，$\boldsymbol{\gamma}_n$ 由(3.8)定义. 方程组

$$\Gamma_n \boldsymbol{a}_n = \boldsymbol{\gamma}_n \tag{4.1}$$

称为 $\{\gamma_k\}$ 的 n 阶 Yule-Walker 方程. 其中的

$$\boldsymbol{a}_n = (a_{n,1}, a_{n,2}, \cdots, a_{n,n})^{\mathrm{T}}$$

称为 $\{\gamma_k\}$ 的 n 阶 Yule-Walker 系数. 明显，当 Γ_n 正定时，$\boldsymbol{a}_n$ 由 $\gamma_0,\gamma_1,\cdots,\gamma_n$ 惟一决定.

例 4.1　设 $\{X_t\}$ 是零均值平稳序列. 考虑用 $X_1,X_2,\cdots,X_n$ 对 X_{n+1} 进行线性预测. 也就是用 $X_1,X_2,\cdots,X_n$ 的线性组合

$$\sum_{j=1}^{n} b_{n,j} X_{n-j+1} = \boldsymbol{b}_n^{\mathrm{T}} \boldsymbol{X}_n$$

对 X_{n+1}进行预测,其中

$$\boldsymbol{X}_n = (X_n, X_{n-1}, \cdots, X_1)^{\mathrm{T}}, \quad \boldsymbol{b}_n = (b_{n,1}, b_{n,2}, \cdots, b_{n,n})^{\mathrm{T}}$$

是 n 维实向量. 如果 $\boldsymbol{a}_n$ 是 n 阶 Yule-Walker 系数,则对任何另外的线性预测 $\boldsymbol{b}_n^{\mathrm{T}}\boldsymbol{X}_n$,利用 $\boldsymbol{\gamma}_n = \Gamma_n \boldsymbol{a}_n$ 和 $\Gamma_n = \mathrm{E}(\boldsymbol{X}_n \boldsymbol{X}_n^{\mathrm{T}})$,得到

$$\begin{aligned}
&\mathrm{E}(X_{n+1} - \boldsymbol{b}_n^{\mathrm{T}} \boldsymbol{X}_n)^2 \\
&\quad = \mathrm{E}[X_{n+1} - \boldsymbol{a}_n^{\mathrm{T}} \boldsymbol{X}_n + (\boldsymbol{a}_n - \boldsymbol{b}_n)^{\mathrm{T}} \boldsymbol{X}_n]^2 \\
&\quad = \mathrm{E}(X_{n+1} - \boldsymbol{a}_n^{\mathrm{T}} \boldsymbol{X}_n)^2 + \mathrm{E}[(\boldsymbol{a}_n - \boldsymbol{b}_n)^{\mathrm{T}} \boldsymbol{X}_n]^2 \\
&\qquad + 2\mathrm{E}[(X_{n+1} - \boldsymbol{a}_n^{\mathrm{T}} \boldsymbol{X}_n) \boldsymbol{X}_n^{\mathrm{T}} (\boldsymbol{a}_n - \boldsymbol{b}_n)] \\
&\quad = \mathrm{E}(X_{n+1} - \boldsymbol{a}_n^{\mathrm{T}} \boldsymbol{X}_n)^2 + \mathrm{E}[(\boldsymbol{a}_n - \boldsymbol{b}_n)^{\mathrm{T}} \boldsymbol{X}_n]^2 \\
&\qquad + 2(\boldsymbol{\gamma}_n^{\mathrm{T}} - \boldsymbol{a}_n^{\mathrm{T}} \Gamma_n)(\boldsymbol{a}_n - \boldsymbol{b}_n) \\
&\quad = \mathrm{E}(X_{n+1} - \boldsymbol{a}_n^{\mathrm{T}} \boldsymbol{X}_n)^2 + (\boldsymbol{a}_n - \boldsymbol{b}_n)^{\mathrm{T}} \Gamma_n (\boldsymbol{a}_n - \boldsymbol{b}_n) \\
&\quad \geqslant \mathrm{E}(X_{n+1} - \boldsymbol{a}_n^{\mathrm{T}} \boldsymbol{X}_n)^2.
\end{aligned}$$

于是总有

$$\sigma_n^2 \equiv \mathrm{E}(X_{n+1} - \boldsymbol{a}_n^{\mathrm{T}} \boldsymbol{X}_n)^2 \leqslant \mathrm{E}(X_{n+1} - \boldsymbol{b}_n^{\mathrm{T}} \boldsymbol{X}_n)^2. \tag{4.2}$$

(4.2)表明在均方误差最小的意义下,用 $\hat{X}_{n+1} = \boldsymbol{a}_n^{\mathrm{T}} \boldsymbol{X}_n$ 预测 X_{n+1}时预测的误差最小. 因而称 $\boldsymbol{a}_n^{\mathrm{T}} \boldsymbol{X}_n$ 是 X_{n+1}的最佳线性预测,称 σ_n^2 是预测的均方误差.

如果$\{\gamma_k\}$是 AR(p)序列的自协方差函数,由 Yule-Walker 方程解出的 Yule-Walker 系数 $\boldsymbol{a}_p = (a_1, a_2, \cdots, a_p)^{\mathrm{T}} = \Gamma_p^{-1} \boldsymbol{\gamma}_p$,使得 AR($p$)模型的特征多项式 $A(z) = 1 - \sum_{j=1}^{p} a_j z^j$ 满足最小相位条件:

$$A(z) \neq 0, \quad \text{当 } |z| \leqslant 1 \text{ 时}. \tag{4.3}$$

对于一般的平稳序列, p 阶 Yule-Walker 系数是否也满足最小相位条件(4.3)是人们关心的问题. 下面的定理给出了肯定的回答.

定理 4.1 如果实数 $\gamma_k (k=0,1,\cdots,n)$,使得

$$\Gamma_{n+1} = \begin{bmatrix} \gamma_0 & \gamma_1 & \cdots & \gamma_n \\ \gamma_1 & \gamma_0 & \cdots & \gamma_{n-1} \\ \vdots & \vdots & & \vdots \\ \gamma_n & \gamma_{n-1} & \cdots & \gamma_0 \end{bmatrix}$$

正定,则由(4.1)定义的 Yule-Walker 系数 $\boldsymbol{a}_n$ 满足最小相位条件:

$$1-\sum_{j=1}^{n}a_{n,j}z^j\neq 0,\quad |z|\leqslant 1.$$

证明见附录 A 中 A.1.

从定理 4.1 知道线性平稳序列的 n 阶 Yule-Walker 系数满足最小相位条件. 在实际问题中,人们常常需要利用已有的观测 $X_1,X_2,\cdots,X_n$ 对 X_{n+1} 做出最佳线性预测. 按例 4.1,最佳线性预测的组合系数是 Yule-Walker 系数. 在时间序列的应用问题中,随着时间的延长观测数据的个数 n 不断增加,为了更快地计算 Yule-Walker 系数,通常采用下面的递推公式.

定理 4.2 (Levinson 递推公式) 如果 Γ_{n+1} 正定,对 $1\leqslant k\leqslant n$ 有

$$\begin{cases}a_{1,1}=\gamma_1/\gamma_0,\\ \sigma_0^2=\gamma_0,\\ \sigma_k^2=\sigma_{k-1}^2(1-a_{k,k}^2),\\ a_{k+1,k+1}=\dfrac{\gamma_{k+1}-\gamma_k a_{k,1}-\gamma_{k-1}a_{k,2}-\cdots-\gamma_1 a_{k,k}}{\gamma_0-\gamma_1 a_{k,1}-\gamma_2 a_{k,2}-\cdots-\gamma_k a_{k,k}},\\ a_{k+1,j}=a_{k,j}-a_{k+1,k+1}a_{k,k+1-j},\ 1\leqslant j\leqslant k,\end{cases}\tag{4.4}$$

其中

$$\sigma_k^2\overset{\text{def}}{=\!=}\mathrm{E}(X_{k+1}-\boldsymbol{a}_k^{\mathrm{T}}\boldsymbol{X}_k)^2\tag{4.5}$$

是用 $\boldsymbol{X}_k$ 预测 X_{k+1} 时的均方误差.

Levinson 递推公式不仅在计算上提供方便,也为 AR(p)模型的理论研究提供了有力的工具. 由于定理的证明较长,我们把它放入附录 A 的 A.2 中.

定义 4.1 如果 Γ_n 正定,称 $a_{n,n}$ 为$\{X_t\}$或$\{\gamma_k\}$的 n **阶偏相关系数**.

由定理 3.5 知道, AR(p)序列的自协方差矩阵总是正定的. 因而由 Yule-Walker 方程知道,它的 Yule-Walker 系数是

$$\begin{aligned}\boldsymbol{a}_n&=(a_1,a_2,\cdots,a_p,0,\cdots,0)^{\mathrm{T}}\\&=(a_{n,1},a_{n,2},\cdots,a_{n,n})^{\mathrm{T}},\quad n\geqslant p,\end{aligned}\tag{4.6}$$

即偏相关系数满足

$$a_{n,n}=\begin{cases}a_p, & 当\ n=p,\\ 0, & 当\ n>p.\end{cases} \tag{4.7}$$

这时称偏相关系数 $a_{n,n}$是 p **后截尾的**. 反之,如果一个零均值平稳序列的偏相关系数是 p 后截尾的,下面的定理告诉我们这个平稳序列一定是 AR(p)序列.

定理 4.3 零均值平稳序列$\{X_t\}$是 AR(p)序列的充分必要条件是,它的偏相关系数 $a_{n,n}$在 p 后截尾.

证明 只需要证明充分性. 记

$$\begin{aligned}\boldsymbol{a}_p &= (a_{p,1},a_{p,2},\cdots,a_{p,p})^{\mathrm{T}}\\ &= (a_1,a_2,\cdots,a_p)^{\mathrm{T}}.\end{aligned}$$

由 Levinson 递推公式和 $a_{p+k,p+k}=0$ 得到

$$\begin{aligned}&a_{p+1,j}=a_{p,j}-a_{p+1,p+1}a_{p,p+1-j}=a_j, && 1\leqslant j\leqslant p,\\ &a_{p+k,j}=a_{p+k-1}=\cdots=a_{p,j}=a_j, && k\geqslant 2,\ 1\leqslant j\leqslant p,\\ &a_{p+k,j}=a_{j,j}=0, && p<j\leqslant p+k.\end{aligned}$$

因而,对 $n\geqslant p$ 总有

$$(a_{n,1},a_{n,2},\cdots,a_{n,n})^{\mathrm{T}}=(a_1,a_2,\cdots,a_p,0,\cdots,0)^{\mathrm{T}}.$$

这样由 Yule-Walker 方程(4.1)得到: 对 $k\geqslant1,\gamma_k=\sum\limits_{j=1}^{p}a_j\gamma_{k-j}$,定义

$$\varepsilon_t=X_t-\sum_{j=1}^{p}a_jX_{t-j},\quad t\in\mathbb{Z},$$

则$\{\varepsilon_t\}$是平稳序列,满足 $\mathrm{E}\varepsilon_t=0,\mathrm{E}\varepsilon_t^2=\sigma_p^2>0$. 下面证明$\{\varepsilon_t\}$是 WN$(0,\sigma_p^2)$. 对任何 $t>s$,

$$\begin{aligned}\mathrm{E}(\varepsilon_tX_s) &= \mathrm{E}\left[\left(X_t-\sum_{j=1}^{p}a_jX_{t-j}\right)X_s\right]\\ &= \gamma_{t-s}-\sum_{j=1}^{p}a_j\gamma_{t-s-j}\\ &= 0,\end{aligned}$$

所以有

$$\mathrm{E}(\varepsilon_t\varepsilon_s)=\mathrm{E}\left[\varepsilon_t\left(X_s-\sum_{j=1}^{p}a_jX_{s-j}\right)\right]=0,$$

于是$\{\varepsilon_t\}$是 $WN(0,\sigma_p^2)$. 由定理 4.1 知道 $a_1,a_2,\cdots,a_p$,满足最小相位条件.

在应用时间序列分析方面，AR(p)模型的研究和应用是最多的了. 在应用上,为了从数据 $x_1,x_2,\cdots,x_n$ 得到 p 和 AR(p)模型系数的估计,人们总是从自协方差函数的点估计 $\hat{\gamma}_k$(称为样本自协方差函数)入手,利用 Levinson 递推公式得到偏相关系数的估计$\{\hat{a}_{k,k}\}$. 如果偏相关系数的估计$\{\hat{a}_{k,k}\}$在 $\hat{p}$ 后表现出截尾性,定理 4.3 告诉我们应当用 $\hat{p}$ 作为 p 的估计. 然后利用 Yule-Walker 方程得到 AR($\hat{p}$)模型回归系数 $\boldsymbol{a}_p$的矩估计

$$(\hat{a}_1,\hat{a}_2,\cdots,\hat{a}_p).$$

这样得到的 AR($\hat{p}$)系数是否满足最小相位条件(4.3)在应用上是十分重要的. 如果估计的模型系数没有最小相位条件,这个模型就不能用来描述任何合理的稳定系统,用这样的模型作出的预测也是无效的. 定理 4.1 帮助人们彻底解决了这个问题：只要样本自协方差函数使得

$$\hat{\Gamma}_{\hat{p}+1}=(\hat{\gamma}_{k-j})_{(\hat{p}+1)\times(\hat{p}+1)}$$

正定,就可以得到具有稳定性的 AR($\hat{p}$)模型.

在应用问题中,如果行列式 $\det(\hat{\Gamma}_{\hat{p}+1})$的取值很小,说明所考虑的平稳序列的频率性较强. 通常当特征多项式 $A(z)$有根靠近单位圆时,会出现这种情况.

注　在使用 Matlab 时,可以用命令语句 $\det(\Gamma_p)$得到 Γ_p 的行列式,用命令语句 $\mathrm{inv}(\Gamma_p)$得到逆矩阵 Γ^{-1},用命令语句 $\mathrm{inv}(\Gamma_p)*\boldsymbol{\gamma}_p$ 得到 Yule-Walker 方程的解 $\boldsymbol{a}_p$.

习　题　四

*4.1　证明：如果自协方差函数$\{\gamma_k\}$平方可和,则

$$f(\lambda)=\frac{1}{2\pi}\sum_{k=-\infty}^{\infty}\gamma_k e^{-ik\lambda}$$

是$\{\gamma_k\}$的谱密度函数,并且 $f(\lambda)$平方可积：

$$\int_{-\pi}^{\pi}f^2(\lambda)d\lambda<\infty.$$

§ 2.5 AR(p)序列举例

例 5.1 对 $|a|<1$, AR(1)模型

$$X_t = aX_{t-1} + \varepsilon_t, \quad t \in \mathbb{Z}, \quad \{\varepsilon_t\} \sim \mathrm{WN}(0, \sigma^2) \tag{5.1}$$

有平稳解

$$X_t = \sum_{j=0}^{\infty} a^j \varepsilon_{t-j},$$

自协方差函数

$$\begin{aligned} \gamma_0 &= \sigma^2 \sum_{j=0}^{\infty} a^{2j} = \frac{\sigma^2}{1-a^2}, \\ \gamma_k &= a\gamma_{k-1} = \cdots = a^k \gamma_0, \end{aligned} \tag{5.2}$$

自相关系数 $\rho_k = \gamma_k / \gamma_0 = a^k$ 和谱密度

$$\begin{aligned} f(\lambda) &= \frac{\sigma^2}{2\pi |1 - a\exp(\mathrm{i}\lambda)|^2} \\ &= \frac{\sigma^2}{2\pi[1 + a^2 - 2a\cos(\lambda)]}, \quad \lambda \in [-\pi, \pi]. \end{aligned}$$

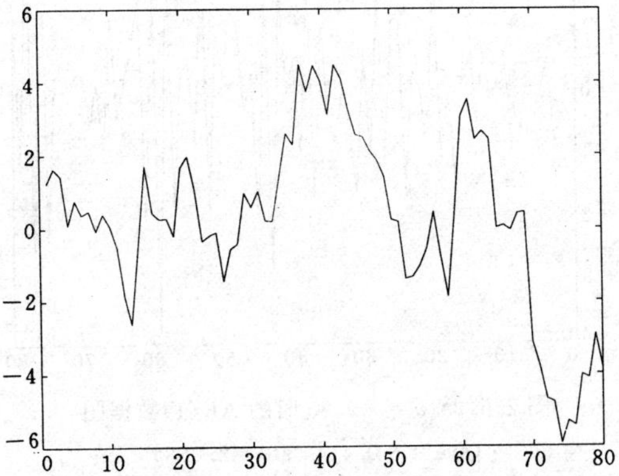

图 2.5.1 $a=0.85$ 时的 AR(1)数据图

(ave=0.16, std=2.09)

图 2.5.1 和 2.5.2 分别是当 $a=0.85$ 和 $a=-0.85$ 时的 80 个数据的观测图，其中 $\{\varepsilon_t\}$ 是正态 WN(0,1). 我们将从图 2.5.1 和 2.5.2 上所看到的 AR(1)表现出的特性列如下表.

$a=0.85$

(1) 数据表现出趋势性，相邻的数据差别不大；

(2) (1)中的现象在 $\{\rho_k\}$ 得到体现：相邻随机变量正相关；

(3) ρ_k 单调减少趋于 0；

(4) 谱密度的能量集中在低频

$$f(\lambda)<f(0),\quad \lambda\in(0,\pi],$$

数据无周期现象，周期

$$T=2\pi/0=\infty;$$

(5) 偏相关系数 $a_{1,1}=0.85$，$a_{k,k}=0$，当 $k>1$ 时；

(6) 随 a 接近于 0，ρ_k 以更快的速度收敛到 0.

$a=-0.85$

(1) 数据上下摆动，趋势性不明显；

(2) (1)中的现象在 $\{\rho_k\}$ 得到体现：相邻随机变量负相关；

(3) ρ_k 正负交替趋于 0；

(4) 谱密度能量集中在高频

$$f(\lambda)<f(\pi),\quad \lambda\in[0,\pi)$$

数据有周期现象，周期

$$T=2\pi/\pi=2;$$

(5) 偏相关系数 $a_{1,1}=-0.85$，$a_{k,k}=0$，当 $k>1$ 时；

(6) 上述性质随 a 接近 -1 变得更明显，随 a 接近 0 变得不明显.

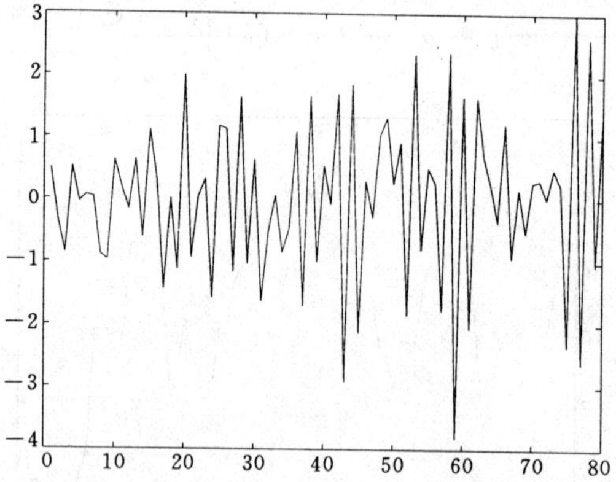

图 2.5.2　$a=-0.85$ 时的 AR(1)数据图

(ave $=-0.414$，std $=2.058$)

当 $a=-0.85$ 和 $a=0.85$ 时模型(5.1)的谱密度见图 2.5.3.

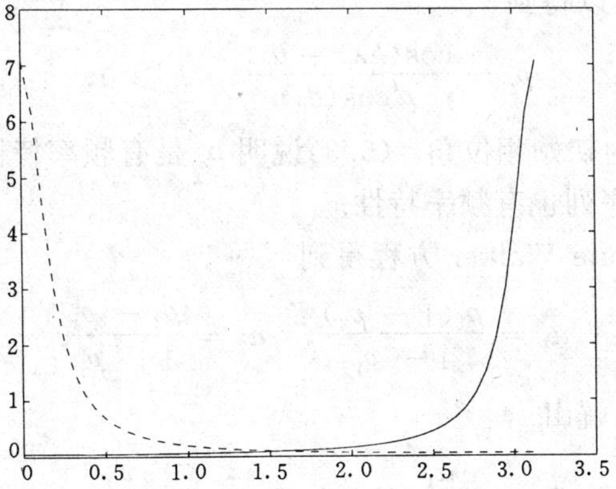

图 2.5.3 $a=-0.85$(实线)和 $a=0.85$(虚线)时 AR(1)的谱密度

例 5.2 AR(2)模型

$$X_t = a_1 X_{t-1} + a_2 X_{t-2} + \varepsilon_t, \quad t \in \mathbb{Z},$$

其中$\{\varepsilon_t\}$是WN$(0,\sigma^2)$. 特征多项式 $A(z)=1-a_1z-a_2z^2$ 的根都在单位圆外的充分必要条件是 a_1, a_2 满足条件

$$a_2 \pm a_1 < 1, \quad |a_2| < 1.$$

设 z_1, z_2 是 $A(z)$的两个根,则$|z_1|>1, |z_2|>1$. 从 Yule-Walker 方程知道,平稳解的自相关系数$\{\rho_k\}$满足

$$\rho_0 = 1, \quad \rho_1 = \frac{a_1}{1-a_2},$$

$$\rho_k = a_1 \rho_{k-1} + a_2 \rho_{k-2}, \quad k \geqslant 1.$$

(1) z_1, z_2 是实根的充分必要条件是 $a_1^2+4a_2 \geqslant 0$. 从上述公式知:

如果 $a_1>0, a_2>0$,则对任何 k, $\rho_k>0$. 并且

$$a_{1,1} = \rho_1, \quad a_{2,2} = a_2, \quad a_{k,k} = 0, \quad k \geqslant 3.$$

如果 $a_1<0, a_2>0$,则 ρ_k 交替变号,并且

$$a_{1,1} = \rho_1, \quad a_{2,2} = a_2, \quad a_{k,k} = 0, \quad k \geqslant 3.$$

(2) z_1, z_2 是复根的充分必要条件是 $a_1^2+4a_2<0$. 这时有常数 ρ 和 λ_0,使得

$$z_1 = \rho e^{i\lambda_0}, \quad z_2 = \rho e^{-i\lambda_0}.$$

利用(3.12)可以得到

$$\rho_k = \frac{\cos(k\lambda_0 + \theta_0)}{\rho^k \cos(\theta_0)}, \quad k \geqslant 0, \tag{5.3}$$

其中 θ_0 被称为初始相位角. (5.3)说明 ρ_k 是有频率特性的. 于是,相应的 AR(p)序列也有频率特性.

(3) 解 Yule-Walker 方程得到

$$a_1 = \frac{\rho_1(1-\rho_2)}{1-\rho_1^2}, \quad a_2 = \frac{\rho_2 - \rho_1^2}{1-\rho_1^2}.$$

从上式可以反解出

$$\rho_1 = \frac{a_1}{1-a_2}, \quad \rho_2 = a_2 + \frac{a_1^2}{1-a_2}.$$

初等数学的分析指出,当(a_1,a_2)在

$$\mathscr{A} = \{(a_1,a_2): a_2 \pm a_1 < 1, |a_2| < 1\}$$

内变化时, (ρ_1,ρ_2)在

$$\mathscr{C} = \{(\rho_1,\rho_2): \rho_1^2 < (1+\rho_2)/2, \ |\rho_1| < 1, \ |\rho_2| < 1\}$$

中取值. 我们称 $\mathscr{C}$ 是 AR(2)的**允许域**,称 $\mathscr{A}$ 是 AR(2)的**稳定域**.

(4) AR(2)序列的谱密度是

$$f(\lambda) = \frac{\sigma^2}{2\pi|1 - a_1 e^{i\lambda} - a_2 e^{2i\lambda}|^2}.$$

当 $z_1 = \rho e^{i\lambda_0}, z_2 = \rho e^{-i\lambda_0}$, ρ 接近 1 时,谱密度在 λ_0 附近有一个峰值. 所以 AR(2)序列的角频率大约是 λ_0,周期大约在 $2\pi/\lambda_0$ 附近.

图 2.5.4 是 AR(2)模型

$$X_t = 0.75X_{t-1} - 0.5X_{t-2} + \varepsilon_t \tag{5.4}$$

的 80 个观测,其中$\{\varepsilon_t\}$是标准正态白噪声 WN(0,1). 特征函数

$$A(z) = 1 - 0.75z + 0.5z^2$$

的特征根是

$$z_1 = 0.75 + 1.999i = 2.135e^{1.22i},$$

$$z_2 = 0.75 - 1.999i = 2.135e^{-1.22i}.$$

自相关系数为

$$\rho_1 = 0.5, \quad \rho_2 = -0.1250, \quad \rho_3 = -0.3438,$$

$$\rho_4 = -0.1953, \quad \rho_5 = 0.0254.$$

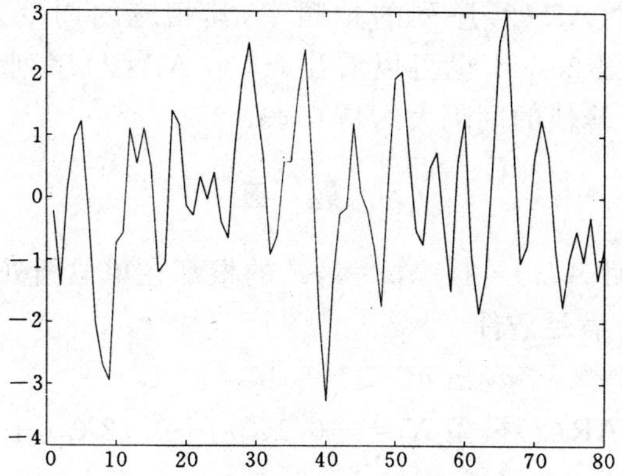

图 2.5.4 AR(2)模型(5.4)的 80 个观测

(ave＝0.339，std＝1.404)

Yule-Walker 系数是(由自相关系数得到)：

$$\boldsymbol{a}_1 = 0.5,\quad \boldsymbol{a}_2 = (0.75, -0.5)^{\mathrm{T}},$$

$$\boldsymbol{a}_3 = (0.75, -0.5, 0)^{\mathrm{T}}.$$

谱密度

$$f(\lambda) = \frac{1}{2\pi[1.8125 - 2.25\cos(\lambda) + \cos(2\lambda)]} \tag{5.5}$$

的图形见图 2.5.5. $f(\lambda)$在 $\lambda_0 = 0.9733$ 有惟一的最大值，所以 $\lambda_0 =$

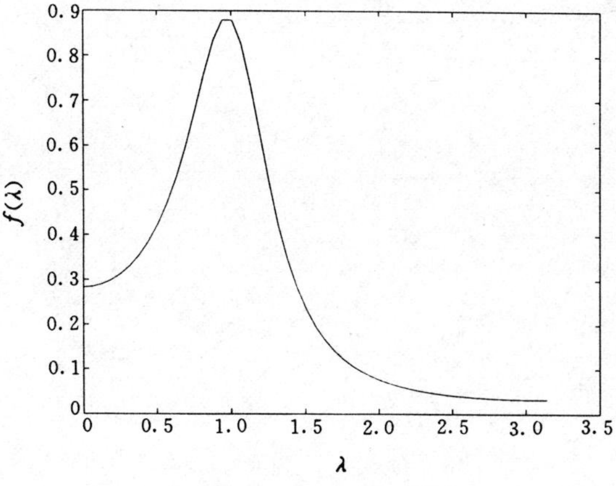

图 2.5.5 谱密度(5.5)

0.9733 是这个 AR(2)序列的角频率，其相应的周期是 $T=2\pi/\lambda_0=6.4555$. 从图 2.5.4 也可以看出，这个 AR(2)序列大致有周期 6.45 的特性：峰值的间隔大约是 6.45.

习　题　五

5.1　证明 $A(z)=1-a_1z-a_2z^2$ 的根都在单位圆外的充分必要条件是，a_1,a_2 满足条件

$$a_2 \pm a_1 < 1, \quad |a_2| < 1.$$

5.2　对 AR(2)模型 $X_t=-0.1X_{t-1}+0.72X_{t-2}+\varepsilon_t$，计算自相关系数 $\rho_k, k=1,2,3,4,5$.

5.3　对 AR(2)模型证明：当 $a_1<0$, $a_2>0$ 时，则

$$\rho_k\rho_{k+1}<0, \quad k\in \mathbb{Z}.$$

5.4　设$\{\gamma_k\}$是 AR(p)序列$\{X_t\}$的自协方差函数，如果 $f(\lambda)$是$\{X_t\}$的谱密度，求

$$Y_t = \sum_{j=-\infty}^{\infty} \gamma_j X_{t-j} \quad (t \in \mathbb{N})$$

的谱密度. 证明$\{Y_t\}$也是一个 AR 序列.

第三章　滑动平均模型与自回归滑动平均模型

如果平稳序列$\{X_t\}$的自协方差函数满足$\gamma_q \neq 0$和$\gamma_k = 0, k > q$，就称这个平稳序列是q **步相关的**. 实际问题中人们总是用白噪声的有限线性组合来描述q步相关的平稳序列. 这样的线性模型被称为**滑动平均模型**. 为了描述更多的平稳序列，把自回归模型和滑动平均模型结合起来就得到自回归滑动平均模型.

§3.1　滑动平均模型

滑动平均模型是时间序列分析中常用的模型之一.

例 1.1(见文献[17])　在化学反应过程中每两小时做一次观测，依次得到溶液浓度的 197 个数据(见附录 B 中的 B8). 用$y_t(t=1,2,\cdots,197)$表示这 197 个观测，数据图见图 3.1.1. 将数据进行一

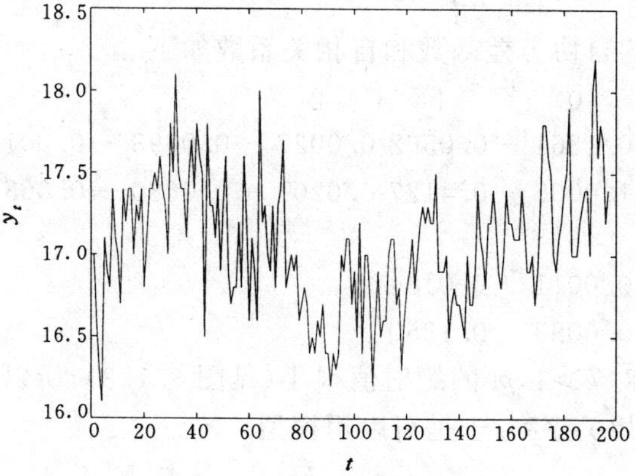

图 3.1.1　化学反应过程中浓度的 197 个数据

(ave=17.062，std=0.3986)

次差分

$$x_t = y_{t+1} - y_t, \quad t = 1,2,\cdots,196,$$

得到的数据$\{x_t\}$见图 3.1.2.

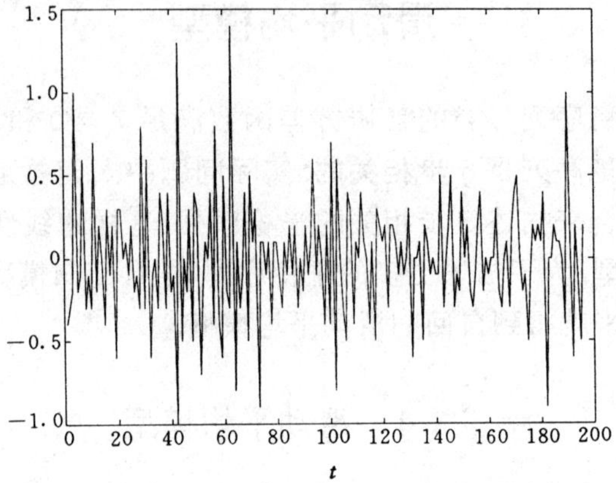

图 3.1.2 差分后的 196 个数据

(ave=0.002, std=0.37)

记 $\bar{x} = \sum_{j=1}^{196} x_t/196 = 0.002$,可以用公式

$$\hat{\gamma}_k = \frac{1}{196}\sum_{t=1}^{196-k}(x_t - \bar{x})(x_{t+k} - \bar{x}), \quad \hat{\rho}_k = \hat{\gamma}_k/\hat{\gamma}_0$$

估计$\{x_t\}$的自协方差函数和自相关系数如下.

$k=$	0	1	2	3	4	5
$\hat{\gamma}_k=$	0.1361	−0.0562	0.0027	−0.0093	−0.0012	−0.0104
$\hat{\rho}_k=$	1.0000	−0.4127	0.0201	−0.0680	−0.0087	−0.0766
$k=$	6	7				
$\hat{\gamma}_k=$	−0.0011	0.0184				
$\hat{\rho}_k=$	−0.0083	0.1350				

由于对 $k>1$,$\hat{\rho}_k$ 的绝对值很小(见图 3.1.3),所以可认为$\{x_t\}$是一个 1 步相关序列. 于是可以用模型

$$X_t = \varepsilon_t + \hat{b}\varepsilon_{t-1}, \quad t \in \mathbb{Z} \tag{1.1}$$

描述,这里$\{\varepsilon_t\}$是 $\mathrm{WN}(0,\sigma^2)$,

$$\hat{b} = \frac{1 - \sqrt{1 - 4\hat{\rho}_1^2}}{2\hat{\rho}_1} = -0.5276.$$

模型(1.1)的特点是对 $k>1, \gamma_k = \mathrm{E}(X_t X_{t+k}) = 0$.

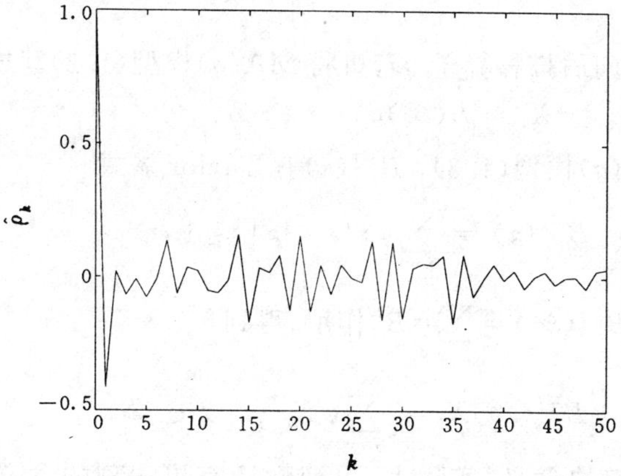

图 3.1.3　$\hat{\rho}_k$, $0 \leqslant k \leqslant 50$

在历史上,美国 IBM 普通股 1961 年 5 月 17 日至 1962 年 11 月 2 日的收盘价有 369 个数据,把这批数据进行一次差分后也可以用形如(1.1)的模型进行很好的描述(见文献[17]).

A. MA(q)**模型和** MA(q)**序列**

定义 1.1　设$\{\varepsilon_t\}$是 WN$(0,\sigma^2)$,如果实数 $b_1, b_2, \cdots, b_q (b_q \neq 0)$使得

$$B(z) = 1 + \sum_{j=1}^{q} b_j z^j \neq 0, \quad |z| < 1,$$

就称

$$X_t = \varepsilon_t + \sum_{j=1}^{q} b_j \varepsilon_{t-j}, \quad t \in \mathbb{Z} \tag{1.2}$$

是 q **阶滑动平均模型**,简称为 MA(q)模型,而称由(1.2)决定的平稳序列$\{X_t\}$是**滑动平均序列**,简称为 MA(q)**序列**. 如果进一步要求多项式 $B(z)$在单位圆上也没有零点: $B(z) \neq 0$ 当 $|z| \leqslant 1$,就称(1.2)是**可逆的** MA(q)模型,称相应的平稳序列是可逆的 MA(q)序列.

定义中MA是Moving Average的缩写. 明显,可逆的MA(q)序列也是MA(q)序列. 由于MA(q)序列是白噪声的有限滑动和,所以和AR(p)序列比较起来,数据的振荡往往会轻一些,稳定性往往要好一些. 这些也可以从它的自协方差函数的截尾性和谱密度的平坦性体现出来.

利用时间的向后推移算子$\mathscr{B}$,可将MA(q)模型(1.2)写成:

$$X_t = B(\mathscr{B})\varepsilon_t,\quad t\in\mathbb{Z}. \tag{1.3}$$

对于可逆的MA(q)模型(1.3), $B^{-1}(z)$有Taylor展式

$$B^{-1}(z) = \sum_{j=0}^{\infty}\varphi_j z^j,\quad |z|\leqslant 1.$$

在(1.3)两边用$B^{-1}(\mathscr{B})=\sum_{j=0}^{\infty}\varphi_j B^j$作用,得到

$$\varepsilon_t = B^{-1}(\mathscr{B})X_t = \sum_{j=0}^{\infty}\varphi_j X_{t-j},\quad t\in\mathbb{Z}. \tag{1.4}$$

(1.4)表明了可逆的含义. 实际上,可逆性还有更深刻的含义(见第92页*B).

引入$b_0=1$,对MA(q)序列容易计算出$\mathrm{E}X_t=0$,

$$\gamma_k = \mathrm{E}(X_t X_{t+k}) = \begin{cases}\sigma^2\sum_{j=0}^{q-k} b_j b_{j+k}, & 0\leqslant k\leqslant q,\\ 0, & k>q,\end{cases} \tag{1.5}$$

于是得到如下的结果.

定理 1.1　MA(q)序列$\{X_t\}$的自协方差函数是q后截尾的:

$$\gamma_q = \sigma^2 b_q \neq 0,\quad \gamma_k = 0,\quad |k|>q. \tag{1.6}$$

并且有谱密度

$$f(\lambda) = \frac{\sigma^2}{2\pi}|B(\mathrm{e}^{\mathrm{i}\lambda})|^2 = \frac{1}{2\pi}\sum_{k=-q}^{q}\gamma_k \mathrm{e}^{-\mathrm{i}k\lambda},\quad \lambda\in[-\pi,\pi]. \tag{1.7}$$

证明　(1.6)由(1.5)得到. (1.7)由§1.7的定理7.2和§2.3的定理3.1得到.

下面我们证明,任一个零均值平稳序列,如果它的自协方差函数是q后截尾的,则这个平稳序列一定是MA(q)序列. 为了证明这个结果,我们需要下面的引理. 引理的证明需要较多复变函数论的知

识,这里从略.

引理 1.2 设实常数$\{c_j\}$使得 $c_q\neq 0$ 和

$$g(\lambda)=\frac{1}{2\pi}\sum_{j=-q}^{q}c_j\mathrm{e}^{-\mathrm{i}j\lambda}\geqslant 0,\quad \lambda\in[-\pi,\pi],$$

则有惟一的实系数多项式

$$B(z)=1+\sum_{j=1}^{q}b_jz^j\neq 0,\quad |z|<1,\, b_q\neq 0,\tag{1.8}$$

使得 $g(\lambda)=(\sigma^2/2\pi)|B(\mathrm{e}^{\mathrm{i}\lambda})|^2$. 这里 σ^2 为某个正常数.

定理 1.3 设零均值平稳序列$\{X_t\}$有自协方差函数$\{\gamma_k\}$,则$\{X_t\}$是MA(q)序列的充分必要条件是

$$\gamma_q\neq 0,\quad \gamma_k=0,\quad |k|>q.$$

证明 必要性由定理 1.1 给出. 当自协方差函数 q 后截尾时,由§2.3的定理 3.1 知道,$\{X_t\}$有谱密度

$$f(\lambda)=\frac{1}{2\pi}\sum_{k=-q}^{q}\gamma_k\mathrm{e}^{-\mathrm{i}k\lambda}\geqslant 0,\quad \lambda\in[-\pi,\pi].$$

由引理 1.2 知道,存在实数 $b_1,b_2,\cdots,b_q$ 和正数 $\sigma^2>0$,使得 $B(z)=1+\sum_{j=1}^{q}b_jz^j$ 满足(1.8)和

$$f(\lambda)=\frac{\sigma^2}{2\pi}|B(\mathrm{e}^{\mathrm{i}\lambda})|^2.$$

为了简化证明,以下假定 $f(\lambda)$恒正. 这时对$|z|\leqslant 1$,$B(z)\neq 0$,于是可以定义平稳序列

$$\varepsilon_t=B^{-1}(\mathscr{B})X_t=\sum_{j=0}^{\infty}h_jX_{t-j},\quad t\in\mathbb{Z}.\tag{1.9}$$

这里$\{h_j\}$是 $B^{-1}(z)$的 Taylor 级数的系数. 由于$\{h_j\}$绝对可和,所以 $\mathrm{E}\varepsilon_t=0$. 再利用§1.7 的定理 7.4 得到$\{\varepsilon_t\}$的谱密度

$$f_\varepsilon(\lambda)=\Big|\sum_{j=0}^{\infty}h_j\mathrm{e}^{-\mathrm{i}\lambda}\Big|^2f(\lambda)=|B(\mathrm{e}^{\mathrm{i}\lambda})|^{-2}f(\lambda)=\frac{\sigma^2}{2\pi}.$$

这样,

$$\mathrm{E}(\varepsilon_t\varepsilon_{t+k})=\int_{-\pi}^{\pi}\mathrm{e}^{\mathrm{i}k\lambda}f_\varepsilon(\lambda)\mathrm{d}\lambda=\begin{cases}\sigma^2, & k=0,\\ 0, & k\neq 0.\end{cases}$$

说明$\{\varepsilon_t\}$是 WN$(0,\sigma^2)$. 最后由(1.9)得到

$$X_t = B(\mathscr{B})B^{-1}(\mathscr{B})X_t = B(\mathscr{B})\varepsilon_t,\quad t \in \mathbb{Z}.$$

*B. 最小序列

定义 1.2　设$\{X_t: t\in \mathbb{Z}\}$是零均值平稳序列. 用H_x表示$\{X_t\}$产生的 Hilbert 空间,用$H_x(s)$表示由$\{X_t: t\neq s\}$产生的 Hilbert 空间. 如果

$$H_x \neq H_x(s)$$

对某个$s\in \mathbb{Z}$成立,就称$\{X_t\}$是最小序列.

从平稳序列的性质可以证明:如果$\{X_t\}$是最小序列,则对所有的$s\in \mathbb{Z}$,$H_x\neq H_x(s)$. 可以看出最小序列中的每个X_s都是重要的. 因为X_s含有$\{X_t: t\neq s\}$中所没有的信息. 如果零均值平稳序列有一个自协方差矩阵退化,这个平稳序列一定不是最小序列. 因为这时X_s可以由其他的X_t完全预报(线性表示). 有什么性质的平稳序列是最小序列呢? 下面的定理给出了回答.

定理 1.4(见文献[7])　设平稳序列$\{X_t\}$有谱密度$f(\lambda)$,则$\{X_t\}$是最小序列的充分必要条件是

$$\int_{-\pi}^{\pi} \frac{d\lambda}{f(\lambda)} < \infty. \tag{1.10}$$

从定理 1.4 知道,可逆的 MA(q)序列是最小序列. 如果 MA(q)模型(1.2)的特征多项式$B(z)$有一个单位根$e^{i\lambda_j}$,则它的因子分解中有一项$(1-ze^{-i\lambda_j})$. 于是相应的 MA(q)序列(1.7)的谱密度

$$\begin{aligned} f(\lambda) &= \frac{\sigma^2}{2\pi}|B(e^{i\lambda})|^2 = O(|1-\exp[i(\lambda-\lambda_j)]|^2) \\ &= O((\lambda-\lambda_j)^2), \end{aligned}$$

当$\lambda\to\lambda_j$时成立. 这样的$f(\lambda)$不能使(1.10)成立. 所以,不可逆的 MA(q)序列不是最小序列. 另外容易看出,任何 AR(p)序列都是最小序列. 任何有谱密度的平稳序列,只要谱密度连续和恒正,则这个平稳序列是最小序列.

C. MA(q)系数的递推计算

如果$\{X_t\}$是 MA(q)序列(1.2),则它的自协方差函数列满足

$$\frac{1}{2\pi}\sum_{k=-q}^{q}\gamma_k e^{-ik\lambda} \geqslant 0, \quad \lambda \in [-\pi,\pi].$$

按照引理 1.2,系数 $\boldsymbol{b}_q=(b_1,b_2,\cdots,b_q)^{\mathrm{T}}$ 可以由 $\gamma_0,\gamma_1,\cdots,\gamma_q$ 惟一决定. 文献[5]给出了由 $\gamma_0,\gamma_1,\cdots,\gamma_q$ 递推 $\boldsymbol{b}_q$ 的方法如下. 定义

$$A=\begin{bmatrix} 0 & 1 & 0 & \cdots & 0 & 0 \\ 0 & 0 & 1 & \cdots & 0 & 0 \\ \vdots & \vdots & \vdots & & \vdots & \vdots \\ 0 & 0 & 0 & \cdots & 0 & 1 \\ 0 & 0 & 0 & \cdots & 0 & 0 \end{bmatrix}_{q\times q}, \quad C=\begin{bmatrix} 1 \\ 0 \\ \vdots \\ 0 \end{bmatrix}_{q\times 1},$$

$$\Omega_k=\begin{bmatrix} \gamma_1 & \gamma_2 & \cdots & \gamma_k \\ \gamma_2 & \gamma_3 & \cdots & \gamma_{k+1} \\ \vdots & \vdots & & \vdots \\ \gamma_q & \gamma_{q+1} & \cdots & \gamma_{q+k-1} \end{bmatrix}, \quad \boldsymbol{\gamma}_q=\begin{bmatrix} \gamma_1 \\ \gamma_2 \\ \vdots \\ \gamma_q \end{bmatrix}, \tag{1.11}$$

则有

$$\boldsymbol{b}_q=\frac{1}{\sigma^2}(\boldsymbol{\gamma}_q-A\Pi C), \quad \sigma^2=\gamma_0-C^{\mathrm{T}}\Pi C, \tag{1.12}$$

其中

$$\Pi=\lim_{k\to\infty}\Omega_k\Gamma_k^{-1}\Omega_k^{\mathrm{T}}. \tag{1.13}$$

公式(1.12),(1.13)为以后用观测样本估计 MA(q)模型的参数打下了基础.

D. MA(q)模型举例

例 1.2 对可逆 MA(1)序列

$$X_t=\varepsilon_t+b\varepsilon_{t-1}, \quad \varepsilon_t\sim \mathrm{WN}(0,\sigma^2), \quad |b|<1,$$

容易计算, $\gamma_0=\sigma^2(1+b^2)$, $\gamma_1=b\sigma^2$ 和 $\gamma_k=0$, 当 $|k|\geqslant 2$ 时; 自相关系数

$$\rho_k=\begin{cases} b/(1+b^2), & |k|=1, \\ 0, & |k|>1; \end{cases}$$

谱密度

$$f(\lambda)=\frac{\sigma^2}{2\pi}|1+be^{i\lambda}|^2=\frac{\sigma^2}{2\pi}(1+b^2+2b\cos\lambda), \quad \lambda\in[-\pi,\pi];$$

偏相关系数不截尾

$$a_{k,k}=-(-b)^k(1-b^2)(1-b^{2k+2})^{-1}, \quad k\geqslant 1;$$

逆转形式是 $\varepsilon_t=\sum_{j=0}^{\infty}(-b)^j X_{t-j}$. 图 3.1.4 是模型(1.1)的谱密度,其中 $\sigma^2=\gamma_1/b=0.1065$.

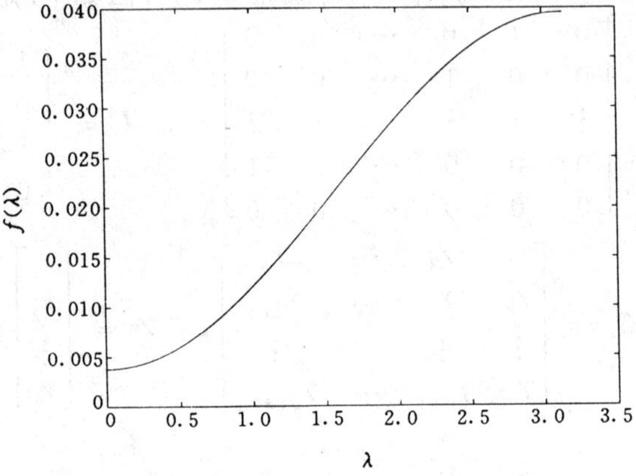

图 3.1.4 模型(1.1)的谱密度

例 1.3 设$\{\varepsilon_t\}$是 WN$(0,\sigma^2)$. 可逆 MA(2)模型

$$X_t=\varepsilon_t+b_1\varepsilon_{t-1}+b_2\varepsilon_{t-2},\quad t\in\mathbb{Z}$$

的特征多项式是 $B(z)=1+b_1z+b_2z^2\neq 0,\ |z|<1$.

(1) 可逆域是

$$\{(b_1,b_2):B(z)\neq 0,|z|\leqslant 1\}=\{(b_1,b_2):b_2\pm b_1>-1,|b_2|<1\},$$

它和 AR(2)的平稳域相对应.

(2) 自协方差函数是

$$\begin{aligned}\gamma_0&=\sigma^2(1+b_1^2+b_2^2),\\ \gamma_1&=\sigma^2(b_1+b_1b_2),\\ \gamma_2&=\sigma^2b_2,\\ \gamma_k&=0,\ |k|>2.\end{aligned}$$

(3) 自相关系数是

$$\rho_1=\frac{b_1+b_1b_2}{1+b_1^2+b_2^2},\quad \rho_2=\frac{b_2}{1+b_1^2+b_2^2},\quad \rho_k=0,\ |k|>2.$$

(4) 谱密度是

$$f(\lambda)=\frac{\sigma^2}{2\pi}|1+b_1\mathrm{e}^{\mathrm{i}\lambda}+b_2\mathrm{e}^{\mathrm{i}2\lambda}|^2.$$

图 3.1.5 是 MA(2)模型

$$X_t = \varepsilon_t - 0.36\varepsilon_{t-1} + 0.85\varepsilon_{t-2}, \quad \{\varepsilon_t\} 是 \mathrm{WN}(0,2^2) \quad (1.14)$$

的谱密度.图 3.1.6 是模型(1.14)的 120 个观测.利用(2)可以计算出自协方差函数$(\gamma_0,\gamma_1,\gamma_2)=(7.4084,-2.664,3.4)$和自相关系数$(\rho_1,\rho_2)=(-0.3596,0.4589)$.

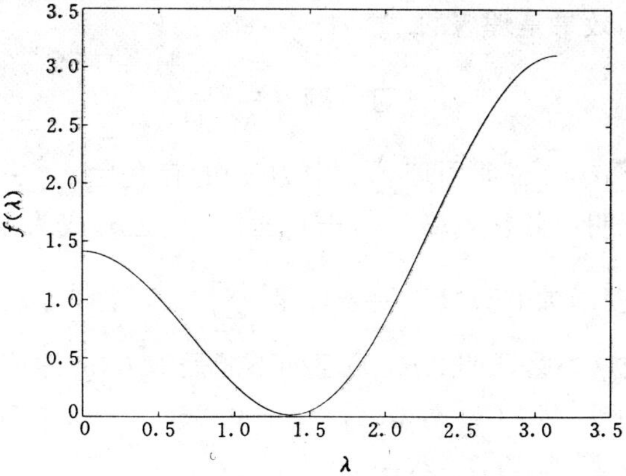

图 3.1.5 模型(1.14)的谱密度

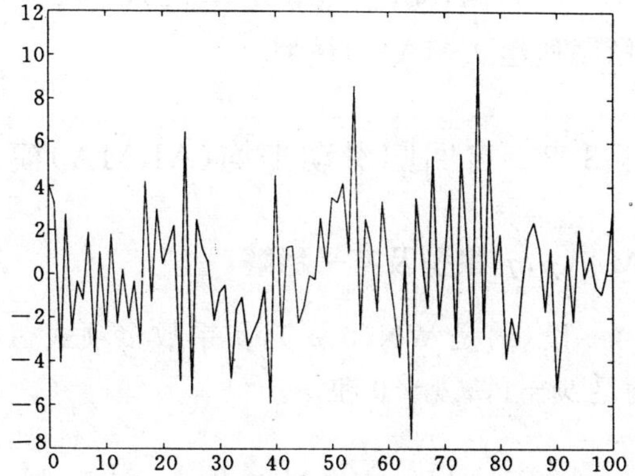

图 3.1.6 模型(1.14)的观测数据

($\{\varepsilon_t\}$是正态白噪声, ave=0.08, std=3.107)

如果从自协方差函数$(\gamma_0,\gamma_1,\gamma_2)=(7.4084,-2.664,3.4)$出发,

利用公式(1.12),(1.13)可以计算出 b_1,b_2 和 σ^2 如下：

k	6	12	20	30	40	$\geqslant 51$
b_1	−0.3367	−0.3527	−0.3587	−0.3597	−0.3599	−0.36
b_2	0.7515	0.8234	0.8421	0.8487	0.8497	0.85
σ^2	4.5243	4.1292	4.0374	4.0062	4.0014	4.00

从上述的计算看出,对较大的 k 利用公式(1.12)和(1.13)计算 b_1,b_2 和 σ^2 的效果是理想的.

习　题　一

1.1　对 $q=2$ 证明引理 1.2 中 $B(z)$的存在性.

1.2　证明：实数 $\gamma_k(k=0,\pm1,\pm2,\cdots,\pm q)$成为某 MA($q$)序列的自协方差函数的充分必要条件是 $\sum\limits_{k=-q}^{q}\gamma_k \mathrm{e}^{-\mathrm{i}k\lambda}\geqslant 0$.

1.3　对 $p>0$,证明 AR(p)序列不能是 MA(q)序列.

1.4　对于 MA(2)模型 $X_t=\varepsilon_t-0.66\varepsilon_{t-1}+0.765\varepsilon_{t-2}$，$\{\varepsilon_t\}$是 WN(0,4),计算 $\gamma_0,\gamma_1,\gamma_2,\rho_1,\rho_2$.

1.5　(计算机作业)　已知平稳序列的自协方差函数

$$(\gamma_0,\gamma_1,\gamma_2)=(12.4168,-4.7520,5.2),\quad \gamma_k=0,\ k\geqslant 3,$$

试为这个平稳序列建立 MA(2)模型.

§3.2　自回归滑动平均(ARMA)模型

A. ARMA(p,q)模型及其平稳解

定义 2.1　设$\{\varepsilon_t\}$是 WN$(0,\sigma^2)$,实系数多项式 $A(z)$和 $B(z)$没有公共根,满足 $b_0=1,a_pb_q\neq 0$ 和

$$\begin{aligned}A(z)&=1-\sum_{j=1}^{p}a_jz^j\neq 0,\quad |z|\leqslant 1,\\B(z)&=\sum_{j=0}^{q}b_jz^j\neq 0,\quad |z|<1,\end{aligned}\tag{2.1}$$

我们称差分方程

$$X_t = \sum_{j=1}^{p} a_j X_{t-j} + \sum_{j=0}^{q} b_j \varepsilon_{t-j}, \quad t \in \mathbb{Z} \tag{2.2}$$

是一个**自回归滑动平均模型**，简称为 ARMA(p,q)**模型**. 称满足(2.2)的平稳序列$\{X_t\}$为**平稳解**或 ARMA(p,q)**序列**.

利用推移算子可以将(2.2)写成

$$A(\mathscr{B})X_t = B(\mathscr{B})\varepsilon_t, \quad t \in \mathbb{Z}. \tag{2.3}$$

由于$A(z)$满足最小相位条件，所以有$\rho>1$，使得在$\{z: |z|\leqslant\rho\}$内，$A^{-1}(z)B(z)$解析，从而有 Taylor 展开式

$$\Phi(z) = A^{-1}(z)B(z) = \sum_{j=0}^{\infty} \psi_j z^j, \quad |z| \leqslant \rho. \tag{2.4}$$

利用$|\psi_j\rho^j|\to 0$ (当 $j\to\infty$时)，知$\psi_j=o(\rho^{-j})$. 于是可以定义

$$\Phi(\mathscr{B}) = A^{-1}(\mathscr{B})B(\mathscr{B}) = \sum_{j=0}^{\infty} \psi_j \mathscr{B}^j. \tag{2.5}$$

如果$\{X_t\}$是满足(2.3)式的 ARMA(p,q)序列，在(2.3)式两边同乘$A^{-1}(\mathscr{B})$，就得到

$$X_t = A^{-1}(\mathscr{B})B(\mathscr{B})\varepsilon_t = \Phi(\mathscr{B})\varepsilon_t = \sum_{j=0}^{\infty} \psi_j \varepsilon_{t-j}, \quad t \in \mathbb{Z}. \tag{2.6}$$

说明(2.3)的平稳解如果存在必然是惟一的. 由(2.6)定义的时间序列是平稳序列. 在(2.6)两边同乘$A(\mathscr{B})$得到(2.3)式，所以(2.6)是(2.2)的平稳解. 在(2.6)中，称$\{\psi_k\}$为$\{X_t\}$的 **Wold 系数**.

由线性差分方程的理论知道，满足 ARMA(p,q)模型(2.2)的任何实值时间序列可以写成如下的形状：

$$Y_t = X_t + \sum_{j=1}^{k} \sum_{l=0}^{r(j)-1} V_{l,j} t^l \rho_j^{-t} \cos(\lambda_j t - \theta_{l,j}), \quad t \in \mathbb{Z}, \tag{2.7}$$

其中$\{X_t\}$是平稳解(2.6)，$z_1, z_2, \cdots, z_k$为$A(z)$的全体互不相同的零点，$z_j=\rho_j e^{i\lambda_j}$有重数$r(j)$. 随机变量$V_{j,l}$，$\theta_{l,j}$由

$$Y_0 - X_0, Y_1 - X_1, \cdots, Y_{p-1} - X_{p-1}$$

惟一决定. 完全类似于 AR(p)模型的情况，我们有下面的结果.

定理 2.1 由(2.6)定义的平稳序列$\{X_t\}$是 ARMA(p,q)模型(2.2)的惟一平稳解.

从(2.7)知道，对满足(2.2)的实值时间序列$\{Y_t\}$，总有

$$|X_t - Y_t| \leqslant \sum_{j=1}^{k}\sum_{l=0}^{r(j)-1}|V_{j,l}|t^l\rho_j^{-t} \to 0, \quad t\to\infty. \tag{2.8}$$

由于上述收敛是负指数阶的，所以在 t 充分大后 $\{Y_t\}$ 就和平稳解相近了. 这一点也告诉我们利用 ARMA(p,q)模型的参数

$$(\boldsymbol{a}_p^{\mathrm{T}}, \boldsymbol{b}_q^{\mathrm{T}}) = (a_1, a_2, \cdots, a_p, b_1, b_2, \cdots, b_q) \tag{2.9}$$

和白噪声 $\{\varepsilon_t\}$ 递推产生 ARMA(p,q)序列的方法：取初值 $Y_0=Y_1=\cdots=Y_{p-1}=0$ 和

$$Y_t = \sum_{j=1}^{p}a_jY_{t-j} + \sum_{j=0}^{q}b_j\varepsilon_{t-j}, \quad t = p, p+1, \cdots, m+n,$$

对较大的 m，可以将

$$X_t = Y_{m+t}, \quad t = 1, 2, \cdots, n$$

视为所需要的 ARMA(p,q)序列. 和 AR(p)序列的产生一样，当 $A(z)$有靠近单位圆的根时，m 要适当加大.

由于(2.8)的成立，我们以后只讨论平稳解(2.6).

B. ARMA(p,q)序列的自协方差函数

从公式(2.6)知道 ARMA(p,q)序列 $\{X_t\}$ 的自协方差函数可以由 Wold 系数 $\{\psi_j\}$ 表示：

$$\gamma_k = \sigma^2\sum_{j=0}^{\infty}\psi_j\psi_{j+k}, \quad k \geqslant 0. \tag{2.10}$$

于是，自协方差函数由 ARMA(p,q)的模型参数惟一决定. 利用 ARMA 模型(2.2)的参数 $\boldsymbol{a}_p, \boldsymbol{b}_q$ 计算 Wold 系数 $\{\psi_j\}$ 时，可以采用如下的递推方法：

$$\psi_j = \begin{cases} 1, & j = 0, \\ b_j + \sum_{k=1}^{p}a_k\psi_{j-k}, & j = 1, 2, \cdots, \end{cases} \tag{2.11}$$

其中规定 $b_j=0$，若 $j>q$ 和 $\psi_j=0$，若 $j<0$.

下面证明(2.11). 补充定义 $a_0=-1$. 设 $\Phi(z)$由(2.4)定义，利用级数乘法得到

$$A(z)\Phi(z) = -\sum_{k=0}^{p}a_kz^k\sum_{j=0}^{\infty}\psi_jz^j$$

$$= -\sum_{j=0}^{\infty}\sum_{k=0}^{p} a_k\psi_{j-k}z^j = \sum_{j=0}^{q} b_j z^j.$$

比较上式两端的系数得到

$$-\sum_{k=0}^{p} a_k\psi_{j-k} = b_j, \quad j \geqslant 1.$$

于是(2.11)成立.

由于 ψ_k 是负指数阶趋于零的,所以从§2.3的(3.2)知道

$$|\gamma_k| \leqslant c_1\rho^{-k}, \quad \rho > 1. \tag{2.12}$$

故$\{\gamma_k\}$也以负指数阶趋于零.

C. ARMA(p,q)模型的可识别性

ARMA(p,q)模型中要求 $A(z)$和 $B(z)$没有公因子. 这个条件保证了 ARMA(p,q)模型参数

$$(\boldsymbol{a}^{\mathrm{T}},\boldsymbol{b}^{\mathrm{T}},\sigma^2) = (a_1,a_2,\cdots,a_p,b_1,b_2,\cdots,b_q,\sigma^2) \tag{2.13}$$

的可识别性. 也就是说这个条件保证了模型参数(2.13)可以由平稳解的自协方差函数惟一决定. 为得到这个结果,先介绍下面的引理作为准备. 我们略去这个引理的证明.

引理 2.2 设$\{X_t\}$是(2.2)的平稳解. 如果又有白噪声$\{\eta_t\}$和实系数多项式 $C(\mathscr{B})$, $D(\mathscr{B})$使得

$$C(\mathscr{B})X_t = D(\mathscr{B})\eta_t, \quad t \in \mathbb{Z}$$

成立,则 $C(z)$的阶数$\geqslant p$, $D(z)$的阶数$\geqslant q$.

和 AR(p)序列相同, ARMA(p,q)序列$\{X_t\}$也有合理性: $\mathrm{E}(\varepsilon_s X_t)=0, s>t$. 表明 X_t 不受 t 以后的噪声干扰. 对 $k<0$,补充定义 $\psi_k=0$. 记 $b_0=1$. 在 ARMA(p,q)模型(2.2)的两边同乘 X_{t-k}后求数学期望,得到

$$\begin{aligned}\gamma_k &= \mathrm{E}(X_tX_{t-k}) = \mathrm{E}\Big[\Big(\sum_{j=1}^{p} a_jX_{t-j} + \sum_{j=0}^{q} b_j\varepsilon_{t-j}\Big)X_{t-k}\Big] \\ &= \sum_{j=1}^{p} a_j\gamma_{k-j} + \mathrm{E}\Big(\sum_{j=0}^{q} b_j\varepsilon_{t-j}\sum_{l=0}^{\infty}\psi_l\varepsilon_{t-k-l}\Big) \\ &= \sum_{j=1}^{p} a_j\gamma_{k-j} + \sigma^2\sum_{j=0}^{q} b_j\psi_{j-k}, \quad k \in \mathbb{Z}.\end{aligned}$$

于是 ARMA(p,q)序列的自协方差函数$\{\gamma_k\}$满足差分方程

$$\gamma_k - \sum_{j=1}^{p} a_j \gamma_{k-j} = \begin{cases} \sigma^2 \sum\limits_{j=k}^{q} b_j \psi_{j-k}, & k < q, \\ \sigma^2 b_q, & k = q, \\ 0, & k > q. \end{cases} \tag{2.14}$$

对满足(2.2)的 ARMA(p,q)序列和自协方差函数$\{\gamma_k\}$，从(2.14)可以得出延伸的 Yule-Walker 方程：

$$\begin{bmatrix} \gamma_{q+1} \\ \gamma_{q+2} \\ \vdots \\ \gamma_{q+p} \end{bmatrix} = \begin{bmatrix} \gamma_q & \gamma_{q-1} & \cdots & \gamma_{q-p+1} \\ \gamma_{q+1} & \gamma_q & \cdots & \gamma_{q-p+2} \\ \vdots & \vdots & & \vdots \\ \gamma_{q+p-1} & \gamma_{q+p-2} & \cdots & \gamma_q \end{bmatrix} \begin{bmatrix} a_1 \\ a_2 \\ \vdots \\ a_p \end{bmatrix}. \tag{2.15}$$

如果线性方程组(2.15)的系数矩阵

$$\Gamma_{p,q} = \begin{bmatrix} \gamma_q & \gamma_{q-1} & \cdots & \gamma_{q-p+1} \\ \gamma_{q+1} & \gamma_q & \cdots & \gamma_{q-p+2} \\ \vdots & \vdots & & \vdots \\ \gamma_{q+p-1} & \gamma_{q+p-2} & \cdots & \gamma_q \end{bmatrix}$$

可逆，则已知 p,q 时，参数 $a_1,a_2,\cdots,a_p$ 由 $\gamma_0,\gamma_1,\cdots,\gamma_{q+p}$ 惟一决定. 这时，

$$Y_t = X_t - \sum_{j=1}^{p} a_j X_{t-j} = B(\mathscr{B})\varepsilon_t, \quad t \in \mathbb{Z}$$

是一个 MA(q)序列. 它的自协方差函数$\{\gamma_y(k)\}$是 q 后截尾的. 对 $|k|\leqslant q$ 可利用以下公式计算 $\gamma_y(k)$：

$$\begin{aligned} \gamma_y(k) &= \mathrm{E}(Y_t Y_{t-k}) \\ &= \sum_{j=0}^{p} \sum_{l=0}^{p} a_j a_l \mathrm{E}(X_{t-j} X_{t-k-l}) \\ &= \sum_{j=0}^{p} \sum_{l=0}^{p} a_j a_l \gamma_{k+l-j}, \quad |k| \leqslant q, \end{aligned}$$

其中 $a_0=-1$. 把上式表示成下面的矩阵形式往往会带来方便. 对 $|k|\leqslant q$，

$$\gamma_y(k) = \boldsymbol{a}^{\mathrm{T}} \begin{bmatrix} \gamma_k & \gamma_{k+1} & \gamma_{k+2} & \cdots & \gamma_{k+p} \\ \gamma_{k-1} & \gamma_k & \gamma_{k+1} & \cdots & \gamma_{k+p-1} \\ \vdots & \vdots & \vdots & & \vdots \\ \gamma_{k-p} & \gamma_{k-p+1} & \gamma_{k-p+2} & \cdots & \gamma_k \end{bmatrix} \boldsymbol{a}, \quad (2.16)$$

其中 $\boldsymbol{a}^{\mathrm{T}}=(-1,a_1,\cdots,a_p)$.

按照§3.1 C.提供的方法知道可以从 $\gamma_y(0),\gamma_y(1),\cdots,\gamma_y(q)$ 惟一解出参数 $b_1,b_2,\cdots,b_q$ 和 σ^2. 于是,只要 $\Gamma_{p,q}$ 可逆,则 ARMA(p,q) 序列的自协方差函数和 ARMA(p,q) 模型的参数 $(\boldsymbol{a}_p^{\mathrm{T}},\boldsymbol{b}_q^{\mathrm{T}},\sigma^2)$ 相互惟一决定. 下面的定理证明 $\Gamma_{p,q}$ 是可逆的.

定理 2.3(见文献[6]) 设 $\{\gamma_k\}$ 为 ARMA(p,q) 序列 $\{X_t\}$ 的自协方差函数列,则 $m\geqslant p$ 时,

$$\Gamma_{m,q} = \begin{bmatrix} \gamma_q & \gamma_{q-1} & \cdots & \gamma_{q-m+1} \\ \gamma_{q+1} & \gamma_q & \cdots & \gamma_{q-m+2} \\ \vdots & \vdots & & \vdots \\ \gamma_{q+m-1} & \gamma_{q+m-2} & \cdots & \gamma_q \end{bmatrix} \quad (2.17)$$

可逆.

证明 如果 $\det(\Gamma_{m,q})=0$,有 $\boldsymbol{\beta}=(\beta_0,\beta_1,\cdots,\beta_{m-1})^{\mathrm{T}}\neq 0$,使得 $\Gamma_{m,q}\boldsymbol{\beta}=0$,即

$$\sum_{l=0}^{m-1}\beta_l\gamma_{q+k-l}=0, \quad k=0,1,2,\cdots,m-1. \quad (2.18)$$

再用(2.14)得到

$$\sum_{l=0}^{m-1}\beta_l\gamma_{q+m-l}=\sum_{k=1}^{p}a_k\sum_{l=0}^{m-1}\beta_l\gamma_{q+m-l-k}=0.$$

依次类推得到

$$\sum_{l=0}^{m-1}\beta_l\gamma_{q+k-l}=0, \quad k\geqslant 0.$$

令 $Y_t=\sum_{l=0}^{m-1}\beta_lX_{t-l}$,则 $\{Y_t\}$ 是零均值平稳列. 利用

$$\mathrm{E}(Y_tX_{t-q-k})=\sum_{l=0}^{m-1}\beta_l\gamma_{q+k-l}=0, \quad k\geqslant 0$$

得到 $\mathrm{E}(Y_tY_{t-q-k})=0,k\geqslant 0$. 这样 $\gamma_y(k)=\mathrm{E}(Y_0Y_k)$ 是 $(q-1)$ 后截尾

的.

于是有 $\alpha_0,\alpha_1,\alpha_2,\cdots,\alpha_{q-1}$,使得

$$\sum_{l=0}^{m-1}\beta_l X_{t-l}=\sum_{j=0}^{q-1}\alpha_j\varepsilon_{t-j},\quad \{\varepsilon_t\}\sim \mathrm{WN}(0,\sigma^2),$$

这和引理 2.2 矛盾.

定理 2.3 为 ARMA 模型参数的矩估计提供了理论保证.

定理 2.4　设零均值平稳序列$\{X_t\}$有自协方差函数$\{\gamma_k\}$. 又设实数 $a_1,a_2,\cdots,a_p(a_p\neq 0)$,使得 $A(z)=1-\sum\limits_{j=1}^{p}a_jz^j$ 满足最小相位条件和

$$\gamma_k-\sum_{j=1}^{p}a_j\gamma_{k-j}=\begin{cases}c\neq 0, & k=q,\\ 0, & k>q,\end{cases}\tag{2.19}$$

则$\{X_t\}$是一个 ARMA(p',q')序列,其中 $p'\leqslant p,q'\leqslant q$.

证明　设 $Y_t=A(\mathscr{B})X_t=X_t-\sum\limits_{j=1}^{p}a_jX_{t-j}$,则$\{Y_t\}$是零均值平稳序列,满足

$$\mathrm{E}(Y_tX_{t-k})=\gamma_k-\sum_{j=1}^{p}a_j\gamma_{k-j}=\begin{cases}c\neq 0, & k=q,\\ 0, & k>q.\end{cases}$$

所以有

$$\begin{aligned}\gamma_y(k)&=\mathrm{E}(Y_tY_{t-k})=\mathrm{E}\Big[Y_t\Big(X_{t-k}-\sum_{j=1}^{p}a_jX_{t-k-j}\Big)\Big]\\&=\begin{cases}c\neq 0, & k=q,\\ 0, & k>q.\end{cases}\end{aligned}$$

说明$\{Y_t\}$的自协方差函数是 q 后截尾的. 由定理 1.3 知道,$\{Y_t\}$为一个 MA(q)序列. 即存在单位圆内没有根的 q 阶实系数多项式 $B(z)$ 使得 $B(0)=b_0=1$ 和

$$A(\mathscr{B})X_t=B(\mathscr{B})\varepsilon_t,\quad t\in\mathbb{Z},\tag{2.20}$$

其中$\{\varepsilon_t\}$是 WN$(0,\sigma^2)$. 如果 $A(z)$和 $B(z)$没有公因子,上述模型就是所需要的 ARMA(p,q)模型. 否则设公因子是 $C(z)$,则有 $A(z)=C(z)A'(z)$,$B(z)=C(z)B'(z)$. 这时(2.20)变成

$$C(\mathscr{B})A'(\mathscr{B})X_t=C(\mathscr{B})B'(\mathscr{B})\varepsilon_t.$$

两边乘 $C^{-1}(\mathscr{B})$ 后得到所需的 ARMA(p',q') 模型：

$$A'(\mathscr{B})X_t=B'(\mathscr{B})\varepsilon_t.$$

D. ARMA 序列的谱密度和可逆性

由于 ARMA 序列的自协方差函数 $\{\gamma_k\}$ 绝对可和，所以 ARMA(p,q) 序列(2.6)有谱密度：

$$\begin{aligned}f(\lambda)&=\frac{1}{2\pi}\sum_{k=-\infty}^{\infty}\gamma_k \mathrm{e}^{-\mathrm{i}k\lambda}=\frac{\sigma^2}{2\pi}\left|\sum_{j=0}^{\infty}\psi_j \mathrm{e}^{\mathrm{i}j\lambda}\right|^2\\&=\frac{\sigma^2}{2\pi}\left|\frac{B(\mathrm{e}^{\mathrm{i}\lambda})}{A(\mathrm{e}^{\mathrm{i}\lambda})}\right|^2.\end{aligned}\tag{2.21}$$

形如(2.21)的谱密度被称为**有理谱密度**.

定义 2.2 在 ARMA(p,q) 模型的定义 2.1 中，如果进一步要求 $B(z)$ 在单位圆上无根：

$$B(z)=1+\sum_{j=1}^{q}b_j z^j\neq 0,\quad |z|\leqslant 1,\tag{2.22}$$

就称 ARMA(p,q) 模型(2.2)为**可逆的** ARMA 模型，称相应的平稳解为可逆的 ARMA(p,q) 序列.

从定义 1.2 和定理 1.4 知道，可逆的 ARMA(p,q) 序列是最小序列(参考 §3.1 中的 *B). 对于可逆的 ARMA(p,q) 模型(2.3)，由于 $B^{-1}(z)A(z)$ 在 $\{z: |z|\leqslant\rho\}$ $(\rho>1)$ 内解析，所以有 Taylor 展式

$$B^{-1}(z)A(z)=\sum_{j=0}^{\infty}\varphi_j z^j,\quad |z|\leqslant\rho,\tag{2.23}$$

其中 $|\varphi_j|=o(\rho^{-j})$，当 $j\to\infty$ 时. 从而可以定义

$$B^{-1}(\mathscr{B})A(\mathscr{B})=\sum_{j=0}^{\infty}\varphi_j B^j.$$

在(2.3)两边乘以 $B^{-1}(\mathscr{B})$，得到

$$\varepsilon_t=B^{-1}(\mathscr{B})A(\mathscr{B})X_t=\sum_{j=0}^{\infty}\varphi_j X_{t-j},\quad t\in\mathbb{Z}.\tag{2.24}$$

(2.24)是(2.6)的逆转形式，表明可逆 ARMA(p,q) 序列和它的噪声序列可以相互线性表示.

例 2.1 设 $\{\varepsilon_t\}$ 是标准正态白噪声，图 3.2.1 是 ARMA(4,2) 模型 $A(\mathscr{B})X_t=B(\mathscr{B})\varepsilon_t$ 的 60 个观测数据. 这里

$$a_1 = -0.9,\quad a_2 = -1.4,$$
$$a_3 = -0.7,\quad a_4 = -0.6;\qquad (2.25)$$
$$b_1 = 0.5,\quad b_2 = -0.4.$$

$A(z)$的共轭根是 $z_1 = 1.1380e^{2.2062\mathrm{i}}$，$z_2 = \bar{z}_1$，$z_3 = 1.1344e^{1.4896\mathrm{i}}$，$z_4 = \bar{z}_3$. $B(z)$的两个实根分别是 2.3252 和 -1.0752. 谱密度的图形见图 3.2.2. 可以看出，谱密度的峰值分别靠近 z_1, z_3 的辐角. 说明这个平稳序列有两个频率成分.

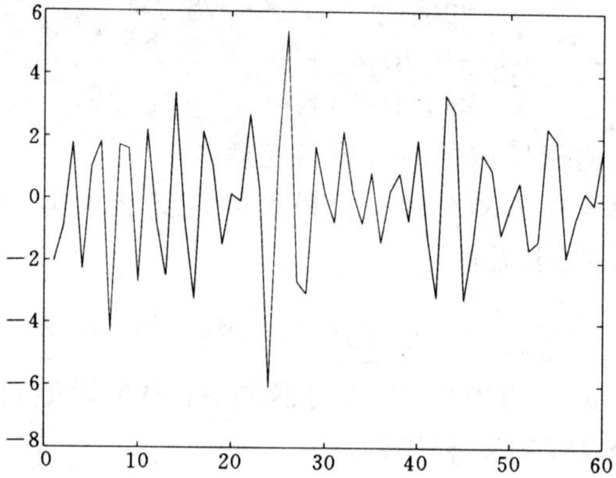

图 3.2.1　模型(2.25)的观测数据

(ave＝－0.032，std＝2.12)

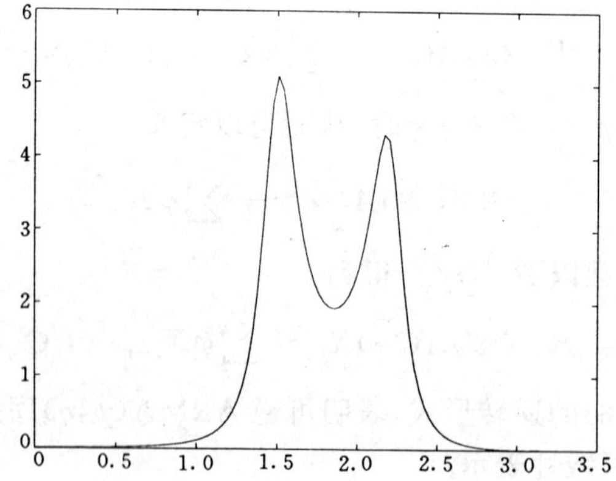

图 3.2.2　模型(2.25)的谱密度

利用公式(2.11)和(2.10)计算出$\{X_t\}$的前 21 个自协方差函数$\{\gamma_k: 0\leqslant k\leqslant 20\}$如下(横读)

6.6708	−1.5078	−4.5792	2.4672	1.2433	−0.4630	−0.3035
−1.4293	1.2894	1.3309	−1.8203	−0.2699	1.0861	−0.1239
−0.1279	−0.3097	−0.1071	0.6939	−0.1810	−0.5477	0.3249

$\{\gamma_k\}$的图形见图 3.2.3. 以上数据将在第五章例 1.1 和例 4.3 中使用.

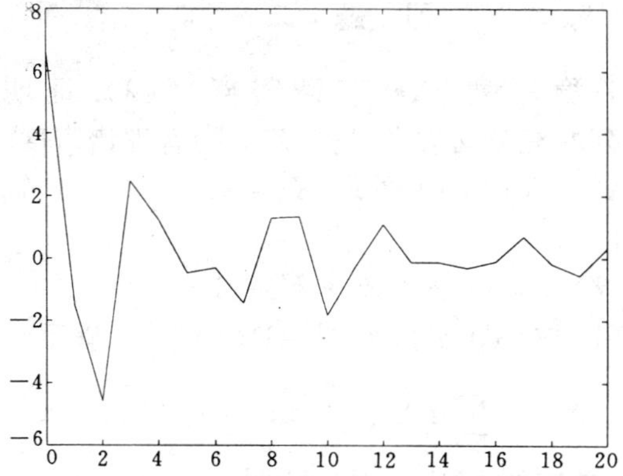

图 3.2.3 模型(2.25)的自协方差函数

注 利用公式(2.15),(2.16)和(1.12)还可以从上述的自协方差函数解出$A(z)$,$B(z)$的系数和白噪声的方差.

例 2.2 给定平稳序列$\{X_t\}$的前 5 个自协方差函数

$$(\gamma_0,\gamma_1,\cdots,\gamma_4)=(4.61,-1.06,0.29,0.69,-0.12).$$

下面利用这 5 个自协方差函数为$\{X_t\}$建立一个 ARMA(2,2)模型.

(1) 利用公式(2.15)计算出自回归部分的系数

$$(a_1,a_2)=(0.0894,-0.6265).$$

(2) 利用公式(2.16)计算出

$$(\gamma_y(0),\gamma_y(1),\gamma_y(2))=(7.1278,-2.4287,3.2729).$$

(3) 利用公式(1.12)计算出滑动平均部分的系数和白噪声的方差

$$(b_1,b_2)=(-0.3334,0.8158),\quad \sigma^2=4.0119.$$

(4) 所要求的模型是

$$X_t = 0.0894X_{t-1} - 0.6265X_{t-2} + \varepsilon_t - 0.3334\varepsilon_{t-1} + 0.8158\varepsilon_{t-2}, \tag{2.26}$$

$t \in \mathbb{Z}$,其中$\{\varepsilon_t\}$是 WN(0,4.0119). $A(z)$的零点是

$$z_1 = 0.0713 + 1.2614\mathrm{i}, \quad z_2 = 0.0713 - 1.2614\mathrm{i},$$

$B(z)$的零点是

$$z_1=0.2043+1.0881\mathrm{i}, \quad z_2=0.2043-1.0881\mathrm{i}.$$

习 题 二

2.1 设平稳序列$\{X_t\}$有谱密度 $f(\lambda)$. 证明:$\{X_t\}$为 ARMA(p,q)序列的充分必要条件是$f(\lambda)$为有理谱密度.

2.2 设 ARMA(1,1)序列 $X_t = aX_{t-1} + \varepsilon_t + b\varepsilon_{t-1}$, $\{\varepsilon_t\}$是 WN$(0,\sigma^2)$. 证明

$$\gamma_0 = \sigma^2(1 + 2ab + b^2)/(1 - a^2).$$

2.3 设$\{\varepsilon_t\}$是 WN$(0,\sigma^2)$, X_t 是 AR(p)序列,满足

$$X_t = \sum_{j=1}^{p} a_j X_{t-j} + \varepsilon_t, \quad t \in \mathbb{Z}.$$

又设$\{\eta_t\}$是和$\{\varepsilon_t\}$独立的 WN$(0,a^2)$,证明

$$Y_t = X_t + \eta_t, \quad t \in \mathbb{Z}$$

是 ARMA(p,p)序列.

2.4 (计算机作业) 给定平稳序列$\{X_t\}$的自协方差函数

$$(\gamma_0,\gamma_1,\cdots,\gamma_4) = (5.61, -1.1, 0.23, 0.43, -0.1),$$

试为$\{X_t\}$建立 ARMA(2,2)模型.

2.5 (计算机作业) 利用公式(2.10),(2.11)计算 ARMA(2,2)模型(2.26)的自协方差函数 $\gamma_k, k=5,6,\cdots,10$.

*§3.3 广义 ARMA 模型和 ARIMA(p,d,q)模型介绍

A. 广义 ARMA 模型

设

$$A(z) = 1 - \sum_{j=1}^{p} a_j z^j, \quad B(z) = 1 + \sum_{j=1}^{q} b_j z^j$$

是两个没有公共根的实系数多项式，$a_p b_q \neq 0$，$\{\varepsilon_t\}$是 WN$(0,\sigma^2)$. 如果不对 $A(z)$,$B(z)$的根做任何其他限制,就称差分方程

$$A(\mathscr{B})X_t = B(\mathscr{B})\varepsilon_t, \quad t \in \mathbb{Z} \tag{3.1}$$

为**广义 ARMA(p,q)模型**,称满足(3.1)的时间序列为**广义 ARMA(p,q)序列**. 在模型(3.1)中,给定初始值 $x_0, x_{-1}, x_{-2}, \cdots, x_{-p+1}$后，$x_t(t \geqslant 1)$可以由模型参数$(\boldsymbol{a}_p^{\mathrm{T}}, \boldsymbol{b}_q^{\mathrm{T}})$和白噪声$\{\varepsilon_t\}$递推得到.

如果 $A(z)$在单位圆上有根,可以证明(3.1)没有平稳解.

如果 $A(z)$在单位圆上没有根,则有 $0<\rho_1<1<\rho_2$,使得复变函数 $B(z)/A(z)$在圆环

$$D = \{z: \rho_1 \leqslant |z| \leqslant \rho_2\} \tag{3.2}$$

内解析. 于是 $B(z)/A(z)$有 Laurent 级数展开

$$A^{-1}(z)B(z) = \sum_{j=-\infty}^{\infty} c_j z^j, \quad z \in D. \tag{3.3}$$

利用$|c_j \rho_2^j| \to 0$ 和$|c_{-j}\rho_1^{-j}| \to 0$ 知道,取 $\rho = \min(\rho_2, \rho_1^{-1})$时

$$c_{|j|} = o(\rho^{-j}), \quad j \to \infty.$$

于是，$\{c_j\}$是负指数阶收敛到 0 的. 于是可以定义

$$A^{-1}(\mathscr{B})B(\mathscr{B}) = \sum_{j=-\infty}^{\infty} c_j \mathscr{B}^j.$$

这样,从(3.1)可以得到惟一的平稳解

$$X_t = A^{-1}(\mathscr{B})B(\mathscr{B})\varepsilon_t = \sum_{j=-\infty}^{\infty} c_j \varepsilon_{t-j}, \quad t \in \mathbb{Z}. \tag{3.4}$$

如果 $A(z)$在单位圆内有根,由(3.4)定义的平稳序列是白噪声的双边无穷滑动和. 这个平稳序列不是合理的,因为 t 时的观测受到了 t 以后的干扰的影响. 再由差分方程的理论知道,这时(2.2)的其他解都随着时间的增加而加速振荡. 为此,人们把这时的广义 ARMA 模型称为**爆炸模型**.

B. 求和 ARIMA(p,d,q)模型

采用求和 ARIMA(p,d,q)模型拟合数据的过程,实质上是先对观测数据进行 d 次差分处理,然后再拟合 ARMA(p,q)模型. 具体来说,设 d 是一个正整数,如果

$$Y_t = (1-\mathscr{B})^d X_t = \sum_{k=0}^{d} C_d^k (-1)^k X_{t-k}, \quad t \in \mathbb{Z} \tag{3.5}$$

是一个 ARMA(p,q)序列，就称$\{X_t\}$是一个求和 ARIMA(p,d,q)序列，简称为 ARIMA(p,d,q)序列，其中 C_d^k 是二项式系数. 于是 ARIMA(p,d,q)序列满足的模型是

$$A(\mathscr{B})(1-\mathscr{B})^d X_t = B(\mathscr{B})\varepsilon_t, \quad t \in \mathbb{Z}, \tag{3.6}$$

其中的实系数多项式 $A(z)$，$B(z)$满足定义 2.1 中的条件.

称$\{X_t\}$是求和 ARIMA(p,d,q)序列，等价于说由(3.5)定义的$\{Y_t\}$是 ARMA(p,q)序列. 下面设$\{Y_t\}$是由(3.5)定义的平稳序列.

例 3.1　求和 ARIMA$(p,1,q)$序列. 这时 $d=1$，$Y_t=(1-\mathscr{B})X_t=X_t-X_{t-1}$为一个 ARMA$(p,q)$序列. 给定初值 X_0 后，有

$$\begin{aligned} X_t &= X_{t-1} + Y_t = X_{t-2} + Y_{t-1} + Y_t \\ &= \cdots\cdots \\ &= X_0 + Y_1 + Y_2 + \cdots + Y_t = X_0 + \sum_{j=1}^{t} Y_j, \quad t \geqslant 1. \end{aligned} \tag{3.7}$$

(3.7)是(3.6)的解. 从差分方程的理论知道(3.6)的通解也有(3.7)的形式. 所以，求和 ARIMA$(p,1,q)$序列不是平稳序列. 对正整数 d，求和 ARIMA(p,d,q)序列也都不是平稳序列. 当$\{y_t\}$是例 2.1 中 ARMA(4,2)序列的 $N=60$ 个观测，取初值 $X_0=0$，由求和公式(3.7)计算的 60 个数据见图 3.3.1 下面的曲线，这时样本均值 ave=

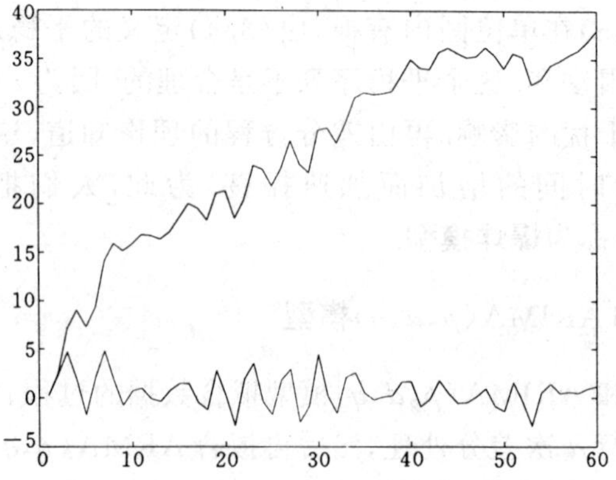

图 3.3.1　ARIMA(p,d,q)序列

0.6335,样本标准差 std=1.6749.看起来这组数据振荡并不严重,计算机的多次模拟也都显示类似结论.但是当把数据量增加到 $N=1000$,非平稳性就明显了.图 3.3.2 是 $N=1000$ 的数据图,有上升趋势的是$\{x_t\}$,没有上升趋势的是$\{y_t\}$.

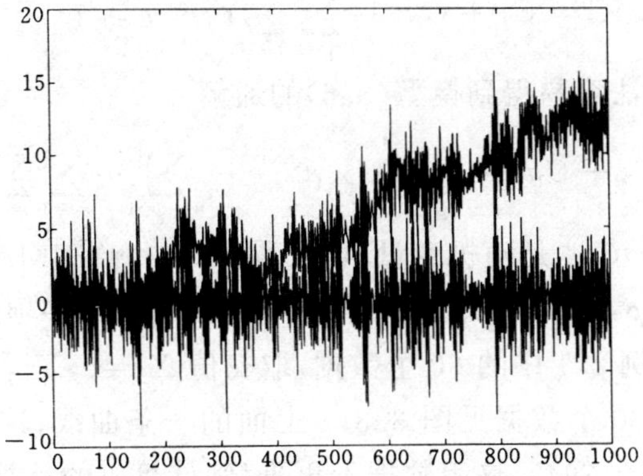

图 3.3.2 ARMA 和 ARIMA 序列

例 3.2 求和 ARIMA$(p,2,q)$序列.这时 $d=2$,

$$Y_t=(1-\mathscr{B})^2X_t=X_t-2X_{t-1}+X_{t-2}$$

是一个 ARMA(p,q)序列.给定初值 X_0,X_{-1},有

$$X_t-X_{t-1}=X_{t-1}-X_{t-2}+Y_t,\quad t\geqslant 1.$$

两边对 $t=1,2,\cdots,n_1$ 求和,得

$$X_{n_1}-X_0=X_{n_1-1}-X_{-1}+\sum_{t=1}^{n_1}Y_t,$$

整理后得到

$$X_{n_1}-X_{n_1-1}=X_0-X_{-1}+\sum_{j=1}^{n_1}Y_j.$$

两边再对 $n_1=1,2,\cdots,t$ 求和,得

$$X_t-X_0=t(X_0-X_{-1})+\sum_{n_1=1}^{t}\sum_{j=1}^{n_1}Y_j,\quad t\geqslant 1,$$

或

$$X_t = X_0 + t(X_0 - X_{-1}) + \sum_{n_1=1}^{t}\sum_{j=1}^{n_1} Y_j, \quad t \geqslant 1. \tag{3.8}$$

这是 ARMA(p,q)序列$\{Y_t\}$的两重求和. 由差分方程的知识知道，$d=2$ 时，(3.6)的通解是

$$X_t = C_0 + C_1 t + \sum_{n_1=1}^{t}\sum_{j=1}^{n_1} Y_j, \quad t \geqslant 1.$$

利用归纳法容易得到模型(3.6)的通解

$$X_t = C_0 + C_1 t + \cdots + C_{d-1} t^{d-1} + \sum_{n_{d-1}=1}^{t} \cdots \sum_{n_1=1}^{n_2}\sum_{j=1}^{n_1} Y_j,$$

其中 $C_0, C_1, \cdots, C_{d-1}$是随机变量. 可以看出，求和 ARIMA$(p,d,q)$序列是 ARMA$(p,q)$序列$\{Y_t\}$的 d 重求和再加上一个多项式趋势.

当$\{y_t\}$是例 2.1 中的 60 个数据，取初值 $X_0=0, X_{-1}=0$，由公式(3.8)计算的 60 个数据见图 3.3.1 上面的一条曲线，这时的 ave$=$25.4618，std$=$9.7947. 这组数据不再平稳. 计算机的计算结果表明，对于计算机产生的不同$\{Y_t\}$，$\{X_t\}$的差异非常大. 但无论如何，将$\{X_t\}$进行两次差分后得到的时间序列是平稳的.

实际问题中有许多数据经过一或两次差分后会稳定下来. 差分运算是对数据进行预处理的常用方法之一.

C. 单位根过程

当 $d=1$ 时的求和 ARIMA(p,d,q)模型又被称为单位根模型，相应的时间序列被称为单位根序列，这是因为 $A(z)(1-z)$有一个单位根 $z=1$ 的原因. 如何判断一个时间序列是单位根序列还是 ARMA 序列，是经济学家感兴趣的问题. 但是用有限的数据区分这两类时间序列是不容易的. 因为给定有限个数据$\{x_t:\ 1 \leqslant t \leqslant N\}$后，总可以取 $\rho<1$，使得模型

$$A(\mathscr{B})(1-\mathscr{B})X_t = B(\mathscr{B})\varepsilon_t, \quad t \in \mathbb{Z} \tag{3.9}$$

和

$$A(\mathscr{B})(1-\rho\mathscr{B})Z_t = B(\mathscr{B})\varepsilon_t, \quad t \in \mathbb{Z} \tag{3.10}$$

有相似的前 N 个观测，这只要取 ρ 接近于 1 就够了.

设 $A(z)$,$B(z)$在例 2.1 中定义,$\{\varepsilon_t\}$是标准正态白噪声,数据$\{x_t\}$由(3.9)给出,$\{z_t\}$由(3.10)给出,取 $\rho=0.98$.这两组数据的前 1000 个由图 3.3.3 给出,分别用“·”和“∘”表示,从数据图上看很

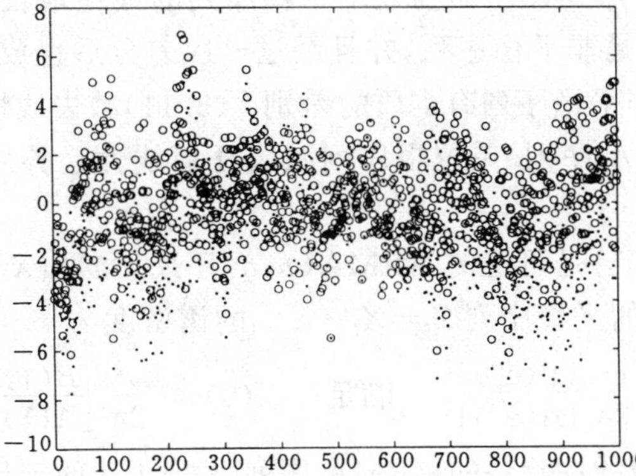

图 3.3.3 ARMA 序列和单位根序列

难将这两组数据进行区分.这时 $y_t=x_t-z_t$, $t=1,2,\cdots,1000$ 的样本标准差是 $\mathrm{std}(y)=1.089$,而 $\max(x_t)-\min(x_t)=13.2155$.但是将数据量增加到 $N=10000$ 时,区别就明显了.图 3.3.4 是 $N=10000$ 时的数据图.所以,没有足够的数据量,在很多的情况下很难区分一个时间序列是否是单位根序列.

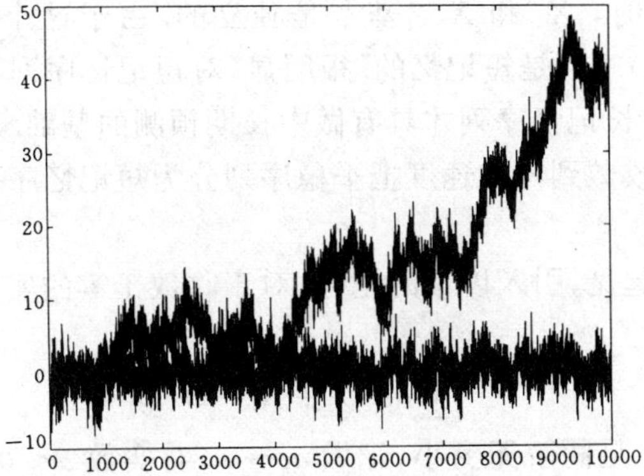

图 3.3.4 ARMA 序列和单位根序列

在金融领域还会遇到的是带线性趋势的 ARMA(p,q)模型

$$X_t = c_0 + c_1 t + Y_t, \quad t \in \mathbb{Z}, \tag{3.11}$$

其中 c_0, c_1 是常数，$\{Y_t\}$ 是 ARMA(p,q)序列. 带线性趋势的 ARMA(p,q)序列(3.11)描述了平稳序列的线性增长. 和单位根序列一样，它也是非平稳序列，并且经过一次差分后也成为平稳序列. 但是这两种非平稳序列有本质的差别. (3.11)减去线性趋势 c_0+c_1t 后成为 ARMA 序列. 单位根序列减去任何线性趋势后仍是非平稳的.

现在设$\{Y_t\}$是可逆的 ARMA(p,q)序列. 如果$\{X_t\}$是单位根序列，则差分后的平稳序列 $Z_t=X_t-X_{t-1}$的谱密度

$$f(\lambda) = \frac{\sigma^2}{2\pi}\frac{|B(\mathrm{e}^{\mathrm{i}\lambda})|^2}{|A(\mathrm{e}^{\mathrm{i}\lambda})|^2} \quad 满足 \quad f(0) = \frac{\sigma^2}{2\pi}\frac{|B(1)|^2}{|A(1)|^2} > 0.$$

如果$\{X_t\}$是带线性趋势的 ARMA 序列，由 §1.7 的定理 7.4 知道差分后的平稳序列 $Z_t=X_t-X_{t-1}$的谱密度

$$f(\lambda)=\frac{\sigma^2}{2\pi}\frac{|B(\mathrm{e}^{\mathrm{i}\lambda})(1-\mathrm{e}^{\mathrm{i}\lambda})|^2}{|A(\mathrm{e}^{\mathrm{i}\lambda})|^2} \quad 满足 \quad f(0)=0.$$

D. 平稳 ARIMA(0,d,0)模型

由于 ARMA(p,q)序列$\{X_t\}$的自协方差函数$\{\gamma_k\}$以负指数阶收敛到 0. 所以，对较大的 n，X_1 和 X_{n+1}基本是不相关的. 特别当白噪声是正态序列时，X_1 和 X_{n+1}基本是独立的. 由于这个原因，人们称 ARMA(p,q)序列是短记忆的. 很明显，对短记忆序列不宜进行中长期预测. 只有长记忆序列才具有做中长期预测的基础. 通常可以按自协方差函数收敛到零的速度把平稳序列分为短记忆序列和长记忆序列.

为方便起见，引入以下的记号. 对于收敛于零的实数列 a_n 和 b_n，如果

$$\lim_{n\to\infty} a_n/b_n = c_0 > 0,$$

就称 a_n 和 b_n 是**同阶无穷小**，记做 $a_n \sim b_n$. 对实数 $d<0.5$，如果自协方差函数

$$\gamma_k \sim k^{2d-1}, \quad k \to \infty, \tag{3.12}$$

就称$\{X_t\}$是**长记忆序列**. 长记忆序列常在经济和水文等领域得到应用(见文献[18]). 可以用下面的方法来定义长记忆序列. 对于 $d\neq 0$, $d\in(-0.5,0.5)$, $(1-z)^{-d}$有 Taylor 展开公式

$$(1-z)^{-d}=\sum_{j=0}^{\infty}\pi_j z^j,\quad |z|\leqslant 1, \tag{3.13}$$

其中

$$\pi_j=\frac{\Gamma(j+d)}{\Gamma(d)\Gamma(j+1)}=\prod_{k=1}^{j}\frac{k+d-1}{k},\quad j=0,1,\cdots. \tag{3.14}$$

上式中 $\Gamma(x)$是 Γ 函数, 当 $x>0$ 时, 由积分

$$\Gamma(x)=\int_0^{\infty}t^{x-1}\mathrm{e}^{-t}\mathrm{d}t \tag{3.15}$$

定义. 当 $x<0$ 时, 定义 $\Gamma(x)=\Gamma(x+1)/x$. 利用 Stirling 公式

$$\Gamma(x)\sim\sqrt{2\pi}\mathrm{e}^{1-x}(x-1)^{x-0.5},\quad x\to\infty,$$

容易验证

$$\begin{aligned}\frac{\Gamma(j+d)}{\Gamma(j+1)}&\sim\frac{\mathrm{e}^{1-j-d}(j+d-1)^{j+d-0.5}}{\mathrm{e}^{-j}j^{j+0.5}}\\&=\mathrm{e}^{1-d}\left(\frac{j+d-1}{j}\right)^j\frac{(j+d-1)^{d-0.5}}{j^{0.5}}\\&\sim j^{d-1},\quad j\to\infty,\end{aligned}$$

所以

$$\pi_j\sim j^{d-1}/\Gamma(d),\quad j\to\infty.$$

于是知道$\{\pi_j\}$是平方可和的. 设$\{\varepsilon_t\}$是 WN$(0,\sigma^2)$, 定义线性平稳序列

$$X_t=(1-\mathscr{B})^{-d}\varepsilon_t=\sum_{j=0}^{\infty}\pi_j\varepsilon_{t-j},\quad t\in\mathbb{Z}, \tag{3.16}$$

则$\{X_t\}$是模型

$$(1-\mathscr{B})^d X_t=\varepsilon_t,\quad t\in\mathbb{Z} \tag{3.17}$$

的惟一平稳解. 人们称(3.17)是 ARIMA$(0,d,0)$模型. 由(3.16)定义的$\{X_t\}$有谱密度

$$f(\lambda)=\frac{\sigma^2}{2\pi}\left|\sum_{j=0}^{\infty}\pi_j\mathrm{e}^{\mathrm{i}\lambda j}\right|^2=\frac{\sigma^2}{2\pi}|1-\mathrm{e}^{\mathrm{i}\lambda}|^{-2d}$$

$$= \frac{\sigma^2}{2\pi|2\sin(\lambda/2)|^{2d}}, \quad \lambda \in [-\pi, \pi]. \tag{3.18}$$

$\{X_t\}$有自协方差函数和自相关系数

$$\gamma_k = \int_{-\pi}^{\pi} f(\lambda) e^{ik\lambda} d\lambda = \frac{\sigma^2}{\pi}\int_0^{\pi} \frac{\cos(k\lambda)}{[2\sin(\lambda/2)]^{2d}} d\lambda$$

$$= \frac{\sigma^2 \Gamma(1-2d)\Gamma(k+d)}{\Gamma(k-d+1)\Gamma(d)\Gamma(1-d)}, \quad k \in \mathbb{N}_+, \tag{3.19}$$

$$\rho_k = \gamma_k/\gamma_0 = \frac{\Gamma(k+d)\Gamma(1-d)}{\Gamma(k+1-d)\Gamma(d)}$$

$$= \prod_{j=1}^{k} \frac{j+d-1}{j-d}, \quad k \in \mathbb{N}_+.$$

取 $k=1$ 得到 $d=\rho_1/(1+\rho_1)$.

利用 Stirling 公式可以得到

$$\frac{\Gamma(k+d)}{\Gamma(k-d+1)} \sim \frac{e^{1-k-d}(k+d-1)^{k+d-0.5}}{e^{d-k}(k-d)^{k-d+0.5}}$$

$$= e^{1-2d}\left(\frac{k-d+2d-1}{k-d}\right)^k (k+d-1)^{d-0.5}(k-d)^{d-0.5}$$

$$\sim k^{2d-1}, \quad k \to \infty.$$

所以有

$$\gamma_k \sim k^{2d-1}\frac{\sigma^2\Gamma(1-2d)}{\Gamma(d)\Gamma(1-d)}, \quad k \to \infty. \tag{3.20}$$

于是，$\{X_t\}$是长记忆序列. 不难看出，

$$\sum_{k=0}^{\infty} |\gamma_k| < \infty, \quad 当\ d \in (-0.5, 0),$$

$$\sum_{k=0}^{\infty} |\gamma_k| = \infty, \quad 当\ d \in (0, 0.5).$$

为区别，有时还称使得 $\sum_{k=0}^{\infty} |\gamma_k| < \infty$ 的长记忆序列为中记忆序列.

利用 Levinson 递推公式和归纳法还可以计算出$\{X_t\}$的 k 阶偏相关系数

$$a_{k,k} = \frac{d}{k-d}, \quad k = 1, 2, \cdots. \tag{3.21}$$

这个公式为估计 d 提供了依据.

例 3.3 ARIMA(0,0.3,0)和 ARIMA(0,−0.3,0)的谱密度见图 3.3.5. 可以看出 ARIMA(0,0.3,0)序列的能量主要集中在低频. 图 3.3.6 是这两个序列的自相关系数的收敛情况. $d=0.3$ 时的自相关系数收敛的较慢.

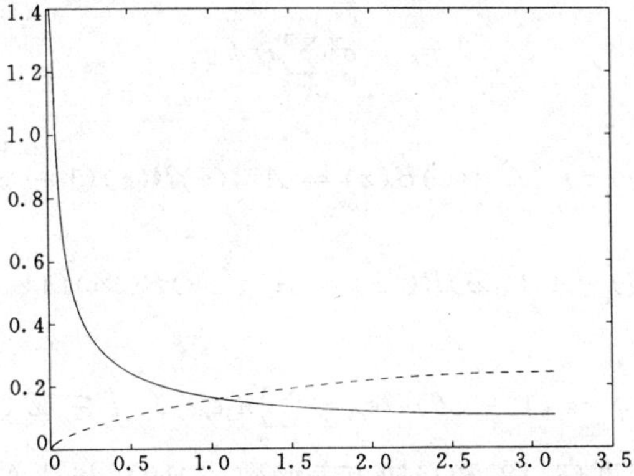

图 3.3.5 $d=0.3$(实线)和 $d=-0.3$(虚线)的 $f(\lambda)$

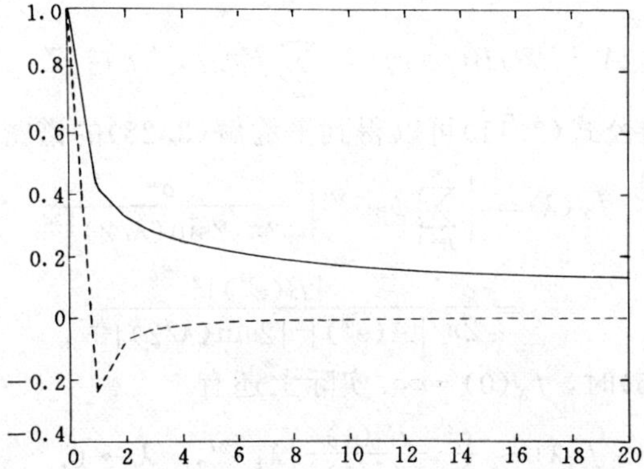

图 3.3.6 $d=0.3$(上面曲线)和 $d=-0.3$(下面曲线)的 ρ_k

E. 平稳 ARIMA(p,d,q)模型

仍设 $d\neq 0, d\in(-0.5,0.5)$, $\{X_t\}$是平稳序列. 如果 $Y_t=(1-\mathscr{B})^d X_t$ 是可逆的 ARMA(p,q)序列且满足可逆的 ARMA(p,q)模型(2.2),则$\{X_t\}$满足 ARIMA(p,d,q)模型

$$A(\mathscr{B})(1-\mathscr{B})^d X_t = B(\mathscr{B})\varepsilon_t,\quad t\in\mathbb{Z}. \tag{3.22}$$

这时，$\{Y_t\}$是(2.2)的惟一平稳解，由

$$Y_t = A^{-1}(\mathscr{B})B(\mathscr{B})\varepsilon_t = \sum_{j=0}^{\infty}\psi_j\varepsilon_{t-j},\quad t\in\mathbb{Z} \tag{3.23}$$

定义. $\{Y_t\}$的自协方差函数$\{g_k\}$由

$$g_k = \sigma^2\sum_{j=0}^{\infty}\psi_j\psi_{j+k} \tag{3.24}$$

决定. 利用

$$(1-z)^{-d}A^{-1}(z)B(z) = A^{-1}(z)B(z)(1-z)^{-d}$$

得到

$$(1-\mathscr{B})^{-d}A^{-1}(\mathscr{B})B(\mathscr{B}) = A^{-1}(\mathscr{B})B(\mathscr{B})(1-\mathscr{B})^{-d}.$$

定义

$$\eta_t = (1-\mathscr{B})^{-d}\varepsilon_t = \sum_{k=0}^{\infty}\pi_k\varepsilon_{t-k},\quad t\in\mathbb{Z},$$

则$\{\eta_t\}$有谱密度(3.18)和自协方差函数(3.19)，并且 ARIMA(p,d,q)模型(3.22)的惟一平稳解可以表示成

$$\begin{aligned} X_t &= (1-\mathscr{B})^{-d}Y_t = A^{-1}(\mathscr{B})B(\mathscr{B})(1-\mathscr{B})^{-d}\varepsilon_t \\ &= A^{-1}(\mathscr{B})B(\mathscr{B})\eta_t = \sum_{j=0}^{\infty}\psi_j\eta_{t-j},\quad t\in\mathbb{Z}. \end{aligned} \tag{3.25}$$

根据§1.7的公式(7.11)可以得到平稳解(3.25)的谱密度

$$\begin{aligned} f_X(\lambda) &= \left|\sum_{j=0}^{\infty}\psi_j \mathrm{e}^{-\mathrm{i}j\lambda}\right|^2 \frac{\sigma^2}{2\pi|2\sin(\lambda/2)|^{2d}} \\ &= \frac{\sigma^2}{2\pi}\frac{|B(\mathrm{e}^{\mathrm{i}\lambda})|^2}{|A(\mathrm{e}^{\mathrm{i}\lambda})|^2|2\sin(\lambda/2)|^{2d}}. \end{aligned} \tag{3.26}$$

当$d\in(0,0.5)$时，$f_X(0)=\infty$. 实际上还有

$$f(\lambda)\sim\frac{\sigma^2}{2\pi}\frac{B^2(1)}{|A^2(1)|}|\lambda|^{-2d},\quad \lambda\to 0.$$

补充定义$\psi_k=0, k<0$，可以计算$\{X_t\}$的自协方差函数

$$\begin{aligned} \gamma_X(t) &= \mathrm{E}(X_sX_{s-t}) = \sum_{k=0}^{\infty}\sum_{j=0}^{\infty}\psi_j\psi_k\mathrm{E}(\eta_{s-j}\eta_{s-t-k}) \\ &= \sum_{k=0}^{\infty}\sum_{j=0}^{\infty}\psi_j\psi_{j+k-j}\gamma_{t+k-j} = \sum_{k=-\infty}^{\infty}\left(\sum_{j=0}^{\infty}\psi_j\psi_{j+k}\right)\gamma_{t+k} \end{aligned}$$

$$= \sigma^{-2} \sum_{k=-\infty}^{\infty} g_k \gamma_{t+k},$$

其中 g_k 由(3.24)定义. 由于 g_k 以负指数阶趋于 0(见(2.12)),所以

$$t^{1-2d} \sum_{|k|>\sqrt{t}} |g_k| \to 0, \quad k \to \infty.$$

再利用(3.20)得到

$$\begin{aligned} &\lim_{t\to\infty} t^{1-2d}\gamma_X(t) \\ &= \sigma^{-2} \lim_{t\to\infty}\Big[t^{1-2d} \sum_{|k|>\sqrt{t}} g_k\gamma_{t+k} + t^{1-2d} \sum_{0\leqslant|k|\leqslant\sqrt{t}} g_k\gamma_{t+k}\Big] \\ &= \sigma^{-2} \sum_{k=-\infty}^{\infty} g_k \lim_{t\to\infty} t^{1-2d}\gamma_{t+k} = \sum_{k=-\infty}^{\infty} g_k \frac{\Gamma(1-2d)}{\Gamma(1-d)\Gamma(d)} \\ &= \frac{\sigma^2 B^2(1)}{A^2(1)} \frac{\Gamma(1-2d)}{\Gamma(1-d)\Gamma(d)} \left(\text{用到} \sum_{k=-\infty}^{\infty} g_k = \frac{\sigma^2 B^2(1)}{A^2(1)}\right), \end{aligned}$$

所以 $\gamma_X(t) \sim t^{2d-1}$,说明 $\{X_t\}$ 是长记忆序列.

图 3.3.7 是 ARIMA(2,d,2)模型(d=0.35,d=−0.35)

$$\begin{aligned} &(1 + 0.52\mathscr{B} + 0.39\mathscr{B}^2)(1 - \mathscr{B})^d X_t \\ &\quad = (1 + 0.5\mathscr{B} - 0.4\mathscr{B}^2)\varepsilon_t, \quad t \in \mathbb{Z} \end{aligned}$$

的谱密度. $\sigma^2=1$. $A(z)$ 的零点是 $z_1=1.6\exp(2\mathrm{i})$, $z_2=\bar{z}_1$.

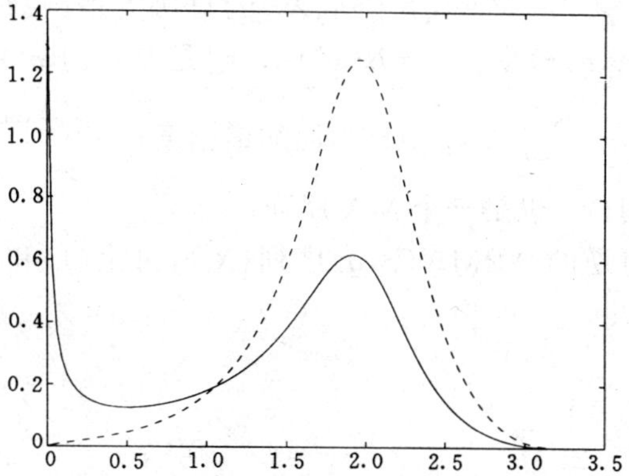

图 3.3.7 ARIMA(2,d,2)的谱密度(虚线对应 d=−0.35 的谱密度)

(1) 当 d=0.35,$(1-\mathscr{B})^{0.35}$ 造成 λ=0 点的峰值, z_1 的辐角 θ_1=

2 造成 $\lambda_1=1.92$ 处的峰值；

(2) 当 $d=-0.35$，只有 z_1 的辐角 $\theta_1=2$ 造成 $\lambda_1=1.95$ 处的峰值.

习 题 三

3.1 设 d 是正整数，$\{X_t\}$是一个求和 ARIMA(p,d,q)序列. 证明对常数 $c_0,c_1,c_2,\cdots,c_{d-1}$，

$$Z_t = X_t + c_0 + c_1 t + c_2 t^2 + \cdots + c_{d-1} t^{d-1}, \quad t \in \mathbb{N}_+$$

满足相同的求和 ARIMA(p,d,q)模型.

3.2 设$\{g_k\}$由(3.24)定义，证明

$$\sum_{k=-\infty}^{\infty} g_k = \frac{\sigma^2 B^2(1)}{A^2(1)}.$$

*3.3 对 $k=0,1$ 证明公式(3.19)(对一般 k 的证明可以见文献[22]).

3.4 当 $d\geqslant 0.5$ 时，由(3.13)定义的 π_j 不是平方可和的.

3.5 当 $d<0.5$ 时，直接验证由(3.25)定义的平稳序列$\{X_t\}$满足 ARIMA(p,d,q)模型(3.22).

3.6 对于平稳 ARIMA$(0,d,0)$序列证明公式(3.21).

3.7 设$\{\gamma_k\}$是 MA(q)序列$\{X_t\}$的自协方差函数. 如果$\{X_t\}$满足可逆的 MA(q)模型：$X_t=B(\mathscr{B})\varepsilon_t$，$\{\varepsilon_t\}$是 WN$(0,\sigma^2)$，

(1) 求 $Y_t=\sum_{j=-\infty}^{\infty}\gamma_j X_{t-j}\ (t\in\mathbb{N})$的谱密度；

(2) 证明$\{Y_t\}$也是一个 MA 序列；

(3) 对可逆的 ARMA(p,q)序列$\{X_t\}$，讨论(1)和(2)中的类似问题.

第四章　均值和自协方差函数的估计

由于自回归模型,滑动平均模型和自回归滑动平均模型的参数可以由相应平稳序列的自协方差函数惟一决定,所以从平稳时间序列的观测数据出发,为了对数据建立上述模型就首先要估计自协方差函数.在对平稳序列进行预测时也需要先对自协方差函数进行估计.为了得到样本自协方差函数的大样本统计性质,还需要先讨论样本均值的统计性质.

§4.1　均值的估计

本节总设$\{\varepsilon_t\}$是零均值的白噪声和实数列$\{\psi_k\}$平方可和.

设 $x_1, x_2, \cdots, x_N$ 是平稳序列$\{X_t\}$的观测值, $\mu = \mathrm{E}X_t$ 的点估计由

$$\bar{x}_N = \frac{1}{N}\sum_{k=1}^{N} x_k \tag{1.1}$$

定义.为了更明确的表示出 $\hat{\mu}$ 是 μ 的点估计,还常常用 $\hat{\mu}$ 表示上述的估计量,即

$$\hat{\mu} = \frac{1}{N}\sum_{k=1}^{N} x_k.$$

研究估计量的统计性质时,我们用大写的 X_t 代替 x_t,用大写的 $\overline{X}_N$ 代替 $\bar{x}_N$.

A. 相合性

设统计量 $\hat{\theta}_N$ 是 θ 的估计.在统计学中有如下的定义:

(1) 如果 $\mathrm{E}\hat{\theta}_N = \theta$,就称 $\hat{\theta}_N$ 是 θ 的**无偏估计**;

(2) 如果当 $N \to \infty$ 时, $\mathrm{E}\hat{\theta}_N \to \theta$,就称 $\hat{\theta}_N$ 是 θ 的**渐近无偏估计**;

(3) 如果 $\hat{\theta}_N$ 依概率收敛到 θ,就称 $\hat{\theta}_N$ 是 θ 的**相合估计**;

(4) 如果 $\hat{\theta}_N$ a.s. 收敛到 θ,就称 $\hat{\theta}_N$ 是 θ 的**强相合估计**.

一般情况下,无偏估计比有偏估计来得好. 对于由(1.1)定义的 $\overline{X}_N$,有

$$\mathrm{E}\overline{X}_N = \frac{1}{N}\sum_{k=1}^{N}\mathrm{E}X_k = \frac{1}{N}\sum_{k=1}^{N}\mu = \mu.$$

所以, $\overline{X}_N$ 是均值 μ 的无偏估计.

从理论上讲,一个好的估计量起码应当是相合的. 否则,估计量不收敛到要估计的参数,它无助于实际问题的解决. 对于平稳序列 $\{X_t\}$,如果它的自协方差函数 $\{\gamma_k\}$ 收敛到零,则

$$\begin{aligned}\mathrm{E}(\overline{X}_N - \mu)^2 &= \mathrm{E}\Big[\frac{1}{N}\sum_{k=1}^{N}(X_k - \mu)\Big]^2 = \frac{1}{N^2}\sum_{j=1}^{N}\sum_{k=1}^{N}\gamma_{k-j} \\ &= \frac{1}{N^2}\sum_{k=-N+1}^{N-1}(N - |k|)\gamma_k \\ &\leqslant \frac{1}{N}\sum_{k=-N}^{N}|\gamma_k| \to 0, \quad \text{当 } N \to \infty \text{ 时.} \end{aligned} \tag{1.2}$$

也就是说 $\overline{X}_N$ 均方收敛到 μ. 利用切比雪夫不等式

$$P(|\overline{X}_N - \mu| \geqslant \delta) \leqslant \frac{\mathrm{E}(\overline{X}_N - \mu)^2}{\delta^2} \to 0 \quad (\delta > 0)$$

得到 $\overline{X}_N$ 依概率收敛到 μ. 于是 $\overline{X}_N$ 是 μ 的相合估计.

我们将上面的叙述总结成如下定理.

定理 1.1　设平稳序列 $\{X_t\}$ 有均值 μ 和自协方差函数 $\{\gamma_k\}$,则

(1) $\overline{X}_N$ 是 μ 的无偏估计;

(2) 如果 $\gamma_k \to 0$,则 $\overline{X}_N$ 是 μ 的相合估计;

(3) 如果 $\{X_t\}$ 是严平稳遍历序列,则 $\overline{X}_N$ 是 μ 的强相合估计.

这里只需要证明(3). 利用 §1.5 的遍历定理 5.1 知道

$$\lim_{N\to\infty}\overline{X}_N = \mu, \quad \text{a.s.}$$

成立. 于是 $\overline{X}_N$ 是 μ 的强相合估计.

可以证明任何强相合估计一定是相合估计.

B. 中心极限定理

如果 $\{X_t\}$ 是独立同分布序列, $\sigma^2 = \mathrm{var}(X_1) < \infty$. 当 N 趋于∞

时，从中心极限定理知道$\sqrt{N}(\overline{X}_N-\mu)$依分布收敛到 $N(0,\sigma^2)$. 利用这个结果可以给出 μ 的置信度为 0.95 的渐近置信区间如下：

$$[\overline{X}_N - 1.96\sigma/\sqrt{N}, \overline{X}_N + 1.96\sigma/\sqrt{N}]. \tag{1.3}$$

当标准差 σ 未知和 N 较大时，可以用样本标准差

$$\hat{\sigma} = \left[\frac{1}{N-1}\sum_{t=1}^{N}(X_t - \overline{X}_N)^2\right]^{1/2} \tag{1.4}$$

代替 σ. 用中心极限定理还可以解决有关均值 μ 的假设检验问题(见文献[3]).

在平稳序列的均值估计问题中，有完全相同的问题存在，所以人们也研究了相同的中心极限定理. 为了方便使用，把相应的定理叙述如下.

定理 1.2 设$\{\varepsilon_t\}$是独立同分布的 WN$(0,\sigma^2)$. 线性平稳序列$\{X_t\}$由

$$X_t = \mu + \sum_{k=-\infty}^{\infty}\psi_k\varepsilon_{t-k}, \quad t \in \mathbb{Z} \tag{1.5}$$

定义，其中 μ 是常数. 如果$\{X_t\}$的谱密度

$$f(\lambda) = \frac{\sigma^2}{2\pi}\left|\sum_{k=-\infty}^{\infty}\psi_k e^{-ik\lambda}\right|^2 \tag{1.6}$$

在 $\lambda=0$ 连续，并且 $f(0)\neq 0$. 则当 $N\to\infty$时，$\sqrt{N}(\overline{X}_N-\mu)$依分布收敛到正态分布 $N(0,2\pi f(0))$.

定理的证明可见文献[23]的推论 5.2.

由于当$\{\psi_k\}$绝对可和时，$f(\lambda)$连续. 所以由定理 1.2 可以得到下面的推论.

推论 1.3 如果 $\sum_{k=-\infty}^{\infty}|\psi_k|<\infty$和 $\sum_{k=-\infty}^{\infty}\psi_k\neq 0$ 成立，则当 $N\to\infty$ 时，$\sqrt{N}(\overline{X}_N-\mu)$依分布收敛到正态分布 $N(0,2\pi f(0))$，并且

$$2\pi f(0) = \gamma_0 + 2\sum_{j=1}^{\infty}\gamma_j. \tag{1.7}$$

在推论 1.3 中，如果$\{\varepsilon_t\}$是正态白噪声，可以给出一个简单的证明如下.

由正态分布的性质知道，$\sqrt{N}(\overline{X}_N-\mu)$仍然服从零均值正态分

布.方差

$$\sigma_N^2 = \mathrm{E}[\sqrt{N}(\overline{X}_N - \mu)]^2 = \frac{1}{N}\sum_{j=1}^{N}\sum_{k=1}^{N}\mathrm{E}[(X_k - \mu)(X_j - \mu)]$$

$$= \sum_{k=-N}^{N}\left(1 - \frac{|k|}{N}\right)\gamma_k = \sum_{k=-N}^{N}\gamma_k - \frac{1}{N}\sum_{k=-N}^{N}|k|\gamma_k.$$

利用第一章的公式(3.5)知道

$$\gamma_k = \sigma^2\sum_{j=-\infty}^{\infty}\psi_j\psi_{j+k},$$

于是

$$\sum_{k=-\infty}^{\infty}|\gamma_k| \leqslant \sigma^2\sum_{k=-\infty}^{\infty}\sum_{t=-\infty}^{\infty}|\psi_t\psi_{t+k}| = \sigma^2\left(\sum_{k=-\infty}^{\infty}|\psi_k|\right)^2 < \infty.$$

所以,用 Kronecker 引理(§2.3 的习题 3.3)知道,当 $N\to\infty$时,

$$\frac{1}{N}\sum_{k=-N}^{N}|k|\gamma_k \to 0,$$

并且

$$\lim_{N\to\infty}\sigma_N^2 = \sum_{k=-\infty}^{\infty}\gamma_k = \sigma^2\sum_{k=-\infty}^{\infty}\sum_{t=-\infty}^{\infty}\psi_t\psi_{t+k}$$

$$= \sigma^2\left[\sum_{k=-\infty}^{\infty}\psi_k\right]^2 = 2\pi f(0).$$

于是对任何 $x\in(-\infty,\infty)$,

$$P(\sqrt{N}(\overline{X}_N - \mu) \leqslant x) = \frac{1}{\sqrt{2\pi\sigma_N^2}}\int_{-\infty}^{x}\exp\left(-\frac{t^2}{2\sigma_N^2}\right)\mathrm{d}t$$

$$\to \frac{1}{\sqrt{4\pi^2 f(0)}}\int_{-\infty}^{x}\exp\left(-\frac{t^2}{4\pi f(0)}\right)\mathrm{d}t.$$

有了上述的中心极限定理就可以方便地构造均值 $\mu=\mathrm{E}X_1$ 的渐近置信区间和关于假设 $\mu=\mu_0$ 的检验了.

C. 收敛速度

通常,关于一个估计量人们除了关心它是否服从中心极限定理外,还关心这个估计量的收敛速度.收敛速度的描述方法之一是所谓的重对数律.重对数律成立时,得到的收敛速度的阶数一般是

$$O\left(\sqrt{\frac{2\ln\ln N}{N}}\right).$$

除了个别的情况，这个阶数一般不能再被改进. 我们把 $\overline{X}_N$ 服从的重对数律叙述如下.

定理 1.4 设$\{\varepsilon_t\}$是独立同分布的 WN$(0,\sigma^2)$，线性平稳序列$\{X_t\}$由(1.5)定义，谱密度 $f(0)\neq 0$. 当以下的条件之一成立时：

(1) 当 $k\to\pm\infty$，$\psi_{|k|}$以负指数阶收敛于 0；

(2) 谱密度 $f(\lambda)$在 $\lambda=0$ 连续，且 $\mathrm{E}|\varepsilon_t|^r<\infty$对某个 $r>2$ 成立，有重对数律

$$\limsup_{N\to\infty}\sqrt{\frac{N}{2\ln\ln N}}(\overline{X}_N-\mu)=\sqrt{2\pi f(0)},\quad \text{a.s.} \tag{1.8}$$

(见文献[23]的第 146 页).

如果$\{X_t\}$满足定理 1.4 中的条件(1)或(2)，$\{-X_t\}$也满足相应条件，因而，重对数律(1.8)对$-(\overline{X}_N-\mu)$也成立. 由此得到

$$\liminf_{N\to\infty}\sqrt{\frac{N}{2\ln\ln N}}(\overline{X}_N-\mu)=-\sqrt{2\pi f(0)},\quad \text{a.s.} \tag{1.9}$$

再综合(1.8)和(1.9)就知道当 $N\to\infty$时，

$$\sqrt{\frac{N}{2\ln\ln N}}(\overline{X}_N-\mu)$$

的 a.s. 极限并不存在.

D. $\overline{X}_N$ 的模拟计算

为了实际考察 $\overline{X}_N$ 的收敛效果，我们考虑标准正态白噪声$\{\varepsilon_t\}$和AR(2)模型

$$X_t=2\rho\cos\theta\,X_{t-1}-\rho^2X_{t-2}+\varepsilon_t,\quad t\in\mathbb{Z}. \tag{1.10}$$

这时特征多项式

$$A(z)=(1-\rho e^{i\theta}z)(1-\rho e^{-i\theta}z)=1-2\rho\cos(\theta)\,z+\rho^2z^2$$

有共轭根

$$z_1=\rho^{-1}e^{i\theta},\quad z_2=\rho^{-1}e^{-i\theta}.$$

从计算机上产生模型(1.10)的 $N=1000$ 个观测数据 $x_1,x_2,\cdots,x_N$.

对于 $n=10,20,30,\cdots,1000$ 分别计算出 $\bar{x}_n$. 为了和相应的白噪声进行比较,同时还计算出$\{\varepsilon_t\}$的相应样本均值 $\bar{\varepsilon}_n$. 这时真值 $\mu=0$. 下面列出了计算结果:

模拟计算 1　当 $\rho=1/1.1,\theta=2.34$ 时,计算结果为

n	10	20	40	100	400	600	1000
$\bar{x}_n$	−0.1849	−0.1852	−0.0579	0.0696	0.0184	−0.0012	0.0057
$\bar{\varepsilon}_n$	−0.3210	−0.3934	−0.1214	0.1333	0.0875	0.0019	0.0163

图 4.1.1 给出了对 $n=10,20,\cdots,1000$ 时,$\bar{x}_n$ 和 $\bar{\varepsilon}_n$ 的图形. 为了区分的方便,图形中把 $\bar{\varepsilon}_n$ 提高了 0.1,绘出的是 $\bar{\varepsilon}_n+0.1$ 的图形.

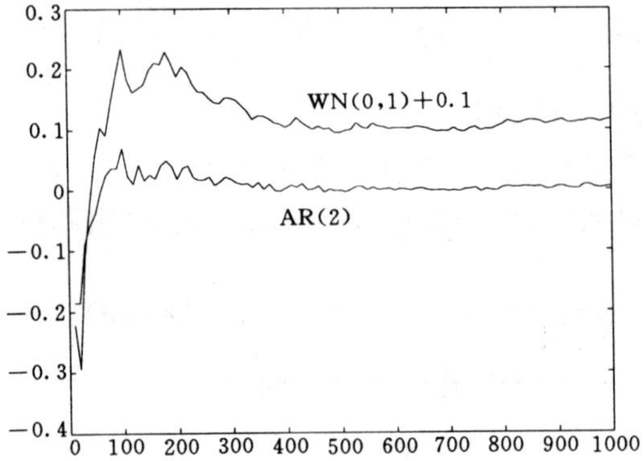

图 4.1.1　$\rho=1/1.1,\ \theta=2.34$

模拟计算 2　当 $\rho=1/4,\theta=2.34$ 时,计算结果为

n	10	20	40	100	400	600	1000
$\bar{x}_n$	−0.0748	−0.0156	0.0627	−0.0023	−0.0274	0.0013	0.0183
$\bar{\varepsilon}_n$	−0.1334	−0.0199	0.0896	0.0029	−0.0390	0.0027	0.0263

图 4.1.2 给出了对 $n=10,20,\cdots,1000$ 时,$\bar{x}_n$ 和 $\bar{\varepsilon}_n$ 的图形. 图形中同样把 $\bar{\varepsilon}_n$ 提高了 0.1.

从图 4.1.1 和图 4.1.2 可以发现,估计曲线$\{\bar{x}_n\}$和$\{\bar{\varepsilon}_n\}$的形状大致相似,而且随着 n 的增加和特征多项式 $A(z)$的根 $\rho^{-1}e^{\pm i\theta}$远离单位圆,$\{\bar{x}_n\}$和$\{\bar{\varepsilon}_n\}$的图形更趋于一致. 这些也可以从 AR(2)模型本身得到解释. 在(1.10)的两端对指标 t 求和后除以 n,得到

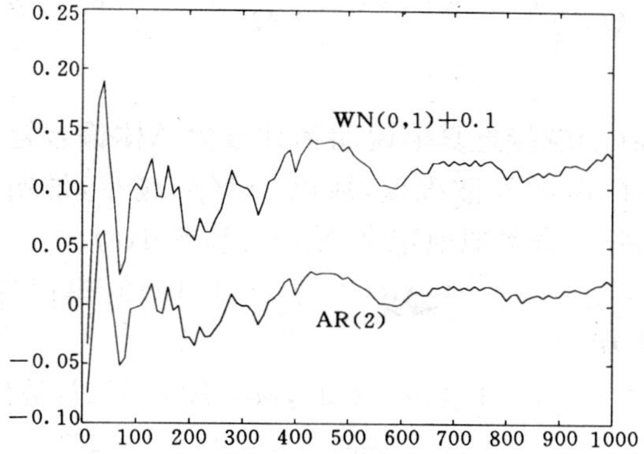

图 4.1.2 $\rho=1/4,\ \theta=2.34$

$$\begin{aligned}\bar{x}_n &= 2\rho\cos\theta[\bar{x}_n + (x_0 - x_n)/n] \\ &\quad - \rho^2[\bar{x}_n + (x_{-1} + x_0 - x_{n-1} - x_n)/n] + \bar{\varepsilon}_n \\ &= (2\rho\cos\theta - \rho^2)\bar{x}_n + \bar{\varepsilon}_n \\ &\quad + [2\rho\cos\theta(x_0 - x_n) - \rho^2(x_{-1} + x_0 - x_{n-1} - x_n)]/n \\ &\approx (2\rho\cos\theta - \rho^2)\bar{x}_n + \bar{\varepsilon}_n, \quad n \to \infty.\end{aligned}$$

于是对较大的 n,

$$\bar{x}_n \approx \frac{1}{1 - 2\rho\cos(\theta) + \rho^2}\bar{\varepsilon}_n. \tag{1.11}$$

从上式看出,除了 ρ^{-1}对 $\bar{x}_n-\bar{\varepsilon}_n$ 造成影响,辐角 θ 对 $\bar{x}_n-\bar{\varepsilon}_n$ 也会造成较大的影响. 当 $\theta\in[\pi/2,\pi)$,$\bar{x}_n$ 会比 $\bar{\varepsilon}_n$ 收敛的好. 同样的方法可以分析 $\theta\in(0,\pi/2]$的情况.

计算机产生的不同的观测数据直接影响了计算结果的不同. 所以,一次模拟计算通常并不能说明估计量的估计精度. 为了进一步通过模拟了解估计量 $\bar{x}_N$ 的估计精度,对固定的观测量 N,我们对 $\hat{\mu}=\bar{x}_N$ 进行 $M=1000$ 次独立重复模拟计算的结果进行综合评价. 用 $\hat{\mu}_j$ 表示第 j 次模拟的计算结果 $\bar{x}_N$,$1\leqslant j\leqslant M$. 用 $\hat{e}_j$ 表示第 j 次模拟的计算结果 $\bar{\varepsilon}_N$,$1\leqslant j\leqslant M$. 定义 $\hat{\mu}_j$ 的样本均值 $\mathrm{Ave}(\hat{\mu})$和样本标准差 $\mathrm{Std}(\hat{\mu})$如下:

$$\mathrm{Ave}(\hat{\mu}) = \frac{1}{M}\sum_{j=1}^{M}\hat{\mu}_j, \quad \mathrm{Std}(\hat{\mu}) = \left(\frac{1}{M-1}\sum_{j=1}^{M}(\hat{\mu}_j - \bar{\mu})^2\right)^{1/2}. \tag{1.12}$$

可以看出，$\mathrm{Ave}(\hat{\mu})$越接近真值说明估计量的总体偏差越小. 由于样本标准差描述了 $\hat{\mu}_j$ 的发散程度，所以 $\mathrm{Std}(\hat{\mu})$越小，说明估计量 $\bar{x}_N$ 的估计精度越高. 完全类似地定义 $\mathrm{Ave}(\hat{e})$和 $\mathrm{Std}(\hat{e})$.

下面是 $M=1000$ 时，对 AR(2)序列(1.10)的模拟计算的综合评价，计算结果为

模拟计算 3　当 $\rho=1/4,\theta=2.34,M=1000$ 时，计算结果为

N	10	20	50	100	200	1000
$\mathrm{Ave}(\hat{\mu})$	−0.0187	−0.0172	0.0046	−0.0057	−0.0014	−0.0000
$\mathrm{Ave}(\hat{e})$	−0.0211	−0.0272	0.0055	−0.0082	−0.0019	−0.0001
$\mathrm{Std}(\hat{\mu})$	0.2486	0.1684	0.1119	0.0741	0.0362	0.0070
$\mathrm{Std}(\hat{e})$	0.3317	0.2308	0.1564	0.1039	0.0508	0.0099

本计算结果说明 $\bar{x}_N$ 比 $\bar{\varepsilon}_N$ 精度高.

模拟计算 4　当 $\rho=1/1.5,\theta=0.34,M=1000$ 时，计算结果为

N	10	20	50	100	200	1000
$\mathrm{Ave}(\hat{\mu})$	0.0136	0.0762	−0.1247	−0.0333	0.0244	−0.0009
$\mathrm{Ave}(\hat{e})$	0.0016	0.0191	−0.1247	−0.0070	0.0051	−0.0002
$\mathrm{Std}(\hat{\mu})$	1.6003	1.2423	0.7441	0.5012	0.2645	0.05290
$\mathrm{Std}(\hat{e})$	0.3154	0.0191	0.1430	0.0966	0.0501	0.0100

本计算结果说明 $\bar{x}_N$ 比 $\bar{\varepsilon}_N$ 的精度低.

习　题　一

1.1　当 $k\to\pm\infty$时，如果 $\psi_{|k|}$以负指数阶收敛于 0，证明

$$\sum_{n=1}^{\infty}\left(\left[\sum_{l=n}^{\infty}\psi_k\right]^2 + \left[\sum_{l=n}^{\infty}\psi_{-k}\right]^2\right) < \infty,$$

实际上定理 1.4 中的条件(1)可以放松到这个条件.

1.2　在 AR(2)模型(1.10)中，证明当 $\rho\to 0$ 时，$\{X_t\}$的谱密度趋于标准白噪声的谱密度.

1.3　设$\{X_t\}$是独立同分布的时间序列. 当 $x\to\infty$时，如果有 $xP(X_1>x)\to 0, xP(X_1<-x)\to 0$，证明

$$\frac{1}{n}\max(X_1,X_2,\cdots,X_n) \quad 和 \quad \frac{1}{n}\min(X_1,X_2,\cdots,X_n)$$

分别依概率收敛到 0.

1.4 如果$\{X_t\}$依分布收敛到 $N(\mu_1,\sigma_1^2)$，$\{Y_t\}$依分布收敛到 $N(\mu_2,\sigma_2^2)$. 当$\{X_t\}$和$\{Y_t\}$独立时，证明$\{X_t+Y_t\}$依分布收敛到 $N(\mu_1+\mu_2,\sigma_1^2+\sigma_2^2)$.

1.5 对于不同的实数 $a,b\in(-1,1)$和正态白噪声 $\mathrm{WN}(0,2^2)$，产生 AR(2)模型

$$(1-a\mathscr{B})(1-b\mathscr{B})X_t=\varepsilon_t,\quad t\in\mathbb{Z}$$

的 $N=200$ 个数据，计算 $\bar{x}_N$. 分析 a,b 的取值怎样影响估计量 $\bar{x}_N$ 的精度.

§4.2 自协方差函数的估计

A. γ_k 的点估计和样本自协方差矩阵的正定性

给定平稳序列$\{X_t\}$的 N 个样本

$$x_1,x_2,\cdots,x_N, \tag{2.1}$$

样本自协方差函数

$$\begin{aligned}\hat{\gamma}_k&=\frac{1}{N}\sum_{j=1}^{N-k}(x_j-\bar{x}_N)(x_{j+k}-\bar{x}_N), & 0\leqslant k\leqslant N-1,\\ \hat{\gamma}_{-k}&=\hat{\gamma}_k, & 1\leqslant k\leqslant N-1\end{aligned} \tag{2.2}$$

是$\{X_t\}$的自协方差函数 $\gamma_k=\mathrm{cov}(X_1,X_{k+1})$的点估计. 样本自相关系数

$$\hat{\rho}_k=\hat{\gamma}_k/\hat{\gamma}_0,\quad |k|\leqslant N-1 \tag{2.3}$$

是$\{X_t\}$的自相关系数 $\rho_k=\gamma_k/\gamma_0$ 的点估计.

理论上说，样本自协方差函数 $\hat{\gamma}_k$ 可以对$|k|\leqslant N-1$ 定义. 但是，从(2.2)看出，对绝对值逐步增加的 k，数据(2.1)中含 γ_k 的信息在逐步减少. 因而，对绝对值比较大的$|k|$，$\hat{\gamma}_k$ 的精度就会较低了. 同样的道理适用于样本自相关系数. 对绝对值比较大的 k，$\hat{\rho}_k$ 的估计精度较低.

如果只是要估计自协方差函数，还可以采用下面的样本自协方差函数

$$\begin{aligned}&\hat{\gamma}_k=\frac{1}{N-k}\sum_{j=1}^{N-k}(x_j-\overline{x}_N)(x_{j+k}-\overline{x}_N),\quad 0\leqslant k\leqslant N-1,\\&\hat{\gamma}_{-k}=\hat{\gamma}_k,\qquad\qquad\qquad\qquad\qquad\qquad\quad 1\leqslant k\leqslant N-1\end{aligned}\tag{2.4}$$

作为 γ_k 的估计. 对于较大的 N 和绝对值较小的 k，由(2.2)和(2.4)定义的样本自协方差函数的精度相差不大. 容易看到的是，由(2.2)定义的样本自协方差函数的绝对值较小. 由于线性平稳序列的自协方差函数都收敛到零(§1.3 的定理 3.3)，特别 AR(p)，MA(q)和 ARMA(p,q)序列的自协方差函数都以负指数阶收敛到零，于是在对平稳序列的数据拟合 AR(p)，MA(q)或 ARMA(p,q)模型时，自然也希望实际计算的样本自协方差函数也能以很快的速度收敛. 基于这个原因，人们愿意使用由(2.2)定义的样本自协方差函数.

利用由(2.2)定义的样本自协方差函数还有另外更重要的原因，这就是它能够使得样本自协方差矩阵

$$\hat{\Gamma}_N=(\hat{\gamma}_{k-j})_{k,\ j=1,\cdots,N}$$

正定. 实际上，只要 $x_1,x_2,\cdots,x_N$ 不全相同，则

$$y_i=x_i-\overline{x}_N,\quad i=1,2,\cdots,N$$

不全为零. 于是 $N\times(2N-1)$矩阵

$$A=\begin{bmatrix}0&\cdots&0&y_1&y_2&\cdots&y_{N-1}&y_N\\0&\cdots&y_1&y_2&y_3&\cdots&y_N&0\\\vdots&&\vdots&\vdots&\vdots&&\vdots&\vdots\\y_1&\cdots&y_{N-1}&y_N&0&\cdots&0&0\end{bmatrix}\tag{2.5}$$

是满秩的. 样本自协方差矩阵的正定性可从

$$\hat{\Gamma}_N=\begin{bmatrix}\hat{\gamma}_0&\hat{\gamma}_1&\cdots&\hat{\gamma}_{N-1}\\\hat{\gamma}_1&\hat{\gamma}_0&\cdots&\hat{\gamma}_{N-2}\\\vdots&\vdots&&\vdots\\\hat{\gamma}_{N-1}&\hat{\gamma}_{N-2}&\cdots&\hat{\gamma}_0\end{bmatrix}=\frac{1}{N}AA^{\mathrm{T}}$$

得到. 从正定矩阵的性质知道，对任何 $1\leqslant n\leqslant N$，作为 $\hat{\Gamma}_N$ 的主子式，$\hat{\Gamma}_n$ 也是正定的.

如果已知平稳序列$\{X_t\}$是零均值的，由于$\gamma_k=\mathrm{E}(X_1X_{k+1})$，所以还可以利用

$$\frac{1}{N-k}\sum_{j=1}^{N-k}X_jX_{j+k},\quad 0\leqslant k\leqslant N-1 \tag{2.6}$$

作为γ_k的估计. 这是γ_k的一个无偏估计. 一般来讲，无偏估计要好一些. 但是在实际问题中，一般无法判断所关心的平稳序列是否有零均值. 所以要先对数据进行零均值化，得到$y_k=x_k-\overline{x}_N$ $(k=1,2,\cdots,N)$. 将零均值化的数据y_k $(k=1,2,\cdots,N)$代入(2.6)得到(2.4). (2.4)不再是无偏估计. 为保证$\hat{\Gamma}_N$的正定性，对(2.4)作适当修正就得到(2.2). 所以人们很少使用估计量(2.6).

B. $\hat{\gamma}_k$ 的相合性

关于由(2.2)定义的样本自协方差函数的相合性，有以下的定理.

定理 2.1 设平稳序列的样本自协方差函数$\hat{\gamma}_k$由(2.2)或(2.4)定义.

(1) 如果当$k\to\infty$时$\gamma_k\to 0$，则对每个确定的k，$\hat{\gamma}_k$是γ_k的渐近无偏估计：

$$\lim_{N\to\infty}\mathrm{E}\hat{\gamma}_k=\gamma_k.$$

(2) 如果$\{X_t\}$是严平稳遍历序列，则对每个确定的k，$\hat{\gamma}_k$和$\hat{\rho}_k$分别是γ_k和ρ_k的强相合估计：

$$\lim_{N\to\infty}\hat{\gamma}_k=\gamma_k,\ \text{a.s.}\qquad \lim_{N\to\infty}\hat{\rho}_k=\rho_k,\ \text{a.s.}$$

从这个定理知道，只要$\{X_t\}$是线性平稳序列，则样本自协方差函数$\hat{\gamma}_k$是渐近无偏估计. 特别当$\{X_t\}$是AR(p)，MA(q)或ARMA(p，q)序列时，$\hat{\gamma}_k$是γ_k的渐近无偏估计. 在上述的平稳序列中，只要噪声项$\{\varepsilon_t\}$是独立同分布的零均值白噪声，则$\{X_t\}$是严平稳遍历序列(见§1.5的定理5.2). 于是$\hat{\gamma}_k$是γ_k的强相合估计.

定理 2.1 的证明 下面只对由(2.2)定义的样本自协方差函数证明定理2.1，对由(2.4)定义的$\hat{\gamma}_k$的证明是一样的.

(1) 设$\mu=\mathrm{E}X_1$，则$\{Y_t\}=\{X_t-\mu\}$是零均值的平稳序列. 利用

$$\overline{Y}_N = \frac{1}{N}\sum_{j=1}^{N} Y_j = \overline{X}_N - \mu$$

得到

$$\begin{aligned}\hat{\gamma}_k &= \frac{1}{N}\sum_{j=1}^{N-k}(Y_j - \overline{Y}_N)(Y_{j+k} - \overline{Y}_N) \\ &= \frac{1}{N}\sum_{j=1}^{N-k}[Y_jY_{j+k} - \overline{Y}_N(Y_{j+k} + Y_j) + \overline{Y}_N^2].\end{aligned} \tag{2.7}$$

利用(1.2)得到 $E\overline{Y}_N^2 = E(\overline{X}_N - \mu)^2 \to 0$. 利用 Schwarz 不等式得到

$$E|\overline{Y}_N(Y_{j+k} + Y_j)| \leqslant [E\overline{Y}_N^2 E(Y_{j+k} + Y_j)^2]^{1/2} \leqslant [4E\overline{Y}_N^2\gamma_0]^{1/2} \to 0.$$

所以当 $N \to \infty$ 时,

$$E\hat{\gamma}_k = \frac{1}{N}\sum_{j=1}^{N-k} E(Y_jY_{j+k}) + o(1) = \frac{N-k}{N}\gamma_k + o(1) \to \gamma_k.$$

(2)的证明:用遍历定理得到

$$\overline{Y}_N \to EY_1 = 0,\ \text{a.s.},$$

$$\frac{1}{N}\sum_{j=1}^{N-k}(Y_{j+k} + Y_j) = \frac{1}{N}\left(\sum_{j=1}^{N} Y_j - \sum_{j=1}^{k} Y_j + \sum_{j=1}^{N-k} Y_j\right) \to 0,\ \text{a.s.},$$

于是,从(2.7)式知道

$$\hat{\gamma}_k = \frac{1}{N}\sum_{j=1}^{N-k} Y_jY_{j+k} + o(1) \to E(Y_1Y_{1+k}) = \gamma_k,\ \text{a.s.}.$$

C. $\hat{\gamma}_k$ 的渐近分布

为了方便讨论样本自协方差函数的渐近分布,我们把平稳序列限制在线性序列的范围. 设 $\{\varepsilon_t\}$ 是独立同分布的 WN$(0,\sigma^2)$,实数列 $\{\psi_k\}$ 平方可和. 这时平稳序列

$$X_t = \sum_{j=-\infty}^{\infty} \psi_j \varepsilon_{t-j}, \quad t \in \mathbb{Z} \tag{2.8}$$

有自协方差函数

$$\gamma_k = \sigma^2 \sum_{j=-\infty}^{\infty} \psi_j \psi_{j+k} \tag{2.9}$$

和谱密度函数

$$f(\lambda) = \frac{\sigma^2}{2\pi}\left|\sum_{j=-\infty}^{\infty} \psi_j e^{ij\lambda}\right|^2. \tag{2.10}$$

当自协方差函数$\{\gamma_k\}$平方可和时,对于独立同分布的正态标准白噪声$\{W_t\}$定义正态时间序列

$$\xi_j = (M_0\gamma_j)W_0 + \sum_{t=1}^{\infty}(\gamma_{t+j} + \gamma_{t-j})W_t, \quad j \geqslant 0, \qquad (2.11)$$

$$R_j = \sum_{t=1}^{\infty}(\rho_{t+j} + \rho_{t-j} - 2\rho_t\rho_j)W_t, \quad j \geqslant 1, \qquad (2.12)$$

其中

$$M_0 = \frac{1}{\sigma^2}(\mu_4 - \sigma^4)^{1/2}, \quad \mu_4 = \mathrm{E}\varepsilon_1^4.$$

注意,只要$P(\varepsilon_1^2=\sigma^2)<1$,就有$M_0>0$.

文献[20]证明了下面的中心极限定理.

定理 2.2 设$\{\varepsilon_t\}$是独立同分布的 $\mathrm{WN}(0,\sigma^2)$,满足$\mu_4=\mathrm{E}\varepsilon_1^4<\infty$. 如果线性平稳序列(2.8)的谱密度(2.10)平方可积

$$\int_{-\pi}^{\pi} f(\lambda)^2 \mathrm{d}\lambda < \infty,$$

则对任何正整数h,当$N\to\infty$时,有以下结果:

(1) $\sqrt{N}(\hat{\gamma}_0-\gamma_0,\hat{\gamma}_1-\gamma_1,\cdots,\hat{\gamma}_h-\gamma_h)$依分布收敛到$(\xi_0,\xi_1,\cdots,\xi_h)$;

(2) $\sqrt{N}(\hat{\rho}_1-\rho_1,\hat{\rho}_2-\rho_2,\hat{\rho}_h-\rho_h)$依分布收敛到$(R_1,R_2,\cdots,R_h)$.

有了上面的中心极限定理,人们可以方便地构造自协方差函数和自相关系数的渐近区间估计,并且可以解决有关自协方差函数和自相关系数的假设检验问题.

例 2.1(接第三章例 1.1) 对 MA(q)序列$\{X_t\}$,利用定理 2.2 知道,如果白噪声是独立同分布的,只要$m>q$,则$\sqrt{N}\hat{\rho}_m$依分布收敛到期望为 0,方差为$1+2\rho_1^2+2\rho_2^2+\cdots+2\rho_q^2$的正态分布. 在假设$H_0$: $\{X_t\}$是MA(q)下,对$m>q$有

$$P\left(\frac{\sqrt{N}\,|\hat{\rho}_m|}{\sqrt{1+2\rho_1^2+2\rho_2^2+\cdots+2\rho_q^2}} \geqslant 1.96\right) \approx 0.05.$$

现在用$\{X_t\}$表示第三章例 1.1 中差分后的化学浓度数据,在H_0: $\{X_t\}$是MA(q)下,用$\hat{\rho}_k$代替真值ρ_k后分别对$q=0,1$计算出

$$T_q(m) = \frac{\sqrt{N}\hat{\rho}_{m+q}}{\sqrt{1 + 2\hat{\rho}_1^2 + 2\hat{\rho}_2^2 + \cdots + 2\hat{\rho}_q^2}}, \quad m = 1, \cdots, 6.$$

$m=$	1	2	3	4	5	6
$q=0$	-5.778	0.281	-0.951	-0.121	-1.071	-0.116
$q=1$	0.243	-0.821	-0.104	-0.925	-0.100	1.631

在假设 H_0：$\{X_t\}$是 MA(0)下，$|T_0(1)|=5.778>1.96$，所以应当否定 $q=0$. 实际工作中人们还计算概率

$$p = 2P(\sqrt{N}\hat{\rho}_1 \leqslant -5.778),$$

并且把 p 称为检验的 P 值. 明显 P 值越小，数据提供的否定原假设的依据越充分. 现在在 H_0 下，$\sqrt{N}\hat{\rho}_1$ 近似服从 $N(0,1)$，所以 P 值几乎是零，这样必须拒绝$\{X_t\}$是 MA(0)的假设. 本例中$|T_1(m)|<1.96$ $(1\leqslant m\leqslant 6)$，所以不能拒绝$\{X_t\}$是 MA(1)的假设.

对于实际工作者来讲谱密度平方可积的条件通常很难验证，于是希望能把定理 2.2 中谱密度平方可积的条件改加在自协方差函数$\{\gamma_k\}$的收敛速度上. 下面的定理解决了这个问题.

定理 2.3 对任一平稳序列$\{X_t\}$，它的自协方差函数平方可和的充分必要条件是它的谱密度平方可积.

***证明** 如果$\{X_t\}$的自协方差函数$\{\gamma_k\}$满足

$$\sum_{j=-\infty}^{\infty} \gamma_j^2 < \infty,$$

由第一章的例 6.4 知道

$$g(\lambda) = \frac{1}{2\pi}\sum_{j=-\infty}^{\infty} \gamma_j e^{-ij\lambda}$$

在区间$[-\pi,\pi]$上平方可积. 而且，对任何整数 k

$$\int_{-\pi}^{\pi} g(\lambda)e^{ik\lambda}d\lambda = \gamma_k.$$

要证明 $g(\lambda)$是$\{X_t\}$的谱密度，只需要再证明 $g(\lambda)$在$[-\pi,\pi]$上非负. 定义非负函数

$$g_N(\lambda) = \frac{1}{2\pi N}\sum_{k=1}^{N}\sum_{j=1}^{N}\gamma_{k-j}e^{-i(k-j)\lambda}$$

$$= \frac{1}{2\pi}\sum_{k=-N}^{N}\left(1-\frac{|k|}{N}\right)\gamma_k e^{-ik\lambda}$$

$$= \frac{1}{2\pi}\sum_{k=-N}^{N}\gamma_k e^{-ik\lambda} - \frac{1}{2\pi N}\sum_{k=-N}^{N}|k|\gamma_k e^{-ik\lambda}.$$

由于当 $N\to\infty$ 时，$\frac{1}{2\pi}\sum_{k=-N}^{N}\gamma_k e^{-ik\lambda}$ 均方收敛到 $g(\lambda)$，又利用 Kronecker 引理得到

$$\int_{-\pi}^{\pi}\left[\frac{1}{2\pi N}\sum_{k=-N}^{N}|k|\gamma_k e^{-ik\lambda}\right]^2 d\lambda = \frac{1}{2\pi N^2}\sum_{k=-N}^{N}k^2\gamma_k^2 \to 0.$$

所以，当 $N\to\infty$ 时，

$$\int_{-\pi}^{\pi}(g_N(\lambda)-g(\lambda))^2 d\lambda \to 0.$$

这样，作为非负函数 $g_N(\lambda)\geqslant 0$ 均方极限，$g(\lambda)$ 是非负的.

反之，当 $\{X_t\}$ 的谱密度满足 $\int_{-\pi}^{\pi}f^2(\lambda)d\lambda<\infty$ 时，由 Fourier 级数的理论知道 $f(\lambda)$ 的 Fourier 系数

$$\gamma_k = \int_{-\pi}^{\pi}f(\lambda)e^{ik\lambda}d\lambda, \quad k\in\mathbb{Z}$$

平方可和. 由谱密度的定义知道这里的 Fourier 系数 $\{\gamma_k\}$ 正是 $\{X_t\}$ 的自协方差函数.

推论 2.4 设 $\{\varepsilon_t\}$ 是独立同分布的白噪声 $\mathrm{WN}(0,\sigma^2)$，满足 $\mu_4=\mathrm{E}\varepsilon_t^4<\infty$. 如果线性平稳序列(2.8)的自协方差函数平方可和：$\sum_{k=1}^{\infty}\gamma_k^2<\infty$，则定理 2.2 中的结论成立.

定理 2.2 要求白噪声的方差有 4 阶矩. 通常的白噪声只有有限的方差. 为了方便白噪声的检验，下面介绍一个关于线性平稳序列的样本自相关系数的中心极限定理，它不要求噪声项的 4 阶矩有限.

定理 2.5(见文献[26]) 设 $\{\varepsilon_t\}$ 是独立同分布的 $\mathrm{WN}(0,\sigma^2)$，平稳序列 $\{X_t\}$ 由(2.8)定义. 如果自协方差函数 $\{\gamma_k\}$ 平方可和，并且对某个常数 $\alpha>0.5$，

$$m^{\alpha}\sum_{|k|\geqslant m}\psi_k^2 \to 0, \quad m\to\infty, \tag{2.13}$$

则对任何正整数 h，当 $N\to\infty$ 时，

$$\sqrt{N}(\hat{\rho}_1-\rho_1,\hat{\rho}_2-\rho_2,\cdots,\hat{\rho}_h-\rho_h)$$

依分布收敛到

$$(R_1,R_2,\cdots,R_h).$$

由于 ARMA(p,q)序列是单边线性平稳序列，Wold 系数以负指数阶收敛到 0，所以条件(2.13)被满足．于是，当 ARMA(p,q)模型中的白噪声是独立同分布的，该 ARMA(p,q)序列满足定理 2.5 的条件.

推论 2.6　如果$\{X_t\}$是独立同分布的白噪声，

$$\hat{\rho}_k=\frac{\sum_{t=1}^{N-k}(x_t-\overline{x}_N)(x_{t+k}-\overline{x}_N)}{\sum_{t=1}^{N}(x_t-\overline{x}_N)^2}$$

是样本自相关系数，则对任何正整数 h，

(1) $\sqrt{N}(\hat{\rho}_1,\hat{\rho}_2,\cdots,\hat{\rho}_h)$ 依分布收敛到多元标准正态分布 $N(0,I_h)$．这里，I_h 是 $h\times h$ 的单位矩阵.

(2) 如果 $\mu_4=\mathrm{E}\varepsilon_t^4<\infty$，则

$$\sqrt{N}(\hat{\gamma}_0-\sigma^2,\hat{\gamma}_1,\cdots,\hat{\gamma}_h)$$

依分布收敛到

$$\sigma^2(M_0W_0,W_1,\cdots,W_h).$$

注　在上面的定理 2.2 和 2.5 及其推论 2.4 和 2.6 中，并不要求所述的平稳序列是零均值的．但是如果所述的平稳序列是零均值的，则在相应的条件下，相应的结论对于

$$\hat{\gamma}_k=\frac{1}{N}\sum_{j=1}^{N-k}X_jX_{j+k}\quad 和 \quad \hat{\rho}_k=\hat{\gamma}_k/\hat{\gamma}_0$$

也成立．见文献[26].

D. 模拟计算结果

为了考察 $\hat{\gamma}_k$ 的实际收敛效果．我们考虑标准正态白噪声$\{\varepsilon_t\}$和 AR(2)模型

$$X_t=2\rho\cos(\theta)X_{t-1}-\rho^2X_{t-2}+\varepsilon_t,\quad t\in\mathbb{Z}.\tag{2.14}$$

这时特征多项式 $A(z)=1-2\rho\cos\theta z+\rho^2z^2$ 有共轭根 $\rho^{-1}\mathrm{e}^{\pm\mathrm{i}\theta}$．从计算

机上产生模型(2.14)的 1000 个观测数据 $x_1, x_2, \cdots, x_N$ 备用. 对于 $k=0,1,\cdots,60$ 分别计算出

$$\hat{\gamma}_k = \frac{1}{N}\sum_{j=1}^{N-k}(x_j - \overline{x}_N)(x_{j+k} - \overline{x}_N),$$

并和真值 γ_k 比较. 图 4.2.1, 4.2.2 和图 4.2.3 分别是只用前 100, 500 和 1000 个数据计算的 $\hat{\gamma}_k$ 的误差图.

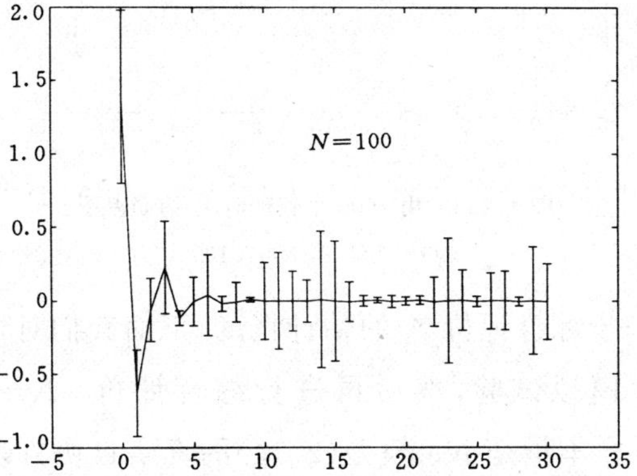

图 4.2.1　只利用前 100 个数据时 $\hat{\gamma}_k$ 的误差图

($\rho=1/1.8$, $\theta=2.13$)

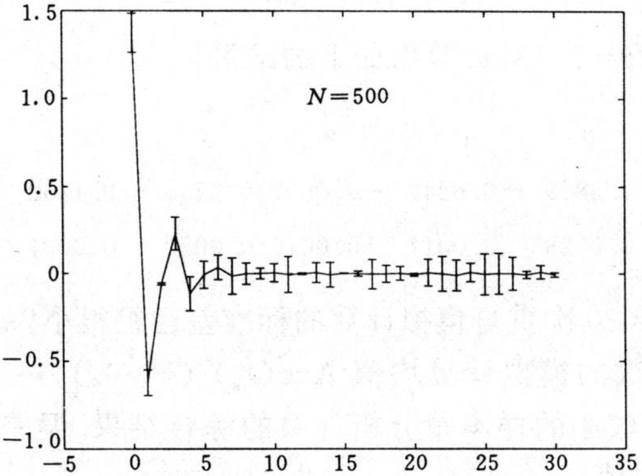

图 4.2.2　只利用前 500 个数据时 $\hat{\gamma}_k$ 的误差图

($\rho=1/1.8$, $\theta=2.13$)

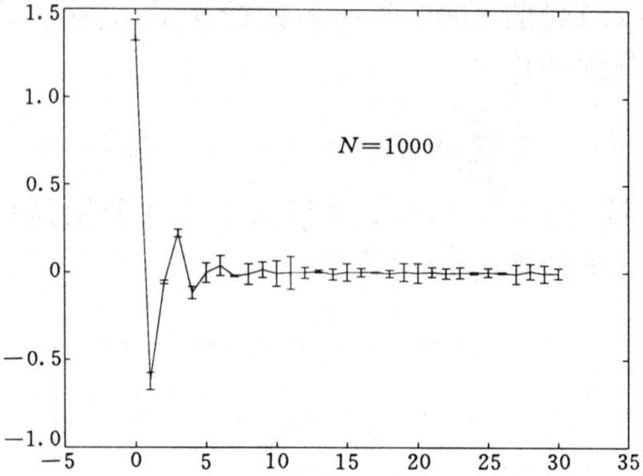

图 4.2.3　用 1000 个数据时 $\hat{\gamma}_k$ 的误差图

($\rho=1/1.8$, $\theta=2.13$)

为了进一步综合评价 $\hat{\gamma}_k$ 的估计精度,下面我们对模型(2.14)进行 M 次重复模拟试验,然后再进行综合评价. Ave 和 Std 仿照(1.12)定义. 样本量是 N. 模型(2.14)的真实自协方差函数可以通过第三章的递推公式(2.10)和(2.11)获得. 另外还可以根据定理 2.1 获得. 根据定理 2.1 的(2),当 $N\to\infty$时,$\hat{\gamma}_k\to\gamma_k$. 我们取

$$N=10^7,\quad M=20,$$

且 $\rho=1/1.8$,$\theta=2.13$,计算出如下的结果:

k	0	1	2	3	4	5
$\mathrm{Ave}(\hat{\gamma}_k)$	1.3869	−0.6247	−0.0597	0.2283	−0.1162	−0.0020
$\mathrm{Std}(\hat{\gamma}_k)$	0.0023	0.0017	0.0016	0.0020	0.0021	0.0019

由于 $M=20$ 次重复模拟计算的标准差已经很小,所以可以把上述的 $M=20$ 次的模拟计算均值 $\mathrm{Ave}(\hat{\gamma}_k)$ $(k=0,1,\cdots,5)$认为是真值. 然后再对较小的样本量分析计算的综合结果. 误差指 Ave 和真值的差的绝对值.

下面的 a1, a2, a3 分别是对不同的 N 计算的结果.

a1. $N=300$, $M=1000$, $\rho=1/1.8$, $\theta=2.13$.

$k=$	0	1	2	3	4	5
$\mathrm{Ave}(\hat{\gamma}_k)$	1.3820	−0.6223	−0.0576	0.2239	−0.1163	0.0019
误差	0.0049	0.0024	0.0021	0.0044	0.0001	0.0039
$\mathrm{Std}(\hat{\gamma}_k)$	0.1439	0.0982	0.0849	0.1036	0.0986	0.0945

a2. $N=100$, $M=1000$, $\rho=1/1.8$, $\theta=2.13$.

k	0	1	2	3	4	5
$\mathrm{Ave}(\hat{\gamma}_k)$	1.3752	−0.6148	−0.0604	0.2067	−0.0977	−0.0091
误差	0.0117	0.0099	0.0007	0.0216	0.0185	0.0071
$\mathrm{Std}(\hat{\gamma}_k)$	0.2404	0.1713	0.1513	0.1737	0.1718	0.1649

a3. $N=50$, $M=1000$, $\rho=1/1.8$, $\theta=2.13$.

k	0	1	2	3	4	5
$\mathrm{Ave}(\hat{\gamma}_k)$	1.3865	−0.6176	−0.0680	0.2046	−0.1008	−0.0082
误差	0.0004	0.0071	0.0083	0.0237	0.0154	0.0062
$\mathrm{Std}(\hat{\gamma}_k)$	0.3272	0.2275	0.2062	0.2415	0.2218	0.2162

从上述结果看出，随着使用样本量的减少，估计的标准差在增加，说明估计的精度在减少. 下面把 $A(z)$的根向单位圆靠近一些，再看有什么结果. 先取较大的 N：$N=10^7$，$M=20$，$\rho=1/1.1$，$\theta=2.13$，得到近似真值如下：

k	0	1	2	3	4	5
$\mathrm{Ave}(\hat{\gamma}_k)$	4.3793	−2.3128	−1.3890	3.2519	−1.9887	−0.7699
$\mathrm{Std}(\hat{\gamma}_k)$	0.0129	0.0087	0.0068	0.0117	0.0109	0.0061

上面的 $\mathrm{Ave}(\hat{\gamma}_k)$被认为是真值. 下面的 b1，b2，b3 是对不同的 N 得到的计算结果.

b1. $N=300$, $M=1000$, $\rho=1/1.1$, $\theta=2.13$.

k	0	1	2	3	4	5
$\mathrm{Ave}(\hat{\gamma}_k)$	4.3371	−2.2819	−1.3672	3.1857	−1.9390	−0.7536
误差	0.0422	0.0309	0.0218	0.0662	0.0497	0.0163
$\mathrm{Std}(\hat{\gamma}_k)$	0.8032	0.4346	0.3569	0.7663	0.5119	0.3506

b2. $N=100$, $M=1000$, $\rho=1/1.1$, $\theta=2.13$.

k	0	1	2	3	4	5
$\text{Ave}(\hat{\gamma}_k)$	4.3892	−2.2948	−1.3741	3.1683	−1.9178	−0.7321
误差	0.0099	0.0180	0.0149	0.0836	0.0709	0.0378
$\text{Std}(\hat{\gamma}_k)$	1.3644	0.7346	0.6121	1.2851	0.8648	0.6254

b3. $N=50$, $M=1000$, $\rho=1/1.1$, $\theta=2.13$.

k	0	1	2	3	4	5
$\text{Ave}(\hat{\gamma}_k)$	4.4016	−2.2838	−1.3459	3.0844	−1.8519	−0.7046
误差	0.0223	0.0290	0.0431	0.1675	0.1368	0.0653
$\text{Std}(\hat{\gamma}_k)$	1.9819	1.0770	0.8516	1.8364	1.2357	0.8254

从计算结果看出,随着使用样本量的减少,估计的标准差在增加,所以估计的精度在减少. 另外, b1,b2,b3 中的结果不如相应的 a1,a2,a3 好. 这是因为特征多项式 $A(z)$的根向单位圆靠近时, $\{X_t\}$ 的方差增加或振荡加剧的原因.

习 题 二

2.1 设$\{\hat{\gamma}_k: k=0,\pm1,\cdots,\pm(N-1)\}$是时间序列观测值 x_1, $x_2,\cdots,x_N$ 的样本自协方差函数,由(2.2)定义. 对任何正整数 $n\leqslant N-1$,证明

$$\begin{bmatrix}\hat{a}_1\\\hat{a}_2\\\vdots\\\hat{a}_n\end{bmatrix}=\begin{bmatrix}\hat{\gamma}_0 & \hat{\gamma}_1 & \cdots & \hat{\gamma}_{n-1}\\\hat{\gamma}_1 & \hat{\gamma}_0 & \cdots & \hat{\gamma}_{n-2}\\\vdots & \vdots & & \vdots\\\hat{\gamma}_{n-1} & \hat{\gamma}_{n-2} & \cdots & \hat{\gamma}_0\end{bmatrix}^{-1}\begin{bmatrix}\hat{\gamma}_1\\\hat{\gamma}_2\\\vdots\\\hat{\gamma}_n\end{bmatrix}$$

满足最小相位条件:

$$1-\sum_{j=1}^{n}\hat{a}_j z^j\neq0,\quad |z|\leqslant1.$$

2.2 习题 2.1 中的结论对由(2.4)定义的样本自协方差函数成立吗?

2.3 利用定理 2.2 证明: 对 MA(q)序列$\{X_t\}$,如果白噪声是独立同分布的,则当 $m>q$, $\sqrt{N}\,\hat{\rho}_m$ 依分布收敛到期望为 0,方差为 $1+2\rho_1^2+2\rho_2^2+\cdots+2\rho_q^2$ 的正态分布.

2.4 对于 ARMA(1,1)序列

$$X_t = aX_{t-1} + \varepsilon_t + b\varepsilon_{t-1}, \quad t \in \mathbb{Z},$$

证明自相关系数

$$\rho_k = \begin{cases} (1+ab)(a+b)/(1+b^2+2ab), & k=1, \\ a^{k-1}\rho_1, & k>1. \end{cases}$$

§4.3 白噪声检验

白噪声的检验是应用时间序列分析中很重要的一个方面. 在判断为数据建立的模型是否合理时,通常要对模型的残差进行白噪声检验,如果残差通过检验,就认为建立的模型合理. 否则应当寻找其他的合适模型.

A. 白噪声的 χ^2 检验

从统计学的知识知道,如果 $W_1, W_2, \cdots, W_m$ 是独立同分布的标准正态随机变量,它们的平方和

$$W_1^2 + W_2^2 + \cdots + W_m^2$$

服从 $\chi^2(m)$分布. 这里 $\chi^2(m)$表示 m 个自由度的 χ^2 分布.

对于独立同分布的白噪声$\{X_t\}$,用 $\hat{\rho}_j$ 表示基于观测数据 $x_1, x_2, \cdots, x_N$ 的样本自相关系数,由(2.3)定义. 由推论 2.6 知,当 N 充分大后,

$$\sqrt{N}(\hat{\rho}_1, \hat{\rho}_2, \cdots, \hat{\rho}_m) \tag{3.1}$$

近似服从 m 维标准正态分布. 也就是说,对充分大的 N, (3.1)和随机向量$(W_1, W_2, \cdots, W_m)$的分布基本相同. 于是,

$$\hat{\chi}^2(m) \overset{\text{def}}{=\!=} N(\hat{\rho}_1^2 + \hat{\rho}_2^2 + \cdots + \hat{\rho}_m^2)$$

近似服从 $\chi^2(m)$分布. 这里的 m 应当满足: $m \leqslant \sqrt{N}$.

作原假设 H_0: $\{X_t\}$是独立白噪声;

对立假设 H_1: $\{X_t\}$是相关序列.

由于在原假设 H_0 下

$$\rho_1^2 + \rho_2^2 + \cdots + \rho_m^2 = 0,$$

所以当检验统计量

$$\hat{\chi}^2(m) = N(\hat{\rho}_1^2 + \hat{\rho}_2^2 + \cdots + \hat{\rho}_m^2) \tag{3.2}$$

的取值较大时应当拒绝原假设. 否则没有理由否定 H_0. 这样, 给定检验水平 $\alpha=0.05$(或 0.01), 查 m 个自由度的 χ^2 分布表得到临界值 λ_α 满足

$$P(\chi^2(m) > \lambda_\alpha) = \alpha.$$

当实际计算结果 $N(\hat{\rho}_1^2+\hat{\rho}_2^2+\cdots+\hat{\rho}_m^2)>\lambda_\alpha$ 时, 应当否定 $\{X_t\}$ 是独立白噪声的原假设. 当 $N(\hat{\rho}_1^2+\hat{\rho}_2^2+\cdots+\hat{\rho}_m^2)<\lambda_\alpha$ 时, 不能否定 $\{X_t\}$ 是独立白噪声.

尽管上述方法是在独立同分布的条件下得到的, 实际中也可以用于非独立同分布的情况.

模拟计算 1 本模拟计算中的数据是来自 AR(2) 模型 (2.14) 的 $N=400$ 个观测, 对于 $\theta=1.13$ 和不同的 ρ 均进行 500 次独立重复试验. 用 p 表示 500 次独立重复试验中否定 H_0 的比例. $\rho=0$ 表示观测数据是白噪声. 本试验在 (3.2) 中取 $m=5$, $\alpha=0.05$.

$\rho=$	0	1/10	1/6	1/4	1/3	1/2	1/1.5
$p=$	4.2%	19.6%	49.4%	90.8%	100%	100%	100%

如果在检验统计量 (3.2) 中取 $m=20$ 得到的结果如下:

$\rho=$	0	1/10	1/6	1/4	1/3	1/2	1/1.5
$p=$	3.4%	11%	28.2%	70.4%	94.2%	100%	100%

不难看出, 取 $m=5$ 的效果总体上比取 $m=20$ 要好. 这时称 $m=5$ 时的检验功效比 $m=20$ 的检验功效高. 这个试验也说明, 对于较小的 ρ, $\{X_t\}$ 的行为类似于白噪声.

模拟计算 2 设 $\{\varepsilon_t\}$ 是标准正态白噪声, 数据是 MA(1) 模型

$$X_t = \varepsilon_t + b\varepsilon_{t-1} \tag{3.3}$$

的 $N=400$ 个观测数据, 对于 b 的每次不同取值, 均进行 500 次独立重复试验. 用 p 表示 500 次重复试验中否定 H_0 的比例. $b=0$ 时, $X_t=\varepsilon_t$. 本试验中取 $m=5$, $\alpha=0.05$.

$b=$	0	0.1	0.2	0.3	0.5	0.8	0.9
$p=$	3.6%	25.4%	87.0%	99.8%	100%	100%	100%

如果在检验统计量中取 $m=20$ 得到的结果如下：

$b=$	0	0.1	0.2	0.3	0.5	0.8	0.9
$p=$	3.4%	14.0%	61.6%	95.4%	100%	100%	100%

本例也说明，取 $m=5$ 的效果总体上比取 $m=20$ 要好.

在实际问题中，如果用 a 表示从数据计算出的检验统计量 $\hat{\chi}^2(m)$ 的值：

$$a = N(\hat{\rho}_1^2 + \hat{\rho}_2^2 + \cdots + \hat{\rho}_m^2),$$

还可以在 H_0 下计算出检验的 P 值：$P(\hat{\chi}^2(m)>a)$（或用 $P(\chi^2(m)>a)$ 近似）. P 值越小，数据提供的拒绝 H_0 的依据越充分. 如果 P 值小于检验水平 α，应当否定 H_0.

B. 白噪声的正态分布检验法

检验 $\{X_t\}$ 是白噪声的另一个简单方法是计算

$$Q(m) = \frac{1}{m}{}^{\#}\{j \mid \sqrt{N}\,|\hat{\rho}_j| \geqslant 1.96, 1 \leqslant j \leqslant m\}, \tag{3.4}$$

其中 ${}^{\#}A$ 表示集合 A 中的元素个数. 由推论 2.6 知道，在原假设 H_0 下，对较大的 N，应当有 95% 的 $\sqrt{N}\,|\hat{\rho}_j|\leqslant 1.96$，所以当 $Q(m)$ 取值 $\geqslant 0.05$ 时，应当拒绝 $\{X_t\}$ 是白噪声这一假设. 也就是说，当超出 5% 样本自相关系数的绝对值 $|\rho_j|\geqslant 1.96/\sqrt{N}$ 时，应当否定 H_0.

上面的问题叙述的依据都基于 $\{X_t\}$ 是独立同分布的白噪声的假设. 实际从理论上讲，这个假设是可以放宽的. 在实际问题中，对于假设 H_0：$\{X_t\}$ 是白噪声，一般都可以采用上面的方法.

需要指出的是，在实际应用中，一般不要把 m 取得过大. 只要看前面少数几个样本自相关系数的表现就够了. 这是因为线性平稳序列的自相关系数有收敛到零的性质. 特别，如果 $\{X_t\}$ 是 ARMA(p,q) 序列时，较大的 m 会使得检验无法拒绝原假设. 下面是几个模拟计算的例子.

模拟计算 3 设 $\{x_t\}$ 是正态 WN(0,1) 的 $N=400$ 个观测数据，$\hat{\rho}_j$ $(j=1,2,\cdots,20)$ 由 (2.3) 定义. 图 4.3.1 所示的是 $\hat{\rho}_j$ 的数据图.

$1.96/\sqrt{N}=0.098$. 由于没有一个 ρ_j 超出 $[-0.098, 0.098]$,所以不能否定 $\{X_t\}$ 是白噪声.

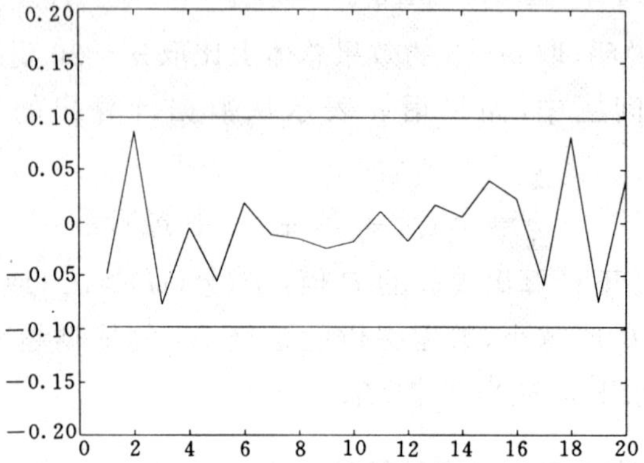

图 4.3.1　白噪声的样本自相关系数

模拟计算 4　设 $\{\varepsilon_t\}$ 是正态 WN(0,1),用 MA(1)序列 $X_t=\varepsilon_t+0.8\varepsilon_{t-1}$ 的 400 个观测数据计算的样本自相关系数,其图形见图 4.3.2. 由于有 4 个 ρ_j 超出 $[-0.098, 0.098]$,所以应当否定 $\{X_t\}$ 是白噪声.

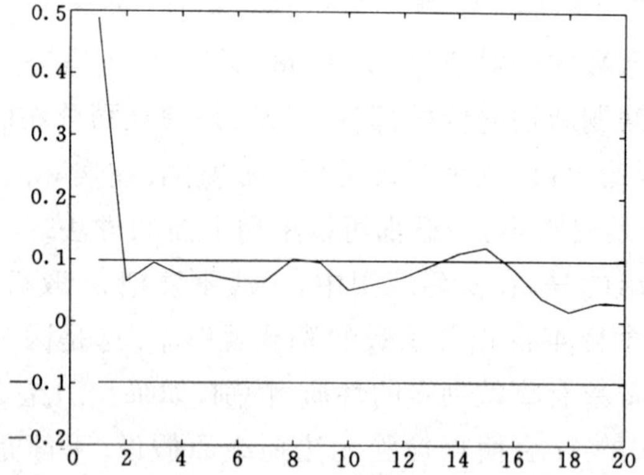

图 4.3.2　MA(1)的样本自相关系数

模拟计算 5　由 AR(2)模型(2.14), $\rho=1/1.8$, $\theta=1.13$ 的

400个观测数据计算的样本自相关系数,其图形见图4.3.3.由于有4个ρ_j超出$[-0.098, 0.098]$,所以应当否定$\{X_t\}$是白噪声.

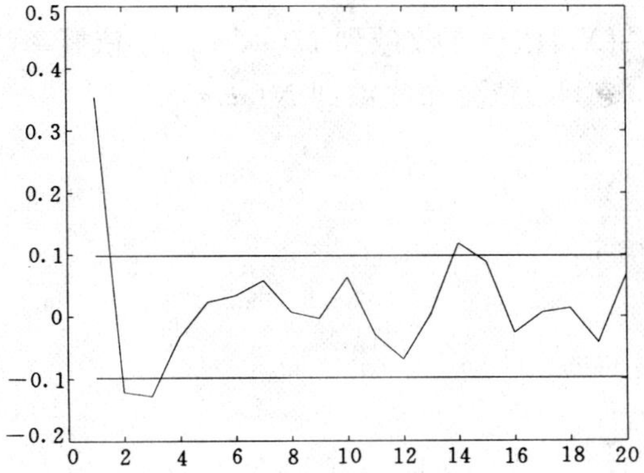

图4.3.3 MA(2)的样本自相关系数

在上面的模拟计算4和模拟计算5中,如果加大m,都会得到接受H_0的结果.这是不符合实际的.

习 题 三

3.1 如果$EX=0, EX^2=\sigma^2, P(X^2=\sigma^2)<1$,则$EX^4>\sigma^4$.

3.2 证明观测数据$x_1, x_2, \cdots, x_N$只要不全相同,则由(2.2)定义的样本自协方差函数$\hat{\gamma}_k (k=0, \pm 1, \cdots, \pm (N-1))$是某个MA序列的自协方差函数.

3.3 设$\{\varepsilon_t\}$是独立同分布的$\mathrm{WN}(0,\sigma^2)$,$a \in (-1,1)$,$X_t = aX_{t-1}+\varepsilon_t$.求常数$\mu_n, \sigma_n$,使得

$$\frac{\exp(\overline{X}_n) - \mu_n}{\sigma_n}, \quad n \in \mathbb{N}_+$$

依分布收敛到$N(0,1)$.

3.4 (计算机作业) 设$\{\varepsilon_t\}$是正态$\mathrm{WN}(0,\sigma^2)$,对ARMA(2,2)模型

$$(1-c_1\mathscr{B})(1-c_2\mathscr{B})X_t = (1-d_1\mathscr{B})(1-d_2\mathscr{B})\varepsilon_t, \quad t \in \mathbb{Z}$$

中的不同参数$c_1, c_2, d_1, d_2 \in (-1,1)$,在计算机上产生500个

ARMA(2,2)数据. 用 χ^2 检验方法检验 H_0: $\{X_t\}$是白噪声. 取 $m=6$. 回答以下问题：当 c_1,c_2,d_1,d_2 取何值时，χ^2 检验对 H_0 的否定率可以达到 90%或以上.

3.5　如果$\{X_n\}$依分布收敛到 $N(\mu,\sigma^2)$, Y_n 依概率收敛到零,证明: X_n+Y_n $(n\in \mathbb{N}_+)$依分布收敛到 $N(\mu,\sigma^2)$.

第五章　时间序列的预报

对于时间序列进行统计分析的主要目的之一是解决时间序列的预测问题. 任何时间序列$\{X_t\}$都可以按第一章的(1.4)式分解成趋势项$\{T_t\}$、季节项$\{S_t\}$和随机项$\{R_t\}$的和. 趋势项和季节项都可以被当做非随机的时间序列处理，它们的预测问题往往是简单的. 随机项$\{R_t\}$一般是平稳序列. 于是，时间序列预测问题的重点应当是平稳序列. 本章主要讨论平稳序列的预测问题. 平稳序列的方差有限，所以我们总是假设本章中的随机变量的方差有限. 由于平稳序列总是零均值平稳序列加上一个常数，所以我们主要讨论零均值平稳序列的预测问题.

§5.1　最佳线性预测的基本性质

A. 最佳线性预测

设 $X_1,X_2,\cdots,X_n$ 为某时间序列的一段，Y 是一个随机变量. 我们考虑用 $X_1,X_2,\cdots,X_n$ 对 Y 进行线性预测的问题. 也就是说，考虑用 $X_1,X_2,\cdots,X_n$ 的线性组合对 Y 进行预测. 记

$$\boldsymbol{X}=(X_1,X_2,\cdots,X_n)^{\mathrm{T}},\quad \boldsymbol{a}=(a_1,a_2,\cdots,a_n)^{\mathrm{T}}\in\mathbb{R}^n,$$

则 Y 的线性预测有以下形式

$$\boldsymbol{a}^{\mathrm{T}}\boldsymbol{X}=\sum_{j=1}^{n}a_jX_j=\boldsymbol{X}^{\mathrm{T}}\boldsymbol{a},\quad \boldsymbol{a}\in\mathbb{R}^n. \tag{1.1}$$

现在要在上面的所有预测中找出最好的一个，即要找一个 $\boldsymbol{a}$，使得 $\boldsymbol{a}^{\mathrm{T}}\boldsymbol{X}$ 离 Y 最近，于是引入下面的定义.

定义 1.1　设 Y 和 X_j $(1\leqslant j\leqslant n)$是均值为零，方差有限的随机变量. 如果 $\boldsymbol{a}\in\mathbb{R}^n$，使得对任何的 $\boldsymbol{b}\in\mathbb{R}^n$，有

$$\mathrm{E}(Y-\boldsymbol{a}^{\mathrm{T}}\boldsymbol{X})^2\leqslant\mathrm{E}(Y-\boldsymbol{b}^{\mathrm{T}}\boldsymbol{X})^2,$$

就称 $\boldsymbol{a}^{\mathrm{T}}\boldsymbol{X}$ 是用 $X_1,X_2,\cdots,X_n$ 对 Y 进行预测的**最佳线性预测**,记做 $L(Y|\boldsymbol{X})$或 $\hat{Y}$. 于是

$$\hat{Y}=L(Y|\boldsymbol{X})=\boldsymbol{a}^{\mathrm{T}}\boldsymbol{X}. \tag{1.2}$$

当 $\hat{Y}=\boldsymbol{a}^{\mathrm{T}}\boldsymbol{X}$ 时, $Y-\hat{Y}=Y-\boldsymbol{a}^{\mathrm{T}}\boldsymbol{X}$ 是预测误差,

$$\mathrm{E}(Y-\hat{Y})^2=\mathrm{E}(Y-\boldsymbol{a}^{\mathrm{T}}\boldsymbol{X})^2$$

是预测的均方误差. 所以在方差最小的意义下,最佳线性预测确实是线性预测中最好的.

定义 1.2　如果 $\mathrm{E}Y=b,\mathrm{E}\boldsymbol{X}=\boldsymbol{\mu}$,定义

$$L(Y|\boldsymbol{X})=L(Y-b|\boldsymbol{X}-\boldsymbol{\mu})+b, \tag{1.3}$$

并称 $L(Y|\boldsymbol{X})$是用 $X_1,X_2,\cdots,X_n$ 对 Y 进行预测时的**最佳线性预测**.

在定义 1.2 下, $L(Y|\boldsymbol{X})-b=L(Y-b|\boldsymbol{X}-\boldsymbol{\mu})$是用 $\boldsymbol{X}-\boldsymbol{\mu}$ 预测 $Y-b$ 时的最佳线性预测. 由于 b 是常数,所以 Y 的最佳线性预测定义为(1.3)是合理的. 这时

$$\mathrm{E}L(Y|\boldsymbol{X})=\mathrm{E}Y \tag{1.4}$$

总成立. 当 $b=0,\boldsymbol{\mu}=0$ 时, (1.3)和(1.2)一致.

用 $\Gamma=\mathrm{E}(\boldsymbol{X}\boldsymbol{X}^{\mathrm{T}})$表示 $\boldsymbol{X}$ 的协方差矩阵. 除非特殊声明外,以下总设所述随机变量的均值为零. 最佳线性预测有以下的基本性质.

性质 1　如果 $\boldsymbol{a}\in\mathbb{R}^n$,使得

$$\Gamma\boldsymbol{a}=\mathrm{E}(\boldsymbol{X}Y), \tag{1.5}$$

则 $L(Y|\boldsymbol{X})=\boldsymbol{a}^{\mathrm{T}}\boldsymbol{X}$,并且有

$$\mathrm{E}(Y-L(Y|\boldsymbol{X}))^2=\mathrm{E}Y^2-\mathrm{E}[L(Y|\boldsymbol{X})]^2=\mathrm{E}Y^2-\boldsymbol{a}^{\mathrm{T}}\Gamma\boldsymbol{a}. \tag{1.6}$$

如果 Γ 和 $\mathrm{E}(\boldsymbol{X}Y)$已知,以 $\boldsymbol{a}$ 为未知数的线性方程组(1.5)被称为**预测方程**.

证明　对任何 $\boldsymbol{b}\in\mathbb{R}^n$,

$$\begin{aligned}\mathrm{E}(Y-\boldsymbol{b}^{\mathrm{T}}\boldsymbol{X})^2&=\mathrm{E}[Y-\boldsymbol{a}^{\mathrm{T}}\boldsymbol{X}+(\boldsymbol{a}^{\mathrm{T}}-\boldsymbol{b}^{\mathrm{T}})\boldsymbol{X}]^2\\&=\mathrm{E}(Y-\boldsymbol{a}^{\mathrm{T}}\boldsymbol{X})^2+\mathrm{E}[(\boldsymbol{a}^{\mathrm{T}}-\boldsymbol{b}^{\mathrm{T}})\boldsymbol{X}]^2\\&\quad+2\mathrm{E}[(\boldsymbol{a}^{\mathrm{T}}-\boldsymbol{b}^{\mathrm{T}})\boldsymbol{X}(Y-\boldsymbol{a}^{\mathrm{T}}\boldsymbol{X})]\\&=\mathrm{E}(Y-\boldsymbol{a}^{\mathrm{T}}\boldsymbol{X})^2+\mathrm{E}[(\boldsymbol{a}^{\mathrm{T}}-\boldsymbol{b}^{\mathrm{T}})\boldsymbol{X}]^2\\&\quad+2(\boldsymbol{a}^{\mathrm{T}}-\boldsymbol{b}^{\mathrm{T}})[\mathrm{E}(\boldsymbol{X}Y)-\mathrm{E}(\boldsymbol{X}\boldsymbol{X}^{\mathrm{T}})\boldsymbol{a}]\\&=\mathrm{E}(Y-\boldsymbol{a}^{\mathrm{T}}\boldsymbol{X})^2+\mathrm{E}[(\boldsymbol{a}^{\mathrm{T}}-\boldsymbol{b}^{\mathrm{T}})\boldsymbol{X}]^2\end{aligned}$$

$$\geqslant \mathrm{E}(Y-\boldsymbol{a}^{\mathrm{T}}\boldsymbol{X})^2,$$

所以，$\boldsymbol{a}^{\mathrm{T}}\boldsymbol{X}$ 是 Y 的最佳线性预测. 利用(1.5)得到

$$\begin{aligned}\mathrm{E}[Y-L(Y|\boldsymbol{X})]^2 &= \mathrm{E}(Y-\boldsymbol{a}^{\mathrm{T}}\boldsymbol{X})^2\\ &= \mathrm{E}Y^2+\boldsymbol{a}^{\mathrm{T}}\mathrm{E}(\boldsymbol{X}\boldsymbol{X}^{\mathrm{T}})\boldsymbol{a}-2\boldsymbol{a}^{\mathrm{T}}\mathrm{E}(\boldsymbol{X}Y)\\ &= \mathrm{E}Y^2+\boldsymbol{a}^{\mathrm{T}}\Gamma\boldsymbol{a}-2\boldsymbol{a}^{\mathrm{T}}\Gamma\boldsymbol{a}=\mathrm{E}Y^2-\boldsymbol{a}^{\mathrm{T}}\Gamma\boldsymbol{a}.\end{aligned}$$

性质 2 (1) 如果 $\Gamma=\mathrm{E}(\boldsymbol{X}\boldsymbol{X}^{\mathrm{T}})$ 可逆，则 $\boldsymbol{a}=\Gamma^{-1}\mathrm{E}(\boldsymbol{X}Y)$；

(2) 预测方程 $\Gamma\boldsymbol{a}=\mathrm{E}(\boldsymbol{X}Y)$ 总有解；

(3) 如果 $\det(\Gamma)=0$，取正交矩阵 A，使得

$$A\Gamma A^{\mathrm{T}}=\mathrm{diag}(\lambda_1,\lambda_2,\cdots,\lambda_r,0,\cdots,0),\quad \lambda_j\neq 0,\ j=1,\cdots,r.$$

定义 $\boldsymbol{Z}=A\boldsymbol{X}=(Z_1,Z_2,\cdots,Z_n)^{\mathrm{T}}=(Z_1,Z_2,\cdots,Z_r,0,\cdots,0)^{\mathrm{T}}$ 和 $\boldsymbol{\xi}=(Z_1,Z_2,\cdots,Z_r)^{\mathrm{T}}$，则 $\mathrm{E}(\boldsymbol{\xi}\boldsymbol{\xi}^{\mathrm{T}})$ 正定，并且当取

$$\boldsymbol{\alpha}=[\mathrm{E}(\boldsymbol{\xi}\boldsymbol{\xi}^{\mathrm{T}})]^{-1}\mathrm{E}(\boldsymbol{\xi}Y) \tag{1.7}$$

时，$L(Y|\boldsymbol{X})=L(Y|\boldsymbol{\xi})=\boldsymbol{\alpha}^{\mathrm{T}}\boldsymbol{\xi}$.

由于 $\det(\Gamma)=0$ 表示 $X_1,X_2,\cdots,X_n$ 线性相关，因而某些 X_i 可以由其他的 X_j 线性表示. $\boldsymbol{Z}=A\boldsymbol{X}$ 表明 $\boldsymbol{X}$ 可以由 $Z_1,Z_2,\cdots,Z_r$ 线性表示，从而 $L(Y|\boldsymbol{X})$ 也可以用 $Z_1,Z_2,\cdots,Z_r$ 线性表示.

证明 仅证明(3)和(2). 由于

$$\mathrm{E}(\boldsymbol{Z}\boldsymbol{Z}^{\mathrm{T}})=\mathrm{E}(A\boldsymbol{X}\boldsymbol{X}^{\mathrm{T}}A^{\mathrm{T}})=A\Gamma A^{\mathrm{T}}=\mathrm{diag}(\lambda_1,\cdots,\lambda_r,0,\cdots,0),$$

所以 $Z_{r+1},\cdots,Z_n=0$，并且 $\mathrm{E}(\boldsymbol{\xi}\boldsymbol{\xi}^{\mathrm{T}})=\mathrm{diag}(\lambda_1,\cdots,\lambda_r)$ 是正定矩阵. 当 $\boldsymbol{\alpha}$ 按(1.7)定义时，有

$$\begin{bmatrix}\lambda_1 & \cdots & 0\\ & \ddots & \\ 0 & \cdots & \lambda_r\end{bmatrix}\boldsymbol{\alpha}=\mathrm{E}(\boldsymbol{\xi}Y).$$

用 $\boldsymbol{0}_{n-r}$ 表示 $n-r$ 维零向量，则有

$$\begin{aligned}A\Gamma A^{\mathrm{T}}\begin{bmatrix}\boldsymbol{\alpha}\\ \boldsymbol{0}_{n-r}\end{bmatrix} &= \mathrm{diag}(\lambda_1,\lambda_2,\cdots,\lambda_r,0,\cdots,0)\begin{bmatrix}\boldsymbol{\alpha}\\ \boldsymbol{0}_{n-r}\end{bmatrix}\\ &= \begin{bmatrix}\mathrm{E}(\boldsymbol{\xi}Y)\\ \boldsymbol{0}_{n-r}\end{bmatrix}=\mathrm{E}\left(\begin{bmatrix}\boldsymbol{\xi}\\ \boldsymbol{0}_{n-r}\end{bmatrix}Y\right)\\ &= \mathrm{E}(\boldsymbol{Z}Y)=\mathrm{E}(A\boldsymbol{X}Y)=A\mathrm{E}(\boldsymbol{X}Y).\end{aligned}$$

所以两边同时乘以 A^{T} 后，得到

$$\Gamma A^{\mathrm{T}}\begin{bmatrix}\boldsymbol{\alpha}\\ \mathbf{0}_{n-r}\end{bmatrix}=\mathrm{E}(\boldsymbol{X}Y).$$

按性质 1,

$$L(Y|\boldsymbol{X})=\left(A^{\mathrm{T}}\begin{bmatrix}\boldsymbol{\alpha}\\ \mathbf{0}_{n-r}\end{bmatrix}\right)^{\mathrm{T}}\boldsymbol{X}=(\boldsymbol{\alpha}^{\mathrm{T}},0,\cdots,0)A\boldsymbol{X}=\boldsymbol{\alpha}^{\mathrm{T}}\boldsymbol{\xi}.$$

于是,方程组 $\Gamma\boldsymbol{a}=\mathrm{E}(\boldsymbol{X}Y)$ 总有解,即结论(2)成立.

性质 3 尽管 $\boldsymbol{a}$ 由 $\Gamma\boldsymbol{a}=\mathrm{E}(\boldsymbol{X}Y)$ 决定时可以不惟一,但 $L(Y|\boldsymbol{X})$ 总是(a. s.)惟一的.

证明 设 $\boldsymbol{a}$ 满足 $\Gamma\boldsymbol{a}=\mathrm{E}(\boldsymbol{X}Y)$. 按性质 1 的证明,对任何 $\boldsymbol{b}\in\boldsymbol{R}^n$,总有

$$\mathrm{E}(Y-\boldsymbol{b}^{\mathrm{T}}\boldsymbol{X})^2=\mathrm{E}(Y-\boldsymbol{a}^{\mathrm{T}}\boldsymbol{X})^2+\mathrm{E}((\boldsymbol{a}^{\mathrm{T}}-\boldsymbol{b}^{\mathrm{T}})\boldsymbol{X})^2.$$

如果 $\widetilde{Y}=\boldsymbol{b}^{\mathrm{T}}\boldsymbol{X}$ 也是最佳线性预测,则必有 $\mathrm{E}[(\boldsymbol{a}^{\mathrm{T}}-\boldsymbol{b}^{\mathrm{T}})\boldsymbol{X}]^2=0$,即 $\widetilde{Y}=\boldsymbol{a}^{\mathrm{T}}\boldsymbol{X}$, a. s..

性质 4 (1) 如果 $\mathrm{E}(\boldsymbol{X}Y)=0$,则 $L(Y|\boldsymbol{X})=0$;

(2) 如果 $Y=\sum_{j=1}^{m}b_jX_j$,则 $L(Y|\boldsymbol{X})=Y$.

证明 (1) 由性质 1 直接得到.

(2) 由最佳线性预测的定义得到.

性质 5 设 $Y_1,Y_2,\cdots,Y_m$ 是随机变量, b_j 是常数. 如果 $Y=\sum_{j=1}^{m}b_jY_j$,则

$$L(Y|\boldsymbol{X})=\sum_{j=1}^{m}b_jL(Y_j|\boldsymbol{X}).$$

性质(5)说明,求最佳线性预测的运算 $L(\cdot|\boldsymbol{X})$ 是一种线性运算.

证明 设 $L(Y_i|\boldsymbol{X})=\boldsymbol{a}_i^{\mathrm{T}}\boldsymbol{X}$, $\Gamma\boldsymbol{a}_i=\mathrm{E}(\boldsymbol{X}Y_i)$, $1\leqslant i\leqslant m$,则有

$$\Gamma\left(\sum_{i=1}^{m}b_i\boldsymbol{a}_i\right)=\sum_{i=1}^{m}b_i(\Gamma\boldsymbol{a}_i)=\sum_{i=1}^{m}b_i\mathrm{E}(\boldsymbol{X}Y_i)$$
$$=\mathrm{E}\left[\boldsymbol{X}\sum_{i=1}^{m}b_iY_i\right]=\mathrm{E}(\boldsymbol{X}Y).$$

于是,由性质 1 得到

$$L(Y|\boldsymbol{X})=\left(\sum_{i=1}^{m}b_i\boldsymbol{a}_i\right)^{\mathrm{T}}\boldsymbol{X}=\sum_{i=1}^{m}b_i\boldsymbol{a}_i^{\mathrm{T}}\boldsymbol{X}=\sum_{i=1}^{m}b_iL(Y_i|\boldsymbol{X}).$$

性质 6 设 $\boldsymbol{X}=(X_1,X_2,\cdots,X_n)^{\mathrm{T}}$，$\boldsymbol{Z}=(Z_1,Z_2,\cdots,Z_m)^{\mathrm{T}}$. 如果 $\mathrm{E}(\boldsymbol{X}\boldsymbol{Z}^{\mathrm{T}})=0$，则有

$$L(Y|\boldsymbol{X},\boldsymbol{Z})=L(Y|\boldsymbol{X})+L(Y|\boldsymbol{Z}).$$

其中 $L(Y|\boldsymbol{X},\boldsymbol{Z})$ 是用 $X_1,X_2,\cdots,X_n,Z_1,Z_2,\cdots,Z_m$ 预测 Y 时的最佳线性预测.

证明 设 $L(Y|\boldsymbol{X})=\boldsymbol{a}^{\mathrm{T}}\boldsymbol{X}$，$L(Y|\boldsymbol{Z})=\boldsymbol{b}^{\mathrm{T}}\boldsymbol{Z}$，其中 $\boldsymbol{a},\boldsymbol{b}$ 分别满足

$$\mathrm{E}(\boldsymbol{X}\boldsymbol{X}^{\mathrm{T}})\boldsymbol{a}=\mathrm{E}(\boldsymbol{X}Y),\quad \mathrm{E}(\boldsymbol{Z}\boldsymbol{Z}^{\mathrm{T}})\boldsymbol{b}=\mathrm{E}(\boldsymbol{Z}Y).$$

于是有

$$\begin{bmatrix}\mathrm{E}(\boldsymbol{X}\boldsymbol{X}^{\mathrm{T}}) & 0\\ 0 & \mathrm{E}(\boldsymbol{Z}\boldsymbol{Z}^{\mathrm{T}})\end{bmatrix}\begin{bmatrix}\boldsymbol{a}\\ \boldsymbol{b}\end{bmatrix}=\begin{bmatrix}\mathrm{E}(\boldsymbol{X}Y)\\ \mathrm{E}(\boldsymbol{Z}Y)\end{bmatrix},$$

即
$$\mathrm{E}\left(\begin{bmatrix}\boldsymbol{X}\\ \boldsymbol{Z}\end{bmatrix}(\boldsymbol{X}^{\mathrm{T}},\boldsymbol{Z}^{\mathrm{T}})\right)\begin{bmatrix}\boldsymbol{a}\\ \boldsymbol{b}\end{bmatrix}=\mathrm{E}\begin{bmatrix}\boldsymbol{X}\\ \boldsymbol{Z}\end{bmatrix}Y,$$

由性质 1 知道

$$L(Y|\boldsymbol{X},\boldsymbol{Z})=(\boldsymbol{a}^{\mathrm{T}},\boldsymbol{b}^{\mathrm{T}})\begin{bmatrix}\boldsymbol{X}\\ \boldsymbol{Z}\end{bmatrix}=\boldsymbol{a}^{\mathrm{T}}\boldsymbol{X}+\boldsymbol{b}^{\mathrm{T}}\boldsymbol{Z}=L(Y|\boldsymbol{X})+L(Y|\boldsymbol{Z}).$$

性质 7 设 $\widetilde{Y}=\boldsymbol{b}^{\mathrm{T}}\boldsymbol{X}$ 是 $\boldsymbol{X}$ 的线性组合，则 $\widetilde{Y}=L(Y|\boldsymbol{X})$ 的充分必要条件是

$$\mathrm{E}(X_j(Y-\widetilde{Y}))=0,\quad 1\leqslant j\leqslant n. \tag{1.8}$$

证明 当 $\widetilde{Y}=L(Y|\boldsymbol{X})$，由性质 1 和 2 知道，设 $\boldsymbol{b}$ 满足预测方程(1.5)，由性质 1 得到

$$\mathrm{E}[\boldsymbol{X}(Y-\widetilde{Y})]=\mathrm{E}[\boldsymbol{X}(Y-\boldsymbol{b}^{\mathrm{T}}\boldsymbol{X})]=\mathrm{E}(\boldsymbol{X}Y)-\boldsymbol{\Gamma}\boldsymbol{b}=0,$$

即有(1.8)成立.

当(1.8)成立，就有

$$\mathrm{E}[\boldsymbol{X}(Y-\boldsymbol{b}^{\mathrm{T}}\boldsymbol{X})]=\mathrm{E}(\boldsymbol{X}Y)-\boldsymbol{\Gamma}\boldsymbol{b}=0.$$

于是，$\boldsymbol{b}$ 满足预测方程(1.5)，故 $\widetilde{Y}=L(Y|\boldsymbol{X})$.

性质 8 如果

$$\hat{Y}=L(Y|X_1,X_2,\cdots,X_n),\quad \widetilde{Y}=L(Y|X_1,X_2,\cdots,X_{n-1}),$$

则有
$$L(\hat{Y}|X_1,X_2,\cdots,X_{n-1})=\widetilde{Y},$$

并且有

$$E(Y-\hat{Y})^2 \leqslant E(Y-\widetilde{Y})^2. \tag{1.9}$$

(1.9)表明在方差最小的意义下，$\hat{Y}$ 比 $\widetilde{Y}$ 要好. 这是由于 X_1，$X_2,\cdots,X_n$ 中包含的信息比 $X_1,X_2,\cdots,X_{n-1}$中包含的信息多的原因.

证明　$Y_0 \stackrel{\text{def}}{=\!=} L(\hat{Y}|X_1,X_2,\cdots,X_{n-1})$是 $X_1,X_2,\cdots,X_{n-1}$的线性组合，利用 $Y-\hat{Y}$，$\hat{Y}-Y_0$ 都和 X_j $(1\leqslant j\leqslant n-1)$正交，得到

$$Y-Y_0=(Y-\hat{Y})+(\hat{Y}-Y_0)$$

和 X_j $(1\leqslant j\leqslant n-1)$正交. 利用性质 7 得到 $Y_0=\widetilde{Y}$. 再由最佳线性预测的定义得到(1.9).

性质 9　如果 $EY=b$，$E\boldsymbol{X}=\boldsymbol{\mu}$，则对任何 $c_0\in\mathbb{R}$，$\boldsymbol{c}\in\mathbb{R}^n$，有

$$E[Y-L(Y|\boldsymbol{X})]^2 \leqslant E[Y-(c_0+\boldsymbol{c}^{T}\boldsymbol{X})]^2. \tag{1.10}$$

证明　$L(Y-b|\boldsymbol{X}-\boldsymbol{\mu})$是用$(\boldsymbol{X}-\boldsymbol{\mu})$预测$(Y-b)$时的最佳线性预测. 利用定义 1.1 和方差的性质 $E(Y-b)^2\leqslant E(Y-c)^2$ 得到，对任何 $c_0\in\mathbb{R}$，$\boldsymbol{c}\in\mathbb{R}^n$，有

$$\begin{aligned}E[Y-L(Y|\boldsymbol{X})]^2 &= E[(Y-b)-L(Y-b|\boldsymbol{X}-\boldsymbol{\mu})]^2\\ &\leqslant E[(Y-b)-\boldsymbol{c}^{T}(\boldsymbol{X}-\boldsymbol{\mu})]^2\\ &= E(Y-b+\boldsymbol{c}^{T}\boldsymbol{\mu}-\boldsymbol{c}^{T}\boldsymbol{X})^2\\ &\leqslant E(Y-c_0-\boldsymbol{c}^{T}\boldsymbol{X})^2.\end{aligned}$$

性质 10　设 $\boldsymbol{X}$ 和 $\boldsymbol{Y}$ 分别是 m 和 n 维向量，如果有实矩阵 A,B，使得 $\boldsymbol{X}=A\boldsymbol{Y}$，$\boldsymbol{Y}=B\boldsymbol{X}$，则 $L(Z|\boldsymbol{X})=L(Z|\boldsymbol{Y})$.

证明留作习题.

如果用 $L_n=\overline{\text{sp}}\{X_1,X_2,\cdots,X_n\}$表示随机变量 $X_1,X_2,\cdots,X_n$ 的线性组合全体，根据性质 10 知道，也可以用 $L(Z|L_n)$表示 $L(Z|X_1,X_2,\cdots,X_n)$(参见第 152 页*B).

例 1.1(接第三章的例 2.1)　给定第三章 ARMA 模型(2.25)的 $n=14$ 个观测值 $\boldsymbol{x}_n=(x_1,\cdots,x_{14})^{T}$(横读)：

−0.4587	0.7125	1.9948	−4.5285	−0.7514	5.8782	−0.1273
−2.9223	−0.7581	1.1422	2.1107	−0.5640	−2.4452	−0.5105

我们用 $\boldsymbol{x}_n$ 预测 x_{n+k}，$k=1,2,\cdots,7$. 用 $\boldsymbol{\Gamma}_n$ 表示该 ARMA 序列的 14 阶自协方差矩阵，定义

$$\boldsymbol{g}_k=E(\boldsymbol{X}_n X_{n+k})=(\gamma_{n+k-1},\gamma_{n+k-2},\cdots,\gamma_k)^{T},\quad k=1,2,\cdots,7,$$

其中 $\gamma_k(0\leqslant k\leqslant 20)$在§3.2的例2.1中给出.在(1.5)中取 $Y=X_{n+k}$ 得到最佳线性预测

$$\hat{X}_{14+k}\equiv L(X_{14+k}\,|\,\boldsymbol{X}_n)=(\boldsymbol{\Gamma}_n^{-1}\boldsymbol{g}_k)^{\mathrm{T}}\boldsymbol{X}_n=\boldsymbol{g}_k^{\mathrm{T}}\boldsymbol{\Gamma}_n^{-1}\boldsymbol{X}_n,\quad k=1,2,\cdots,7.$$

利用(1.6)得到预测的均方误差

$$\sigma^2(k)=\gamma_0-(\boldsymbol{\Gamma}_n^{-1}\boldsymbol{g}_k)^{\mathrm{T}}\boldsymbol{\Gamma}_n(\boldsymbol{\Gamma}_n^{-1}\boldsymbol{g}_k)=\gamma_0-\boldsymbol{g}_k^{\mathrm{T}}\boldsymbol{\Gamma}_n^{-1}\boldsymbol{g}_k,\quad k=1,2,\cdots,6.$$

由于$\{X_t\}$是正态平稳序列,所以 $X_{14+k}-\hat{X}_{14+k}$作为$\{X_t\}$的有限线性组合也服从正态分布,并且 $X_{14+k}-\hat{X}_{14+k}\sim N(0,\sigma^2(k))$. 利用

$$P(|X_{14+k}-\hat{X}_{14+k}|/\sigma(k)\leqslant 1.96)=0.95,\quad k=1,2,\cdots,6$$

得到 X_{14+k}的置信度为0.95的置信下、上限分别为:

$$\hat{L}_k=\hat{X}_{14+k}-1.96\sigma(k),\quad \hat{R}_k=\hat{X}_{14+k}+1.96\sigma(k),$$

$$k=1,2,\cdots,6.$$

计算结果如下:

k	1	2	3	4	5	6
$\hat{L}_k$	8.023	6.319	3.638	6.215	8.451	7.179
x_{14+k}	1.992	1.006	−4.381	−1.218	5.209	−0.068
$\hat{x}_{14+k}$	2.585	0.818	−2.530	−0.370	1.753	0.222
$\hat{R}_k$	−2.852	−4.683	−8.699	−6.956	−4.946	−6.734

图5.1.1是计算出的数据图,最上面的是置信上限,最下面的是置信下限,实线是$\{X_t\}$的真值,虚线是预测值 $\hat{x}_{14+k}$. 可以看出,随着 k 增加,置信区间的长度增加的比较快,说明预测的效果随 k 增加而降

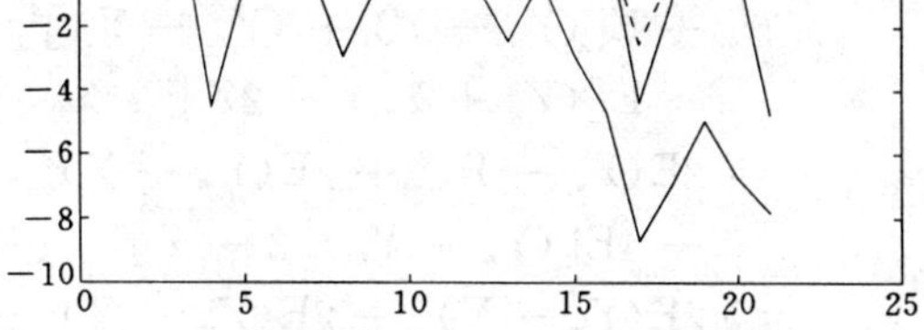

图5.1.1 ARMA(4,2)的最佳线性预测

低.由于该 ARMA 序列自回归部分的特征多项式的共轭根靠近单位圆,使得平稳序列$\{X_t\}$有比较明显的周期特性,因而预测值基本可以预测出$\{X_{14+k}\}$的走向.

实际问题中要根据以往的经验或者观测数据先估计出 Γ 和 $\mathrm{E}(\boldsymbol{X}Y)$.然后利用预测方程(1.5)求解出预测系数 $\boldsymbol{a}$.对于平稳序列来讲,给定观测数据 $x_1,x_2,\cdots,x_N$,如果需要用

$$\boldsymbol{x}=(x_{N-n+1},x_{N-n+2},\cdots,x_N)^{\mathrm{T}}$$

预测 x_{N+k},可以利用样本自协方差矩阵 $\hat{\Gamma}_n$ 和 $\mathrm{E}(\boldsymbol{X}X_{N+k})$的估计量

$$\hat{\gamma}=(\hat{\gamma}_{n+k-1},\hat{\gamma}_{n+k-2},\cdots,\hat{\gamma}_k)^{\mathrm{T}}$$

构造样本预测方程

$$\hat{\Gamma}_n\boldsymbol{a}=\hat{\gamma}.$$

这时 $\hat{\Gamma}_n$ 是正定的.最佳线性预测由

$$\hat{X}_{N+k}=(x_{N-n+1}-\bar{x},\cdots,x_N-\bar{x})\boldsymbol{a}+\bar{x}$$

给出,$\bar{x}$ 是观测数据 $x_1,x_2,\cdots,x_N$ 的平均值.

*B. Hilbert 空间中的投影

下面说明最佳线性预测实际上是 Hilbert 空间中的投影.用 L^2 表示全体方差有限的随机变量所构成的 Hilbert 空间(见§1.6).设 H 是 L^2 的闭子空间,Y 属于 L^2.我们证明 H 中存在惟一的 $\hat{Y}$,使得

$$\mathrm{E}(Y-\hat{Y})^2=\inf_{\xi\in H}\mathrm{E}(Y-\xi)^2. \tag{1.11}$$

实际上,取 $Y_n\in H$,使得

$$d=\inf_{\xi\in H}\mathrm{E}(Y-\xi)^2=\lim_{n\to\infty}\mathrm{E}(Y-Y_n)^2,$$

则$(Y_n+Y_m)/2\in H$,并且当 $n,m\to\infty$时,

$$\begin{aligned}\mathrm{E}(Y_n-Y_m)^2&=\mathrm{E}[(Y_n-Y)-(Y_m-Y)]^2\\&\quad+\mathrm{E}[(Y_n-Y)+(Y_m-Y)]^2\\&\quad-\mathrm{E}[(Y_n+Y_m)-2Y]^2\\&=2\mathrm{E}(Y_n-Y)^2+2\mathrm{E}(Y_m-Y)^2\\&\quad-4\mathrm{E}[(Y_n+Y_m)/2-Y]^2\\&\leqslant 2\mathrm{E}(Y_n-Y)^2+2\mathrm{E}(Y_m-Y)^2-4d\\&\to 2d+2d-4d=0.\end{aligned} \tag{1.12}$$

于是，$\{Y_n\}$是 H 中的基本列，从而有 $\hat{Y}\in H$ 使得 Y_n 均方收敛到 $\hat{Y}$. 由内积的连续性知道

$$\mathrm{E}(Y-\hat{Y})^2=\lim_{n\to\infty}\mathrm{E}(Y-Y_n)^2=d.$$

于是，$\hat{Y}$ 满足(1.11). 如果又有 $\hat{\xi}\in H$ 也使得(1.11)成立，仿照(1.12)的推导得到

$$\begin{aligned}\mathrm{E}(\hat{Y}-\hat{\xi})^2&=\mathrm{E}[(\hat{Y}-Y)-(\hat{\xi}-Y)]^2\\&\quad+\mathrm{E}[(\hat{Y}-Y)+(\hat{\xi}-Y)]^2\\&\quad-\mathrm{E}[(\hat{Y}+\hat{\xi})-2Y]^2\\&=2\mathrm{E}(\hat{Y}-Y)^2+2\mathrm{E}(\hat{\xi}-Y)^2\\&\quad-4\mathrm{E}[(\hat{Y}+\hat{\xi})/2-Y]^2\\&\leqslant 2d+2d-4d=0.\end{aligned}$$

所以 $\hat{\xi}=\hat{Y}$, a.s.

定义 1.3 如果 H 是 L^2 的闭子空间，$Y\in L^2$, $\hat{Y}\in H$ 使得(1.11)成立，就称 $\hat{Y}$ 是 Y 在 H 上的**投影**，记作 $P_H(Y)$，并且称 P_H 是**投影算子**.

定义 1.4 设 $Y\in L^2$，如果对 H 中的任何 ξ, $\mathrm{E}(Y\xi)=0$，就称 Y **垂直于** H.

定理 1.1 设 $Y\in L^2$, $\hat{Y}\in H$，则 $\hat{Y}=P_H(Y)$的充分必要条件是$(Y-\hat{Y})$垂直于 H.

证明 先证必要性. 设 $\hat{Y}=P_H(Y)$. 对 $\xi\in H$，我们证明

$$a\stackrel{\text{def}}{=\!=}\mathrm{E}[(Y-\hat{Y})\xi]=0.$$

无妨设 $\mathrm{E}\xi^2=1$，这时

$$\begin{aligned}d&\stackrel{\text{def}}{=\!=}\mathrm{E}(Y-\hat{Y})^2\leqslant\mathrm{E}(Y-\hat{Y}-a\xi)^2\\&=\mathrm{E}(Y-\hat{Y})^2+\mathrm{E}(a\xi)^2-2a\mathrm{E}[(Y-\hat{Y})\xi]\\&=d+a^2-2a^2.\end{aligned}$$

由此得到 $a=0$.

现证充分性. 如果 H 中的 $\hat{Y}$ 使得$(Y-\hat{Y})$垂直于 H，则对任何 $\xi\in H$，有

$$\begin{aligned}\mathrm{E}(Y-\xi)^2&=\mathrm{E}(Y-\hat{Y}+\hat{Y}-\xi)^2\\&=\mathrm{E}(Y-\hat{Y})^2+\mathrm{E}(\hat{Y}-\xi)^2+2\mathrm{E}[(Y-\hat{Y})(\hat{Y}-\xi)]\end{aligned}$$

$$= \mathrm{E}(Y-\hat{Y})^2 + \mathrm{E}(\hat{Y}-\xi)^2$$
$$\geqslant \mathrm{E}(Y-\hat{Y})^2.$$

于是，$\hat{Y}$ 是 Y 在 H 上的投影，即 $\hat{Y}=P_H(Y)$.

用 $L^2(\boldsymbol{X})$ 表示 $\boldsymbol{X}=(X_1,X_2,\cdots,X_n)^{\mathrm{T}}$ 的元素和常数 1 生成的 Hilbert 空间. 它是 $X_1,X_2,\cdots,X_n$ 和常数 1 的线性组合的全体（见第一章习题六的题 6.5）. 设 $\boldsymbol{\mu}=(\mu_1,\mu_2,\cdots,\mu_n)^{\mathrm{T}}=\mathrm{E}\boldsymbol{X}$. 对任何方差有限的随机变量 Y，设 $\mathrm{E}Y=b$，$\hat{Y}=L(Y|\boldsymbol{X})$ 由(1.3)式定义，则有

$$Y-\hat{Y}=(Y-b)-L(Y-b|\boldsymbol{X}-\boldsymbol{\mu}).$$

利用性质 7 知道

$$\mathrm{E}[1\cdot(Y-\hat{Y})]=\mathrm{E}(Y-b)-\mathrm{E}L(Y-b|\boldsymbol{X}-\boldsymbol{\mu})=0,$$
$$\mathrm{E}[X_i(Y-\hat{Y})]=\mathrm{E}[(X_i-\mu_i)(Y-\hat{Y})]+\mu_i\mathrm{E}(Y-\hat{Y})=0.$$

即得到 $(Y-\hat{Y})$ 垂直于 $H\xlongequal{\text{def}}L^2(\boldsymbol{X})$. 由定理 1.1 知道

$$L(Y|\boldsymbol{X})=P_H(Y).$$

基于上述原因，当 H 是 $\{X_j:j\in T\}$ 和常数 1 生成的 Hilbert 空间，我们也用

$$L(Y|1,X_j,j\in T)\quad\text{或}\quad L(Y|H)$$

表示 $P_H(Y)$，这里 T 是一个可列的指标集.

对于 L^2 的闭子空间 H，我们也用 $L(Y|H)$ 表示投影 $P_H(Y)$. 关于投影算子，有如下的性质值得介绍.

定理 1.2　设 H,M 是 L^2 的闭子空间，$X,Y\in L^2$，a,b 是常数.

(1) $L(aX+bY|H)=aL(X|H)+bL(Y|H)$；

(2) $\mathrm{E}Y^2=\mathrm{E}[L(Y|H)]^2+\mathrm{E}[Y-L(Y|H)]^2$；

(3) $\mathrm{E}[L(Y|H)]^2\leqslant\mathrm{E}Y^2$；

(4) $Y\in H$ 的充分必要条件是 $L(Y|H)=Y$；

(5) Y 垂直于 H 的充分必要条件是 $L(Y|H)=0$；

(6) 如果 H 是 M 的子空间，则 $P_HP_M=P_H$，并且对 $Y\in L^2$，

$$\mathrm{E}[Y-L(Y|M)]^2\leqslant\mathrm{E}[Y-L(Y|H)]^2.$$

证明　(1) 设 $Z=aL(X|H)+bL(Y|H)$，则 $Z\in H$. 从

$$(aX+bY)-Z=a[X-L(X|H)]+b[Y-L(Y|H)]$$

垂直于 H，知道(1)成立.

(2) 由于 $Y-L(Y|H)$ 和 H 中的 $L(Y|H)$ 正交,所以

$$\begin{aligned}EY^2 &= E[L(Y|H)+Y-L(Y|H)]^2\\ &= E[L(Y|H)]^2+E[Y-L(Y|H)]^2.\end{aligned}$$

(3) 由(2)得到.

(4) 由定义 1.3 得到.

(5) 当 $Y=Y-0$ 垂直于 H,由定理 1.1 和 $0\in H$ 知道, $L(Y|H)=0$. 又当 $L(Y|H)=0$,由定理 1.1 知道, $Y=Y-L(Y|H)$ 垂直于 H.

(6) 对任何 $Y\in L^2$, $Y-P_M(Y)$ 垂直 M,从而垂直于 H. 从 $P_M(Y)-P_H[P_M(Y)]$ 垂直于 H 知道

$$Y-P_H[P_M(Y)]=Y-P_M(Y)+P_MY-P_H[P_M(Y)]$$

垂直于 H. 从定理 1.1 知道, $P_H(Y)=P_HP_M(Y)$.

最后,利用 $L(Y|M)-L(Y|H)\in M$ 和 $Y-L(Y|M)$ 垂直于 M 得到

$$\begin{aligned}&E[Y-L(Y|H)]^2\\ &\quad= E[Y-L(Y|M)+L(Y|M)-L(Y|H)]^2\\ &\quad= E[Y-L(Y|M)]^2+E[L(Y|M)-L(Y|H)]^2+0\\ &\quad\geqslant E[Y-L(Y|M)]^2.\end{aligned}$$

*C. 最佳预测

最佳线性预测只是考虑用 $\boldsymbol{X}$ 和常数 1 的线性组合对 Y 进行预测,并没有考虑用 $\boldsymbol{X}$ 的任意可测函数

$$g(\boldsymbol{X}):\ Eg^2(\boldsymbol{X})<\infty \tag{1.13}$$

对 Y 进行预测. 明显,考虑在所有形如(1.13)的非线性函数中寻找 Y 的最佳预测是有意义的,并且会得到更好的预测结果. 用 M 表示全体形如(1.13)的随机变量生成的 Hilbert 空间:

$$M=\overline{\mathrm{sp}}\{g(\boldsymbol{X}):\ Eg^2(\boldsymbol{X})<\infty, g(\cdot)\text{ 是可测函数}\}. \tag{1.14}$$

定义 1.5 设 M 由(1.14)定义. 用 $\boldsymbol{X}=(X_1,X_2,\cdots,X_n)^{\mathrm{T}}$ 对 Y 进行预测时,称

$$L(Y|M)=P_M(Y) \tag{1.15}$$

为 Y 的**最佳预测**.

注 最佳预测 $L(Y|M)$ 实际上是概率论中的条件数学期望

$\mathrm{E}(Y|\boldsymbol{X})$.

由于 $L^2(\boldsymbol{X})$是 M 的子空间,从定理 1.2 的(6)知道,

$$\mathrm{E}[Y - L(Y|M)]^2 \leqslant \mathrm{E}[Y - L(Y|\boldsymbol{X})]^2.$$

所以,在方差最小的意义下,最佳预测确实比最佳线性预测好.但是由于 M 要比 $L^2(\boldsymbol{X})$复杂很多,实际计算最佳预测往往比计算最佳线性预测困难得多.但是对于正态序列来讲,最佳预测和最佳线性预测是一致的.

定理 1.3 如果$(X_1,X_2,\cdots,X_n,Y)^{\mathrm{T}}$ 服从联合正态分布 $N(\boldsymbol{\mu},\Sigma)$,$M$ 由(1.14)定义,则

$$L(Y|M) = L(Y|X_1,X_2,\cdots,X_n). \tag{1.16}$$

证明 设 $\hat{Y}=L(Y|X_1,X_2,\cdots,X_n)$,则$(Y-\hat{Y})$与 $\boldsymbol{X}$ 正交.由于 $\mathrm{E}(Y-\hat{Y})=0$,所以 $Y-\hat{Y}$ 与 $\boldsymbol{X}$ 不相关.由正态分布的性质知道,$Y-\hat{Y}$ 与 $\boldsymbol{X}$ 独立,从而与 M 中的任何随机变量独立.对任何 $\xi\in M$,

$$\mathrm{E}[\xi(Y-\hat{Y})] = (\mathrm{E}\xi)\mathrm{E}(Y-\hat{Y}) = 0,$$

即 $Y-\hat{Y}$ 垂直于 M.从 $\hat{Y}\in M$ 和定理 1.1 知道,(1.16)成立.

下面给出 $L(Y|M)\neq L(Y|X_1,X_2,\cdots,X_n)$的例子.

例 1.2 设随机变量 ε,η 独立,都服从标准正态分布 $N(0,1)$,则 $\mathrm{E}\eta^4=3$.取 $X=\eta,Y=(3\varepsilon^2-\eta^2)\eta$.则

$$\mathrm{E}X = \mathrm{E}Y = 0, \quad \mathrm{E}(XY) = \mathrm{E}(3\varepsilon^2\eta^2 - \eta^4) = 0.$$

从而 $L(Y|X)=0$.但容易验证,$Y-(3X-X^3)=3\varepsilon^2\eta-3\eta$ 垂直于

$$M = \overline{\mathrm{sp}}\{g(X):\ \mathrm{E}g^2(X) < \infty, g(x)\text{ 是可测函数}\}.$$

于是,从 $3X-X^3\in M$ 知道:$L(Y|M)=3X-X^3$.

习 题 一

1.1 证明最佳线性预测的性质 10.

1.2 设$\{X_t\}$是可逆的 ARMA(p,q)序列,

$$\hat{X}_{n+k} = L(X_{n+k}|X_n,X_{n-1},\cdots,X_1).$$

证明 $\lim\limits_{k\to\infty}\mathrm{E}\hat{X}_{n+k}^2=0$.

§5.2 非决定性平稳序列及其 Wold 表示

对平稳序列,考虑用所有的历史$\{X_t,t\leqslant n\}$对 X_{n+1}进行最佳线性

预测. 当预测误差是零时，X_{n+1}的信息完全含在历史资料中. 这样的平稳序列被称为**决定性的**. 实际问题中，决定性平稳序列描述事物的发展没有新的信息出现. 如果预测的误差不是零，说明 X_{n+1}的信息不完全含在历史资料中，我们称这种时间序列是**非决定性的**. 非决定性平稳序列描述事物的发展总伴随新的信息出现. 平稳序列的 Wold 表示定理告诉我们，非决定性平稳序列总是可以分解成白噪声的单边滑动和加上一个决定性平稳序列. 从应用的角度讲，非决定性平稳序列总是白噪声的单边滑动和加上一个离散谱序列.

A. 非决定性平稳序列

设$\{X_n: n\in \mathbb{Z}\}$是零均值平稳序列. 记 $\boldsymbol{X}_{n,m}=(X_n, X_{n-1}, \cdots, X_{n+1-m})^{\mathrm{T}}$，这里 n 表示向量的第一个脚标，m 表示向量的维数. 定义

$$\hat{X}_{n+1,m} = L(X_{n+1}|\boldsymbol{X}_{n,m}).$$

从最佳线性预测的性质 8 知道，$\sigma_{1,m}^2=\mathrm{E}(X_{n+1}-\hat{X}_{n+1,m})^2$ 是 m 的单调减少函数，于是定义

$$\sigma_1^2 = \lim_{m\to\infty}\sigma_{1,m}^2 < \infty.$$

定理 2.1 $\sigma_1^2=\lim\limits_{m\to\infty}\sigma_{1,m}^2$与 n 无关.

证明 设 $\boldsymbol{a}=(a_1,a_2,\cdots,a_m)^{\mathrm{T}}$ 是预测方程(1.5)的解，则 $\boldsymbol{a}$ 和 n 无关. 由于

$$Y_n \xlongequal{\text{def}} X_{n+1} - \sum_{j=1}^{m} a_j X_{n+1-j} = X_{n+1} - \hat{X}_{n+1,m}, \quad n\in\mathbb{Z} \tag{2.1}$$

是平稳序列，所以 $\sigma_{1,m}^2=\mathrm{E}Y_n^2=\mathrm{E}Y_0^2$ 与 n 无关. 最后 $\sigma_1^2=\lim\limits_{m\to\infty}\sigma_{1,m}^2$与 n 无关.

对充分大的 m，$L(X_{n+1}|\boldsymbol{X}_{n,m})$表示用充分多的历史对未来 X_{n+1} 进行预测. $\sigma_{1,m}^2$表示的是预测的均方误差. 当 $m\to\infty$时，$\sigma_{1,m}^2\to 0$ 说明 X_{n+1}可以由所有历史 $X_n, X_{n-1}, \cdots$进行完全预测. 当 $\sigma_1^2>0$ 说明 X_{n+1} 不可以由所有历史 $X_n, X_{n-1}, \cdots$进行完全预测. 于是引入如下的定义.

定义 2.1 设$\{X_t\}$是零均值平稳序列.

(1) 如果 $\sigma_1^2=0$,称 $\{X_t\}$ 是**决定性平稳序列**;

(2) 如果 $\sigma_1^2>0$,称 $\{X_t\}$ 是**非决定性平稳序列**,并且称 $\sigma_1^2=\lim\limits_{m\to\infty}\sigma_{1,m}^2$ 为 $\{X_t\}$ 的**一步预测的均方误差**.

对于平稳序列 $\{X_t\}$,如果 $\mathrm{E}X_t=\mu$,引入 $\{Y_t\}=\{X_t-\mu\}$ 和 m 维向量 $\boldsymbol{\mu}_m=(\mu,\cdots,\mu)^{\mathrm{T}}$. 按照最佳线性预测的定义 1.2,

$$\hat{X}_{n+1,m}=\mu+L(X_{n+1}-\mu\,|\,\boldsymbol{X}_{n,m}-\boldsymbol{\mu}_m)=\mu+\hat{Y}_{n+1,m},$$

于是
$$\mathrm{E}(Y_{n+1}-\hat{Y}_{n+1,m})^2=\mathrm{E}(X_{n+1}-\hat{X}_{n+1,m})^2.$$

因而,当且仅当 $\{X_t-\mu\}$ 是决定性平稳序列时,称 $\{X_t\}$ 是决定性平稳序列. 于是以后只需要讨论零均值的平稳序列.

例 2.1　如果平稳序列 $\{X_t\}$ 的 $n+1$ 阶自协方差矩阵退化,则这个平稳序列一定是决定性的平稳序列.

证明如下:因为这时 $X_1,X_2,\cdots,X_{n+1}$ 线性相关,所以 X_{n+1} 可以由 $X_n,X_{n-1},\cdots,X_1$ 线性表示. 于是,

$$L(X_{n+1}\,|\,X_n,\cdots,X_1)=X_{n+1}.$$

当 $m\geqslant n$,

$$L(X_{n+1}\,|\,X_n,\cdots,X_{n-m+1})=X_{n+1},$$

即有 $\sigma_{1,m}^2=0$.

例 2.2　离散谱序列是决定性的平稳序列.

设零均值随机变量 ξ_j,η_k $(j,k=1,2,\cdots,p)$ 两两正交,满足

$$\mathrm{E}\xi_j^2=\mathrm{E}\eta_j^2=\sigma_j^2,\quad j\in\mathbb{N}_+.\tag{2.2}$$

对确定的 j,定义简单离散谱序列

$$Z_j(t)=\xi_j\cos(t\lambda_j)+\eta_j\sin(t\lambda_j),\quad t\in\mathbb{Z}.\tag{2.3}$$

按照第一章 §1.8 中的(8.4),知道 $\{Z_j(t)\}$ 是平稳序列. $\{Z_j(t)\}$ 的每一次实现是周期函数,它的周期 $T=2\pi/\lambda_j$ 和振幅可以由历史 $Z_j(t)$,$t=n,n-1,\cdots$,决定,因而是可以完全预报的. 所以 $\{Z_j(t)\}$ 是决定性平稳序列. 实际上,由 §2.3 的定理 3.7 知道 $\{Z_j(t)\}$ 的 3 阶自协方差矩阵是退化的,由例 2.1 知道(2.3)是决定性的. 定义离散谱序列

$$Z_t=\sum_{j=1}^{p}Z_j(t),\quad t\in\mathbb{N}_+.\tag{2.4}$$

这是 p 个简单离散谱序列的叠加. 由 §2.3 的定理 3.7 知道由(2.4)

定义的离散谱序列也是决定性的.

最简单的决定性平稳序列是对所有的 n,$X_n=X_0$. 最典型的非决定性平稳序列是白噪声.

完全相似地可以定义用 $\boldsymbol{X}_{n,m}$ 预测 X_{n+k} 时的均方误差如下:

$$\sigma_{k,m}^2 = \mathrm{E}[X_{n+k} - L(X_{n+k}|X_n, X_{n-1}, \cdots, X_{n-m+1})]^2. \qquad (2.5)$$

$\sigma_{k,m}^2$ 也是 m 的单调减少函数,并且也与 n 无关(习题二的题 2.3). 于是 $\sigma_k^2=\lim\limits_{m\to\infty}\sigma_{k,m}^2$ 与 n 无关.

容易看到,用充分多的历史对将来 X_{n+k} 进行预测时, k 越大,说明预测量和被预测量的时间间隔越长,预测的误差就应当越大. 这点也可以用 $\sigma_k^2\geqslant\sigma_{k-1}^2$ 表述. 实际上,利用 §5.1 的性质 8 得到

$$\begin{aligned}\sigma_k^2 &= \lim_{m\to\infty}\mathrm{E}(X_{n+k} - L(X_{n+k}|X_n, X_{n-1}, \cdots, X_{n-m}))^2 \\ &= \lim_{m\to\infty}\mathrm{E}[X_{n+k-1} - L(X_{n+k-1}|X_{n-1}, X_{n-2}, \cdots, X_{n-1-m})]^2 \\ &\geqslant \lim_{m\to\infty}\mathrm{E}[X_{n+k-1} - L(X_{n+k-1}|X_n, X_{n-1}, \cdots, X_{n-m-1})]^2 \\ &= \sigma_{k-1}^2. \end{aligned} \qquad (2.6)$$

于是, σ_k^2 是 k 的单调不减函数. 从最佳线性预测的定义知道 $\sigma_k^2\leqslant\mathrm{E}(X_{n+k}-0)^2=\gamma_0$. 当 $k\to\infty$ 时,如果 $\sigma_k^2\to\gamma_0$,说明用充分多的历史对遥远的将来进行预测和用 0 对其进行预测的效果差不多. 因为用 0 对 X_{n+k} 预测的均方误差也是 γ_0. 于是引入下面的定义.

定义 2.2 设 $\{X_t\}$ 是非决定性的平稳序列. 如果 $\lim\limits_{k\to\infty}\sigma_k^2=\gamma_0$,就称 $\{X_t\}$ 是**纯非决定性的**.

对纯非决定性的平稳序列,有如下的结果:

$$\lim_{k\to\infty}\lim_{m\to\infty}\mathrm{E}[L(X_{n+k}|X_n, X_{n-1}, \cdots, X_{n-m+1})]^2 = 0. \qquad (2.7)$$

实际上,记

$$\hat{X}_{n+k,m} = L(X_{n+k}|X_n, X_{n-1}, \cdots, X_{n-m+1}).$$

利用(1.6)得到

$$\sigma_{k,m}^2 = \mathrm{E}(X_{n+k} - \hat{X}_{n+k,m})^2 = \mathrm{E}X_{n+k}^2 - \mathrm{E}\hat{X}_{n+k,m}^2.$$

于是得到

$$\lim_{k\to\infty}\lim_{m\to\infty}\mathrm{E}\hat{X}_{n+k,m}^2 = \lim_{k\to\infty}\lim_{m\to\infty}(\gamma_0 - \sigma_{k,m}^2) = \gamma_0 - \gamma_0 = 0. \quad (2.8)$$

从(2.7)看出,对于纯非决定性的平稳序列做长期或超长期预测是不合适的.

*B. Wold 表示定理及其证明

按第一章的定理 6.1,全体方差有限的随机变量构成 Hilbert 空间 L^2. 对于零均值平稳序列 $\{X_t\}$,用

$$H_n \xlongequal{\text{def}} \overline{\text{sp}}\{X_n, X_{n-1}, X_{n-2}, \cdots\} \tag{2.9}$$

表示由 $\{X_n, X_{n-1}, X_{n-2}, \cdots\}$ 生成的闭子空间. X_{n+1} 在 H_n 中的投影

$$\hat{X}_{n+1} = L(X_{n+1}|H_n) = L(X_{n+1}|X_{n-j}, j=0,1,\cdots)$$

是用全部历史 $X_n, X_{n-1}, \cdots$ 对 X_{n+1} 的最佳线性预测. 为了讲述平稳序列的 Wold 表示定理,需要做一些准备工作.

引理 2.2　用 K_n 表示 $X_n, X_{n-1}, \cdots$ 的有限线性组合

$$\sum_{j=0}^{m} c_j X_{n-j}, \quad c_j \in (-\infty, \infty), \quad m \in \mathbb{N}_+ \tag{2.10}$$

的全体,则对任何 $\xi \in H_n$,有 $\xi_m \in K_n$,使得当 $m \to \infty$ 时,

$$\mathrm{E}(\xi_m - \xi)^2 \to 0.$$

证明　用 $\overline{K}_n$ 表示形如(2.10)的随机变量及它们的均方极限的全体. 只要证明 $\overline{K}_n = H_n$. 先证明 $\overline{K}_n$ 是完备的. 对 $\overline{K}_n$ 中的任何基本列 $\{\xi_m\}$,有 $\xi \in H_n$,使得

$$\mathrm{E}(\xi - \xi_m)^2 \to 0, \quad m \to \infty,$$

同时有 $\xi_{m,m} \in K_n$,使得

$$\mathrm{E}(\xi_{m,m} - \xi_m)^2 \leqslant 1/m, \quad m = 1, 2, \cdots.$$

这样,当 $m \to \infty$ 时,

$$\begin{aligned}
\mathrm{E}(\xi - \xi_{m,m})^2 &= \mathrm{E}(\xi - \xi_m + \xi_m - \xi_{m,m})^2 \\
&\leqslant 2\mathrm{E}(\xi - \xi_m)^2 + 2\mathrm{E}(\xi_m - \xi_{m,m})^2 \\
&\leqslant 2\mathrm{E}(\xi - \xi_m)^2 + 2/m \\
&\to 0.
\end{aligned}$$

说明 $\xi \in \overline{K}_n$. 这样, $\overline{K}_n$ 是完备的. 明显, $\overline{K}_n$ 是由 $X_n, X_{n-1}, \cdots$ 生成的最小闭子空间,即有 $\overline{K}_n = H_n$.

作为这个引理的推论,可以得到下面的结果.

定理 2.3 设 $Y\in L^2$,$\xi\in H_n$,则 $\xi=L(Y|H_n)$ 的充分必要条件是

$$\mathrm{E}[X_j(Y-\xi)]=0,\quad j\leqslant n.$$

证明 必要性从定理 1.1 得到. 下面证充分性. 由于 $(Y-\xi)$ 垂直于 H_n 中的每个 X_j,得到 $(Y-\xi)$ 垂直于 K_n,再由引理 2.2 和内积的连续性知道,$(Y-\xi)$ 垂直于 H_n,即 $\xi=(Y|H_n)$.

有了上面的定理,可以证明下面的结果.

定理 2.4 设 $\boldsymbol{X}_{n,m}=(X_n,X_{n-1},\cdots,X_{n-m+1})^{\mathrm{T}}$,$Y\in L^2$. 当 $m\to\infty$ 时,

$$L(Y|\boldsymbol{X}_{n,m})\xrightarrow{\text{m. s}}\hat{Y}=L(Y|H_n).\tag{2.11}$$

证明 记 $\hat{Y}_m=L(Y|\boldsymbol{X}_{n,m})$. 先证明 $\{\hat{Y}_m\}$ 是 H_n 中基本列. 设当 $m\to\infty$ 时,

$$\eta_m^2\xlongequal{\text{def}}\mathrm{E}(Y-\hat{Y}_m)^2\to\eta^2.$$

对 $m,k\to\infty$,注意 $\hat{Y}_m,\hat{Y}_{m+k}$ 都和 $Y-\hat{Y}_{m+k}$ 正交,得到

$$\begin{aligned}\mathrm{E}(\hat{Y}_m-\hat{Y}_{m+k})^2&=\mathrm{E}(\hat{Y}_m-Y+Y-\hat{Y}_{m+k})^2\\&=\mathrm{E}(\hat{Y}_m-Y)^2+\mathrm{E}(Y-\hat{Y}_{m+k})^2\\&\quad+2\mathrm{E}[(\hat{Y}_m-Y)(Y-\hat{Y}_{m+k})]\\&=\eta_m^2+\eta_{m+k}^2-2\mathrm{E}[Y(Y-\hat{Y}_{m+k})]\\&=\eta_m^2+\eta_{m+k}^2-2\mathrm{E}[(Y-\hat{Y}_{m+k})(Y-\hat{Y}_{m+k})]\\&=\eta_m^2+\eta_{m+k}^2-2\eta_{m+k}^2\\&\to 0.\end{aligned}$$

由此,说明 $\{\hat{Y}_m\}$ 是 H_n 中基本列,从而在 H_n 中有惟一的极限 ξ. 由内积的连续性知道: 对任何 $X_t,t\leqslant n$,

$$\mathrm{E}[X_t(Y-\xi)]=\lim_{m\to\infty}\mathrm{E}[X_t(Y-L(Y|\boldsymbol{X}_{n,m}))]=0.$$

利用定理 2.3 得到 $\xi=L(Y|H_n)$. 证毕.

现在取 $Y=X_{n+1}$,从定理 2.4 知道,$\hat{X}_{n+1}=L(X_{n+1}|H_n)$ 是 $\hat{X}_{n+1,m}=L(X_{n+1}|\boldsymbol{X}_{n,m})$ 的均方极限.

利用内积的连续性得到

$$\begin{aligned}\sigma_1^2&=\lim_{m\to\infty}\mathrm{E}(X_{n+1}-\hat{X}_{n+1,m})^2=\mathrm{E}[X_{n+1}-L(X_{n+1}|H_n)]^2\\&=\mathrm{E}[X_1-L(X_1|H_0)]^2.\end{aligned}\tag{2.12}$$

$\sigma_1^2=0$ 的充分必要条件是 $X_1=L(X_1|H_0)$. 利用定理 1.2 的(4)知道, $\sigma_1^2=0$ 的充分必要条件 $X_1\in H_0$.

完全类似地,取 $Y=X_{n+k}$,从定理 2.4 知道, $L(X_{n+k}|H_n)$是 $L(X_{n+k}|\boldsymbol{X}_{n,m})$的均方极限. 利用内积的连续性得到

$$\begin{aligned}\sigma_k^2 &= \mathrm{E}[X_{n+k}-L(X_{n+k}|H_n)]^2 \\ &= \lim_{m\to\infty}\mathrm{E}[X_{n+k}-L(X_{n+k}|\boldsymbol{X}_{n,m})]^2 \\ &= \mathrm{E}[X_k-L(X_k|H_0)]^2.\end{aligned} \tag{2.13}$$

于是得到下面的定理.

定理 2.5 设$\{X_t\}$是零均值平稳序列.

(1) $\{X_t\}$是决定性的当且仅当对某个 n,有

$$X_{n+1}\in H_n. \tag{2.14}$$

如果(2.14)对某个 n 成立,则对一切 n 成立. 这时 $H_n=H_{n-1}$对一切 n 成立.

(2) $\{X_t\}$是纯非决定性的当且仅当对某个 n,有

$$\sigma_k^2 \xlongequal{\text{def}} \mathrm{E}[X_{n+k}-L(X_{n+k}|H_n)]^2\to\gamma_0,\quad k\to\infty. \tag{2.15}$$

如果(2.15)对某个 n 成立,则对一切 n 成立.

定理 2.6 (Wold 表示定理) 任一非决定性的零均值平稳序列$\{X_t\}$可以表示成

$$X_t=\sum_{j=0}^{\infty}a_j\varepsilon_{t-j}+V_t,\quad t\in\mathbb{Z}, \tag{2.16}$$

其中

(1) $\varepsilon_t=X_t-L(X_t|X_{t-1},X_{t-2},\cdots)$是零均值白噪声,满足

$$\mathrm{E}\varepsilon_t^2=\sigma^2>0,\quad a_0=1,\quad a_j=\frac{\mathrm{E}(X_t\varepsilon_{t-j})}{\sigma^2},\quad \sum_{j=0}^{\infty}a_j^2<\infty;$$

(2) $\left\{U_t=\sum_{j=0}^{\infty}a_j\varepsilon_{t-j},\ t\in\mathbb{Z}\right\}$是和$\{V_t\}$正交的平稳序列;

(3) 定义 $H_\varepsilon(t)=\overline{\mathrm{sp}}\{\varepsilon_j:\ j\leqslant t\}$, $H_U(t)=\overline{\mathrm{sp}}\{U_j:\ j\leqslant t\}$. 对任何 t,

$$H_U(t)=H_\varepsilon(t);$$

(4) $\{U_t\}$是纯非决定性的平稳序列,有谱密度

$$f(\lambda) = \frac{\sigma^2}{2\pi}\left|\sum_{j=0}^{\infty} a_j e^{ij\lambda}\right|^2;$$

(5) $\{V_t\}$是决定性的平稳序列. 对任何 $t,k\in\mathbb{Z}$, $V_t\in H_{t-k}$.

证明 设 H_t 由(2.9)定义. 对任何 $t\in\mathbb{Z}$, 定义

$$\begin{cases}\varepsilon_t = X_t - L(X_t|X_{t-1},X_{t-2},\cdots),\\ V_t = X_t - L(X_t|\varepsilon_t,\varepsilon_{t-1},\cdots),\end{cases}\quad t\in\mathbb{Z}.$$

先证明$\{\varepsilon_s\}$与$\{V_t\}$正交. 从定理 1.1 得到, V_t 和 ε_{t-j} $(j=0,1,\cdots)$正交. 利用 ε_s 垂直于 H_{s-1}和 $V_t\in H_t$ 得到, 当 $s>t$ 时, $E(\varepsilon_s V_t)=0$. 故$\{\varepsilon_s\}$和$\{V_t\}$正交.

由(2.12)知道 $\{\varepsilon_t\}$是 $WN(0,\sigma^2)$, 且 $\sigma^2=\sigma_1^2$. 下面证明

$$U_t = L(X_t|\varepsilon_j\colon j\leqslant t) = \sum_{j=0}^{\infty} a_j\varepsilon_{t-j},\quad t\in\mathbb{Z}. \tag{2.17}$$

定义

$$U_{t,n} = L(X_t|\varepsilon_{t-j}, j=0,1,\cdots,n) = \sum_{j=0}^{n} a_j\varepsilon_{t-j},\quad n\geqslant 1. \tag{2.18}$$

对 $0\leqslant j\leqslant n$, 利用 $E[\varepsilon_{t-j}(X_t-U_{t,n})]=0$ 得到

$$E(X_t\varepsilon_{t-j}) = E(\varepsilon_{t-j}U_{t,n}) = \sum_{k=0}^{n} a_k E(\varepsilon_{t-j}\varepsilon_{t-k}) = a_j\sigma^2$$

与 n 无关. 于是

$$a_j = \frac{E(X_t\varepsilon_{t-j})}{\sigma^2},$$

$$a_0 = \frac{E(X_t\varepsilon_t)}{\sigma^2} = \frac{E[(X_t - L(X_t|H_{t-1}))\varepsilon_t]}{\sigma^2} = 1.$$

利用定理 1.2 的(3)得到, $\sigma^2\sum_{j=0}^{n}a_j^2=EU_{t,n}^2\leqslant EX_t^2<\infty$. 于是, $\{a_j\}$是平方可和的. 当 $n\to\infty$时, (2.18)的右边是均方收敛的. 利用定理 2.4 得到(2.17), 于是(1)成立. 再由$\{\varepsilon_t\}$和$\{V_t\}$正交得到结论(2).

(3) 从(2.17)得到(2.16). 可以看出, $U_t\in H_\varepsilon(t)$. 所以 $H_U(t)\subset H_\varepsilon(t)$. 从 $\varepsilon_t\in H_t\subset\overline{\mathrm{sp}}\{V_j,U_j\colon j\leqslant t\}$和引理 2.2 知道, 有 $\xi_n\in\overline{\mathrm{sp}}\{V_j\colon t-n\leqslant j\leqslant t\}$和 $\eta_n\in\overline{\mathrm{sp}}\{U_j\colon t-n\leqslant j\leqslant t\}$, 使得

$$E[\xi_n(\eta_n-\varepsilon_t)] = 0;\quad E(\xi_n+\eta_n-\varepsilon_t)^2\to 0, \text{当 } n\to\infty \text{ 时}.$$

于是当 $n\to\infty$ 时，有

$$\mathrm{E}(\eta_n-\varepsilon_t)^2\leqslant \mathrm{E}(\xi_n+\eta_n-\varepsilon_t)^2\to 0.$$

所以 $\varepsilon_t\in H_U(t)$，即(3)成立.

利用(3)和定理 1.2 的(5)得到

$$\begin{aligned}L(U_{t+k}|H_U(t))&=L(U_{t+k}|H_\varepsilon(t))\\&=L\Big[\sum_{j=0}^{k-1}a_j\varepsilon_{t+k-j}+\sum_{j=k}^{\infty}a_j\varepsilon_{t+k-j}|H_\varepsilon(t)\Big]\\&=\sum_{j=k}^{\infty}a_j\varepsilon_{t+k-j}.\end{aligned}$$

于是利用

$$\mathrm{E}[U_{t+k}-L(U_{t+k}|H_U(t))]^2=\sigma^2\sum_{j=0}^{k-1}a_j^2\to \mathrm{E}U_t^2$$

得到(4).

(5) 由 $\varepsilon_{t-j}\in H_{t-j}$ 和

$$\begin{aligned}V_t&=X_t-U_t=X_t-\varepsilon_t-\sum_{j=1}^{\infty}a_j\varepsilon_{t-j}\\&=L(X_t|H_{t-1})-\sum_{j=1}^{\infty}a_j\varepsilon_{t-j},\end{aligned}$$

知道 $V_t\in H_{t-1}\subset\overline{\mathrm{sp}}\{U_s,V_s\colon s\leqslant t-1\}$. 利用引理 2.2 知道，有 $\{U_s\colon s\leqslant t-1\}$ 的有限线性组合 ξ_n 和 $\{V_s\colon s\leqslant t-1\}$ 的有限线性组合 η_n，使得当 $n\to\infty$ 时，$\mathrm{E}(\xi_n+\eta_n-V_t)^2\to 0$. 利用 $\mathrm{E}(\xi_nV_t)=\mathrm{E}(\xi_n\eta_n)=0$ 得到，当 $n\to\infty$ 时，

$$\mathrm{E}(\eta_n-V_t)^2\leqslant \mathrm{E}(\xi_n+\eta_n-V_t)^2\to 0.$$

于是，$V_t\in\overline{\mathrm{sp}}\{V_j\colon j\leqslant t-1\}$. 说明 $\{V_t\}$ 是决定性的. 于是对任何 $k>0$，$V_t\in\overline{\mathrm{sp}}\{V_j\colon j\leqslant t-k\}\subset H_{t-k}$.

定义 2.3　在 Wold 表示定理中，

(1) 称(2.16)是 $\{X_t\}$ 的 Wold 表示；

(2) 称 $\{U_t\}$ 是 $\{X_t\}$ 的纯非决定性部分，称 $\{V_t\}$ 是 $\{X_t\}$ 的决定性部分；

(3) 称 $\{a_j\}$ 是 $\{X_t\}$ 的 Wold 系数；

(4) 称一步预测误差 $\varepsilon_t=X_t-L(X_t|X_{t-1},X_{t-2},\cdots)$ 为 $\{X_t\}$ 的(线

性)**新息序列**;

(5) 称 $\sigma^2=\mathrm{E}\varepsilon_t^2$ 为一步预测的均方误差.

定义中的"新息"是新信息的简称. 由于信息 ε_t 不属于历史 H_{t-1},所以是新息. 从 Wold 表示定理知道,任何纯非决定性的平稳序列都是白噪声的单边滑动和. 实际上还可以证明,白噪声的单边滑动和

$$X_t=\sum_{j=0}^{\infty}c_je_{t-j},\quad t\in\mathbb{Z}$$

是纯非决定性的平稳序列. 这里, $\{e_t\}$是 $\mathrm{WN}(0,\sigma_e^2)$,实数列$\{c_j\}$平方可和. 但是, $\{e_t\}$不必是$\{X_t\}$的新息序列.

例 2.3 ARMA(p,q)序列的 Wold 表示.

设$\{X_t\}$是 ARMA(p,q)序列,满足

$$A(\mathscr{B})X_t=B(\mathscr{B})\varepsilon_t,\quad t\in\mathbb{Z},$$

其中实系数多项式 $A(z)$满足最小相位条件, $B(z)$在单位圆内没有根. 设 $A^{-1}(z)B(z)$有 Taylor 展开式:

$$\Phi(z)=A^{-1}(z)B(z)=\sum_{j=0}^{\infty}\psi_jz^j,\quad |z|\leqslant 1,$$

则

$$X_t=\sum_{j=0}^{\infty}\psi_j\varepsilon_{t-j},\quad t\in\mathbb{Z}. \tag{2.19}$$

下面证明$\{X_t\}$是纯非决定性的平稳序列, (2.19)是$\{X_t\}$的 Wold 表示, $\{\varepsilon_t\}$是$\{X_t\}$的新息序列, $\{\psi_j\}$是$\{X_t\}$的 Wold 系数.

为方便,只对可逆的 ARMA(p,q)给出证明. 这时 $B(z)$在单位圆上没有零点. 从(2.19)看出, $X_t\in\overline{\mathrm{sp}}\{\varepsilon_j: j\leqslant t\}$. 再利用可逆性知道 $\varepsilon_t=B^{-1}(\mathscr{B})A(\mathscr{B})X_t\in H_t$,所以

$$H_t=\overline{\mathrm{sp}}\{\varepsilon_j: j\leqslant t\}.$$

于是

$$X_t-\varepsilon_t=\sum_{j=1}^{\infty}\psi_j\varepsilon_{t-j}\in H_{t-1}.$$

又从 ARMA(p,q)序列的合理性知道, $X_t-(X_t-\varepsilon_t)=\varepsilon_t$ 和每个 $X_j(j<t)$ 正交,又利用定理 2.3 知道, $X_t-\varepsilon_t=L(X_t\,|\,H_{t-1})$. 于是 $\varepsilon_t=X_t-L(X_t|H_{t-1})$是$\{X_t\}$的新息, $\sigma^2=\mathrm{E}\varepsilon_t^2$ 是一步预测的均方误差. 在(2.19)两边同乘 ε_{t-j}后取数学期望得到

$$\psi_j = \frac{\mathrm{E}(X_t \varepsilon_{t-j})}{\sigma^2}.$$

*C. Kolmogorov 公式

Wold 表示定理为平稳序列预测的均方误差计算提供了方便. 设 $\{X_t\}$ 是非决定性的平稳序列, 在 Wold 表示(2.16)中, 对任何 $n>0$, $V_{t+n} \in H_t$. 于是

$$\begin{aligned} L(X_{t+n} | H_t) &= L(U_{t+n} | H_t) + L(V_{t+n} | H_t) \\ &= L\Big(\sum_{j=0}^{\infty} a_j \varepsilon_{t+n-j} | H_t \Big) + V_{t+n} \\ &= \sum_{j=n}^{\infty} a_j \varepsilon_{t+n-j} + V_{t+n}. \end{aligned} \tag{2.20}$$

我们称 $L(X_{t+n} | H_t)$ 是 X_{t+n} 的 n **步预报**, 再用(2.16)得到预报的误差

$$X_{t+n} - L(X_{t+n} | H_t) = \sum_{j=0}^{n-1} a_j \varepsilon_{t+n-j}. \tag{2.21}$$

预报的均方误差是

$$\sigma^2(n) = \sigma^2 \sum_{j=0}^{n-1} a_j^2. \tag{2.22}$$

明显, 当 $n \to \infty$ 时, $\sigma^2(n) \to \mathrm{E}U_t^2$.

如果 $\{X_t\}$ 是纯非决定性的, $V_t = 0$, 于是(2.20)成为

$$L(X_{t+n} | H_t) = \sum_{j=n}^{\infty} a_j \varepsilon_{t+n-j}, \quad t \in \mathbb{Z}. \tag{2.23}$$

因而(2.21)和(2.22)保持不变.

Kolmogorov 研究了一步预报的均方误差和谱密度之间的关系, 证明了如下的结果.

定理 2.7 (Kolmogorov 公式, 见文献[7])　设 $\{U_t\}$ 是非决定性平稳序列 $\{X_t\}$ 的纯非决定性部分, $f(\lambda)$ 是 $\{U_t\}$ 的谱密度, 则有

$$\sigma^2 = \mathrm{E}[X_t - L(X_t | H_{t-1})]^2 = 2\pi \exp\Big(\frac{1}{2\pi} \int_{-\pi}^{\pi} \ln f(\lambda) \mathrm{d}\lambda \Big). \tag{2.24}$$

公式(2.24)的证明需要较多解析函数的知识. 但是当 $\{U_t\}$ 是白噪声时, 公式(2.24)是显然成立的.

从 Kolmogorov 公式(2.24)看到,如果$\{X_t\}$是非决定性的,则它的纯非决定性部分的谱密度 $f(\lambda)$必是 ln 可积的,即

$$\int_{-\pi}^{\pi} \ln f(\lambda) \mathrm{d}\lambda > -\infty. \tag{2.25}$$

*D. 最佳预测和最佳线性预测相等的条件

设$\{X_t\}$是平稳序列,用 $\mathscr{F}_t=\sigma\{X_t,X_{t-1},\cdots\}$表示由 $X_t,X_{t-1},\cdots$ 生成的 σ-代数. 称条件数学期望

$$\mathrm{E}(X_{t+k}|\mathscr{F}_t)$$

是用全体历史$\{X_j: j\leqslant t\}$对 X_{t+k}进行预测时的最佳预测. 这是因为条件数学期望 $\mathrm{E}(X_{t+k}|\mathscr{F}_t)$是 $X_t,X_{t-1},\cdots$的函数,其二阶矩有限:

$$\mathrm{E}[\mathrm{E}(X_{t+k}|\mathscr{F}_t)]^2 \leqslant \mathrm{E}[\mathrm{E}(X_{t+k}^2|\mathscr{F}_t)] = \mathrm{E}X_{t+k}^2 < \infty,$$

并且对任何方差有限的随机变量 $\xi=g(X_t,X_{t-1},\cdots)$,利用条件数学期望的性质得到

$$\begin{aligned}
&\mathrm{E}(X_{t+k}-\xi)^2 \\
&\quad = \mathrm{E}[X_{t+k}-\mathrm{E}(X_{t+k}|\mathscr{F}_t)+\mathrm{E}(X_{t+k}|\mathscr{F}_t)-\xi]^2 \\
&\quad = \mathrm{E}[X_{t+k}-\mathrm{E}(X_{t+k}|\mathscr{F}_t)]^2+\mathrm{E}[\mathrm{E}(X_{t+k}|\mathscr{F}_t)-\xi]^2 \\
&\qquad + 2\mathrm{E}[(X_{t+k}-\mathrm{E}(X_{t+k}|\mathscr{F}_t))(\mathrm{E}(X_{t+k}|\mathscr{F}_t)-\xi)] \\
&\quad = \mathrm{E}[X_{t+k}-\mathrm{E}(X_{t+k}|\mathscr{F}_t)]^2+\mathrm{E}[\mathrm{E}(X_{t+k}|\mathscr{F}_t)-\xi]^2+0 \\
&\quad \geqslant \mathrm{E}[X_{t+k}-\mathrm{E}(X_{t+k}|\mathscr{F}_t)]^2.
\end{aligned} \tag{2.26}$$

(2.26)说明用全体历史$\{X_j: j\leqslant t\}$对于 X_{t+k}做非线性预测时,在方差最小的意义下,条件数学期望不仅是最好的,还是惟一的. 因为(2.26)中的不等号成为等号的充分必要条件是$\mathrm{E}[\mathrm{E}(X_{t+k}|\mathscr{F}_t)-\xi]^2=0$,这等价于说,$\xi$ 和 $\mathrm{E}(X_{t+k}|\mathscr{F}_t)$ a.s. 相等.

一般来讲,最佳预测比最佳线性预测要好. 但是对纯非决定性平稳序列来讲,如果它的新息序列是独立序列,则最佳预测和最佳线性预测等价. 请看下面的定理.

定理 2.8 设平稳序列$\{X_t\}$有 Wold 表示

$$X_t = \sum_{j=0}^{\infty} a_j \varepsilon_{t-j}, \quad t \in \mathbb{Z}, \tag{2.27}$$

则

$$L(X_{t+n}|H_t) = \mathrm{E}(X_{t+n}|\mathscr{F}_t), \quad n \geqslant 1, t \in \mathbb{Z} \tag{2.28}$$

成立的充分必要条件是

$$E(\varepsilon_{t+1}|\varepsilon_t,\varepsilon_{t-1},\cdots)=0,\quad t\in\mathbb{Z}. \tag{2.29}$$

注　满足(2.29)的白噪声通常被称为鞅差白噪声. 上面的结论是 E. J. Hannan 发现的,它引起了人们对鞅差白噪声的研究兴趣. 很多时间序列的理论结果都是在鞅差白噪声的条件下得到的. 容易看出,独立白噪声是鞅差白噪声.

证明　定义 $\mathscr{F}_t=\sigma\{X_t,X_{t-1},\cdots\}$,$\mathscr{G}_t=\sigma\{\varepsilon_t,\varepsilon_{t-1},\cdots\}$. 从条件数学期望的定义知道

$$E(\varepsilon_{t+n}|\varepsilon_t,\varepsilon_{t-1},\cdots)=E(\varepsilon_{t+n}|\mathscr{G}_t).$$

从 $X_t\in H_\varepsilon(t)$ 和 $\varepsilon_t=X_t-L(X_t|H_{t-1})\in H_t$,得到 $H_t=H_\varepsilon(t)$. 于是 $\mathscr{F}_t=\mathscr{G}_t$, $t\in\mathbb{Z}$.

由(2.20)知道,

$$L(X_{t+n}|H_t)=\sum_{j=n}^{\infty}a_j\varepsilon_{t+n-j},$$

由条件数学期望的性质知道

$$\begin{aligned}E(X_{t+n}|\mathscr{F}_t)&=E\Big(\sum_{j=0}^{\infty}a_j\varepsilon_{t+n-j}|\mathscr{F}_t\Big)\\&=E\Big(\sum_{j=0}^{n-1}a_j\varepsilon_{t+n-j}|\mathscr{F}_t\Big)+\sum_{j=n}^{\infty}a_j\varepsilon_{t+n-j}\\&=\sum_{j=0}^{n-1}a_jE(\varepsilon_{t+n-j}|\mathscr{G}_t)+L(X_{t+n}|H_t).\end{aligned}$$

于是,(2.28)成立的充分必要条件是

$$\sum_{j=0}^{n-1}a_jE(\varepsilon_{t+n-j}|\mathscr{G}_t)=0,\quad n\geqslant1,\ t\in\mathbb{Z}. \tag{2.30}$$

(2.30)显然和(2.29)等价.

推论 2.9　设 ARMA(p,q)序列$\{X_t\}$为例 2.3 中所定义的. 如果$\{\varepsilon_t\}$是独立白噪声,则用全体历史$\{X_t,X_{t-1},\cdots\}$对 X_{t+n}进行预测时,最佳预测和最佳线性预测相等.

习　题　二

2.1　设平稳序列$\{X_t\}$有自协方差矩阵 Γ_m, $m\geqslant1$.

(1) 如果$\{X_t\}$是非决定性的平稳序列,则对任何 $m\in \mathbb{N}_+$,Γ_m 正定;

(2) 如果有某个 m,使得 $\det(\Gamma_m)=0$,则$\{X_t\}$是决定性的.

2.2 如果$\{X_t\}$和$\{Y_t\}$是相互正交的决定性平稳序列,定义 $Z_t=X_t+Y_t$,$t\in \mathbb{Z}$. $\{Z_t\}$是否是决定性平稳序列?证明你的结论.

2.3 设$\{X_n\}$是零均值平稳序列,证明由(2.5)定义的

$$\sigma_{k,m}^2 = \mathrm{E}[X_{n+k} - L(X_{n+k}|X_n,X_{n-1},\cdots,X_{n-m+1})]^2$$

与 n 无关.

2.4 设 ξ 在$[-\pi,\pi]$上均匀分布, η 是方差有限的随机变量. 当 η 和 ξ 独立, $X_t=\eta\cos(\pi t/3+\xi)$,直接验证$\{X_t\}$是决定性平稳序列.

§5.3 时间序列的递推预测

预测问题是时间序列分析中的主要问题之一. 本节在假设自协方差函数已知的条件下讨论相应时间序列的预测问题,为 ARMA(p,q)序列的递推预测和 ARMA(p,q)模型的参数估计做必要的准备. 对平稳序列来讲,实际问题中可以用样本自协方差函数代替理论的自协方差函数.

A. 时间序列的递推预测

设$\{Y_t\}$是方差有限的零均值时间序列,对任何正整数 n,用

$$L_n = \overline{\mathrm{sp}}\{Y_1,Y_2,\cdots,Y_n\}$$

表示 $Y_1,\cdots,Y_n$ 的线性组合的全体. 定义 $\boldsymbol{Y}_n=(Y_1,Y_2,\cdots,Y_n)^{\mathrm{T}}$,

$$\hat{Y}_1 = 0, \quad \hat{Y}_n = L(Y_n|\boldsymbol{Y}_{n-1}), \quad n = 1,2,\cdots. \tag{3.1}$$

引入预测误差 W_n 及其方差 ν_{n-1}如下:

$$W_n = Y_n - \hat{Y}_n, \quad \nu_{n-1} = \mathrm{E}W_n^2, \quad n = 1,2,\cdots. \tag{3.2}$$

由最佳线性预测的性质 7 知道, W_n 和 L_{n-1}中的任何随机变量正交,并且 $W_n\in L_n$. 于是$\{W_n\}$是一个正交序列,满足

$$\mathrm{E}(W_nW_k) = \nu_{n-1}\delta_{n-k},$$

这里 δ_t 是 Kronecker 函数. 用

$$M_n \xlongequal{\text{def}} \overline{\text{sp}}\{W_1, W_2, \cdots, W_n\}$$

表示 $W_1, W_2, \cdots, W_n$ 的线性组合全体，则 $M_n \subset L_n$. 对 $n \in \mathbb{N}_+$，我们用归纳法证明 $Y_n \in M_n$. 首先 $Y_1 = W_1 \in M_1$. 如果对 $k \leqslant n$ 已经证明 $Y_k \in M_k$，则

$$\hat{Y}_{n+1} = L(Y_{n+1} | \boldsymbol{Y}_n) \in M_n,$$

于是

$$Y_{n+1} = (Y_{n+1} - \hat{Y}_{n+1}) + \hat{Y}_{n+1} = W_{n+1} + \hat{Y}_{n+1} \in M_{n+1}.$$

这就证明了对 $n \in \mathbb{N}_+$，$Y_n \in M_n$ 成立. 于是得到

$$\begin{aligned} L_n &= \overline{\text{sp}}\{Y_1, Y_2, \cdots, Y_n\} \\ &= \overline{\text{sp}}\{W_1, W_2, \cdots, W_n\} = M_n, \quad n = 1, 2, \cdots. \end{aligned} \tag{3.3}$$

§5.1 的性质 10 和(3.3)式告诉我们，用 $\boldsymbol{W}_n = (W_1, W_2, \cdots, W_n)^{\mathrm{T}}$ 对 Y_{n+1} 进行预测和用 $\boldsymbol{Y}_n = (Y_1, Y_2, \cdots, Y_n)^{\mathrm{T}}$ 对 Y_{n+1} 进行预测是等价的. 由于 $\{W_t\}$ 是正交序列，所以用 $\boldsymbol{W}_n$ 对 Y_{n+1} 进行预测有很多的方便.

定理 3.1　设 $\{Y_t\}$ 是零均值时间序列. 如果 $(Y_1, Y_2, \cdots, Y_{m+1})^{\mathrm{T}}$ 的协方差矩阵

$$(\mathrm{E}(Y_s Y_t))_{1 \leqslant s, t \leqslant m+1} \tag{3.4}$$

正定，则最佳线性预测

$$\hat{Y}_{n+1} \equiv L(Y_{n+1} | \boldsymbol{Y}_n) = \sum_{j=1}^{n} \theta_{n,j} W_{n+1-j}, \quad n = 1, 2, \cdots, m \tag{3.5}$$

中的系数 $\{\theta_{n,j}\}$ 和预测的均方误差 $\nu_n = \mathrm{E}W_{n+1}^2$ 满足如下的递推公式：

$$\begin{cases} \nu_0 = \mathrm{E}Y_1^2, \\ \theta_{n,n-k} = \left[\mathrm{E}(Y_{n+1} Y_{k+1}) - \displaystyle\sum_{j=0}^{k-1} \theta_{k,k-j} \theta_{n,n-j} \nu_j\right] \Big/ \nu_k, \quad 0 \leqslant k \leqslant n-1, \\ \nu_n = \mathrm{E}Y_{n+1}^2 - \displaystyle\sum_{j=0}^{n-1} \theta_{n,n-j}^2 \nu_j, \end{cases} \tag{3.6}$$

其中 $\displaystyle\sum_{j=0}^{-1}(\cdot) \xlongequal{\text{def}} 0$，递推的顺序是

$$\nu_0;\ \theta_{1,1},\ \nu_1;\ \theta_{2,2},\ \theta_{2,1},\ \nu_2;\ \theta_{3,3},\ \theta_{3,2},\ \theta_{3,1},\ \nu_3;\ \cdots.$$

证明 从自协方差矩阵(3.4)的正定性知道，$\nu_n = \mathrm{E}W_{n+1}^2 > 0$. 以下设 $0 \leqslant k \leqslant n-1$. 在(3.5)两边同乘 W_{k+1} 后求数学期望,得到

$$\mathrm{E}(\hat{Y}_{n+1}W_{k+1}) = \sum_{j=1}^{n}\theta_{n,j}\mathrm{E}(W_{n+1-j}W_{k+1}) = \theta_{n,n-k}\nu_k. \quad (3.7)$$

注意到

$$\hat{Y}_{k+1} = \sum_{j=1}^{k}\theta_{k,j}W_{k+1-j} = \sum_{j=0}^{k-1}\theta_{k,k-j}W_{j+1},$$

再利用 $W_{n+1} = Y_{n+1} - \hat{Y}_{n+1}$ 和 W_{k+1} 垂直,得到

$$\mathrm{E}(Y_{n+1}W_{k+1}) = \mathrm{E}(\hat{Y}_{n+1}W_{k+1}),$$

于是

$$\begin{aligned}\theta_{n,n-k} &= \mathrm{E}(\hat{Y}_{n+1}W_{k+1})/\nu_k \quad [\text{利用}(3.7)] \\ &= \mathrm{E}(Y_{n+1}W_{k+1})/\nu_k \\ &= \mathrm{E}\Big[Y_{n+1}\Big(Y_{k+1} - \sum_{j=0}^{k-1}\theta_{k,k-j}W_{j+1}\Big)\Big]\Big/\nu_k \\ &= \Big[\mathrm{E}(Y_{n+1}Y_{k+1}) - \sum_{j=0}^{k-1}\theta_{k,k-j}\theta_{n,n-j}\nu_j\Big]\Big/\nu_k \quad [\text{用}(3.7)].\end{aligned}$$

最后,利用 $\nu_n = \mathrm{E}W_{n+1}^2 = \mathrm{E}Y_{n+1}^2 - \mathrm{E}\hat{Y}_{n+1}^2$ 和(3.5)得到预测的均方误差公式:

$$\nu_n = \mathrm{E}Y_{n+1}^2 - \sum_{j=1}^{n}\theta_{n,j}^2\nu_{n-j} = \mathrm{E}Y_{n+1}^2 - \sum_{j=0}^{n-1}\theta_{n,n-j}^2\nu_j.$$

下面考虑用 $\{Y_1, Y_2, \cdots, Y_n\}$ 预测 Y_{n+k+1} 的问题. 设 $(Y_1, Y_2, \cdots, Y_{n+k+1})^{\mathrm{T}}$ 的自协方差矩阵正定. 仍用 $\hat{Y}_{n+k+1}$ 表示 $L(Y_{n+k+1}|\boldsymbol{Y}_{n+k})$,用 W_j 表示预测误差 $Y_j - L(Y_j|\boldsymbol{Y}_{j-1})$,则有

$$\hat{Y}_{n+k+1} = \sum_{j=1}^{n+k}\theta_{n+k,j}W_{n+k+1-j}. \quad (3.8)$$

注意,对 $j \geqslant 0$, W_{n+j+1} 垂直于 L_n, $W_{n-j} \in L_n$. 根据§5.1中最佳线性预测的性质4,性质5和性质8得到

$$\begin{aligned}L(Y_{n+k+1}|\boldsymbol{Y}_n) = L(\hat{Y}_{n+k+1}|\boldsymbol{Y}_n) &= L\Big[\sum_{j=1}^{n+k}\theta_{n+k,j}W_{n+k+1-j}\Big|\boldsymbol{W}_n\Big] \\ &= L\Big[\sum_{j=k+1}^{n+k}\theta_{n+k,j}W_{n+k+1-j}\Big|\boldsymbol{W}_n\Big]\end{aligned}$$

$$= \sum_{j=k+1}^{n+k} \theta_{n+k,j} W_{n+k+1-j}. \tag{3.9}$$

利用§5.1的性质1,得到预测的均方误差

$$\begin{aligned} E[Y_{n+k+1} - L(Y_{n+k+1}|\boldsymbol{Y}_n)]^2 &= EY_{n+k+1}^2 - E[L(Y_{n+k+1}|\boldsymbol{Y}_n)]^2 \\ &= EY_{n+k+1}^2 - \sum_{j=k+1}^{n+k} \theta_{n+k,j}^2 \nu_{n+k-j}, \end{aligned} \tag{3.10}$$

其中的系数$\theta_{n+k,j}$和预测的均方误差ν_{n+k-j}可用递推公式(3.6)计算.

B. 正态时间序列的区间预测

如果$\{Y_t\}$是正态时间序列,则$\hat{Y}_{n+1}$也是最佳预测. $W_{n+1}=Y_{n+1}-\hat{Y}_{n+1}$作为$Y_1,Y_2,\cdots,Y_{n+1}$的线性组合是服从正态分布$N(0,\nu_n)$的.利用

$$P(|Y_{n+1} - \hat{Y}_{n+1}|/\sqrt{\nu_n} \leqslant 1.96) = 0.95$$

可以得到Y_{n+1}的置信度为0.95的置信区间

$$[\hat{Y}_{n+1} - 1.96\sqrt{\nu_n},\ \hat{Y}_{n+1} + 1.96\sqrt{\nu_n}].$$

C. 平稳序列的递推预测

设$\gamma_k=E(X_{t+k}X_t)$是零均值平稳序列$\{X_t\}$的自协方差函数,Γ_n是$\{X_t\}$的n阶自协方差矩阵.设

$$\boldsymbol{X}_n = (X_1,X_2,\cdots,X_n)^{\mathrm{T}},\quad Z_n = X_n - L(X_n|\boldsymbol{X}_{n-1}),$$

可以把定理3.1改述如下.

推论3.2　设$\{X_t\}$是零均值平稳序列,对任何$n\in \mathbb{N}_+$,自协方差矩阵Γ_n正定.则最佳线性预测

$$\hat{X}_{n+1} \overset{\text{def}}{=\!=} L(X_{n+1}|\boldsymbol{X}_n) = \sum_{j=1}^{n} \theta_{n,j} Z_{n+1-j},\quad n = 1,2,\cdots, \tag{3.11}$$

这里的系数$\{\theta_{n,j}\}$和预测的均方误差$\nu_n=EZ_{n+1}^2$满足如下的递推公式

$$\begin{cases} \nu_0 = \gamma_0, \\ \theta_{n,n-k} = \left[\gamma_{n-k} - \sum_{j=0}^{k-1} \theta_{k,k-j}\theta_{n,n-j}\nu_j\right]\Big/\nu_k,\quad 0\leqslant k\leqslant n-1, \\ \nu_n = \gamma_0 - \sum_{j=0}^{n-1} \theta_{n,n-j}^2 \nu_j, \end{cases} \tag{3.12}$$

其中 $\sum_{j=0}^{-1}(\cdot) \xlongequal{\text{def}} 0$,递推的顺序是

$$\nu_0;\ \theta_{1,1},\ \nu_1;\ \theta_{2,2},\ \theta_{2,1},\ \nu_2;\ \theta_{3,3},\ \theta_{3,2},\ \theta_{3,1},\ \nu_3;\ \cdots.$$

由于预测误差 $Z_n=X_n-L(X_n|\boldsymbol{X}_{n-1})$ 和 $\boldsymbol{X}_{n-1}$ 正交,所以是不被 $\boldsymbol{X}_{n-1}$ 包含的信息.基于这个原因,人们又称 Z_n 是**样本新息**.从§5.2的讨论知道,当 $n\to\infty$ 时,

$$\nu_n = \mathrm{E}[X_1 - L(X_1|X_0,X_{-1},\cdots,X_{-n+1})]^2 \to \sigma^2.$$

这里 σ^2 是用全体历史 $X_t,X_{t-1},\cdots$ 预测 X_{t+1} 时的均方误差. $\sigma^2>0$ 表示 $\{X_t\}$ 是非决定性的.

习 题 三

3.1 对于 ARMA(1,1)序列 $X_t=aX_{t-1}+\varepsilon_t+b\varepsilon_{t-1},t\in\mathbb{Z}$,计算 Wold 系数 $\{\psi_j\}$(参考例2.3).

§5.4 ARMA(p,q)序列的递推预测

在平稳时间序列预测问题中,尽管可以用§5.1中的方法利用历史资料 $\{X_j: 1\leqslant j\leqslant t\}$ 对未来 X_{t+k} 进行预测.但是由于在时间序列的模型建立中,常用的是AR,MA或ARMA模型.所以讨论这些具体模型的预测问题是必要的.另外,从§5.2的推论2.9知道,如果ARMA模型的白噪声是独立序列,最佳线性预测就是最佳预测.尽管这个结果是针对用全部历史资料作预测时得到的,但是当历史资料充分多后,可以认为最佳线性预测近似等于最佳预测.实际问题中的白噪声也常被认为是独立白噪声,从这个角度讲,ARMA序列的最佳线性预测是近似等于最佳预测的.因而,我们只需要研究ARMA序列的线性预测问题.本节在假设ARMA(p,q)模型参数已知的条件下讨论相应平稳序列的预测问题.实际问题中需要先根据观测数据估计出模型的参数,然后再利用相应模型进行预测.

A. AR(p)序列的预测

设 $\{X_t\}$ 满足 AR(p)模型

$$X_t = \sum_{j=1}^{p} a_j X_{t-j} + \varepsilon_t, \quad t \in \mathbb{Z}, \tag{4.1}$$

其中$\{\varepsilon_t\}$是白噪声,特征多项式

$$A(z) = 1 - \sum_{j=1}^{p} a_j z^j \neq 0, \quad |z| \leqslant 1.$$

考虑用 $\boldsymbol{X}_n = (X_1, X_2, \cdots, X_n)^{\mathrm{T}}$ 预测 X_{n+1}的问题. 设$\{\gamma_n\}$是$\{X_t\}$的自协方差函数.

对于 $1 \leqslant n \leqslant p-1$,由最佳线性预测的性质 1 知道

$$\hat{X}_{n+1} = L(X_{n+1} | \boldsymbol{X}_n) = \boldsymbol{\gamma}_n^{\mathrm{T}} \Gamma_n^{-1} \boldsymbol{X}_n,$$

其中 Γ_n 是$\{X_t\}$的 n 阶自协方差矩阵, $\boldsymbol{\gamma}_n = (\gamma_n, \gamma_{n-1}, \cdots, \gamma_1)^{\mathrm{T}}$. 预测的均方误差是

$$\mathrm{E}(X_{n+1} - \hat{X}_{n+1})^2 = \gamma_0 - \boldsymbol{\gamma}_n^{\mathrm{T}} \Gamma_n^{-1} \boldsymbol{\gamma}_n.$$

对于 $n \geqslant p$,由于当 $k \geqslant 1$时, $X_t = \sum_{j=0}^{\infty} \psi_j \varepsilon_{t-j}$与 ε_{t+k}正交,所以对 $n \geqslant p$,

$$\hat{X}_{n+1} = L\left(\sum_{j=1}^{p} a_j X_{n+1-j} \,\middle|\, \boldsymbol{X}_n \right) = \sum_{j=1}^{p} a_j X_{n+1-j}.$$

可以看出,对 $n \geqslant p$,

$$\hat{X}_{n+1} = L(X_{n+1} | X_n, X_{n-1}, \cdots, X_{n-p+1}).$$

下面考虑用 $\boldsymbol{X}_n$ 预测 X_{n+k}的问题. 对于 $n \geqslant p$,用归纳法容易证明(习题四的题 4.1)

$$L(X_{n+k} | \boldsymbol{X}_n) = L(X_{n+k} | X_n, X_{n-1}, \cdots, X_{n-p+1}).$$

说明用 p 个数据 $X_n, X_{n-1}, \cdots, X_{n-p+1}$做预测和用 $\boldsymbol{X}_n$ 做预测的结果相同. 于是有递推公式

$$\begin{aligned} L(X_{n+k} | \boldsymbol{X}_n) &= L\left(\sum_{j=1}^{p} a_j X_{n+k-j} + \varepsilon_{n+k} \,\middle|\, \boldsymbol{X}_n \right) \\ &= L\left(\sum_{j=1}^{p} a_j X_{n+k-j} \,\middle|\, \boldsymbol{X}_n \right) \\ &= \sum_{j=1}^{p} a_j L(X_{n+k-j} | X_n, X_{n-1}, \cdots, X_{n-p+1}). \end{aligned}$$

例 4.1　AR(1)模型的预测. 设 $X_n = a_1 X_{n-1} + \varepsilon_n$,则对任何 $m \in \mathbb{N}_+$,

$$L(X_{n+1}|X_n,X_{n-1},\cdots,X_{n-m+1})=a_1X_n,$$
$$L(X_{n+2}|X_n,X_{n-1},\cdots,X_{n-m+1})=a_1L(X_{n+1}|X_n)=a_1^2X_n,$$
……………
$$L(X_{n+k}|X_n,X_{n-1},\cdots,X_{n-m+1})=a_1^kX_n.$$

当 $k\to\infty$时，利用$|a_1|<1$ 和控制收敛定理得到

$$\begin{aligned}&\mathrm{E}[X_{n+k}-L(X_{n+k}|X_n,X_{n-1},\cdots,X_{n-m})]^2\\&\quad=\mathrm{E}(X_{n+k}-a_1^kX_n)^2=\mathrm{E}(X_k-a_1^kX_0)^2\\&\quad\to\gamma_0=\mathrm{E}X_0^2,\quad k\to\infty.\end{aligned}$$

由此说明，AR(1)序列是纯非决定性的平稳序列，实际上，任何ARMA(p,q)序列都是纯非决定性的(§ 5.2 例 2.3).

例 4.2 多年来某地区年平均降雨量为 $\overline{X}=540\,\mathrm{mm}$，用 X_t $(t=1,2,\cdots)$表示该地区的逐年降雨量. 如果

$$Y_t=X_t-\overline{X}$$

满足 AR(2)模型

$$Y_t=-0.54Y_{t-1}+0.3Y_{t-2}+\varepsilon_t,\quad \varepsilon_t\sim\mathrm{WN}(0,\sigma^2).$$

给定观测值 $X_1=560,X_2=470,X_3=580,X_4=496,X_5=576$，求 X_8 的最佳线性预测.

容易计算：

$$Y_1=560-540=20,\quad Y_2=470-540=-70,$$
$$Y_3=580-540=40,\quad Y_4=496-540=-44,$$
$$Y_5=576-540=36.$$

记 $\hat{Y}_j=L(Y_j|Y_1,Y_2,\cdots,Y_5)$，$6\leqslant j\leqslant 8$，则有

$$\hat{Y}_6=-0.54\times 36+0.3\times(-44)=-32.64,$$
$$\hat{Y}_7=-0.54\hat{Y}_6+0.3\times 36=28.43,$$
$$\hat{Y}_8=-0.54\hat{Y}_7+0.3\hat{Y}_6=-25.14.$$

最后

$$\hat{X}_6=540-32.64=507.36,$$
$$\hat{X}_7=540+28.43=568.43,$$
$$\hat{X}_8=540-25.14=514.86.$$

在本例中，特征多项式 $A(z)=1+0.54z-0.3z^2$ 有两个实根 $z_1=$

-1.1355，$z_2=2.9355$. 最靠近单位圆的根的辐角是 π，所以序列有周期 $T=2$ 的特性. 预测数据也体现了围绕均值 540 上下交替变化的特性.

B. MA(q)序列的预测

设 $\{\varepsilon_t\}$ 是 WN$(0,\sigma^2)$，实系数多项式 $B(z)=1+b_1z+\cdots+b_qz^q$ 在单位圆内无根：$B(z)\neq 0$，$|z|<1$. 满足 MA(q)模型

$$X_t = B(\mathscr{B})\varepsilon_t, \quad t \in \mathbb{Z} \tag{4.2}$$

的 MA(q)序列 $\{X_t\}$ 的自协方差函数 $\{\gamma_k\}$ 是 q 后截尾的. 假设 $\sigma^2, b_1, b_2, \cdots, b_q$ 已知，我们考虑用 $X_1, X_2, \cdots, X_n$ 预测 X_{n+k} 的问题.

从(3.3)可以看出，对 $n\geqslant 1$，

$$L_n = \overline{\mathrm{sp}}\{X_1, X_2, \cdots, X_n\} = \overline{\mathrm{sp}}\{\hat{\varepsilon}_1, \hat{\varepsilon}_2, \cdots, \hat{\varepsilon}_n\}, \tag{4.3}$$

这里 $\hat{\varepsilon}_n=X_n-L(X_n|\boldsymbol{X}_{n-1})$ 是 $\{X_t\}$ 的逐步预测误差，$\boldsymbol{X}_n=(X_1,\cdots,X_n)^{\mathrm{T}}$.

以下假定 $n\geqslant q$. 由于 $\{\hat{\varepsilon}_t\}$ 是正交序列，X_{n+1} 和 $\hat{\varepsilon}_j$，$1\leqslant j\leqslant n-q$ 正交，所以根据最佳线性预测的性质 6，性质 4 和性质 10 得到

$$\begin{aligned} L(X_{n+1}|\boldsymbol{X}_n) &= L(X_{n+1}|\hat{\varepsilon}_n, \cdots, \hat{\varepsilon}_1) = L(X_{n+1}|\hat{\varepsilon}_n, \cdots, \hat{\varepsilon}_{n-q+1}) \\ &= \sum_{j=1}^{q} \theta_{n,j}\hat{\varepsilon}_{n+1-j}. \end{aligned} \tag{4.4}$$

预测的均方误差为

$$\nu_n = \mathrm{E}\hat{\varepsilon}_{n+1}^2 = \gamma_0 - \sum_{j=1}^{q} \theta_{n,j}^2 \nu_{n-j}, \tag{4.5}$$

这里的 $\theta_{n,j}$，ν_n 可以利用(3.12)进行递推计算.

用 $X_1, X_2, \cdots, X_n$ 预测 X_{n+k+1} 时，按照(3.9)和(3.10)，对 $n\geqslant q$，

$$L(X_{n+k+1}|\boldsymbol{X}_n) = \begin{cases} \sum\limits_{j=k+1}^{q} \theta_{n+k,j}\hat{\varepsilon}_{n+k+1-j}, & 1\leqslant k\leqslant q-1, \\ 0, & k\geqslant q. \end{cases}$$

这时预测的均方误差

$$\begin{aligned} &\mathrm{E}[X_{n+k+1} - L(X_{n+k+1}|\boldsymbol{X}_n)]^2 \\ &\quad = \gamma_0 - \sum_{j=k+1}^{q} \theta_{n+k,j}^2 \nu_{n+k-j}, \quad 1\leqslant k\leqslant q-1, \end{aligned} \tag{4.6}$$

其中的 $\theta_{n+k,j}, \nu_{n+k-j}$可以由(3.12)递推得到.

C. ARMA(p,q)序列的预测

设$\{\varepsilon_t\}$是 WN$(0,\sigma^2)$,实系数多项式

$$A(z) = 1 - a_1 z - a_2 z^2 - \cdots - a_p z^p$$

满足最小相位条件,$B(z)=1+b_1z+\cdots+b_qz^q$ 在单位圆内无零点.对于满足 ARMA(p,q)模型

$$A(\mathscr{B})X_t = B(\mathscr{B})\varepsilon_t, \quad t \in \mathbb{Z} \tag{4.7}$$

的 ARMA 序列$\{X_t\}$,定义 $m=\max(p,q)$和(见文献[14])

$$Y_t = \begin{cases} X_t/\sigma, & t = 1,2,\cdots,m, \\ A(\mathscr{B})X_t/\sigma, & t = m+1,\cdots, \end{cases} \tag{4.8}$$

则$\{Y_t\}$由 ARMA(p,q)模型(4.7)的参数 $\boldsymbol{\beta}=(a_1,a_2,\cdots,a_p,b_1,b_2,\cdots,b_q)^{\mathrm{T}}$ 和标准白噪声$\{\varepsilon_t/\sigma\}$决定,从而不依赖 σ.假设模型(4.7)中的参数已知,我们考虑用 $X_1,X_2,\cdots,X_n$ 对 X_{n+k}进行逐步预测的问题.

从 Y_t 的定义知道,对 $t\geqslant 1$, $Y_t\in L_t=\overline{\mathrm{sp}}\{X_1,X_2,\cdots,X_t\}$,并且 $X_1,X_2,\cdots,X_m\in\overline{\mathrm{sp}}\{Y_1,Y_2,\cdots,Y_m\}$.容易看出,对 $t>m$,

$$X_t = \sigma Y_t + \sum_{j=1}^{p} a_j X_{t-j} \in \overline{\mathrm{sp}}\{Y_1,Y_2,\cdots,Y_t\}.$$

于是再利用(3.3)得到

$$\begin{aligned} L_n &= \overline{\mathrm{sp}}\{X_1,X_2,\cdots,X_n\} = \overline{\mathrm{sp}}\{Y_1,Y_2,\cdots,Y_n\} \\ &= \overline{\mathrm{sp}}\{W_1,W_2,\cdots,W_n\}, \end{aligned}$$

其中 $W_1=Y_1$, $W_t=Y_t-L(Y_t|\boldsymbol{Y}_{t-1})$是$\{Y_t\}$的样本新息.用 γ_k 表示$\{X_t\}$的自协方差函数,取 $b_0=1$; $b_j=0$,当 $j>q$.可以计算出

$$\mathrm{E}(Y_sY_t) = \begin{cases} \sigma^{-2}\gamma_{t-s}, & 1\leqslant s\leqslant t\leqslant m, \\ \sigma^{-2}\Big[\gamma_{t-s} - \sum_{j=1}^{p} a_j\gamma_{t-s-j}\Big], & 1\leqslant s\leqslant m< t, \\ \sum_{j=0}^{q} b_j b_{j+t-s}, & t\geqslant s> m, \end{cases} \tag{4.9}$$

其中的 γ_k 可用第三章的(2.10)和(2.11)计算.

定义$\{X_t\}$的逐步预测误差

$$Z_t = X_t - L(X_t|\boldsymbol{X}_{t-1}),\quad Z_1 = X_1,$$

则对 $1\leqslant t\leqslant m$,

$$W_t = X_t/\sigma - L(X_t/\sigma|\boldsymbol{X}_{t-1}) = \sigma^{-1}[X_t - L(X_t|\boldsymbol{X}_{t-1})];$$

对 $t\geqslant m+1$,

$$\begin{aligned}W_t &= \sigma^{-1}\Big[X_t - \sum_{j=1}^{p}a_jX_{t-j} - L\Big(X_t - \sum_{j=1}^{p}a_jX_{t-j}|\boldsymbol{X}_{t-1}\Big)\Big]\\ &= \sigma^{-1}[X_t - L(X_t|\boldsymbol{X}_{t-1})].\end{aligned}$$

所以$\{X_t\}$和$\{Y_t\}$的预测误差之间总有以下的关系

$$Z_t = \sigma W_t,\quad \mathrm{E}Z_t^2 = \sigma^2\mathrm{E}W_t^2,\quad t = 1,2,\cdots. \tag{4.10}$$

以下我们仍用 ν_{t-1} 表示 $\mathrm{E}W_t^2$,就有 $\mathrm{E}Z_t^2=\sigma^2\nu_{t-1}$. 对于 $1\leqslant n<m=\max(p,q)$,从逐步预测公式(3.5)得到

$$\hat{Y}_{n+1} = L(Y_{n+1}|\boldsymbol{Y}_n) = \sum_{j=1}^{n}\theta_{n,j}W_{n+1-j}.$$

于是对 $1\leqslant n<m$,

$$\begin{aligned}\hat{X}_{n+1} &= L(X_{n+1}|\boldsymbol{X}_n) = L(\sigma Y_{n+1}|\boldsymbol{Y}_n) = \sigma\hat{Y}_{n+1}\\ &= \sum_{j=1}^{n}\theta_{n,j}\sigma W_{n+1-j} = \sum_{j=1}^{n}\theta_{n,j}Z_{n+1-j}.\end{aligned}$$

对于 $n\geqslant m$,利用 ARMA 序列的合理性 $\mathrm{E}(X_t\varepsilon_{t+k})=0,k=1,2,\cdots$,得到

$$Y_{n+1} = \sigma^{-1}B(\mathscr{B})\varepsilon_{n+1} = \sigma^{-1}\sum_{j=0}^{q}b_j\varepsilon_{n+1-j}$$

与$\{X_j: 1\leqslant j\leqslant n-q\}$正交,从而与

$$\overline{\mathrm{sp}}\{Y_j: 1\leqslant j\leqslant n-q\} = \overline{\mathrm{sp}}\{W_j: 1\leqslant j\leqslant n-q\}$$

中的任何随机变量正交. 利用最佳线性预测的性质 6 和性质 4 得到

$$L(Y_{n+1}|\boldsymbol{Y}_n) = \sum_{j=1}^{q}\theta_{n,j}W_{n+1-j},\quad n\geqslant m = \max(p,q).$$

于是对 $n\geqslant m$,用(4.8)得到

$$\begin{aligned}\hat{X}_{n+1} &= L\Big(\sum_{j=1}^{p}a_jX_{n+1-j} + \sigma Y_{n+1}\Big|\boldsymbol{X}_n\Big)\\ &= \sum_{j=1}^{p}a_jX_{n+1-j} + \sigma\sum_{j=1}^{q}\theta_{n,j}W_{n+1-j}\end{aligned}$$

$$= \sum_{j=1}^{p} a_j X_{n+1-j} + \sum_{j=1}^{q} \theta_{n,j} Z_{n+1-j}.$$

总结上述推导得到

$$\hat{X}_{n+1} = \begin{cases} \sum_{j=1}^{n} \theta_{n,j} Z_{n+1-j}, & 1 \leqslant n < m, \\ \sum_{j=1}^{p} a_j X_{n+1-j} + \sum_{j=1}^{q} \theta_{n,j} Z_{n+1-j}, & n \geqslant m. \end{cases} \tag{4.11}$$

预测的均方误差仍然是 $EZ_{n+1}^2 = \sigma^2 \nu_n$. 这里的 $\theta_{n,j}$, $\nu_n = EW_{n+1}^2$ 可以利用(4.9)和(3.6)进行递推计算.

因为 $\{Y_t\}$ 和 σ 无关，所以 $\theta_{n,k}$，$\{W_n\}$，以及 ν_{n-1} 都是和 σ^2 无关的量. 它们只依赖于参数 $\boldsymbol{a} = (a_1, a_2, \cdots, a_p)^{\mathrm{T}}$ 和 $\boldsymbol{b} = (b_1, b_2, \cdots, b_q)^{\mathrm{T}}$. 这个性质在研究 ARMA 模型的最大似然估计时将得到应用.

例 4.3(接例 1.1) 用第三章 ARMA 模型(2.25)的前 $n=21$ 个自协方差函数 $\gamma_0, \cdots, \gamma_{20}$ 和公式(4.9)计算出 $E(Y_t Y_s)$ $(1 \leqslant s, t \leqslant 21)$ 后，利用公式(3.6)计算的 $\theta_{n,j}$ 如下：

n	1	2	3	4	…	19	20
$\theta_{n,1}$	−0.226	−0.4017	−0.5705	0.1807	…	0.4875	0.489
$\theta_{n,2}$	0	−0.6865	−0.6353	−0.1597	…	−0.3937	−0.394
$\theta_{n,3}$	0	0	0.3699	−0.0000	…	−0.0001	0.000
$\theta_{n,4}$	0	0	0	−0.0000	…	0.0000	−0.000

该模型的观测数据 $x_1, \cdots, x_{21}$ 在例 1.1 中给出. 利用公式(4.11)和(3.6)可以计算出逐步预测 $\hat{X}_{k+1} = L(X_{k+1} | \boldsymbol{X}_k)$ 和逐步预测的均方误差 $\nu_{k-1} = EZ_k^2$，其数值如下：

j	1	2	3	4	5	6	7
$\hat{X}_j$	0	0.104	0.070	−1.654	0.232	5.385	−1.788
$\hat{X}_{7+j}$	−4.398	−0.837	0.839	2.259	−1.395	−2.354	0.467
$\hat{X}_{14+j}$	2.585	1.069	−1.668	0.161	5.725	−0.229	−3.468
ν_{j-1}	6.670	6.330	2.505	2.387	1.268	1.233	1.142
ν_{6+j}	1.114	1.086	1.069	1.056	1.046	1.038	1.031
ν_{13+j}	1.026	1.022	1.018	1.016	1.013	1.011	1.010

从以上数据可看出，ν_k 收敛到 $\sigma^2 = 1$ 的速度是较理想的(参考习题四

的题 4.4). 图 5.4.1 是 x_t(虚线)和 $\hat{X}_t$(实线)的数据图. 从图 5.4.1 可看到,逐步预测 $\hat{X}_t$ 可以理想地预测 X_t 的走势,这是和该 ARMA 序列的明显周期性有关的. 由于 $Z_k = X_k - \hat{X}_k$ 服从正态分布 $(0,\nu_{k-1})$,所以真值 x_t 的置信度为 0.95 的置信下、上限分别是

$$\hat{X}_k - 1.96\sqrt{\nu_{k-1}},\quad \hat{X}_k + 1.96\sqrt{\nu_{k-1}}.$$

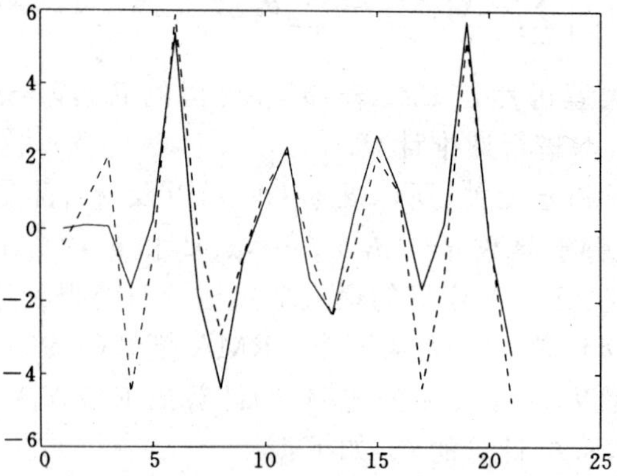

图 5.4.1 ARMA(4,2)的逐步预测

图 5.4.2 的从上到下三条曲线分别是$\{x_t\}$的置信上限、$\{x_t\}$本身(虚线)和置信下限. 置信区间的长度 $3.92\sqrt{\nu_{k-1}}$随 k 增加而减少,最后稳定在 3.92 附近.

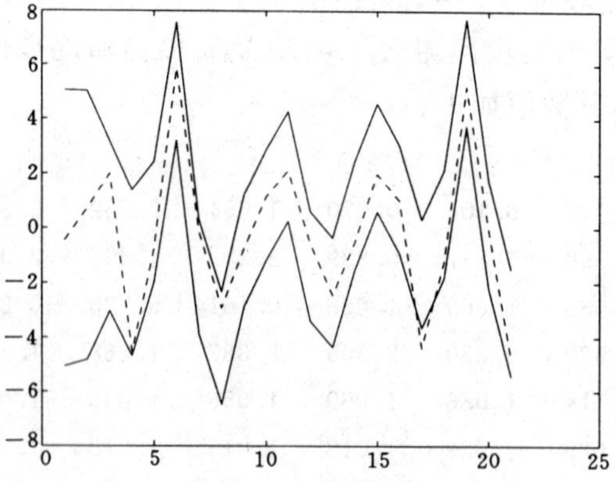

图 5.4.2 ARMA(4,2)的逐步区间预测

*D. ARMA(p,q)序列的 $k+1$ 步预测

考虑用 $\boldsymbol{X}_n=(X_1,X_2,\cdots,X_n)^{\mathrm{T}}$ 预测 X_{n+k+1}的问题. 下面总设 $n>m$. 注意 Y_{n+k+1}和$\{W_t:\ t\leqslant n+k-q\}$正交. 利用(3.9)得到

$$\begin{aligned}L(Y_{n+k+1}|\boldsymbol{Y}_n)&=\sum_{j=k+1}^{n+k}\theta_{n+k,j}W_{n+k+1-j}\\&=\sum_{j=k+1}^{q}\theta_{n+k,j}\sigma^{-1}Z_{n+k+1-j},\quad 1\leqslant k<q.\end{aligned}$$

于是,利用

$$X_{n+k+1}=\sum_{j=1}^{p}a_jX_{n+k+1-j}+\sigma Y_{n+k+1},$$

$$L(X_{n+k+1}|\boldsymbol{X}_n)=\sum_{j=1}^{p}a_jL(X_{n+k+1-j}|\boldsymbol{X}_n)+\sigma L(Y_{n+k+1}|\boldsymbol{Y}_n)$$

得到递推公式

$$L(X_{n+k+1}|\boldsymbol{X}_n)=\begin{cases}\displaystyle\sum_{j=1}^{p}a_jL(X_{n+k+1-j}|\boldsymbol{X}_n)+\sum_{j=k+1}^{q}\theta_{n+k,j}Z_{n+k+1-j}, & 0\leqslant k<q,\ n>m,\\ \displaystyle\sum_{j=1}^{p}a_jL(X_{n+k+1-j}|\boldsymbol{X}_n), & k\geqslant q,n>m.\end{cases}\tag{4.12}$$

为计算预测的均方误差,从(4.11)得到

$$\begin{aligned}X_{n+k+1}&=\hat{X}_{n+k+1}+(X_{n+k+1}-\hat{X}_{n+k+1})\\&=\sum_{j=1}^{p}a_jX_{n+k+1-j}+\sum_{j=1}^{q}\theta_{n+k,j}\,Z_{n+k+1-j}+Z_{n+k+1}\\&=\sum_{j=1}^{p}a_jX_{n+k+1-j}+\sum_{j=0}^{q}\theta_{n+k,j}\,Z_{n+k+1-j},\end{aligned}\tag{4.13}$$

其中 $\theta_{n+j,0}\xlongequal{\text{def}}1$. 将式(4.13)和式(4.12)相减得到

$$X_{n+k+1}-L(X_{n+k+1}|\boldsymbol{X}_n)=\sum_{j=1}^{p}a_j[X_{n+k+1-j}-L(X_{n+k+1-j}|\boldsymbol{X}_n)]+\sum_{j=0}^{\min(q,k)}\theta_{n+k,j}Z_{n+k+1-j}.$$

补充定义 $a_0=-1$；$\theta_{n+k,j}=0$，当 $j>q$ 和 $Z_k(n)=X_k-L(X_k|\boldsymbol{X}_n)$后，得到

$$-\sum_{j=0}^{p}a_jZ_{n+k+1-j}(n)=\sum_{j=0}^{k}\theta_{n+k,j}Z_{n+k+1-j},\quad k=0,1,\cdots.$$

利用当 $j>k$ 时，$Z_{n+k+1-j}(n)=Z_{n+k+1-j}=0$，得到

$$\begin{aligned}&-a_0Z_{n+1}(n)=\theta_{n,0}Z_{n+1},\\&-[a_1Z_{n+1}(n)+a_0Z_{n+2}(n)]=\theta_{n+1,1}Z_{n+1}+\theta_{n+1,0}Z_{n+2},\\&\cdots\cdots\cdots\cdots\cdots\cdots\cdots\cdots\cdots\cdots\cdots\cdots\\&-[a_pZ_{n+k+1-p}(n)+\cdots+a_0Z_{n+k+1}(n)]\\&\quad=\theta_{n+k,k}Z_{n+1}+\cdots+\theta_{n+k,0}Z_{n+k+1}.\end{aligned}$$

再对 $k>p$ 定义 $a_k=0$，可以将上述等式写成矩阵的形式

$$-\begin{bmatrix}a_0&0&\cdots&0\\a_1&a_0&\cdots&0\\\vdots&\vdots&&\vdots\\a_k&a_{k-1}&\cdots&a_0\end{bmatrix}\begin{bmatrix}Z_{n+1}(n)\\Z_{n+2}(n)\\\vdots\\Z_{n+k+1}(n)\end{bmatrix}$$

$$=\begin{bmatrix}\theta_{n,0}&0&\cdots&0\\\theta_{n+1,1}&\theta_{n+1,0}&\cdots&0\\\vdots&\vdots&&\vdots\\\theta_{n+k,k}&\theta_{n+k,k-1}&\cdots&\theta_{n+k,0}\end{bmatrix}\begin{bmatrix}Z_{n+1}\\Z_{n+2}\\\vdots\\Z_{n+k+1}\end{bmatrix}.$$

用 C 和 D 分别表示上式左右两边的 $(k+1)\times(k+1)$ 矩阵，用 V 表示对角矩阵 $\mathrm{diag}(\nu_n,\nu_{n+1},\cdots,\nu_{n+k})$，容易得到 $(Z_{n+1}(n),Z_{n+2}(n),\cdots,Z_{n+k+1}(n))^{\mathrm{T}}$ 的协方差矩阵

$$U=C^{-1}DVD^{\mathrm{T}}(C^{\mathrm{T}})^{-1}.\tag{4.14}$$

于是对 $k\geqslant 0$，

$$\mathrm{E}[X_{n+k+1}-L(X_{n+k+1}|\boldsymbol{X}_n)]^2=U(k+1,k+1)\tag{4.15}$$

是矩阵 U 的 $(k+1,k+1)$ 元素.

E. 求和 ARIMA(p,d,q)序列的预测

设 $\{X_t\}$ 满足求和 ARIMA(p,d,q)模型：

$$A(\mathscr{B})(1-\mathscr{B})^dX_t=B(\mathscr{B})\varepsilon_t,\quad \varepsilon_t\sim\mathrm{WN}(0,\sigma^2),\quad t\in\mathbb{N},$$

则 $Y_t=(1-\mathscr{B})^d X_t, t=d+1,d+2,\cdots,n$ 满足 ARMA(p,q)模型：

$$A(\mathscr{B})Y_t = B(\mathscr{B})\varepsilon_t, \quad t \in \mathbb{N}.$$

考虑用 $X_1,X_2,\cdots,X_n$ 预测 X_{n+k}的问题. 首先利用 ARMA 序列的预测方法得到用 $Y_{d+1},Y_{d+2},\cdots,Y_n$ 预测

$$Y_{n+1},\ Y_{n+2},\ \cdots,\ Y_{n+k}$$

时的最佳线性预测

$$\widetilde{Y}_{n+j} = L(Y_{n+j}|Y_{d+1},Y_{d+2},\cdots,Y_n), \quad j = 1,2,\cdots,k.$$

再由公式

$$(1-\mathscr{B})^d \hat{X}_t = \widetilde{Y}_t, \quad t = n+1,n+2,\cdots,n+k$$

得到近似的递推公式

$$\hat{X}_{n+k} = \widetilde{Y}_{n+k} - \sum_{j=1}^{d} C_d^j(-1)^j \hat{X}_{n+k-j}, \quad k \geqslant 1,$$

其中 $\hat{X}_{n-j}=X_{n-j}$，当 $j\geqslant 0$ 时.

习 题 四

4.1 对于 AR(p)序列$\{X_t\}$，$n\geqslant p$ 和 $k\geqslant 1$，证明

$$L(X_{n+k}|X_n,X_{n-1},\cdots,X_1) = L(X_{n+k}|X_n,X_{n-1},\cdots,X_{n-p+1}).$$

4.2 对于非中心化的 AR(p)序列$\{X_t\}$(见§2.2 习题二的题 2.3)，设 $\boldsymbol{X}_n=(X_1,X_2,\cdots,X_n)^{\mathrm{T}}$，给出

$$L(X_{n+k+1}|\boldsymbol{X}_n), \quad n \geqslant p,\ k \geqslant 0$$

的计算公式.

4.3 列出用 ARMA(p,q)模型(4.7)中的参数 $a_1,a_2,\cdots,a_p;b_1,b_2,\cdots,b_q$ 递推计算(4.11)中的 $\theta_{n,j},\nu_j$ 的公式. 中间不要出现白噪声的方差 σ^2.

4.4 设$\{X_t\}$是可逆的 ARMA(p,q)序列，

$$\hat{X}_{n+k} \xlongequal{\text{def}} L(X_{n+k}|X_n,X_{n-1},\cdots,X_1), \quad k = 1,2,\cdots.$$

证明：

(1) $\lim\limits_{k\to\infty} \lim\limits_{n\to\infty} \mathrm{E}\hat{X}_{n+k}^2=0$；

(2) $\lim\limits_{n\to\infty} \mathrm{E}(\hat{X}_{n+1}-X_{n+1})^2=\sigma^2$.

4.5 对 ARMA(1,1)序列 $X_t=aX_{t-1}+\varepsilon_t+b\varepsilon_{t-1}$，设$\{Y_t\}$按

(4.8)定义，$\nu_t = \mathrm{E}[Y_{t+1} - L(Y_{t+1} | \boldsymbol{Y}_t)]^2$. 证明：

(1) $$\mathrm{E}(Y_s Y_t) = \begin{cases} (1+2ab+b^2)/(1-a^2), & s=t=1, \\ 1+b^2, & s=t\geqslant 2, \\ b, & |s-t|=1,\ s\geqslant 1, \\ 0, & \text{其他}; \end{cases}$$

(2) $\nu_0 = (1+2ab+b^2)/(1-a^2)$，$\theta_{n,1} = b/\nu_{n-1}$，

$\nu_n = 1+b^2-b^2/\nu_{n-1}$；

(3) $\hat{X}_{t+1} = aX_t + \theta_{n,1}(X_t - \hat{X}_t)$，$t\geqslant 1$.

第六章　ARMA 模型的参数估计

在为时间序列建立模型时,一般应当采用比较节俭的模型,也就是说模型的参数应当较少.这是因为节俭的模型的参数比较好估计,稳健性也会好一些.

§6.1　AR(p)模型的参数估计

p 阶自回归模型是最常用的模型之一.我们的目的是为观测数据建立 AR(p)模型

$$X_t = \sum_{j=1}^{p} a_j X_{t-j} + \varepsilon_t, \quad t \geqslant 0. \tag{1.1}$$

假设自回归阶数 p 已知,需要考虑回归系数

$$\boldsymbol{a} = (a_1, a_2, \cdots, a_p)^{\mathrm{T}}$$

和零均值白噪声$\{\varepsilon_t\}$的方差 $\sigma^2 = \mathrm{E}\varepsilon_t^2$ 的估计问题.实际计算时,首先要对观测数据 $x_1, x_2, \cdots, x_N$ 进行零均值化的预处理如下:

$$y_t = x_t - \bar{x}_N,\ t = 1, 2, \cdots, N, \quad \bar{x}_N = \frac{1}{N}\sum_{j=1}^{N} x_j,$$

然后为数据$\{y_t\}$建立一个 AR(p)模型.为方便起见以下假设数据 $x_1, x_2, \cdots, x_N$ 满足模型(1.1).

A. AR(p)模型的 Yule-Walker 估计

从 AR(p)模型的基本知识知道,其自回归系数 $\boldsymbol{a}$ 由 AR(p)序列的自协方差函数 $\gamma_0, \gamma_1, \cdots, \gamma_p$ 通过 Yule-Walker 方程

$$\begin{bmatrix} \gamma_1 \\ \gamma_2 \\ \vdots \\ \gamma_p \end{bmatrix} = \begin{bmatrix} \gamma_0 & \gamma_1 & \cdots & \gamma_{p-1} \\ \gamma_1 & \gamma_0 & \cdots & \gamma_{p-2} \\ \vdots & \vdots & & \vdots \\ \gamma_{p-1} & \gamma_{p-2} & \cdots & \gamma_0 \end{bmatrix} \begin{bmatrix} a_1 \\ a_2 \\ \vdots \\ a_p \end{bmatrix}$$

惟一决定. 白噪声的方差 σ^2 由

$$\sigma^2 = \gamma_0 - (a_1\gamma_1 + a_2\gamma_2 + \cdots + a_p\gamma_p)$$

决定(见 § 2.3 的推论 3.4). 现在从观测样本 $x_1, x_2, \cdots, x_N$ 可以构造出样本自协方差函数的估计:

$$\hat{\gamma}_k = \frac{1}{N}\sum_{j=1}^{N-k} y_j y_{j+k}, \quad k = 0, 1, \cdots, p, \tag{1.2}$$

所以 AR(p)的自回归系数和白噪声方差的矩估计

$$(\hat{a}_1, \hat{a}_2, \cdots, \hat{a}_p)^{\mathrm{T}}, \quad \hat{\sigma}^2$$

就由样本 Yule-Walker 方程

$$\begin{bmatrix} \hat{\gamma}_1 \\ \hat{\gamma}_2 \\ \vdots \\ \hat{\gamma}_p \end{bmatrix} = \begin{bmatrix} \hat{\gamma}_0 & \hat{\gamma}_1 & \cdots & \hat{\gamma}_{p-1} \\ \hat{\gamma}_1 & \hat{\gamma}_0 & \cdots & \hat{\gamma}_{p-2} \\ \vdots & \vdots & & \vdots \\ \hat{\gamma}_{p-1} & \hat{\gamma}_{p-2} & \cdots & \hat{\gamma}_0 \end{bmatrix} \begin{bmatrix} \hat{a}_1 \\ \hat{a}_2 \\ \vdots \\ \hat{a}_p \end{bmatrix} \tag{1.3}$$

和

$$\hat{\sigma}^2 = \hat{\gamma}_0 - (\hat{a}_1\hat{\gamma}_1 + \hat{a}_2\hat{\gamma}_2 + \cdots + \hat{a}_p\hat{\gamma}_p) \tag{1.4}$$

决定. 由 § 4.2 知道, 只要 $N > p$, $x_1, x_2, \cdots, x_N$ 不全相同, p 阶样本自协方差矩阵 $\hat{\Gamma}_p = (\hat{\gamma}_{k-j})$就是正定的. 以下总设 $N > p$, $x_1, x_2, \cdots, x_N$ 不全相同. 于是 $\boldsymbol{a}_p$ 和 σ^2 的矩估计由样本 Yule-Walker 方程(1.3)和(1.4)惟一确定. 在实际工作中, 对于较大的 p 为了加快计算速度还可以采用如下的 Levinson 递推方法(见 § 2.4 的定理 4.2):

$$\begin{cases} \hat{\sigma}_0^2 = \hat{\gamma}_0, \\ \hat{a}_{1,1} = \hat{\gamma}_1 / \hat{\sigma}_0^2, \\ \hat{\sigma}_k^2 = \hat{\sigma}_{k-1}^2 (1 - \hat{a}_{k,k}^2), \\ \hat{a}_{k+1,k+1} = \dfrac{\hat{\gamma}_{k+1} - \hat{\gamma}_k \hat{a}_{k,1} - \hat{\gamma}_{k-1}\hat{a}_{k,2} - \cdots - \hat{\gamma}_1 \hat{a}_{k,k}}{\hat{\gamma}_0 - \hat{\gamma}_1 \hat{a}_{k,1} - \hat{\gamma}_2 \hat{a}_{k,2} - \cdots - \hat{\gamma}_k \hat{a}_{k,k}}, \\ \hat{a}_{k+1,j} = \hat{a}_{k,j} - \hat{a}_{k+1,k+1}\hat{a}_{k,k+1-j}, \ 1 \leqslant j \leqslant k, \ k \leqslant p. \end{cases} \tag{1.5}$$

递推的最后得到矩估计

$$(\hat{a}_1, \hat{a}_2, \cdots, \hat{a}_p) = (\hat{a}_{p,1}, \hat{a}_{p,2}, \cdots, \hat{a}_{p,p}), \quad \hat{\sigma}^2 = \hat{\sigma}_p^2. \tag{1.6}$$

由于上述的矩估计由 Yule-Walker 方程得到, 所以又被称为 **Yule-Walker 估计**. 它的优点之一是计算简便. 但是 Yule-Walker 估计的最大优点是得到的样本自回归系数$(\hat{a}_1, \hat{a}_2, \cdots, \hat{a}_p)$满足最小相

位条件

$$\hat{A}(z) = 1 - \sum_{j=1}^{p} \hat{a}_j z^j \neq 0, \quad 当 \ |z| \leqslant 1. \tag{1.7}$$

这个结果由 § 2.4 的定理 4.1 直接得到,因为 $\hat{\Gamma}_{p+1}$是正定矩阵.

由 § 2.3 的定理 3.5 知道, AR(p)序列的自协方差矩阵 Γ_p 是正定矩阵. 于是从估计方程(1.3)和(1.4)可以看出,只要样本自协方差函数是强相合估计, Yule-Walker 估计作为样本自协方差函数 $\hat{\gamma}_0, \hat{\gamma}_1, \cdots, \hat{\gamma}_p$ 的连续函数,也是强相合估计. 为保证样本自协方差函数的强相合性,根据 § 4.2 的定理 2.1,只需要求白噪声$\{\varepsilon_t\}$是独立同分布的就够了. 实际上,独立同分布的要求还可以进一步放松.

定理 1.1(见文献[18]) 如果 AR(p)模型(1.1)中的$\{\varepsilon_t\}$是独立同分布的 WN$(0,\sigma^2)$, $E\varepsilon_t^4 < \infty$, 则当 $N \to \infty$时,

(1) $\hat{\sigma}^2 \to \sigma^2$, $\hat{a}_j \to a_j$ a. s. , $1 \leqslant j \leqslant p$;

(2) $\sqrt{N}(\hat{a}_1 - a_1, \hat{a}_2 - a_2, \cdots, \hat{a}_p - a_p)^{\mathrm{T}}$ 依分布收敛到 p 维正态分布 $N(0, \sigma^2 \Gamma_p^{-1})$;

(3) $\sqrt{N} \sup\limits_{1 \leqslant j \leqslant p} |\hat{a}_j - a_j| = O(\sqrt{\ln\ln N})$, a. s. , $\sqrt{N} |\hat{\sigma}_j^2 - \sigma^2| = O(\sqrt{\ln\ln N})$, a. s.

在上述定理的条件下,用 $\sigma_{j,j}$表示 $\sigma^2 \Gamma_p^{-1}$ 的第 $j \times j$ 元素时,利用正态分布的性质知道$\sqrt{N}(\hat{a}_j - a_j)$依分布收敛到正态分布$(0, \sigma_{j,j})$. 于是 a_j 的置信水平为0.95的渐近置信区间是

$$[\hat{a}_j - 1.96 \sqrt{\sigma_{j,j}} / \sqrt{N}, \ \hat{a}_j + 1.96 \sqrt{\sigma_{j,j}} / \sqrt{N}].$$

在实际的问题中, $\sigma_{j,j}$是未知的,可以用 $\hat{\sigma}^2 \hat{\Gamma}_p^{-1}$ 的 $j \times j$ 元素 $\hat{\sigma}_{j,j}$代替 $\sigma_{j,j}$,得到 a_j 的近似置信区间

$$[\hat{a}_j - 1.96 \sqrt{\hat{\sigma}_{j,j}} / \sqrt{N}, \ \hat{a}_j + 1.96 \sqrt{\hat{\sigma}_{j,j}} / \sqrt{N}].$$

B. AR(p)模型的最小二乘估计

最小二乘估计是线性模型中最常用的估计方法. 它有计算简单的优点. 如果 $d_1, d_2, \cdots, d_p$ 是自回归系数 $a_1, a_2, \cdots, a_p$ 的估计,白噪声 ε_j 的估计应当定义为

$$\hat{\varepsilon}_j = y_j - (d_1 y_{j-1} + d_2 y_{j-2} + \cdots + d_p y_{j-p}), \quad p+1 \leqslant j \leqslant N. \tag{1.8}$$

通常称 $\hat{\varepsilon}_j, p+1 \leqslant j \leqslant N$ 为**残差**. 如果 $d_1, d_2, \cdots, d_p$ 是自回归系数 $a_1, a_2, \cdots, a_p$ 的较好估计,残差的方差不应当很大. 于是,合理的估计量 $d_1, d_2, \cdots, d_p$ 应当使得残差平方和

$$S(d_1, d_2, \cdots, d_p) = \sum_{j=p+1}^{N} [y_j - (d_1 y_{j-1} + d_2 y_{j-2} + \cdots + d_p y_{j-p})]^2 \tag{1.9}$$

的取值比较小.

另一方面,在考虑用 $y_{j-1}, y_{j-2}, \cdots, y_{j-p}$ 的线性组合

$$d_1 y_{j-1} + d_2 y_{j-2} + \cdots + d_p y_{j-p} \tag{1.10}$$

对 y_j 进行预测时,合理的估计量 $d_1, d_2, \cdots, d_p$ 也应当使得预测误差(1.8)的平方和取值较小.

基于以上原因,我们把由(1.9)定义的 $S(d_1, d_2, \cdots, d_p)$ 的最小值点

$$\hat{d}_1, \hat{d}_2, \cdots, \hat{d}_p$$

称为自回归系数的最小二乘估计.

引入列向量和矩阵

$$\boldsymbol{Y} = \begin{bmatrix} y_{p+1} \\ y_{p+2} \\ \vdots \\ y_N \end{bmatrix}, \quad \underline{X} = \begin{bmatrix} y_p & y_{p-1} & \cdots & y_1 \\ y_{p+1} & y_p & \cdots & y_2 \\ \vdots & \vdots & & \vdots \\ y_{N-1} & y_{N-2} & \cdots & y_{N-p} \end{bmatrix}, \quad \boldsymbol{d} = \begin{bmatrix} d_1 \\ d_2 \\ \vdots \\ d_p \end{bmatrix}.$$

可以把函数 $S(d_1, d_2, \cdots, d_p)$ 写成 $(N-p)$ 维欧氏空间中距离的形式

$$S(d_1, d_2, \cdots, d_p) = |\boldsymbol{Y} - \underline{X}\boldsymbol{d}|^2. \tag{1.11}$$

根据垂直距离最短的道理, $S(d_1, d_2, \cdots, d_p)$ 的最小值点 $\boldsymbol{d}$ 应当使得 $(\boldsymbol{Y} - \underline{X}\boldsymbol{d})$ 和 $\underline{X}$ 的每个列向量正交. 也就是 $\boldsymbol{d}$ 使得

$$\underline{X}^{\mathrm{T}}(\boldsymbol{Y} - \underline{X}\boldsymbol{d}) = 0. \tag{1.12}$$

实际上,若 $\boldsymbol{d}$ 是(1.12)的解,则对任一个 p 维列向量 $\boldsymbol{c} = (c_1, c_2, \cdots, c_p)^{\mathrm{T}}$,有

$$\begin{aligned} S(c_1,c_2,\cdots,c_p) &= |\boldsymbol{Y}-\underline{X}\boldsymbol{c}|^2 = |\boldsymbol{Y}-\underline{X}\boldsymbol{d}+\underline{X}(\boldsymbol{c}-\boldsymbol{d})|^2 \\ &= |\boldsymbol{Y}-\underline{X}\boldsymbol{d}|^2 + |\underline{X}(\boldsymbol{c}-\boldsymbol{d})|^2 \\ &\quad + 2[\underline{X}(\boldsymbol{c}-\boldsymbol{d})]^{\mathrm{T}}(\boldsymbol{Y}-\underline{X}\boldsymbol{d}) \\ &= |\boldsymbol{Y}-\underline{X}\boldsymbol{d}|^2 + |\underline{X}(\boldsymbol{c}-\boldsymbol{d})|^2 \\ &\geqslant |\boldsymbol{Y}-\underline{X}\boldsymbol{d}|^2. \end{aligned}$$

于是,线性方程组(1.12)的任一解是自回归系数$(a_1,a_2,\cdots,a_p)$的最小二乘估计.特别当$p\times p$对称矩阵$\underline{X}^{\mathrm{T}}\underline{X}$正定时,自回归系数的最小二乘估计是惟一的,由

$$(\hat{a}_1,\hat{a}_2,\cdots,\hat{a}_p)^{\mathrm{T}} = (\underline{X}^{\mathrm{T}}\underline{X})^{-1}\underline{X}^{\mathrm{T}}\boldsymbol{Y}$$

给出.白噪声方差σ^2的最小二乘估计为

$$\hat{\sigma}^2 = \frac{1}{N-p}S(\hat{a}_1,\hat{a}_2,\cdots,\hat{a}_p). \tag{1.13}$$

为了解最小二乘估计和 Yule-Walker 估计的区别,需要介绍有关随机变量依概率有界的定义.

定义1.1 设$\{\xi_n\}$是时间序列,$\{c_n\}$是非零常数列.如果对任何$\varepsilon>0$,存在正数M,使得

$$\sup_n P(|\xi_n|>M)\leqslant\varepsilon,$$

就称时间序列$\{\xi_n\}$是**依概率有界的**,记作$\xi_n=O_p(1)$.如果$\{\xi_n/c_n\}=O_p(1)$,就称$\xi_n=O_p(c_n)$.

与此相应地,我们将随机序列$\{\xi_n/c_n\}$依概率收敛于零记作$\xi_n=o_p(c_n)$.可以看出,当$\xi_n=o_p(c_n)$时,有$\xi_n=O_p(c_n)$. 实际上,如果$\xi_n=o_p(c_n)$,有$\delta>0$,使得只要$n>N$,就有

$$P(|\xi_n/c_n|>\delta)<\varepsilon.$$

容易取到$M\geqslant\delta$,使得

$$\sup_{1\leqslant n\leqslant N} P(|\xi_n/c_n|>M)\leqslant\varepsilon,$$

从而

$$\sup_n P(|\xi_n/c_n|>M)\leqslant\varepsilon.$$

另外,如果$\xi_n=O_p(1)$,则对任何$c_n\to\infty$,有$\xi_n/c_n=o_p(1)$ (见习题一的题1.1).

下面我们对最小二乘估计和 Yule-Walker 估计进行比较.

注意对于$1\leqslant k\leqslant j\leqslant p$,矩阵$(1/N)\underline{X}^{\mathrm{T}}\ \underline{X}$的第$(j,k)$元素是

$$\begin{aligned}\tilde{\gamma}_{jk}&=\frac{1}{N}\sum_{t=1}^{N-p}y_{t+p-j}y_{t+p-k}=\frac{1}{N}\sum_{t=p-j+1}^{N-j}y_ty_{t+j-k}\\&=\frac{1}{N}\sum_{t=1}^{N-(j-k)}y_ty_{t+j-k}-\frac{1}{N}\sum_{t=1}^{p-j}y_ty_{t+j-k}-\frac{1}{N}\sum_{t=N-j+1}^{N-(j-k)}y_ty_{t+j-k}\\&=\hat{\gamma}_{j-k}-\frac{1}{N}\sum_{t=1}^{p-j}y_ty_{t+j-k}-\frac{1}{N}\sum_{t=N-j+1}^{N-(j-k)}y_ty_{t+j-k},\end{aligned}$$

这里$\hat{\gamma}_{j-k}$由(1.2)定义. 完全类似地得到$(1/N)\underline{X}^{\mathrm{T}}\boldsymbol{Y}$的第$j$个元素

$$\begin{aligned}\tilde{\gamma}_j&=\frac{1}{N}\sum_{t=1}^{N-p}y_{t+p-j}y_{t+p}=\frac{1}{N}\sum_{t=p-j+1}^{N-j}y_ty_{t+j}\\&=\frac{1}{N}\sum_{t=1}^{N-j}y_ty_{t+j}-\frac{1}{N}\sum_{t=1}^{p-j}y_ty_{t+j}=\hat{\gamma}_j-\frac{1}{N}\sum_{t=1}^{p-j}y_ty_{t+j}.\end{aligned}$$

这样,如果$\{\varepsilon_t\}$是独立同分布的,则该 AR(p)序列是严平稳遍历的. 由遍历定理得到当$N\to\infty$时,

$$\begin{aligned}\frac{1}{N}\sum_{t=1}^{p-j}y_ty_{t+j}&=\frac{1}{N}\sum_{t=1}^{p-j}(x_t-\bar{x}_N)(x_{t+j}-\bar{x}_N)\\&=\frac{1}{N}\sum_{t=1}^{p-j}(x_tx_{t+j}-x_t\bar{x}_N-\bar{x}_Nx_{t+j}+\bar{x}_N^2)\\&\to 0,\ \text{a.s.}.\end{aligned}$$

同理有

$$\frac{1}{N}\sum_{t=N-j+1}^{N-(j-k)}y_ty_{t+j-k}\to 0,\ \text{a.s.},\quad \frac{1}{N}\sum_{t=1}^{p-j}y_ty_{t+j-k}\to 0,\ \text{a.s.}.$$

于是,对$1\leqslant k\leqslant j\leqslant p$有

$$\tilde{\gamma}_{jk}\to\gamma_{j-k},\quad \tilde{\gamma}_j\to\gamma_j,\ \text{a.s.}.$$

这样,当$N\to\infty$时,

$$(\underline{X}^{\mathrm{T}}\ \underline{X})^{-1}\ \underline{X}^{\mathrm{T}}\boldsymbol{Y}=\left(\frac{1}{N}\ \underline{X}^{\mathrm{T}}\ \underline{X}\right)^{-1}\left(\frac{1}{N}\ \underline{X}^{\mathrm{T}}\boldsymbol{Y}\right)\to\boldsymbol{\Gamma}_p^{-1}\boldsymbol{\gamma}_p=\boldsymbol{a},$$

其中$\boldsymbol{\gamma}_p=(\gamma_1,\gamma_2,\cdots,\gamma_p)^{\mathrm{T}}$. 另一方面又可以利用

$$\mathrm{E}\,|y_jy_k|\leqslant[\mathrm{E}y_j^2\mathrm{E}y_k^2]^{1/2}\leqslant 4\gamma_0$$

得到

$$
\begin{aligned}
\mathrm{E}|\tilde{\gamma}_{jk}-\hat{\gamma}_{j-k}| &\leqslant \frac{1}{N}\mathrm{E}\left|\sum_{t=1}^{p-j} y_t y_{t+j-k}+\sum_{t=N-j+1}^{N-(j-k)} y_t y_{t+j-k}\right| \\
&\leqslant 4\,\frac{k+p-j}{N}\gamma_0 \leqslant \frac{4p\gamma_0}{N}.
\end{aligned}
$$

从切比雪夫不等式知道，对任何正数 ε，有 $M>0$，使得

$$
P(N|\tilde{\gamma}_{jk}-\hat{\gamma}_{j-k}|\geqslant M)\leqslant \frac{4p\gamma_0}{M}<\varepsilon,\quad 1\leqslant j,k\leqslant p,
$$

于是

$$
(\tilde{\gamma}_{jk}-\hat{\gamma}_{j-k})=O_p(1/N).
$$

也就是说，$|\tilde{\gamma}_{jk}-\hat{\gamma}_{j-k}|$依概率收敛到 0 的速度和 N^{-1}同阶. 同理有

$$
(\tilde{\gamma}_j-\hat{\gamma}_j)=O_p(1/N),\quad 1\leqslant j\leqslant p.
$$

用 $\hat{\boldsymbol{a}}=(\hat{a}_1,\hat{a}_2,\cdots,\hat{a}_p)^{\mathrm{T}}$ 和 $\hat{\boldsymbol{d}}=(\hat{d}_1,\hat{d}_2,\cdots,\hat{d}_p)^{\mathrm{T}}$ 分别表示 Yule-Walker 估计和最小二乘估计. 记 $\hat{\boldsymbol{\gamma}}_p=(\hat{\gamma}_1,\hat{\gamma}_2,\cdots,\hat{\gamma}_p)^{\mathrm{T}}$，就有

$$
\begin{aligned}
\hat{\boldsymbol{d}}-\hat{\boldsymbol{a}} &= (\underline{X}^{\mathrm{T}}\underline{X})^{-1}\underline{X}^{\mathrm{T}}\boldsymbol{Y}-\hat{\Gamma}_p^{-1}\hat{\boldsymbol{\gamma}}_p \\
&= \left(\frac{1}{N}\underline{X}^{\mathrm{T}}\underline{X}\right)^{-1}\left(\frac{1}{N}\underline{X}^{\mathrm{T}}\boldsymbol{Y}-\hat{\boldsymbol{\gamma}}_p\right)+\left[\left(\frac{1}{N}\underline{X}^{\mathrm{T}}\underline{X}\right)^{-1}-\hat{\Gamma}_p^{-1}\right]\hat{\boldsymbol{\gamma}}_p \\
&= \left(\frac{1}{N}\underline{X}^{\mathrm{T}}\underline{X}\right)^{-1}O_p(1/N) \\
&\quad +\left(\frac{1}{N}\underline{X}^{\mathrm{T}}\underline{X}\right)^{-1}\left[\hat{\Gamma}_p-\frac{1}{N}\underline{X}^{\mathrm{T}}\underline{X}\right]\hat{\Gamma}_p^{-1}\hat{\boldsymbol{\gamma}}_p \\
&= O_p(1/N),\quad N\to\infty.
\end{aligned}\tag{1.14}
$$

上式说明，对 $1\leqslant j\leqslant p$，$\hat{a}_j-\hat{d}_j=O_p(1/N)$. 由于 $1/N$ 收敛到零的速度很快，所以也可以说对较大的 N，最小二乘估计和 Yule-Walker 估计的差别不大.

关于自回归系数的最小二乘估计，也有相应的大样本性质.

定理 1.2 设 AR(p)模型(1.1)中的白噪声$\{\varepsilon_t\}$是独立同分布的，$\mathrm{E}\varepsilon_t^4<\infty$，$(\hat{a}_1,\hat{a}_2,\cdots,\hat{a}_p)$是自回归系数$(a_1,a_2,\cdots,a_p)$的最小二乘估计. 则当 $N\to\infty$时，

$$
\sqrt{N}(\hat{a}_1-a_1,\hat{a}_2-a_2,\cdots,\hat{a}_p-a_p)
$$

依分布收敛到 p 维正态分布 $N(0,\sigma^2\Gamma_p^{-1})$.

定理 1.2 的证明由定理 1.1 和式(1.14)直接得到.

C. AR(p)模型的最大似然估计

通常矩估计具有容易计算的优点,但也往往有估计的精度不高的缺点. Yule-Walker 估计实际上是矩估计,而最小二乘估计又和 Yule-Walker 估计接近. 所以也有同样的优缺点. 通常,最大似然估计的估计精度比较高. 所以还希望对 AR(p)模型的参数能够计算最大似然估计.

设 AR(p)模型(1.1)的白噪声

$$\varepsilon_t = X_t - \sum_{j=1}^{p} a_j X_{t-j}$$

服从正态分布,则 $\varepsilon_{p+1},\varepsilon_{p+2},\cdots,\varepsilon_N$ 有联合密度函数

$$\left(\frac{1}{2\pi\sigma^2}\right)^{\frac{N-p}{2}} \exp\left(-\frac{1}{2\sigma^2}\sum_{t=p+1}^{N}\varepsilon_t^2\right). \tag{1.15}$$

利用(1.15)得到基于 $x_1,x_2,\cdots,x_N$ 的似然函数

$$L(\boldsymbol{a},\sigma^2) = \left(\frac{1}{2\pi\sigma^2}\right)^{\frac{N-p}{2}} \exp\left(-\frac{1}{2\sigma^2}\sum_{t=p+1}^{N}\left(x_t - \sum_{j=1}^{p} a_j x_{t-j}\right)^2\right).$$

$L(\boldsymbol{a},\sigma^2)$的最大值点$(\hat{a}_1,\hat{a}_2,\cdots,\hat{a}_p,\hat{\sigma}^2)$是$(a_1,a_2,\cdots,a_p,\sigma^2)$最大似然估计. 由于实际计算中首先对数据进行零均值化,所以对数似然函数应当定义为

$$\begin{aligned} l(\boldsymbol{a},\sigma^2) &= \ln L(\boldsymbol{a},\sigma^2) \\ &= -\frac{N-p}{2}\ln(\sigma^2) - \frac{1}{2\sigma^2}\sum_{t=p+1}^{N}\left[y_t - \sum_{j=1}^{p} a_j y_{t-j}\right]^2 + c \\ &= -\frac{N-p}{2}\ln(\sigma^2) - \frac{1}{2\sigma^2}S(\boldsymbol{a}) + c, \end{aligned}$$

这里 $c=-[(N-p)/2]\ln(2\pi)$是常数, $S(\boldsymbol{a})=S(a_1,a_2,\cdots,a_n)$按(1.9)定义. 为求 $l(\boldsymbol{a},\sigma^2)$的最大值点,解方程

$$\frac{\partial l(\boldsymbol{a},\sigma^2)}{\partial\sigma^2} = -\frac{N-p}{2\sigma^2} + \frac{1}{2\sigma^4}S(\boldsymbol{a}) = 0$$

得到

$$\sigma^2 = \frac{1}{N-p}S(\boldsymbol{a}). \tag{1.16}$$

把上式代入 $l(\boldsymbol{a},\sigma^2)$ 的表达式，得到

$$l(\boldsymbol{a},\sigma^2)=-\frac{N-p}{2}\ln(S(\boldsymbol{a}))+c_0,$$

这里 c_0 是和 $\boldsymbol{a},\sigma^2$ 无关的常数. 容易看出，$l(\boldsymbol{a},\sigma^2)$ 的最大值点实际上是 $S(\boldsymbol{a})$ 的最小值点，从而是 $\boldsymbol{a}$ 的最小二乘估计. 因而，对于 AR(p) 模型来讲，自回归系数的最大似然估计和最小二乘估计是一样的. 得到最大似然估计 $(\hat{a}_1,\hat{a}_2,\cdots,\hat{a}_p)$ 后代入(1.16)，就得到 σ^2 的最大似然估计

$$\hat{\sigma}^2=\frac{1}{N-p}S(\hat{a}_1,\hat{a}_2,\cdots,\hat{a}_p).$$

通过和(1.13)比较，知道 σ^2 的最大似然估计和最小二乘估计也是一样的.

例 1.1 Yule-Walker 估计的模拟计算.

设 $\{\varepsilon_t\}$ 是标准正态白噪声，AR(4)序列 $\{x_t\}$ 由

$$\begin{aligned}x_t=&1.16x_{t-1}-0.37x_{t-2}-0.11x_{t-3}\\&+0.18x_{t-4}+\varepsilon_t,\quad t=1,2,\cdots\end{aligned}\tag{1.17}$$

按§2.2 的方法产生. 下面对观测量 $N=50,100,300,1000$ 分别做 $M=1000$ 次独立重复计算. 每次重复计算时都重新产生标准正态白噪声和相应的 AR(4)序列. 用 $\boldsymbol{a},\sigma^2$ 表示真值，用 Ave($\hat{a}$)和 Ave($\hat{\sigma}^2$)表示 $M=1000$ 次 Yule-Walker 估计的平均. 用 Std($\hat{a}$)和 Std($\hat{\sigma}^2$)表示 $M=1000$ 次 Yule-Walker 估计的标准差. 类似地，用 Ave($\tilde{a}$)，Ave($\tilde{\sigma}^2$)表示 1000 次最小二乘估计的平均. 用 Std($\tilde{a}$)和 Std($\tilde{\sigma}^2$)表示 1000 次最小二乘估计的标准差. 计算结果如下.

计算 1 $N=50$，$M=1000$ 时，计算结果为

$\boldsymbol{a}$ =	1.1600	−0.3700	−0.1100	0.1800	$\sigma^2=1.0000$
Ave($\hat{a}$)=	1.0409	−0.3162	−0.0797	0.0923	Ave($\hat{\sigma}^2$)=1.0476
Ave($\tilde{a}$)=	1.1059	−0.3744	−0.0810	0.1114	Ave($\tilde{\sigma}^2$)=0.8947
Std($\hat{a}$)=	0.1469	0.1950	0.1863	0.1231	Std($\hat{\sigma}^2$)=0.2644
Std($\tilde{a}$)=	0.1596	0.2317	0.2229	0.1415	Std($\tilde{\sigma}^2$)=0.2049

通常人们还关心拟合模型的最小相位性. 用 Roots(a)表示模型(1.17)的 4 个特征根. 用 Roots($\hat{a}$)和 Roots($\tilde{a}$)分别表示以 Ave($\hat{a}$)和 Ave($\tilde{a}$)为回归系数的 AR(4)模型的特征根. 计算结果如下：

Roots(a)=	−2.1930	1.1580	0.8230+1.2289i	0.8230−1.2289i
Roots($\hat{a}$)=	−2.6403	1.4369	1.0333+1.3371i	1.0333−1.3371i
Roots($\tilde{a}$)=	−2.5829	1.3741	0.9677+1.2619i	0.9677−1.2619i

计算 2 $N=100$, $M=1000$ 时,计算结果为

Ave($\hat{a}$)=	1.1009	−0.3478	−0.0883	0.1345	Ave($\hat{\sigma}^2$)=1.0268
Ave($\tilde{a}$)=	1.1350	−0.3761	−0.0938	0.1476	Ave($\tilde{\sigma}^2$)=0.9477
Std($\hat{a}$)=	0.1000	0.1435	0.1364	0.0931	Std($\hat{\sigma}^2$)=0.1667
Std($\tilde{a}$)=	0.1020	0.1549	0.1510	0.1005	Std($\tilde{\sigma}^2$)=0.1417

Roots($\hat{a}$)=	−2.3941	1.2631	0.8938+1.2886i	0.8938−1.2886i
Roots($\tilde{a}$)=	−2.3540	1.2411	0.8744+1.2469i	0.8744−1.2469i

计算 3 $N=300$, $M=1000$ 时,计算结果为

Ave($\hat{a}$)=	1.1402	−0.3621	−0.1039	0.1675	Ave($\hat{\sigma}^2$)=1.0095
Ave($\tilde{a}$)=	1.1515	−0.3723	−0.1058	0.1721	Ave($\tilde{\sigma}^2$)=0.9801
Std($\hat{a}$)=	0.0563	0.0818	0.0822	0.0549	Std($\hat{\sigma}^2$)=0.0804
Std($\tilde{a}$)=	0.0562	0.0838	0.0852	0.0562	Std($\tilde{\sigma}^2$)=0.0778

Roots($\hat{a}$)=	−2.2376	1.1848	0.8364+1.2457i	0.8364−1.2457i
Roots($\tilde{a}$)=	−2.2287	1.1799	0.8317+1.2322i	0.8317−1.2322i

计算 4 $N=1000$, $M=1000$ 时,计算结果为

Ave($\hat{a}$)=	1.1549	−0.3680	−0.1078	0.1745	Ave($\hat{\sigma}^2$)=1.0035
Ave($\tilde{a}$)=	1.1584	−0.3712	−0.1085	0.1760	Ave($\tilde{\sigma}^2$)=0.9954
Std($\hat{a}$)=	0.0306	0.0470	0.0485	0.0311	Std($\hat{\sigma}^2$)=0.0465
Std($\tilde{a}$)=	0.0307	0.0473	0.0488	0.0312	Std($\tilde{\sigma}^2$)=0.0456

从模拟结果看到:回归系数的估计方面,Yule-Walker 估计的标准差小一些;噪声方差的估计方面,最小二乘估计的标准差小一些. 随着 N 的增加,Std($\hat{a}$)和 Std($\tilde{a}$)在减少,说明估计的精度在增加,该模拟试验说明 Yule-Walker 估计和最小二乘估计都是相合的,对较大的样本量 N,Yule-Walker 估计和最小二乘估计的精度差不多. 所建立的 AR(4)模型都满足最小相位条件.

D. AR(p)模型的定阶问题

前面所述的 AR(p)模型的参数估计建立在已知模型阶数 p 的

基础上. 实际问题中阶数 p 是未知的,或是根本不存在的. 所以要考虑 p 的估计或选择问题.

由于 AR(p)序列的特征是偏相关系数 p 后截尾,所以 p 的最自然的选择方法就是看样本偏相关系数$\{\hat{a}_{k,k}\}$何时截尾. 如果$\{\hat{a}_{k,k}\}$在 $\hat{p}$ 处截尾: $\hat{a}_{k,k}\approx 0$,当 $k>\hat{p}$,而 $\hat{a}_{\hat{p}\hat{p}}\neq 0$,就以 $\hat{p}$ 作为 p 的估计.

因为对任何 $k<N$,k 阶样本自协方差矩阵是正定的. 所以样本偏相关系数 $\hat{a}_{k,k}$由样本 Yule-Walker 方程

$$\begin{bmatrix}\hat{\gamma}_1\\ \hat{\gamma}_2\\ \vdots\\ \hat{\gamma}_k\end{bmatrix}=\begin{bmatrix}\hat{\gamma}_0 & \hat{\gamma}_1 & \cdots & \hat{\gamma}_{k-1}\\ \hat{\gamma}_1 & \hat{\gamma}_0 & \cdots & \hat{\gamma}_{k-2}\\ \vdots & \vdots & & \vdots\\ \hat{\gamma}_{k-1} & \hat{\gamma}_{k-2} & \cdots & \hat{\gamma}_0\end{bmatrix}\begin{bmatrix}\hat{a}_{k,1}\\ \hat{a}_{k,2}\\ \vdots\\ \hat{a}_{k,k}\end{bmatrix}$$

惟一决定. 于是可以利用 Levinson 递推公式(1.5)进行递推计算.

为了说明上述方法的合理性,我们给出下面的定理.

定理 1.3 如果 AR(p)模型(1.1)中的白噪声是独立同分布的,则对任何 $k>p$,

$$\lim_{N\to\infty}\hat{a}_{k,j}=\begin{cases}a_j, & 当\ j\leqslant p,\\ 0, & 当\ j>p.\end{cases}\tag{1.18}$$

证明 由§4.2 的定理 2.1 知道样本自协方差函数 $\hat{\gamma}_k$ 是 γ_k 的强相合估计. 对任何矩阵$(c_{j,k}(N))$定义极限符号

$$\lim_{N\to\infty}(c_{j,k}(N))=(\lim_{N\to\infty}c_{j,k}(N)).$$

对任何 $k>p$,利用 Γ_k 的正定性得到:

$$\lim_{N\to\infty}\begin{bmatrix}\hat{a}_{k,1}\\ \hat{a}_{k,2}\\ \vdots\\ \hat{a}_{k,k}\end{bmatrix}=\lim_{N\to\infty}\begin{bmatrix}\hat{\gamma}_0 & \hat{\gamma}_1 & \cdots & \hat{\gamma}_{k-1}\\ \hat{\gamma}_1 & \hat{\gamma}_0 & \cdots & \hat{\gamma}_{k-2}\\ \vdots & \vdots & & \vdots\\ \hat{\gamma}_{k-1} & \hat{\gamma}_{k-2} & \cdots & \hat{\gamma}_0\end{bmatrix}^{-1}\times\lim_{N\to\infty}\begin{bmatrix}\hat{\gamma}_1\\ \hat{\gamma}_2\\ \vdots\\ \hat{\gamma}_k\end{bmatrix}$$

$$=\begin{bmatrix}\gamma_0 & \gamma_1 & \cdots & \gamma_{k-1}\\ \gamma_1 & \gamma_0 & \cdots & \gamma_{k-2}\\ \vdots & \vdots & & \vdots\\ \gamma_{k-1} & \gamma_{k-2} & \cdots & \gamma_0\end{bmatrix}^{-1}\times\begin{bmatrix}\gamma_1\\ \gamma_2\\ \vdots\\ \gamma_k\end{bmatrix}=\begin{bmatrix}a_{k,1}\\ a_{k,2}\\ \vdots\\ a_{k,k}\end{bmatrix}.$$

从§2.3 的(3.9)知道

$$(a_{k,1},a_{k,2},\cdots,a_{k,k})=(a_1,a_2,\cdots,a_p,0,\cdots,0).\tag{1.19}$$

所以(1.18)成立.

因为无法得到 $\hat{a}_{k,k}$的概率分布,为解决假设 H_0: $a_{k,k}=0$ 的检验问题,只得求助于$(\hat{a}_{k,k}-a_{k,k})$的极限分布. 下面的定理说明,对 $k>p$,$\sqrt{N}(\hat{a}_{k,k}-a_{k,k})$服从中心极限定理(见文献[18]).

定理 1.4　设$(a_{k,1},a_{k,2},\cdots,a_{k,k})$由(1.19)定义,如果 AR($p$)模型(1.1)中的白噪声是独立同分布的,$\mathrm{E}\varepsilon_t^4<\infty$,则对确定的 $k>p$,当 $N\to\infty$时,

$$\sqrt{N}(\hat{a}_{k,1}-a_{k,1},\hat{a}_{k,2}-a_{k,2},\cdots,\hat{a}_{k,k}-a_{k,k})$$

依分布收敛到 k 维正态分布 $N(0,\sigma^2\Gamma_k^{-1})$.

推论 1.5　在定理 1.4 的条件下,对 $k>p$,$\sqrt{N}\hat{a}_{k,k}$依分布收敛到标准正态分布 $N(0,1)$.

证明　从定理 1.4 知道,只需对 $k>p$ 证明 $\sigma^2\Gamma_k^{-1}$ 的第(k,k)元素是 1. 用 $A_{(j,j)}$表示矩阵 A 的第(j,j)元素. 利用 Γ_k^{-1} 的伴随矩阵表示得到

$$\Gamma_k^{-1}=\frac{1}{\det(\Gamma_k)}\begin{bmatrix}\det(\Gamma_{k-1}) & & *\\ & \ddots & \\ * & & \det(\Gamma_{k-1})\end{bmatrix},$$

于是　$$(\Gamma_k^{-1})_{(k,k)}=(\Gamma_k^{-1})_{(1,1)}=\frac{\det(\Gamma_{k-1})}{\det(\Gamma_k)},\quad k\geqslant 1.$$

对 $k\geqslant p$,利用 § 2.3 的(3.10)式得到

$$\Gamma_{k+1}\begin{bmatrix}1\\ -\boldsymbol{a}_k\end{bmatrix}=\begin{bmatrix}\sigma^2\\ 0\\ \vdots\\ 0\end{bmatrix},$$

从而有　$$\begin{bmatrix}1\\ -\boldsymbol{a}_k\end{bmatrix}=\Gamma_{k+1}^{-1}\begin{bmatrix}\sigma^2\\ 0\\ \vdots\\ 0\end{bmatrix}.$$

于是得到

$$(\sigma^2\Gamma_{k+1}^{-1})_{(k+1,k+1)} = (\sigma^2\Gamma_{k+1}^{-1})_{(1,1)} = 1, \quad k \geqslant p.$$

根据推论 1.5 知道，对于 AR(p)序列和 $k>p$，当 N 比较大，$\sqrt{N}\hat{a}_{k,k}$近似服从标准正态分布 $N(0,1)$. 所以 $\hat{a}_{k,k}$以大约 0.95 的概率落在区间

$$(-1.96/\sqrt{N}, 1.96/\sqrt{N})$$

中. 于是对某个固定的 k，以

$$\hat{p} = \sup\{j: |\hat{a}_{j,j}| > 1.96/\sqrt{N}, 1 \leqslant j \leqslant k\} \tag{1.20}$$

作为 p 的估计是合理的. 实际问题中根据问题的背景或数据样本量 N 的大小，对 AR(p)模型的阶数 p 规定一个上限 P_0 是可以接受的. 这时只要在(1.20)中取 $k=P_0$ 就可以了.

在实际应用中，AIC 准则也是常用的定阶方法. 假定已有阶数 p 的上界 P_0. 在假设 AR 模型的阶数是 k 时，可以计算出相应的 AR(k)模型白噪声方差的估计 $\hat{\sigma}_k^2$. 引入 AIC 函数

$$\mathrm{AIC}(k) = \ln\hat{\sigma}_k^2 + \frac{2k}{N}, \quad k = 0,1,\cdots,P_0.$$

AIC(k)的最小值点 $\hat{p}$(如不惟一，应取小的)称为 AR(p)模型的 **AIC 定阶**. 可以证明 AIC 定阶并不是相合的. 也就是说，当数据来自 AR(p)模型时，$\hat{p}$ 并不依概率收敛到真正的阶数 p. 但是也有研究指出 AIC 定阶通常会对阶数略有高估. 一般来讲，不相合性和高估总是不好的. 但是从 AR(p)模型的 Yule-Walker 方程看，略有高估并不引起严重的后果，而低估了阶数会带来很大的模型误差. 另一方面，实际数据中的阶数 p 并不存在，把阶数 p 估计得略高一点在预测问题中还有利于多用历史数据. 所以在应用工作中，当样本量不是很大时，人们还是乐于使用 AIC 定阶.

为了克服 AIC 定阶的不相合性，人们建议使用 BIC 函数

$$\mathrm{BIC}(k) = \ln\hat{\sigma}_k^2 + \frac{k\ln N}{N}$$

定阶. 我们将 BIC(k)在$(0,1,2,\cdots,P_0)$中的第一个最小值点 $\hat{p}$ 称为 AR(p)模型的 BIC 定阶. 如果 AR(p)模型中的白噪声是独立同分布的，可以证明，BIC 定阶是强相合的. 但是，当 N 不是很大时，用 BIC

定阶有时会低估阶数 p，造成模型的较大失真. 所以在实际问题中，特别当样本量不是很大时，BIC 的定阶效果并不如 AIC（参考例 1.2）.

E. AR(p)模型的拟合检验

对观测数据 $x_1,x_2,\cdots,x_N$，如果得到了 AR(p)的阶 p 和自回归系数$(a_1,a_2,\cdots,a_p)$的估计量

$$\hat{p} \quad 和 \quad (\hat{a}_1,\hat{a}_2,\cdots,\hat{a}_p),$$

定义残差

$$\hat{\varepsilon}_t = y_t - \sum_{j=1}^{\hat{p}} \hat{a}_j y_{t-j}, \quad t = \hat{p}+1, \hat{p}+2, \cdots, N. \tag{1.21}$$

这里的 $y_t = x_t - \overline{x}_N$ 是 x_t 零均值化. 对上述的残差序列进行白噪声的检验. 如果能够判定(1.21)是白噪声，就认为建立的模型是合理的. 否则可以改动 $\hat{p}$ 的值后重新计算，或改用 MA(q)或 ARMA(p,q)模型.

F. AR(p)序列的谱密度的估计

满足 AR(p)模型(1.1)的 AR(p)序列有谱密度函数

$$f(\lambda) = \frac{\sigma^2}{2\pi}\left|1 - \sum_{j=1}^{p} a_j \mathrm{e}^{\mathrm{i}j\lambda}\right|^{-2}. \tag{1.22}$$

把 σ^2，p 和$(a_1,a_2,\cdots,a_p)$的估计量 $\hat{\sigma}^2$，$\hat{p}$ 和$(\hat{a}_1,\hat{a}_2,\cdots,\hat{a}_p)$代入(1.22)后，得到 $f(\lambda)$的估计

$$\hat{f}(\lambda) = \frac{\hat{\sigma}^2}{2\pi}\left|1 - \sum_{j=1}^{\hat{p}} \hat{a}_j \mathrm{e}^{\mathrm{i}j\lambda}\right|^{-2}. \tag{1.23}$$

通常称 $\hat{f}(\lambda)$为 AR 谱估计或极大熵谱估计. 对于 AIC 或 BIC 定阶 $\hat{p}$，如果$\{\varepsilon_t\}$是独立同分布的 WN$(0,\sigma^2)$，可以证明，$\hat{f}(\lambda)$一致收敛到 $f(\lambda)$.

例 1.2(接例 1.1)　设$\{x_t\}$是平稳序列的 $N=300$ 个观测(数据见附录 B 的 B7)，试对这批数据建立 AR(p)模型. 设 AR(p)模型的阶数上界是 $P_0=10$，对 $p=1,2,\cdots,10$ 分别解 Yule-Walker 方程(1.3)得到 Yule-Walker 估计如下：

$a_{p,k}$	1	2	3	4	5	6	7	8	9	$\hat{\sigma}^2(p)$
1	0.892									1.136
2	1.141	−0.278								1.047
3	1.169	−0.392	0.099							1.037
4	1.149	−0.315	−0.130	0.196						0.997
5	1.138	−0.307	−0.111	0.129	0.058					0.994
6	1.134	−0.314	−0.105	0.145	−0.003	0.054				0.991
7	1.134	−0.314	−0.106	0.146	−0.000	0.044	0.008			0.991
8	1.134	−0.314	−0.106	0.146	0.000	0.045	0.004	0.003		0.991
9	1.134	−0.314	−0.102	0.146	0.013	0.035	−0.024	0.106	−0.09	0.982
10	1.138	−0.318	−0.101	0.144	0.012	0.030	−0.020	0.119	−0.13	0.981

样本偏相关系数见图 6.1.1，它有 4 后截尾的表现. 图 6.1.1 的两条直线分别是$\pm 1.96/\sqrt{N} = \pm 0.1132$. 按照 AR 模型的定阶方法(1.20)，应当取 $\hat{p}=4$. 再对 $p=1,2,\cdots,10$ 计算 AIC 和 BIC 函数，计算结果如下：

$p=$	1	2	3	4	5	6	7	8	9	10
AIC(p)	0.134	0.060	0.057	0.024	0.027	0.031	0.038	0.044	0.043	0.049
BIC(p)	0.147	0.085	0.094	0.074	0.089	0.105	0.124	0.143	0.154	0.171

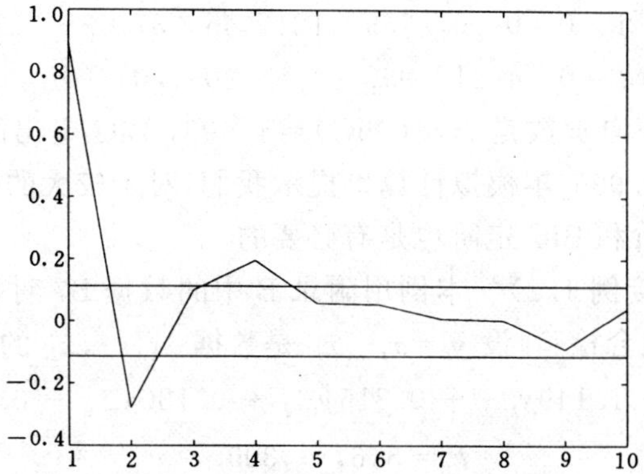

图 6.1.1 $\{x_t\}$的偏相关系数

由于 AIC(4)和 BIC(4)分别是 AIC 和 BIC 函数的最小值，所以 AIC 和 BIC 定阶都是 $\hat{p}=4$. 这样就可以基本确定要找的模型是

$$X_t = 1.149X_{t-1} - 0.315X_{t-2} - 0.130X_{t-3} + 0.196X_{t-4} + \varepsilon_t, \quad t \in \mathbb{Z}, \tag{1.24}$$

其中$\{\varepsilon_t\}$是 WN(0,0.997).

上面的数据实际上是来自模型(1.17)的观测,本次计算的效果是理想的.但并不是对每次观测都有这样的结果.我们将上述的模拟计算独立重复 1000 次,每次使用不同的 300 个观测.得到的 AIC 和 BIC 定阶情况如下:

$\hat{p}$	1	2	3	4	5	6	7	8	9	10
AIC 定阶	0	52	25	674	113	61	29	21	14	11
BIC 定阶	1	455	59	476	7	2	0	0	0	0

其中的 674 表示在 1000 次模拟计算中 AIC 将阶数定为 4 的有 674 次. AIC 定出的平均阶数是 Ave(AIC)=4.413,它高于 BIC 定出的平均阶数 Ave(BIC)=3.039.

上面的计算说明 BIC 定阶对阶数低估的比率是 51.5%.但是数据量增大后这种情况会得到改善.下面是对模型(1.17)的 1000 次模拟计算的结果,每次用 $N=1000$ 个数据.

$\hat{p}$	1	2	3	4	5	6	7	8	9	10
AIC 定阶	0	0	0	739	124	45	37	25	12	18
BIC 定阶	0	4	1	990	5	0	0	0	0	0

AIC 定出的平均阶数是 Ave(AIC)=4.593, BIC 定出的平均阶数 Ave(BIC)=3.996.本模拟计算也提示我们,对于较大的样本量综合考虑 AIC 定阶和 BIC 定阶也是有必要的.

例 1.3(接例 1.2) 本例用附录 B 中的数据 B7 对估计出的模型(1.24)作拟合检验.设 $y_t=x_t-\bar{x}_N$ 是数据 $x_1,\cdots,x_N$ 的零均值化,

$$\hat{\varepsilon}_{t-4} = y_t - 1.149y_{t-1} + 0.315y_{t-2} + 0.130y_{t-3} - 0.196y_{t-4}, \quad t = 5,6,\cdots,300. \tag{1.25}$$

用 $\hat{\rho}_k$ 表示$\{\hat{\varepsilon}_t: 1\leqslant t\leqslant 296\}$的样本自相关系数. H_0: $\{\hat{\varepsilon}_t\}$是白噪声的检验统计量

$$\hat{\chi}^2(m) = 296(\hat{\rho}_1^2 + \hat{\rho}_2^2 + \cdots + \hat{\rho}_m^2)$$

近似服从 $\chi^2(m)$分布.设检验水平 $\alpha=0.05$ 的临界值为 $\lambda_{0.05}(m)$,取

$1 \leqslant m \leqslant \sqrt{296}$ 时都有 $\hat{\chi}^2(m) < \lambda_{0.05}(m)$，所以不能否定 H_0. 于是可认为模型(1.24)适合数据$\{x_t\}$. 图 6.1.2 是对 $m=1,2,\cdots,20$ 的检验结果，上面的曲线是临界值 $\lambda_{0.05}(m)$，下面的曲线是 $\hat{\chi}^2(m)$.

注　使用 Matlab 时，调用 $\lambda(m)=\text{chi2inv}(0.95,m)$，就得到 $\lambda(m)=\lambda_{0.05}(m)$.

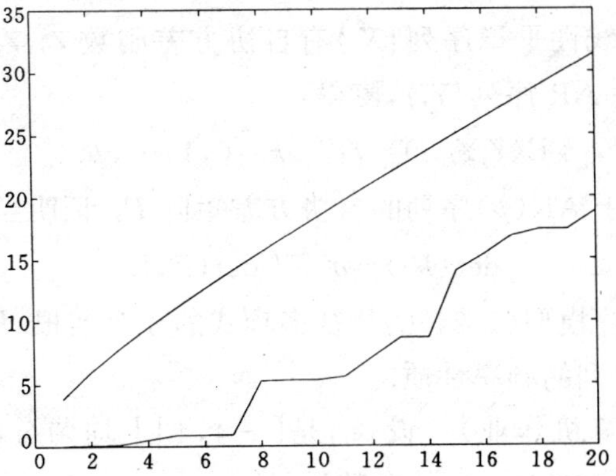

图 6.1.2　模型(1.24)的 χ^2 检验

最后可以利用公式(1.23)计算出模型(1.24)的谱密度 $\hat{f}(\lambda)$. $\hat{f}(\lambda)$和模型(1.17)的谱密度 $f(\lambda)$的比较见图 6.1.3. 这两个谱密度都在 $\lambda=0$ 有峰值，表明相应平稳序列的能量都集中在低频. 模型

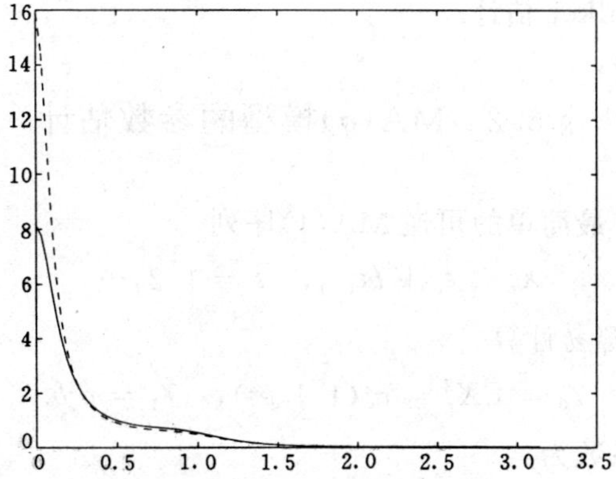

图 6.1.3　模型(1.17)的谱密度(实线)及其估计(虚线)

(1.17)的特征多项式最靠近单位圆的根 1.15 造成 $f(\lambda)$的最大峰值为 8.12. 模型(1.24)的特征多项式最靠近单位圆的根 1.103 造成 $\hat{f}(\lambda)$的最大峰值为 15.87.

习　题　一

1.1　如果 $\xi_n=O_p(1)$,常数 $c_n\to\infty$,证明 $\xi_n/c_n=o_p(1)$.

1.2　设线性平稳序列$\{X_t\}$有自协方差函数 $\gamma_0,\gamma_1,\cdots,\gamma_p$,证明存在一个平稳 AR 序列$\{Y_t\}$,使得:

$$E(Y_tY_{t+k})=\gamma_k,\quad k=0,1,\cdots,p.$$

1.3　对于 AR(p)序列的自协方差矩阵 Γ_k,证明当 $k>p$ 时,有

$$\det(\Gamma_k)=\sigma^{2(k-p)}\det(\Gamma_p).$$

1.4　计算模型(1.24)的特征多项式的 4 个实根. 从这 4 个根解释相应平稳序列的频率性质.

*1.5 (计算机作业)　设$\{\varepsilon_t\}$是$[-4,4]$上均匀分布的白噪声, AR(4)模型 $A(\mathscr{B})X_t=\varepsilon_t$ 的参数是

$$a_1=-0.9,\quad a_2=-1.4,$$

$$a_3=-0.7,\quad a_4=-0.6.$$

在计算机上产生上述 AR(4)模型的 500 个数据. 为这 500 个数据建立 AR 模型: 取阶数的上界 $P_0=12$,分别用 AIC 和 BIC 方法定阶,计算 Yule-Walker 估计.

§6.2　MA(q)模型的参数估计

先看一个最简单的可逆 MA(1)序列

$$X_t=\varepsilon_t+b\varepsilon_{t-1},\quad t=1,2,\cdots,$$

其中$|b|<1$. 容易计算

$$\gamma_0=EX_t^2=\sigma^2(1+b^2),\quad \gamma_1=\sigma^2b.$$

于是自相关系数为

$$\rho_1=b/(1+b^2),$$

这是 b 的一元二次方程. 只有当 $|\rho_1|\leqslant 0.5$ 时,方程才有实值解

$$b=\frac{1\pm\sqrt{1-4\rho_1^2}}{2\rho_1}.$$

由于 MA(1)模型又要求参数 $|b|\leqslant 1$,所以只能解出一个满足要求的

$$b=\frac{1-\sqrt{1-4\rho_1^2}}{2\rho_1}.$$

由于 ρ_1 的矩估计是 $\hat{\rho}_1=\hat{\gamma}_1/\hat{\gamma}_0$,所以, b 的矩估计是

$$\hat{b}=\frac{1-\sqrt{1-4\hat{\rho}_1^2}}{2\hat{\rho}_1}. \tag{2.1}$$

如果$\{\varepsilon_t\}$是独立同分布的白噪声,由 § 4.2 的定理 2.1 知道, $\hat{\rho}_1$ 是 ρ_1 的强相合估计:

$$\lim_{N\to\infty}\hat{\rho}_1=\rho_1,\ \text{a.s.},$$

于是

$$\lim_{N\to\infty}\hat{b}=\frac{1-\sqrt{1-4\rho_1^2}}{2\rho_1}=b,\ \text{a.s.}.$$

所以 $\hat{b}$ 是 b 的强相合估计. 实际上利用 § 4.2 的定理 2.2 还可以证明,当 $N\to\infty$时, $\sqrt{N}(\hat{b}-b)$依分布收敛到正态分布(见文献[27])

$$N\left(0,\frac{1+b^2+b^4+b^6+b^8}{(1-b^2)^2}\right).$$

A. MA(q)**模型的矩估计及其计算**

下面考虑为数据建立 MA(q)模型的方法,并设 $x_1,x_2,\cdots,x_N$ 满足模型

$$X_t=\varepsilon_t+\sum_{j=1}^{q}b_j\varepsilon_{t-j},\quad t\in\mathbb{Z}, \tag{2.2}$$

其中$\{\varepsilon_t\}$是 WN$(0,\sigma^2)$,待估参数 $\boldsymbol{b}=(b_1,b_2,\cdots,b_q)^{\mathrm{T}}$ 满足可逆条件

$$B(z)=1+\sum_{j=1}^{q}b_jz^j\neq 0,\quad |z|\leqslant 1. \tag{2.3}$$

我们先在 q 已知时考虑 $\boldsymbol{b}$ 和 σ^2 的估计. 由 § 3.1 知道,取 $b_0=1$ 时, $\boldsymbol{b}$ 满足方程组:

$$\gamma_k = \sigma^2(b_0 b_k + b_1 b_{k+1} + \cdots + b_{q-k} b_q),\quad 0 \leqslant k \leqslant q. \tag{2.4}$$

这就是决定参数 $\boldsymbol{b}$ 的矩估计的估计方程组. 理论上说，$\boldsymbol{b}$ 和 σ^2 的矩估计可以通过解非线性方程组(2.4)得到，但是实际求解(2.4)却不容易. 而且得到的解也可以不惟一和不满足可逆条件(2.3).

解方程组(2.4)可以用线性迭代方法. 先利用观测数据计算出样本自协方差函数 $\hat{\gamma}_k, k=0,1,2,\cdots,q$. 给定 $\boldsymbol{b}$ 和 σ^2 的初值

$$\boldsymbol{b}(0) = [b_1(0), b_2(0), \cdots, b_q(0)]^{\mathrm{T}},\quad \sigma^2(0),$$

用

$$\boldsymbol{b}(j) = [b_1(j), b_2(j), \cdots, b_q(j)]^{\mathrm{T}},\quad \sigma^2(j) \tag{2.5}$$

表示第 j 次迭代值，由(2.4)得到

$$\begin{cases} \sigma^2(j) = \dfrac{\hat{\gamma}_0}{1 + b_1^2(j-1) + \cdots + b_q^2(j-1)}, \\ b_k(j) = \dfrac{\hat{\gamma}_k}{\sigma^2(j)} - [b_1(j-1) b_{k+1}(j-1) + \cdots \\ \qquad + b_{q-k}(j-1) b_q(j-1)],\quad 1 \leqslant k \leqslant q-1, \\ b_q(j) = \dfrac{\hat{\gamma}_q}{\sigma^2(j)}. \end{cases}$$

对给定的迭代精度 $\delta > 0$，当第 j 次迭代 $\boldsymbol{b}(j)$ 和 $\sigma^2(j)$ 满足

$$\sum_{k=0}^{q} \left| \hat{\gamma}_k - \sigma^2(j) \sum_{t=0}^{q-k} b_t(j) b_{t+k}(j) \right| < \delta$$

时，停止迭代. 以第 j 次的迭代结果(2.5)作为 $\boldsymbol{b}$ 和 σ^2 的估计量. 通常还需要验证可逆条件(2.3)是否成立. 如果多项式 $\hat{B}(z)$ 在单位圆内有根，就需要改变初值重新进行迭代计算，直到达到目的(见文献[11]第 216 页).

除了采用上面的线性迭代方法，还可以使用 Newton-Raphson 算法，但是这种方法同样不能保证条件(2.3)的成立.

下面介绍根据 § 3.1 的 C 计算的矩估计. 由于 MA(q)序列的自协方差函数 q 后截尾，定义

$$\tilde{\gamma}_k = \begin{cases} \hat{\gamma}_k, & 0 \leqslant k \leqslant q, \\ 0, & k > q, \end{cases} \qquad \tilde{\Gamma}_k = (\tilde{\gamma}_{l-j})_{l,j=1,\cdots,k}.$$

按照文献[5]给出的由 $\gamma_0, \gamma_1, \cdots, \gamma_q$ 递推 $\boldsymbol{b}$ 的方法，定义

$$A=\begin{bmatrix}0 & 1 & 0 & \cdots & 0 & 0\\ 0 & 0 & 1 & \cdots & 0 & 0\\ \vdots & \vdots & \vdots & & \vdots & \vdots\\ 0 & 0 & 0 & \cdots & 0 & 1\\ 0 & 0 & 0 & \cdots & 0 & 0\end{bmatrix}_{q\times q},\quad C=\begin{bmatrix}1\\0\\ \vdots\\0\end{bmatrix}_{q\times 1},$$

$$\hat{\boldsymbol{\Omega}}_k=\begin{bmatrix}\tilde{\gamma}_1 & \tilde{\gamma}_2 & \cdots & \tilde{\gamma}_k\\ \tilde{\gamma}_2 & \tilde{\gamma}_3 & \cdots & \tilde{\gamma}_{k+1}\\ \vdots & \vdots & & \vdots\\ \tilde{\gamma}_q & \tilde{\gamma}_{q+1} & \cdots & \tilde{\gamma}_{q+k-1}\end{bmatrix},\quad \boldsymbol{\gamma}_q=\begin{bmatrix}\tilde{\gamma}_1\\ \tilde{\gamma}_2\\ \vdots\\ \tilde{\gamma}_q\end{bmatrix},$$

则可以定义矩估计

$$(\hat{b}_1,\hat{b}_2,\cdots,\hat{b}_q)^{\mathrm{T}}=\frac{1}{\hat{\sigma}^2}(\boldsymbol{\gamma}_q-A\hat{\Pi}C),\quad \hat{\sigma}^2=\hat{\gamma}_0-C^{\mathrm{T}}\hat{\Pi}C,\tag{2.6}$$

其中
$$\hat{\Pi}=\lim_{k\to\infty}\hat{\Omega}_k\tilde{\Gamma}_k^{-1}\hat{\Omega}_k^{\mathrm{T}}.$$

关于以上估计量的合理性,我们有以下的定理.

定理 2.1 如果模型(2.2)中的$\{\varepsilon_t\}$是独立同分布的 $\mathrm{WN}(0,\sigma^2)$,则几乎必然地,当 N 充分大后由(2.6)计算的 $\hat{b}_1,\hat{b}_2,\cdots,\hat{b}_q$ 满足可逆条件(2.3).

证明 由于当 $N\to\infty$时,$\hat{\gamma}_k\to\gamma_k$, a.s. 所以,当 $N\to\infty$时,

$$\hat{f}(\lambda)=\frac{1}{2\pi}\sum_{k=-q}^{q}\hat{\gamma}_k\mathrm{e}^{-\mathrm{i}k\lambda}\to f(\lambda)=\frac{1}{2\pi}\sum_{k=-q}^{q}\gamma_k\mathrm{e}^{-\mathrm{i}k\lambda},\ \text{a.s.}$$

在$[-\pi,\pi]$上一致成立. 于是当 N 充分大后 $\hat{f}(\lambda)$恒正. 利用§3.1的引理1.2知道,有惟一的$(b_1',b_2',\cdots,b_q')$满足(2.3),并且使得

$$\hat{f}(\lambda)=\frac{\sigma_0^2}{2\pi}\left|1+\sum_{j=1}^{q}b_j'\mathrm{e}^{-\mathrm{i}j\lambda}\right|^2$$

是
$$Y_t=e_t+\sum_{j=1}^{q}b_j'e_{t-j},\quad \{e_t\}\sim \mathrm{WN}(0,\sigma_0^2)$$

的谱密度. 这时,$\tilde{\gamma}_k=\mathrm{E}(Y_tY_{t+k})$. 再利用§3.1的C知道

$$(\hat{b}_1,\hat{b}_2,\cdots,\hat{b}_q)=(b_1',b_2',\cdots,b_q').$$

从定理2.1的证明知道,由(2.6)决定的$(\hat{b}_1,\hat{b}_2,\cdots,\hat{b}_q)$满足

$$1+\sum_{j=1}^{q}\hat{b}_jz^j\neq 0,\quad |z|\leqslant 1$$

的充分条件是

$$\sum_{k=-q}^{q} \hat{\gamma}_k e^{-ik\lambda} > 0, \quad \lambda \in [-\pi, \pi].$$

B. MA(q)**模型的逆相关函数方法**

为了克服矩估计方法不能保证可逆条件的不足，文献[21]提出了逆相关函数方法. 该方法给出的估计量能保证 $B(z)$的根都在单位圆外. 为了介绍这个方法，需要引入逆相关函数的概念.

设平稳序列$\{X_t\}$有恒正的谱密度 $f(\lambda)$. 通常称

$$f_y(\lambda) = \frac{1}{4\pi^2 f(\lambda)} \tag{2.7}$$

为$\{X_t\}$的**逆谱密度**；称

$$\gamma_y(k) = \int_{-\pi}^{\pi} e^{ik\lambda} f_y(\lambda) d\lambda$$

为$\{X_t\}$的**逆相关函数**或**逆自相关函数**.

现在设$\{X_t\}$是可逆 MA(q)序列. 由 § 3.1 的(1.7)知道$\{X_t\}$有谱密度

$$f(\lambda) = \frac{\sigma^2}{2\pi} |B(e^{i\lambda})|^2.$$

$\{X_t\}$的逆谱密度

$$f_y(\lambda) = \frac{1}{4\pi^2 f(\lambda)} = \frac{\sigma^{-2}}{2\pi} |B(e^{i\lambda})|^{-2} \tag{2.8}$$

是 AR(q)序列

$$Y_t = -\sum_{j=1}^{q} b_j Y_{t-j} + e_t, \quad t \in \mathbb{Z} \tag{2.9}$$

的谱密度，其中$\{e_t\}$是 WN$(0, \sigma^{-2})$.

于是$\{Y_t\}$的自协方差函数

$$\gamma_y(k) = \int_{-\pi}^{\pi} e^{ik\lambda} f_y(\lambda) d\lambda, \quad k = 0, 1, \cdots \tag{2.10}$$

恰是 MA(q)序列$\{X_t\}$的逆相关函数.

从(2.9)可以看出，如果能够对 $k=0,1,\cdots,q$ 估计$\{X_t\}$的逆相关函数(2.10)，就可以利用样本 Yule-Walker 方程

$$\begin{bmatrix}\hat{\gamma}_y(1)\\ \hat{\gamma}_y(2)\\ \vdots \\ \hat{\gamma}_y(q)\end{bmatrix}=\begin{bmatrix}\hat{\gamma}_y(0) & \hat{\gamma}_y(1) & \cdots & \hat{\gamma}_y(q-1)\\ \hat{\gamma}_y(1) & \hat{\gamma}_y(0) & \cdots & \hat{\gamma}_y(q-2)\\ \vdots & \vdots & & \vdots \\ \hat{\gamma}_y(q-1) & \hat{\gamma}_y(q-2) & \cdots & \hat{\gamma}_y(0)\end{bmatrix}\begin{bmatrix}-\hat{b}_1\\ -\hat{b}_2\\ \vdots \\ -\hat{b}_q\end{bmatrix} \tag{2.11}$$

和

$$\hat{\sigma}^{-2}=\hat{\gamma}_y(0)+\hat{b}_1\hat{\gamma}_y(1)+\hat{b}_2\hat{\gamma}_y(2)+\cdots+\hat{b}_q\hat{\gamma}_y(q) \tag{2.12}$$

解出 MA(q)模型(2.2)中未知参数 $\boldsymbol{b}$ 和 σ^2 的估计量.如果 $q+1$ 阶逆相关函数矩阵

$$(\hat{\gamma}_y(k-j))_{k,j=1,2,\cdots,q+1}$$

是正定的,从§2.4 的定理 4.1 知道,用这种方法得到的 $\hat{b}$ 满足可逆性条件(2.3).

怎样计算逆相关函数呢? 作为准备,先介绍一个引理.

引理 2.2 如果$(a_1,a_2,\cdots,a_p)$和 σ^2 分别是 AR(p)模型

$$X_t=\sum_{j=1}^{p}a_jX_{t-j}+\varepsilon_t,\quad t\in\mathbb{Z}$$

的自回归系数和白噪声$\{\varepsilon_t\}$的方差,则$\{X_t\}$的逆相关函数

$$\gamma_y(k)=\begin{cases}\dfrac{1}{\sigma^2}\displaystyle\sum_{j=0}^{p-k}a_ja_{j+k}, & 0\leqslant k\leqslant p,\ a_0=-1,\\ 0, & k>p.\end{cases}$$

证明 $\{X_t\}$有谱密度

$$f(\lambda)=\frac{\sigma^2}{2\pi}|A(\mathrm{e}^{\mathrm{i}\lambda})|^{-2},\quad 其中\quad A(z)=1-\sum_{j=1}^{p}a_jz^j$$

和逆谱密度

$$f_y(\lambda)=\frac{1}{4\pi^2f(\lambda)}=\frac{1}{2\pi\sigma^2}|A(\mathrm{e}^{\mathrm{i}\lambda})|^2,$$

于是有逆相关函数

$$\gamma_y(k)=\int_{-\pi}^{\pi}\mathrm{e}^{\mathrm{i}k\lambda}f_y(\lambda)\mathrm{d}\lambda=\begin{cases}\dfrac{1}{\sigma^2}\displaystyle\sum_{j=0}^{p-k}a_ja_{j+k}, & 0\leqslant k\leqslant p,\\ 0, & k>p.\end{cases}$$

满足(2.2)的可逆 MA(q)序列$\{X_t\}$可以写成无穷阶自回归的形式

$$X_t - \sum_{j=1}^{\infty} a_j X_{t-j} = \varepsilon_t, \quad t = 1,2,\cdots, \tag{2.13}$$

这里的回归系数$\{a_j\}$由 $1/B(z)$在单位圆内的 Taylor 级数决定

$$\frac{1}{B(z)} = 1 - \sum_{j=1}^{\infty} a_j z^j, \quad |z| \leqslant 1.$$

由于当 $j \to \infty$时，a_j 是以负指数阶收敛到 0 的，所以对较大的正整数 p 可以将无穷阶自回归模型(2.13)写成近似的长阶(p 阶)自回归的形式

$$X_t \approx \sum_{j=1}^{p} a_j X_{t-j} + \varepsilon_t, \quad t = 1,2,\cdots, \tag{2.14}$$

利用引理 2.2 知道，$\{X_t\}$的逆相关函数 $\gamma_y(k)$满足

$$\gamma_y(k) \approx \frac{1}{\sigma^2} \sum_{j=0}^{p-k} a_j a_{j+k}, \quad 0 \leqslant k \leqslant q,\ a_0 = -1. \tag{2.15}$$

根据上述的想法，可以总结出用观测样本 $x_1, x_2, \cdots, x_N$ 计算逆相关函数 $\hat{\gamma}_y(k)$和 $\hat{b}_1, \hat{b}_2, \cdots, \hat{b}_q, \hat{\sigma}^2$ 的方法：

(1) 首先利用$\{x_t\}$的样本自协方差函数 $\hat{\gamma}_k$ 建立一个 AR(p_N)模型，这里 p_N 可以是 AR 模型的 AIC 定阶，也可以取作 $K\ln(N)$的整数部分，K 是一个正数.

(2) 对 $p \xlongequal{\text{def}} p_N$ 解样本 Yule-Walker 方程(1.3)，(1.4)，得到样本 Yule-Walker 系数

$$(\hat{a}_{p,1}, \hat{a}_{p,2}, \cdots, \hat{a}_{p,p}) \quad 和 \quad \hat{\sigma}_p^2.$$

(3) 计算样本逆相关函数，

$$\hat{\gamma}_y(k) = \frac{1}{\hat{\sigma}_p^2} \sum_{j=0}^{p-k} \hat{a}_{p,j} \hat{a}_{p,j+k}, \quad k = 0,1,2,\cdots,q,\ \hat{a}_{p,0} = -1.$$

注意，当 $\hat{a}_{p,1}, \hat{a}_{p,2}, \cdots, \hat{a}_{p,p}$不全相同时，(2.11)中的 $q \times q$ 系数矩阵就是正定的.

(4) 利用样本 Yule-Walker 方程(2.11)和(2.12)计算出 MA(q)系数的估计量 $\hat{\boldsymbol{b}}_q = (\hat{b}_1, \hat{b}_2, \cdots, \hat{b}_q)^{\mathrm{T}}$ 和 $\hat{\sigma}^2$.

C. MA(q)模型的新息估计方法

对于 MA(q)序列(2.2)，设 $\hat{X}_1 = 0$，

$$\hat{X}_{k+1} = L(X_{k+1}|X_k, X_{k-1}, \cdots, X_1)$$

是用 $X_1, X_2, \cdots, X_k$ 预报 X_{k+1}时的最佳线性预报.用

$$\hat{\varepsilon}_{k+1} = X_{k+1} - L(X_{k+1}|X_k, X_{k-1}, \cdots, X_1)$$

表示样本新息,用

$$\nu_k = \mathrm{E}\hat{\varepsilon}_{k+1}^2$$

表示预测的均方误差. §5.4 的 B 中已经证明：用样本新息 $\hat{\varepsilon}_1, \hat{\varepsilon}_2, \cdots, \hat{\varepsilon}_m$ 对 X_{m+1}所做的最佳线性预报

$$\hat{X}_{m+1} = \sum_{j=1}^{q} \theta_{m,j} \hat{\varepsilon}_{m+1-j}, \quad m \geqslant q \tag{2.16}$$

和用 $X_1, X_2, \cdots, X_m$ 对 X_{m+1}所做的最佳线性预报是一样的.如果给定了$\{X_t\}$的自协方差函数$\{\gamma_k\}$，(2.16)中的 $\theta_{m,j}$和预报的均方误差 ν_m 可以按§5.3 的(3.12)进行递推计算.

对于 MA(q)序列(2.2),白噪声$\{\varepsilon_t\}$正是这个 MA(q)序列的新息序列：ε_m 是用所有的历史资料 X_{m-k} $(k=1,2,\cdots)$预测 X_m 时的预测误差(参考§5.2 的例 2.3).所以当 m 取值较大时，$\hat{\varepsilon}_m = X_m - \hat{X}_m$ 是 ε_m 的近似.

根据这样的想法,可以想到对较大的 t，MA(q)模型(2.2)的近似是

$$\begin{aligned} X_t &\approx \hat{\varepsilon}_t + b_1\hat{\varepsilon}_{t-1} + \cdots + b_q\hat{\varepsilon}_{t-q} \\ &= X_t - \hat{X}_t + b_1\hat{\varepsilon}_{t-1} + \cdots + b_q\hat{\varepsilon}_{t-q}, \end{aligned}$$

所以有

$$\hat{X}_t \approx b_1\hat{\varepsilon}_{t-1} + \cdots + b_q\hat{\varepsilon}_{t-q}.$$

和(2.16)比较,就看出取 $\hat{b}_j = \theta_{m,j}$作为 b_j 的估计是合理的.同样以 ν_m 作为 σ^2 的估计是合理的.这种估计被称为**新息估计**.具体计算方法如下.

给定观测数据 $x_1, x_2, \cdots, x_N$,取 $m = o(N^{1/3})$.计算样本自协方差函数 $\hat{\gamma}_0, \hat{\gamma}_1, \cdots, \hat{\gamma}_m$,$\boldsymbol{b}$ 和 σ^2 的新息估计

$$(\hat{b}_1, \hat{b}_2, \cdots, \hat{b}_q) = (\hat{\theta}_{m,1}, \hat{\theta}_{m,2}, \cdots, \hat{\theta}_{m,q}), \quad \hat{\sigma}^2 = \hat{\nu}_m \tag{2.17}$$

由下面的递推公式得到：

$$\begin{cases}\hat{\nu}_0 = \hat{\gamma}_0, \\ \hat{\theta}_{n,n-k} = \hat{\nu}_k^{-1}\left[\hat{\gamma}_{n-k} - \sum_{j=0}^{k-1}\hat{\theta}_{k,k-j}\hat{\theta}_{n,n-j}\hat{\nu}_j\right], \quad 0 \leqslant k \leqslant n-1, \\ \hat{\nu}_n = \hat{\gamma}_0 - \sum_{j=0}^{n-1}\hat{\theta}_{n,n-j}^2\hat{\nu}_j, \quad 1 \leqslant n \leqslant m, \end{cases} \tag{2.18}$$

其中 $\sum_{j=0}^{-1}(\cdot) \stackrel{\text{def}}{=\!=} 0$. 递推次序是

$$\hat{\nu}_0;\ \hat{\theta}_{1,1},\ \hat{\nu}_1;\ \hat{\theta}_{2,2},\ \hat{\theta}_{2,1},\ \hat{\nu}_2;\ \hat{\theta}_{3,3},\ \hat{\theta}_{3,2},\ \hat{\theta}_{3,1},\ \hat{\nu}_3;\ \cdots.$$

新息估计的合理性可以从下面的定理看出.

定理 2.3(见文献[18])　设$\{X_t\}$是可逆 ARMA(p,q)序列,满足

$$A(\mathscr{B})X_t = B(\mathscr{B})\varepsilon_t, \quad t \in \mathbb{Z},$$

$\{\psi_j\}$是 $B(z)/A(z)$的 Taylor 级数系数. 如果$\{\varepsilon_t\}$是 4 阶矩有限的独立同分布 WN$(0,\sigma^2)$,正整数列 $m=m(N)<N$ 满足当 $N\to\infty$时, $m\to\infty$ 和 $m=o(N^{1/3})$. 则对任何正整数 q,当 $N\to\infty$时,

$$\sqrt{N}(\hat{\theta}_{m,1}-\psi_1, \hat{\theta}_{m,2}-\psi_2, \cdots, \hat{\theta}_{m,q}-\psi_q)$$

依分布收敛到 q 维正态分布 $N(0,A)$,其中 $q\times q$ 矩阵

$$A = (a_{i,j}), \quad a_{i,j} = \sum_{k=1}^{\min(i,j)}\psi_{i-k}\psi_{j-k},$$

并且 $\hat{\nu}_m$ 依概率收敛到 σ^2.

作为这个定理的推论,我们得到下面的结果. 对于 MA(q)序列 $\{X_t\}$,当模型(2.2)中的白噪声是 4 阶矩有限的独立同分布序列时,新息估计(2.17)是相合估计;当 N 趋于无穷时,

$$\sqrt{N}(\hat{b}_1-b_1, \hat{b}_2-b_2, \cdots, \hat{b}_q-b_q)$$

依分布收敛到 q 维正态分布 $N(0,A)$,其中 $q\times q$ 矩阵

$$A = (a_{i,j}), \quad a_{i,j} = \sum_{k=1}^{\min(i,j)} b_{i-k}b_{j-k}, \quad b_0 \equiv 1,$$

并且 $\hat{\nu}_m$ 依概率收敛到 σ^2.

需要指出的是, 在新息估计中, $(\hat{\theta}_{q,1}, \hat{\theta}_{q,2}, \cdots, \hat{\theta}_{q,q})$不是$(b_1, b_2, \cdots, b_q)$的相合估计. 这是因为当 N 趋于无穷时,尽管 $\hat{\gamma}_k$ 收敛到

γ_k. 但是由于对 $k=1,2,\cdots,q$, 样本新息 $\hat{\varepsilon}_k$ 是用 $X_1,X_2,\cdots,X_{k-1}$ 预报 X_k 时的预报误差,所以不会是新息 ε_k 的近似. 因为新息是用所有的历史对 X_k 预报时的预报误差,所以这时估计模型对真实 MA(q)模型的近似是不成功的. 为了克服这种不相合性,新息估计方法采用了(2.17). 这时,随着 m 趋于无穷,用来作为预报的历史资料 $X_1,\cdots,X_m$ 也增加到无穷. 这样就保证了样本新息 $\hat{\varepsilon}_{m-q},\hat{\varepsilon}_{m-q+1},\cdots,\hat{\varepsilon}_m$ 能够近似理论的新息 $\varepsilon_{m-q},\varepsilon_{m-q+1},\cdots,\varepsilon_m$, 从而保证新息估计的相合性. 实际问题中, $m=m(N)$的选择范围是较大的. 注意, m 也不能选择的过大,因为这时 $\hat{\gamma}_{m-j}$的误差会带来估计量 $\hat{\theta}_{m,j}$的误差.

D. MA(q)**模型的定阶方法**

由于 MA(q)序列的特征是自相关系数 q 后截尾,所以当样本自相关系数 $\hat{\rho}_k=\hat{\gamma}_k/\hat{\gamma}_0$ 从某一点 $\hat{q}$ 后变得很小时,可以 $\hat{q}$ 作为 q 的估计.

从§4.2 的定理 2.2 知道,对于 $m>q$, $\sqrt{N}\hat{\rho}_m$ 依分布收敛到期望为 0,方差为

$$1+2\rho_1^2+2\rho_2^2+\cdots+2\rho_q^2$$

的正态分布. 这样由样本自相关系数 $\hat{\rho}_k$ $(k=1,2,\cdots,m)$的图形可以大致得到 q 的估计,同时也可以判断采用 MA(q)模型的合理与否.

下面介绍 AIC 定阶方法: 如果根据问题的背景或数据的特性能够判定 MA(q)模型阶数 q 的上界是 Q_0,还可以利用 AIC 方法进行定阶. 对于 $m=0,1,2,\cdots,Q_0$ 按前述的方法逐个拟合 MA(m)模型. 白噪声方差 σ^2 的估计量记作 $\hat{\sigma}_m^2$. 定义 AIC 函数

$$\mathrm{AIC}(m)=\ln(\hat{\sigma}_m^2)+2m/N,\quad m=0,1,\cdots,Q_0,$$

这里 N 是样本个数. AIC(m)的最小值点 $\hat{q}$(如不惟一,应取小的)称为 MA(q)模型的 AIC 定阶.

E. MA(q)**模型的拟合检验**

从观测数据 $x_1,x_2,\cdots,x_N$ 得到模型的参数估计 $\hat{q},\hat{b}_1,\hat{b}_2,\cdots,\hat{b}_{\hat{q}}$和 $\hat{\sigma}^2$ 后,取

$$\hat{\varepsilon}_{1-\hat{q}} = \hat{\varepsilon}_{2-\hat{q}} = \cdots = \hat{\varepsilon}_0 = 0, \quad y_t = x_t - \bar{x}_N$$

和
$$\hat{\varepsilon}_t = y_t - \sum_{j=1}^{\hat{q}} \hat{b}_j \hat{\varepsilon}_{t-j}, \quad t = 1,2,\cdots,N.$$

对 $L=O(N^{1/3})$，如果 $\{\hat{\varepsilon}_t: t=L,L+1,\cdots,N\}$ 能够通过白噪声检验，就认为模型的选择合适. 否则改变 $\hat{q}$ 的取值，拟合新的 MA 模型或改用其他的模型，例如改用 ARMA 模型等.

例 2.1（接第三章例 1.1）　设 $\{x_t\}$ 是第三章例 1.1 中的 197 个化学浓度数据，则为 $y_t=x_t-x_{t-1}$，$t=2,3,\cdots,197$ 建立的 MA(1) 模型是

$$Y_t = \varepsilon_t - 0.5276\varepsilon_{t-1}, \quad t \in \mathbb{Z}, \tag{2.19}$$

其中 $b_1=-0.5276$ 由公式(2.1)得到. 取 $L=6$，$\hat{\varepsilon}_1=0$，

$$\hat{\varepsilon}_t = y_t - 0.5276\hat{\varepsilon}_{t-1}, \quad t = 2,3,\cdots,197.$$

用 $\hat{\rho}_k$ 表示残差 $\{\hat{\varepsilon}_t: L\leqslant t\leqslant 197\}$ 的样本自相关系数. "H_0: $\{\hat{\varepsilon}_t: L\leqslant t\leqslant 197\}$ 是白噪声"的检验统计量

$$\hat{\chi}^2(m) = 192(\hat{\rho}_1^2 + \hat{\rho}_2^2 + \cdots + \hat{\rho}_m^2)$$

近似服从 $\chi^2(m)$ 分布（参考 §4.3）. 设检验水平 $\alpha=0.05$ 的临界值为 $\lambda_{0.05}(m)$，取 $1\leqslant m\leqslant 15$ 时都有 $\hat{\chi}^2(m)<\lambda_{0.05}(m)$，所以不能否定 H_0. 于是可认为模型(2.19)适合数据 $\{y_t\}$. 图 6.2.1 是对 $m=1,2,\cdots,15$ 的检验结果，上面的曲线是临界值 $\lambda_{0.05}(m)$，下面的曲线是 $\hat{\chi}^2(m)$.

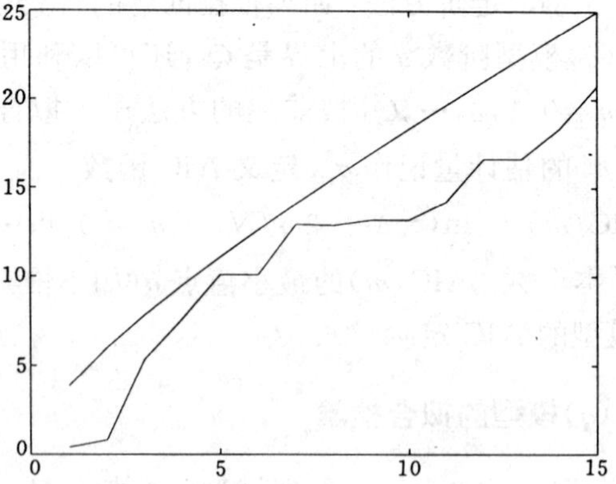

图 6.2.1　模型(2.19)的 χ^2 检验

F. MA(q)序列的谱密度估计

如果从数据得到了 MA 模型的参数估计,模型的检验也已经通过,可以利用

$$\hat{f}(\lambda)=\frac{\hat{\sigma}^2}{2\pi}\left|1+\sum_{j=1}^{\hat{q}}\hat{b}_j\mathrm{e}^{\mathrm{i}j\lambda}\right|^2$$

作为所关心的平稳序列的谱密度的估计. 这是因为,如果观测数据确实是 MA(q)序列(2.2)时,它的谱密度是

$$f(\lambda)=\frac{\sigma^2}{2\pi}\left|1+\sum_{j=1}^{q}b_j\mathrm{e}^{\mathrm{i}j\lambda}\right|^2.$$

不难看出,如果 $\hat{q},\hat{b}_1,\hat{b}_2,\cdots,\hat{b}_q$ 和 $\hat{\sigma}^2$ 分别是 $q,b_1,b_2,\cdots,b_q$ 和 σ^2 的相合估计,则 $\hat{f}(\lambda)$是 $f(\lambda)$的相合估计.

例 2.2 MA(2)模型

$$X_t=\varepsilon_t-0.36\varepsilon_{t-1}+0.85\varepsilon_{t-2},\quad t\in\mathbb{Z} \tag{2.20}$$

的模拟计算.

用矩估计方法(2.6),逆相关函数方法和新息估计方法对来自(2.20)的 $N=100$ 和 $N=300$ 个数据分别做 1000 次独立重复模拟计算. 每次模拟计算都重新产生正态白噪声 WN(0,4)和相应的 MA(2)序列(2.20). 真值是 $\boldsymbol{b}=(-0.36,0.85)^{\mathrm{T}}$, $\sigma^2=4$. 用 $\mathrm{Ave}(\hat{b})$和 $\mathrm{Ave}(\hat{\sigma}^2)$表示 1000 次模拟估计的平均. 用 $\mathrm{Std}(\hat{b})$和 $\mathrm{Std}(\hat{\sigma}^2)$表示 1000 次模拟估计的标准差. 计算结果如下.

(1) 用(2.6)计算的矩估计:

$N=100$	$\mathrm{Ave}(\hat{b})=$	-0.3462	0.8505	$\mathrm{Ave}(\hat{\sigma}^2)=3.0821$
	$\mathrm{Std}(\hat{b})=$	2.4948	3.4792	$\mathrm{Std}(\hat{\sigma}^2)=16.0169$
$N=300$	$\mathrm{Ave}(\hat{b})=$	-0.4929	0.7425	$\mathrm{Ave}(\hat{\sigma}^2)=4.2413$
	$\mathrm{Std}(\hat{b})=$	1.3441	2.2653	$\mathrm{Std}(\hat{\sigma}^2)=12.8561$

(2) 逆相关函数方法,其中 p_N 是为数据建立 AR 模型时的阶数(参考 B):

$N=100$	$\mathrm{Ave}(\hat{b})=$	-0.3376	0.7078	$\mathrm{Ave}(\hat{\sigma}^2)=3.3136$
$p_N=15$	$\mathrm{Std}(\hat{b})=$	0.0743	0.0707	$\mathrm{Std}(\hat{\sigma}^2)=0.5812$

$N=100$	$\mathrm{Ave}(\hat{b})=$	-0.3373	0.7157	$\mathrm{Ave}(\hat{\sigma}^2)=3.1131$
$p_N=19$	$\mathrm{Std}(\hat{b})=$	0.0723	0.0752	$\mathrm{Std}(\hat{\sigma}^2)=0.5687$
$N=300$	$\mathrm{Ave}(\hat{b})=$	-0.3473	0.7651	$\mathrm{Ave}(\hat{\sigma}^2)=3.7648$
$p_N=15$	$\mathrm{Std}(\hat{b})=$	0.0407	0.0323	$\mathrm{Std}(\hat{\sigma}^2)=0.3332$
$N=300$	$\mathrm{Ave}(\hat{b})=$	-0.3492	0.7845	$\mathrm{Ave}(\hat{\sigma}^2)=3.6630$
$p_N=19$	$\mathrm{Std}(\hat{b})=$	0.0360	0.0343	$\mathrm{Std}(\hat{\sigma}^2)=0.3316$

(3) 新息估计方法，其中 m 在(2.17)中定义：

$N=100$	$\mathrm{Ave}(\hat{b})=$	-0.4108	0.4777	$\mathrm{Ave}(\hat{\sigma}^2)=3.6087$
$m=8$	$\mathrm{Std}(\hat{b})=$	0.3113	0.2871	$\mathrm{Std}(\hat{\sigma}^2)=1.5949$
$N=100$	$\mathrm{Ave}(\hat{b})=$	-0.4088	0.4845	$\mathrm{Ave}(\hat{\sigma}^2)=3.4425$
$m=10$	$\mathrm{Std}(\hat{b})=$	0.3721	0.4083	$\mathrm{Std}(\hat{\sigma}^2)=1.5548$
$N=300$	$\mathrm{Ave}(\hat{b})=$	-0.4089	0.4747	$\mathrm{Ave}(\hat{\sigma}^2)=3.6548$
$m=8$	$\mathrm{Std}(\hat{b})=$	0.3096	0.3221	$\mathrm{Std}(\hat{\sigma}^2)=1.5336$
$N=300$	$\mathrm{Ave}(\hat{b})=$	-0.4032	0.4717	$\mathrm{Ave}(\hat{\sigma}^2)=3.4759$
$m=10$	$\mathrm{Std}(\hat{b})=$	0.3312	0.2947	$\mathrm{Std}(\hat{\sigma}^2)=1.5866$

从计算结果看出，矩估计方法的 $\mathrm{Std}(\hat{b})$ 和 $\mathrm{Std}(\hat{\sigma}^2)$ 最大，这说明矩估计的稳定性比较差. 逆相关函数方法的 $\mathrm{Std}(\hat{b})$ 和 $\mathrm{Std}(\hat{\sigma}^2)$ 最小，它说明这种估计方法较稳定，估计的精度也比较高.

习　题　二

2.1　证明平稳序列 $\{X_t\}$ 的反向序列 $\{X_{-t}\}$ 是平稳序列.

2.2　AR(p)序列的反向序列是否满足相同的 AR(p)模型？证明你的结论.

2.3　判断 ARMA(p,q)序列的反向序列是否满足相同的 ARMA(p,q)模型？证明你的结论.

§6.3　ARMA(p,q)模型的参数估计

对于零均值化后的平稳观测数据 $x_1, x_2, \cdots, x_N$，如果拟合

AR(p)和 MA(q)模型的效果都不理想,就要考虑 ARMA(p,q)模型的拟合.这时可以假设 $x_1, x_2, \cdots, x_N$ 满足如下的可逆 ARMA(p,q)模型

$$X_t = \sum_{j=1}^{p} a_j X_{t-j} + \varepsilon_t + \sum_{j=1}^{q} b_j \varepsilon_{t-j}, \quad t = 1,2,\cdots, \tag{3.1}$$

其中 $\{\varepsilon_t\}$ 是 $\mathrm{WN}(0,\sigma^2)$,未知参数 $\boldsymbol{a} = (a_1, a_2, \cdots, a_p)^{\mathrm{T}}$ 和 $\boldsymbol{b} = (b_1, b_2, \cdots, b_q)^{\mathrm{T}}$,使得多项式

$$A(z) = 1 - \sum_{j=1}^{p} a_j z^j, \quad B(z) = 1 + \sum_{j=1}^{q} b_j z^j \tag{3.2}$$

互素,并且满足

$$A(z)B(z) \neq 0, \quad |z| \leqslant 1. \tag{3.3}$$

以下仍然用 $\hat{\gamma}_k$ 表示由(1.2)定义的样本自协方差函数.我们先设 p,q 是已知的.

A. ARMA 模型的矩估计方法

利用§3.2的(2.15)知道,ARMA(p,q)序列的自协方差函数满足延伸的 Yule-Walker 方程

$$\begin{bmatrix} \gamma_{q+1} \\ \gamma_{q+2} \\ \vdots \\ \gamma_{p+q} \end{bmatrix} = \begin{bmatrix} \gamma_q & \gamma_{q-1} & \cdots & \gamma_{q-p+1} \\ \gamma_{q+1} & \gamma_q & \cdots & \gamma_{q-p+2} \\ \vdots & \vdots & & \vdots \\ \gamma_{q+p-1} & \gamma_{q+p-2} & \cdots & \gamma_q \end{bmatrix} \begin{bmatrix} a_1 \\ a_2 \\ \vdots \\ a_p \end{bmatrix}. \tag{3.4}$$

这是参数 $\boldsymbol{a}$ 的估计方程,从它得到 $\boldsymbol{a}$ 的矩估计

$$\begin{bmatrix} \hat{a}_1 \\ \hat{a}_2 \\ \vdots \\ \hat{a}_p \end{bmatrix} = \begin{bmatrix} \hat{\gamma}_q & \hat{\gamma}_{q-1} & \cdots & \hat{\gamma}_{q-p+1} \\ \hat{\gamma}_{q+1} & \hat{\gamma}_q & \cdots & \hat{\gamma}_{q-p+2} \\ \vdots & \vdots & & \vdots \\ \hat{\gamma}_{q+p-1} & \hat{\gamma}_{q+p-2} & \cdots & \hat{\gamma}_q \end{bmatrix}^{-1} \begin{bmatrix} \hat{\gamma}_{q+1} \\ \hat{\gamma}_{q+2} \\ \vdots \\ \hat{\gamma}_{q+p} \end{bmatrix}. \tag{3.5}$$

利用§3.2的定理2.3知道,(3.4)中的 $p \times p$ 矩阵 $\Gamma_{p,q}$ 是可逆的.用 $\hat{\Gamma}_{p,q}$ 表示(3.5)中的 $p \times p$ 矩阵.当 ARMA(p,q)模型中的白噪声 $\{\varepsilon_t\}$ 独立同分布时,$\hat{\gamma}_k$ a.s. 收敛到 γ_k.于是当 $N \to \infty$ 时,

$$\det(\hat{\Gamma}_{p,q}) \to \det(\Gamma_{p,q}) \neq 0.$$

所以当 N 充分大后，(3.5)中的矩阵 $\hat{\Gamma}_{p,q}$ 也是可逆的. 这时矩估计是惟一的. 还可以看出，在上述的条件下，矩估计(3.5)是强相合的：

$$\lim_{N\to\infty}\hat{a}_j = a_j,\ \text{a.s.},\quad 1\leqslant j\leqslant p. \tag{3.6}$$

下面估计 MA(q)部分的参数. 由于

$$z_t \overset{\text{def}}{=\!=\!=} x_t - \sum_{j=1}^{p} a_j x_{t-j},\quad t = p+1, p+2, \cdots, N$$

满足 MA(q)模型

$$z_t = B(\mathscr{B})\varepsilon_t,$$

所以得到 $\hat{a}_1, \hat{a}_2, \cdots, \hat{a}_p$ 后，

$$z_t = x_t - \sum_{j=1}^{p}\hat{a}_j x_{t-j},\quad t = p+1, p+2, \cdots, N \tag{3.7}$$

是一个 MA(q)序列的近似观测数据. 它的样本自协方差函数由

$$\hat{\gamma}_z(k) = \sum_{j=0}^{p}\sum_{l=0}^{p}\hat{a}_j\hat{a}_l\hat{\gamma}_{k+j-l},\quad k = 0, 1, \cdots, q \tag{3.8}$$

定义，其中 $\hat{a}_0 = -1$.

现在将(3.8)看成一个 MA(q)序列的样本自协方差函数，利用 §6.2 的方法就可以估计出 MA(q)部分的参数 $\boldsymbol{b}$ 和 σ^2.

B. ARMA(p,q)模型的自回归逼近法

对零均值化后的观测数据 $x_1, x_2, \cdots, x_N$ 拟合 ARMA(p,q)模型时，还可以采用如下的自回归逼近方法. 首先为数据建立 AR 模型. 取自回归阶数的上界 $P_0 = [\sqrt{N}]$. 这里用$[a]$表示 a 的整数部分. 采用 AIC 定阶方法得到 AR 模型的阶数估计 $\hat{p}$ 和自回归系数的估计

$$(\hat{a}_1, \hat{a}_2, \cdots, \hat{a}_{\hat{p}}).$$

计算残差

$$\hat{\varepsilon}_t = x_t - \sum_{j=1}^{\hat{p}}\hat{a}_j x_{t-j},\quad t = \hat{p}+1, \hat{p}+2, \cdots, N.$$

然后写出近似的 ARMA(p,q)模型

$$x_t = \sum_{j=1}^{p} a_j x_{t-j} + \hat{\varepsilon}_t + \sum_{j=1}^{q} b_j\hat{\varepsilon}_{t-j},\quad t = L+1, L+2, \cdots, N,$$

这里 $L = \max(\hat{p}, p, q)$，a_j, b_k 是待定参数. 最后对目标函数

$$Q(\boldsymbol{a},\boldsymbol{b}) = \sum_{t=L+1}^{N}\left(x_t - \sum_{j=1}^{p} a_j x_{t-j} - \sum_{j=1}^{q} b_j \hat{\varepsilon}_{t-j}\right)^2 \tag{3.9}$$

极小化，得到最小二乘估计$(\hat{a}_1,\cdots,\hat{a}_p,\hat{b}_1,\cdots,\hat{b}_q)$. σ^2 的最小二乘估计由下式定义：

$$\hat{\sigma}^2 = \frac{1}{N-L} Q(\hat{a}_1,\cdots,\hat{a}_p,\hat{b}_1,\cdots,\hat{b}_q).$$

下面是 $\boldsymbol{a},\boldsymbol{b}$ 的最小二乘估计的计算方法. 定义

$$\boldsymbol{X} = \begin{bmatrix} x_{L+1} \\ x_{L+2} \\ \vdots \\ x_N \end{bmatrix}, \quad \underline{X} = \begin{bmatrix} x_L & x_{L-1} & \cdots & x_{L-p+1} \\ x_{L+1} & x_L & \cdots & x_{L-p+2} \\ \vdots & \vdots & & \vdots \\ x_{N-1} & x_{N-2} & \cdots & x_{N-p} \end{bmatrix},$$

$$\underline{\varepsilon} = \begin{bmatrix} \hat{\varepsilon}_L & \hat{\varepsilon}_{L-1} & \cdots & \hat{\varepsilon}_{L-q+1} \\ \hat{\varepsilon}_{L+1} & \hat{\varepsilon}_L & \cdots & \hat{\varepsilon}_{L-q+2} \\ \vdots & \vdots & & \vdots \\ \hat{\varepsilon}_{N-1} & \hat{\varepsilon}_{N-2} & \cdots & \hat{\varepsilon}_{N-q} \end{bmatrix}, \quad \boldsymbol{\beta} = \begin{bmatrix} \boldsymbol{a} \\ \boldsymbol{b} \end{bmatrix},$$

则可以将目标函数(3.9)写成

$$Q(\boldsymbol{a},\boldsymbol{b}) = |\boldsymbol{X} - \underline{X}\boldsymbol{a} - \underline{\varepsilon}\boldsymbol{b}|^2 = |\boldsymbol{X} - (\underline{X},\underline{\varepsilon})\boldsymbol{\beta}|^2.$$

于是，最小二乘估计由方程组(参考(1.12))

$$(\underline{X},\underline{\varepsilon})^{\mathrm{T}}[\boldsymbol{X} - (\underline{X},\underline{\varepsilon})\boldsymbol{\beta}] = 0$$

决定. 在$(\underline{X},\underline{\varepsilon})^{\mathrm{T}}(\underline{X},\underline{\varepsilon})$满秩的情况下，可以解出最小二乘估计

$$\begin{aligned} \begin{bmatrix} \boldsymbol{a} \\ \boldsymbol{b} \end{bmatrix} &= \{(\underline{X},\underline{\varepsilon})^{\mathrm{T}}(\underline{X},\underline{\varepsilon})\}^{-1}(\underline{X},\underline{\varepsilon})^{\mathrm{T}}\boldsymbol{X} \\ &= \begin{bmatrix} \underline{X}^{\mathrm{T}}\underline{X} & \underline{X}^{\mathrm{T}}\underline{\varepsilon} \\ \underline{\varepsilon}^{\mathrm{T}}\underline{X} & \underline{\varepsilon}^{\mathrm{T}}\underline{\varepsilon} \end{bmatrix}^{-1} \begin{bmatrix} \underline{X}^{\mathrm{T}}\boldsymbol{X} \\ \underline{\varepsilon}^{\mathrm{T}}\boldsymbol{X} \end{bmatrix}. \end{aligned}$$

C. 正态时间序列的似然函数

设$\{X_t\}$是零均值正态时间序列，对 $n\geqslant 1$，$\boldsymbol{X}_n=(X_1,X_2,\cdots,X_n)^{\mathrm{T}}$ 的协方差矩阵 Γ_n 正定. 采用§5.3中的记号可以得到最佳线性预测

$$\hat{X}_n \stackrel{\text{def}}{=\!=} L(X_n|\boldsymbol{X}_{n-1}) = \sum_{j=1}^{n-1}\theta_{n-1,n-j}Z_j,$$

其中 $Z_j=X_j-\hat{X}_j, Z_1=X_1$. 于是

$$X_n=\hat{X}_n+Z_n=\sum_{j=1}^{n-1}\theta_{n-1,n-j}Z_j+Z_n=\sum_{j=1}^{n}\theta_{n-1,n-j}Z_j$$
$$=(\theta_{n-1,n-1},\theta_{n-1,n-2},\cdots,\theta_{n-1,1},1)\boldsymbol{Z}_n,$$

其中 $\boldsymbol{Z}_n=(Z_1,Z_2,\cdots,Z_n)^{\mathrm{T}}$. 为了方便引入下三角矩阵

$$C=\begin{bmatrix}1 & 0 & 0 & \cdots & 0\\ \theta_{1,1} & 1 & 0 & \cdots & 0\\ \vdots & \vdots & \vdots & & \vdots\\ \theta_{n-1,n-1} & \theta_{n-1,n-2} & \theta_{n-1,n-3} & \cdots & 1\end{bmatrix},$$

则有

$$\boldsymbol{X}_n=C\boldsymbol{Z}_n.$$

由于

$$r_{k-1}\overset{\text{def}}{=\!=\!=}\mathrm{E}Z_k^2,\quad k=1,2,\cdots,n-1$$

是预测的均方误差,所以用 $Z_1,Z_2,\cdots,Z_n$ 的正交性得到

$$D\overset{\text{def}}{=\!=\!=}\mathrm{E}(\boldsymbol{Z}_n\boldsymbol{Z}_n^{\mathrm{T}})=\mathrm{diag}(r_0,r_1,\cdots,r_{n-1}).$$

由此得到 $\boldsymbol{X}_n$ 的协方差矩阵:

$$\Gamma_n=\mathrm{E}(C\boldsymbol{Z}_n\boldsymbol{Z}_n^{\mathrm{T}}C^{\mathrm{T}})=CDC^{\mathrm{T}},$$
$$\det(\Gamma_n)=\det(D)=r_0r_1\cdots r_{n-1},$$
$$\boldsymbol{X}_n^{\mathrm{T}}\Gamma_n^{-1}\boldsymbol{X}_n=\boldsymbol{Z}_n^{\mathrm{T}}C^{\mathrm{T}}(CDC^{\mathrm{T}})^{-1}C\boldsymbol{Z}_n=\sum_{j=1}^{n}Z_j^2/r_{j-1}.$$

由于 $\boldsymbol{X}_n$ 的分布由 Γ_n 决定,而 $r_j,\theta_{k,j}$ 都是 Γ_n 的函数,所以可得基于 $\boldsymbol{X}_n$ 的似然函数

$$L(\Gamma_n)=\frac{1}{(2\pi)^{n/2}[\det(\Gamma_n)]^{1/2}}\exp\left(-\frac{1}{2}\boldsymbol{X}_n^{\mathrm{T}}\Gamma_n^{-1}\boldsymbol{X}_n\right)$$
$$=\frac{1}{(2\pi)^{n/2}(r_0r_1\cdots r_{n-1})^{1/2}}\exp\left(-\frac{1}{2}\sum_{j=1}^{n}Z_j^2/r_{j-1}\right).\tag{3.10}$$

D. ARMA(p,q)**模型的最大似然估计**

设 $\{X_t\}$ 是满足 ARMA 模型(3.1)的平稳序列. 采用 §5.4 的 C 中符号,利用 §5.4 的(4.11)得到逐步预报的递推公式

分布.

定理 3.1 如果$\{X_t\}$是平稳可逆的 ARMA(p,q)序列,白噪声是独立同分布序列,$E\varepsilon_t^4<\infty$.则当$N\to\infty$时,

$$\sqrt{N}(\hat{\boldsymbol{\beta}}-\boldsymbol{\beta})$$

依分布收敛到正态分布$N(0,V(\boldsymbol{\beta}))$,其中

$$V(\boldsymbol{\beta})=\begin{cases}\sigma^2\begin{bmatrix}E(\boldsymbol{U}\boldsymbol{U}^T) & E(\boldsymbol{U}\boldsymbol{V}^T)\\ E(\boldsymbol{V}\boldsymbol{U}^T) & E(\boldsymbol{V}\boldsymbol{V}^T)\end{bmatrix}^{-1}, & p>0,\ q>0,\\ \sigma^2(E(\boldsymbol{U}\boldsymbol{U}^T))^{-1}, & q=0,\ p>0,\\ \sigma^2(E(\boldsymbol{V}\boldsymbol{V}^T))^{-1}, & p=0,\ q>0.\end{cases}\tag{3.22}$$

上式中

$$\boldsymbol{U}=(U_p,U_{p-1},\cdots,U_1)^T,\quad \boldsymbol{V}=(V_q,V_{q-1},\cdots,V_1)^T,$$

$\{U_t\}$和$\{V_t\}$分别是 AR(p)和 AR(q)序列,满足

$$A(\mathscr{B})U_t=\varepsilon_t\quad 和\quad B(\mathscr{B})V_t=\varepsilon_t.$$

(证明可以见文献[18].)

用v_{jj}表示$V(\boldsymbol{\beta})$的第(j,j)的元素,则

$$\sqrt{N}(\hat{\beta}_j-\beta_j)$$

依分布收敛到正态分布$N(0,v_{jj})$.在实际问题中,真值$V(\boldsymbol{\beta})$是未知的,通常用估计量$V(\hat{\boldsymbol{\beta}})$代替.于是可以用$V(\hat{\boldsymbol{\beta}})$的第$(j,j)$的元$\hat{v}_{jj}$作为$v_{jj}$的近似.这样,当$N$较大时,利用

$$P[\sqrt{N}\,|\hat{\beta}_j-\beta_j|/\sqrt{v_{jj}}\leqslant 1.96]\approx 0.95$$

就可以在置信水平 0.95 下得到β_j的近似置信区间

$$[\hat{\beta}_j-1.96\sqrt{\hat{v}_{jj}/N},\ \hat{\beta}_j+1.96\sqrt{\hat{v}_{jj}/N}].$$

例 3.1 对于 ARMA(4,2)模型

$$X_t+0.9X_{t-1}+1.4X_{t-2}+0.7X_{t-3}+0.6X_{t-4}$$
$$=\varepsilon_t+0.5\varepsilon_{t-1}-0.4\varepsilon_{t-2},\quad t\in\mathbb{Z}\tag{3.23}$$

的模拟计算,其中$\{\varepsilon_t\}$是标准正态 WN(0,1).

利用§3.2的方法产生模型(3.23)的300个数据$\{x_t\}$.利用公式(3.5)计算出$\boldsymbol{a}$的估计:

$$\hat{\boldsymbol{a}} = (-0.8959, -1.3843, -0.6876, -0.5868)^{\mathrm{T}}.$$

再利用公式(3.8)计算出 $\hat{\gamma}_y(k)$, $k=0,1,\cdots,10$. 取 $p_N=10$,利用 MA 模型的逆相关函数方法计算出 MA 部分的参数估计和白噪声方差的估计如下:

$$\hat{\boldsymbol{b}} = (0.5122, -0.3427)^{\mathrm{T}}, \quad \hat{\sigma}^2 = 1.47.$$

可以看出,自回归部分的参数估计是令人满意的.下面是以 $\hat{\boldsymbol{a}},\hat{\boldsymbol{b}},\hat{\sigma}^2$ 为初值,并采用了在初值附近搜索的方法计算出的最大似然估计:

$$\hat{\boldsymbol{a}} = (-0.9010, -1.3920, -0.6808, -0.6039)^{\mathrm{T}},$$
$$\hat{\boldsymbol{b}} = (0.5145, -0.3721)^{\mathrm{T}},$$
$$\hat{\sigma}^2 = 1.282.$$

从以上结果看出,本例中最大似然估计总体上可以改进初估计,特别是能改进 MA 参数和 σ^2 的估计精度.

将上述的模拟计算重复 1000 次,每次重新产生模型(3.23)的 300 个数据.利用公式(3.5)计算出 $\boldsymbol{a}$ 的估计,再利用公式(3.8)计算出 $\hat{\gamma}_y(k)$, $k=0,1,\cdots,10$. 取 $p_N=10$,利用 MA 模型的逆相关函数方法计算出 MA 部分的参数估计和白噪声方差的估计,其结果如下:

$\mathrm{Ave}(\hat{\boldsymbol{a}}) =$	-0.8954	-1.3880	-0.6897	-0.5900
$\mathrm{Std}(\hat{\boldsymbol{a}}) =$	0.0716	0.0873	0.0773	0.0669
$\mathrm{Ave}(\hat{\boldsymbol{b}}) =$	0.5258	-0.3141		
$\mathrm{Std}(\hat{\boldsymbol{b}}) =$	0.6893	0.3188		

$\mathrm{Ave}(\hat{\sigma}^2) = 1.2791$

$\mathrm{Std}(\hat{\sigma}^2) = 0.1639$

从上述的计算看出,AR 部分的估计是令人满意的,MA 部分和白噪声方差估计的标准差较大.采用最大似然估计后通常可以改进估计的精度,特别是改进 MA 参数和白噪声方差的估计.

E. ARMA(p,q)模型的检验

在得到 ARMA(p,q)模型的参数估计 $(\hat{a}_1,\cdots,\hat{a}_p)$ 和$(\hat{b}_1,\cdots,\hat{b}_q)$后,对模型进行检验是十分必要的.首先要检验模型的平稳性和合理性.即要检验估计的参数满足(3.3),然后对取定的初值

$$x_0 = x_{-1} = \cdots = x_{-p+1} = \hat{\varepsilon}_0 = \cdots = \hat{\varepsilon}_{-q+1} = 0$$

递推计算模型的残差

$$\hat{\varepsilon}_t = x_t - \sum_{l=1}^{p} \hat{a}_l x_{t-l} + \sum_{j=1}^{q} \hat{b}_j \hat{\varepsilon}_{t-j}, \quad t = 1,2,\cdots. \tag{3.24}$$

取 $m=O(N^{1/3})$和 $m>\max(p,q)$. 如果残差

$$\hat{\varepsilon}_t, \quad t = m, m+1, \cdots, N$$

可以通过白噪声的检验,就认为模型合适. 否则寻找其他的模型.

在实际工作中,参数(p,q)是未知的. 但是根据数据的性质有时可以知道阶数的大约范围. 可以在这个范围内对每一对(p,q)建立ARMA(p,q)模型,如果一个模型可以通过检验,就把这个模型留做备用. 如果不能确定阶数的范围,可以采用从 $p+q=1, p+q=2, \cdots$,开始由低阶到高阶的依次搜寻的方法. 然后在所有备用的模型中选出 $p+q$ 最小的一个模型. 如果 $p+q$ 不能惟一决定(p,q),可以取 p 较大的一个. 也可以在所有的备用模型中,采用下面的 AIC 定阶方法,最后确定一个模型.

F. ARMA(p,q)模型的定阶方法

和 AR 模型的定阶方法相似,给定 ARMA(p,q)模型的阶数(p,q)的一个估计$(k,j)=(\hat{p},\hat{q})$. 无论这个估计是怎样得到的,按前面的方法都可以估计出 ARMA(k,j)模型的参数. 用 $\hat{\sigma}^2=\hat{\sigma}^2(k,j)$表示白噪声方差 σ^2 的估计. 一般来讲,希望 $\hat{\sigma}^2$ 的取值越小越好. 因为 $\hat{\sigma}^2$ 越小表示模型拟合的越精确. 通常较小的残差方差 $\hat{\sigma}^2$ 对应于较大的阶数 k,j. 这样,过多追求拟合的精度,或说过分追求较小的残差方差 $\hat{\sigma}^2$ 会导致较大的 $\hat{p}$ 和 $\hat{q}$,从而导致较多的待估参数. 其结果会使建立的模型关于数据过于敏感,从而降低模型的稳健性. AIC 定阶准则就是为了克服模型的过度敏感而提出的.

ARMA 模型的 AIC 定阶方法和 AR 模型的 AIC 定阶方法是相同的. 如果已知 p 的上界 P_0 和 q 的上界 Q_0,对于每一对(k,j), $0\leqslant k\leqslant P_0$, $0\leqslant j\leqslant Q_0$ 计算 AIC 函数

$$\mathrm{AIC}(k,j) = \ln(\hat{\sigma}^2(k,j)) + \frac{2(k+j)}{N}. \tag{3.25}$$

AIC(k,j)的最小值点$(\hat{p},\hat{q})$称为(p,q)的 AIC 定阶. 如果最小值不

惟一,应先取 $k+j$ 最小的,然后取 j 最小的. 一般 AIC 定阶并不是相合的. 也就是说,如果平稳序列的观测 $\{x_t\}$ 确实是来自一个 ARMA(p,q) 模型时, AIC 定阶 $(\hat{p},\hat{q})$ 并不依概率收敛到真正的 (p,q). 但是,和 AR(p) 模型的 AIC 定阶相似,这种不相容性并不能否定 AIC 定阶的实用性. 因为一方面实际数据并不会真正满足某一个 ARMA(p,q) 模型,所以真正的阶数并不存在,采用 ARMA 模型只是对数据的一种处理方法. 另一方面, AIC 定阶有时会高估阶数,但是并不会高估出很多. 这比低估阶数要好,低估了阶数往往会造成更大的误差和模型的选择不当. 将(3. 25)中的 $2(k+j)/N$ 改为 $(k+j)\ln N/N$ 就得到 BIC(k,j)定阶.

G. ARMA(p,q)序列的谱密度估计

如果得到了 ARMA(p,q)模型的参数估计,模型的检验也已经通过. 可以利用

$$\hat{f}(\lambda)=\frac{\hat{\sigma}^2}{2\pi}\frac{\left|1+\sum_{j=1}^{\hat{q}}\hat{b}_j e^{ij\lambda}\right|^2}{\left|1-\sum_{j=1}^{\hat{p}}\hat{a}_j e^{ij\lambda}\right|^2} \tag{3.26}$$

作为谱密度的估计. 这是因为如果观测数据确实是 ARMA(p,q)序列(3. 1)时,它的谱密度是

$$f(\lambda)=\frac{\sigma^2}{2\pi}\frac{\left|1+\sum_{j=1}^{q}b_j e^{ij\lambda}\right|^2}{\left|1-\sum_{j=1}^{p}a_j e^{ij\lambda}\right|^2}.$$

不难看出,如果 $\hat{p},\hat{q},\hat{a}_1\cdots,\hat{a}_p,\hat{b}_1,\hat{b}_2,\cdots,\hat{b}_q$ 和 $\hat{\sigma}^2$ 分别是 $p,q,a_1,\cdots,a_p,b_1,b_2,\cdots,b_q$ 和 σ^2 的相合估计,则 $\hat{f}(\lambda)$是 $f(\lambda)$的相合估计.

通常对谱密度进行估计只是为了了解时间序列的频率特性. 后面的第八章将主要介绍谱密度的估计方法.

例 3. 2(接例 3. 1)　图 6. 3. 1 是 ARMA(4,2)模型(3. 23)的谱密度 $f(\lambda)$和以 $\hat{a},\hat{b}$ 及 $\hat{\sigma}^2$ 为参数,由(3. 26)计算出的 $\hat{f}(\lambda)$,图中实线是 $\hat{f}(\lambda)$,虚线是 $f(\lambda)$. 可以看出 $\hat{f}(\lambda)$有和 $f(\lambda)$相似的形状.

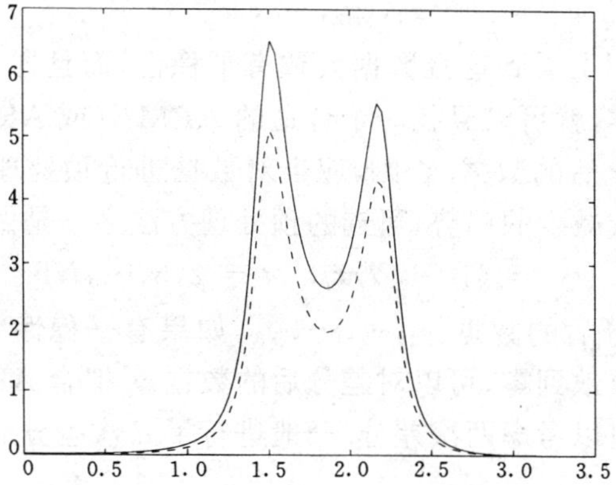

图 6.3.1　ARMA(4,2)的谱密度估计

习　题　三

3.1（计算机作业）　设$\{\varepsilon_t\}$是正态白噪声 WN(0,4)，并且 ARMA(4,2)模型的参数是

$$\boldsymbol{a}=(1.16,-0.37,-0.19,0.18)^{\mathrm{T}},\quad \boldsymbol{b}=(0.5,-0.4)^{\mathrm{T}}.$$

设 $p=4,q=2$ 已知.用计算机产生上述 ARMA 模型的 100 个数据.

(1) 用公式(3.5)计算自回归部分的参数估计，用逆相关系数方法计算运动平均部分的参数估计和白噪声方差的估计；

(2) 以(1)中计算的结果为初值，对该 ARMA(4,2)的参数计算最大似然估计；

(3) 对最大似然估计的 AR 和 MA 参数分别验证最小相位条件和可逆性条件是否成立；

(4) 将(1)和(2)的计算独立重复 100 次，综合评价计算的结果.

*§ 6.4　求和 ARIMA(p,d,q)模型及季节 ARIMA 模型的参数估计

A. 求和 ARIMA(p,d,q)模型的参数估计

给定时间序列

$$x_1,\ x_2,\ \cdots,\ x_N. \tag{4.1}$$

如果从数据图上看到这批数据大致有平稳性，而且样本自相关系数快速收敛到零，就可以寻找一个合适的 ARMA（或 AR，MA）模型来描述零均值化后的数据. 否则，应当对数据进行预处理. 如果数据具有线性增长或减少的趋势，可选的预处理方法之一是做差分：

$$y_t = (1-\mathscr{B})x_t,\quad t=2,3,\cdots,N.$$

进行一次差分后的数据 $y_2, y_3, \cdots, y_N$，如果有平稳性并且样本自相关系数快速收敛到零，可以对差分后的数据 y_t 拟合 ARMA 模型. 一次差分不够可以考虑两次差分. 一般进行了 d 次差分后的数据是

$$y_t = (1-\mathscr{B})^d x_t = \sum_{j=0}^{d}(-1)^j C_d^j x_{t-j},\quad t=d+1,d+2,\cdots,N, \tag{4.2}$$

其中 C_d^j 是二项式组合系数. 如果 d 次差分后的数据有平稳性并且样本自相关系数快速下降，可以对它拟合 ARMA 模型. 也就是说认为数据(4.2)满足某个 ARMA(p,q)模型：

$$A(\mathscr{B})y_t = B(\mathscr{B})\varepsilon_t,\quad t=d+1,d+2,\cdots,N,$$

或等价地认为数据(4.1)满足求和 ARIMA(p,d,q)模型：

$$A(\mathscr{B})(1-\mathscr{B})^d X_t = B(\mathscr{B})\varepsilon_t,\quad t=1,2,\cdots. \tag{4.3}$$

这时可以利用数据(4.2)对 ARMA(p,q)模型进行参数估计，包括阶数 p,q 的估计$(\hat{p},\hat{q})$和参数 $\boldsymbol{a},\boldsymbol{b}$ 的估计

$$(\hat{a}_1,\cdots,\hat{a}_p,\hat{b}_1,\cdots,\hat{b}_q).$$

如果拟合的模型可以通过前面所述的模型检验，就为原数据(4.1)建立了一个 ARIMA$(\hat{p},d,\hat{q})$模型：

$$\hat{A}(\mathscr{B})(1-\mathscr{B})^d X_t = \hat{B}(\mathscr{B})\varepsilon_t,\quad t=1,2,\cdots,$$

其中

$$\hat{A}(z) = 1-\sum_{j=1}^{\hat{p}}\hat{a}_j z^j,\quad \hat{B}(z) = 1+\sum_{j=1}^{\hat{q}}\hat{b}_j z^j.$$

如果从数据上不易直接判定出平稳性，也可以直接对数据(4.1)拟合 ARMA 模型，当拟合的模型不能通过模型的拟合检验，可以进行一次差分后再进行 ARMA 模型的拟合. 差分的次数应当比较小，一般只取 $d=1$ 或 2. 否则应当用其他方法对数据先进行分解，去掉

趋势项和季节项，然后拟合 ARMA 模型.

B. 季节 ARMA 模型的参数估计

季节时间序列的特点是明显的季节性. 例如旅游景点的参观人数通常在公休日和旅游季节会增加. 仓储超市的销售额也会在每个周末(周六和周日)不同于普通工作日. 这种带有明显季节现象的数据在适当的零均值化后可以用如下的季节 ARMA 模型描述：

$$A(\mathscr{B}^T)Y_t = B(\mathscr{B}^T)\varepsilon_t, \tag{4.4}$$

其中 T 是季节性的周期. $A(z),B(z)$是某个 ARMA(p,q)模型的特征多项式. 实际问题中 T 经常的取值是 7 或 12. 我们通过下面的例子来说明季节 ARMA 模型的使用方法.

例 4.1 用$\{x_t\}$表示一个城市的居民日用水量. 它的记录如下：

星期	一	二	三	四	五	六	日
一周	x_1	x_2	x_3	x_4	x_5	x_6	x_7
二周	x_8	x_9	x_{10}	x_{11}	x_{12}	x_{13}	x_{14}
…	…	…	…	…	…	…	…
$N+1$ 周	x_{1+7N}	x_{2+7N}	x_{3+7N}	x_{4+7N}	x_{5+7N}	x_{6+7N}	x_{7+7N}

(4.5)

一般可以发现，周六和周日的用水量和工作日的用水量有所不同. 上述表中的每一列都可以看成一个时间序列. 假设数据(4.5)的第 j 列$(1\leqslant j\leqslant 7)$的零均值化是

$$y_{j+7t} = x_{j+7t} - \mu_j, \quad t = 0,1,\cdots,N, \tag{4.6}$$

其中

$$\mu_j = \frac{1}{N+1}\sum_{t=0}^{N} x_{j+7t}.$$

如果用数据(4.6)可以拟合一个 ARMA(p,q)模型：

$$\begin{aligned} Z_{j+7t} = & a_1 Z_{j+7(t-1)} + \cdots + a_p Z_{j+7(t-p)} + \varepsilon_{j+7t} + b_1\varepsilon_{j+7(t-1)} \\ & + \cdots + b_q\varepsilon_{j+7(t-q)}, \quad t = 0,1,\cdots, \end{aligned} \tag{4.7}$$

其中$\{\varepsilon_{j+7t}\}$是 WN$(0,\sigma^2)$，并且还可以认为数据(4.5)中的每一列零均值化后满足相同的 ARMA 模型(4.7)，即模型(4.7)关于 $1\leqslant j\leqslant 7$ 都成立，则可以把整个数据 y_t $(t=1,2,\cdots,7(N+1))$用如下的模型描述：

$$A(\mathscr{B}^7)Y_t = B(\mathscr{B}^7)\varepsilon_t, \quad t = 1,2,\cdots, \tag{4.8}$$

其中$\{\varepsilon_t\}$是随机噪声序列.

如果假设模型(4.8)中的噪声序列$\{\varepsilon_t\}$是白噪声,就可以推导出数据(4.5)的各列之间的不相关性.这点是不能被人们接受的.解决这个问题的方法是假设$\{\varepsilon_t\}$也是ARMA序列,满足平稳可逆的低阶ARMA(p_0,q_0)模型

$$A_0(\mathscr{B})\varepsilon_t = B_0(\mathscr{B})e_t, \quad t = 1,2,\cdots,$$

其中$\{e_t\}$是WN$(0,\sigma^2)$.将

$$\varepsilon_t = A_0^{-1}(\mathscr{B})B_0(\mathscr{B})e_t$$

代入(4.8),就得到季节ARMA$(p_0,q_0)\times(p,q)_7$模型

$$A_0(\mathscr{B})A(\mathscr{B}^7)Y_t = B_0(\mathscr{B})B(\mathscr{B}^7)e_t, \quad t = 1,2,\cdots. \tag{4.9}$$

这里p_0,q_0分别是$A_0(z),B_0(z)$的阶数,p,q分别是$A(z),B(z)$的阶数.实际中,p_0,q_0一般不超过3.

季节ARMA模型(4.8)实际上是一个ARMA(p_0+7p,q_0+7q)模型,但是其中有很多的系数已经是零.

模型(4.9)的估计方法如下.设$\hat{\gamma}(k)$是数据$\{y_t\}$的样本自协方差函数.利用$\hat{\gamma}(7k)$ $(k=0,1,2,\cdots)$拟合一个ARMA$(\hat{p},\hat{q})$模型

$$\hat{A}(\mathscr{B})Z_t = \hat{B}(\mathscr{B})\varepsilon_t.$$

要求这个模型通过模型的拟合检验.利用$\hat{\gamma}(0),\hat{\gamma}(1),\cdots,\hat{\gamma}(7-1)$对$\{\varepsilon_t\}$拟合一个ARMA$(\hat{p}_0,\hat{q}_0)$模型

$$\hat{A}_0(\mathscr{B})\varepsilon_t = \hat{B}_0(\mathscr{B})e_t,$$

也要求这个模型通过拟合检验.这时,我们所要估计的季节ARMA$(p_0,q_0)\times(p,q)_7$模型可以初步定为

$$\hat{A}_0(\mathscr{B})\hat{A}(\mathscr{B}^7)Y_t = \hat{B}_0(\mathscr{B})\hat{B}(\mathscr{B}^7)e_t, \quad t = 1,2,\cdots. \tag{4.10}$$

这是一个ARMA$(\hat{p}_0+7\hat{p},\hat{q}_0+7\hat{q})$模型,但是其中有很多的系数已经是零.为了得到更好的参数估计,在以后的计算中,保持参数是零的位置的参数永远是零.然后利用§6.3中的最大似然方法或最小二乘估计法重新计算模型(4.10)中的参数.这样得到的估计一般会对原来的估计有所改进.

在例4.1中如果每一列的数据需要经过差分

$$z_t = (1-\mathscr{B})^d(1-\mathscr{B}^7)^D y_t, \quad t = 7D+d+1,\cdots,N$$

后才能进行季节 ARMA 模型的拟合,模型(4.9)就要改写成

$$\begin{aligned} &A_0(\mathscr{B})A(\mathscr{B}^7)(1-\mathscr{B})^d(1-\mathscr{B}^7)^D Y_t \\ &= B_0(\mathscr{B})B(\mathscr{B}^7)e_t, \quad t = 1,2,\cdots. \end{aligned} \tag{4.11}$$

这是一个季节 ARIMA$(p_0,d,q_0)\times(p,D,q)_7$ 模型. 实际问题中 d 和 D 的取值都很小,一般是 $D=0$ 或 1. 季节 ARMA$(p_0,q_0)\times(p,q)_7$ 模型实际上是一个季节 ARIMA$(p_0,0,q_0)\times(p,0,q)_7$ 模型.

习 题 四

4.1 设模型(4.8)中的$\{\varepsilon_t\}$是白噪声,证明(4.5)中的各列时间序列之间是不相关的.

4.2 试解释(4.5)中的每一列数据都满足相同的 ARMA 模型的合理(或不合理)性.

第七章　潜周期模型的参数估计

§7.1　潜周期模型的参数估计

实际问题中有很多的数据表现出明显的周期特性. 例如,如果考虑北京地区的气温变化,以每个小时的平均气温为一个记录数据,则观测数据 $x_1, x_2, \cdots, x_N$ 以每年的 365×24 小时为一个大周期,以每天的 24 小时为一个小周期. 对于这种具有明显周期的数据可以考虑用潜周期模型(1.1)描述.

在信号处理领域,余弦波信号是一种常见信号. 在随机干扰背景下能否成功地检测出各信号的角频率成分及其振幅是一个有实际意义的问题. 通常的余弦波信号也是用潜周期模型

$$x_t = \sum_{j=1}^{k} A_j \cos(\omega_j t + \varphi_j) + \xi_t, \quad t \in \mathbb{N}_+ \tag{1.1}$$

描述的,其中 $0<\omega_1<\omega_2<\cdots<\omega_k\leqslant\pi$. 正数 A_j 是相应于第 j 个角频率 ω_j 的振幅. 对 $\omega_j>0$,从

$$\cos(\omega_j(t + 2\pi/\omega_j) + \varphi_j) = \cos(\omega_j t + \varphi_j), \quad t \in \mathbb{Z}$$

知道相应于角频率 ω_j 的周期是 $T_j = 2\pi/\omega_j$. $\varphi_j \in [0, 2\pi)$是相应于角频率 λ_j 的初始相位. $\{\xi_t\}$是一个零均值的线性平稳序列,被称为**有色噪声**. 它是对周期叠加项

$$y_t = \sum_{j=1}^{k} A_j \cos(\omega_j t + \varphi_j) \tag{1.2}$$

的随机干扰. 当 $k=0$ 时定义 $\sum_{j=1}^{0} \stackrel{\text{def}}{=\!=} 0$. 这时$\{x_t\}=\{\xi_t\}$是平稳序列.

满足模型(1.1)的时间序列被称为**潜频率**或**潜周期序列**. 在模型(1.1)中,可以不要求 $\omega_1>0$. 但是 $\omega_1=0$ 就相当于(1.1)的右边有一个常数项. 由于在实际问题的计算中,需要先对原始数据进行零均值化,所以常数项实际上是不起作用的. 模型(1.1)中还可以要求振幅

$\boldsymbol{A}=(A_1,A_2,\cdots,A_q)$和初相位 $\boldsymbol{\varphi}=(\varphi_1,\varphi_2,\cdots,\varphi_q)$是随机的. 但是由于在时间序列分析中,我们只能得到时间序列的一次实现,因而在数据中 $\boldsymbol{A}$ 和 $\boldsymbol{\varphi}$的取值都是常数. 这样就没有必要把 $\boldsymbol{A}$ 和 $\boldsymbol{\varphi}$当作随机向量来考虑了. 所以,我们认为 A_j,φ_j 是常数.

在模型(1.1)中,用 $\sigma=\sqrt{\operatorname{var}(\xi_t)}$表示噪声项的标准差. 称

$$\eta_j = A_j/\sigma \tag{1.3}$$

为相应于角频率 λ_j 的**信噪比**(信号和噪声的比率). 明显,信噪比 η_j 越大,说明频率项 $A_j\cos(\omega_j t+\varphi_j)$的作用越大,在给定的数据中越容易发现或估计出相应的角频率 ω_j 和振幅 A_j. 以下的分析说明,无论是怎样的信噪比,只要有较大的数据量都可以十分准确地估计出每个角频率、振幅和初始相位.

模型(1.1)是三角函数项的叠加,所以又被称为**调和模型**. 它在气象,天文,机械振动,共振研究和调和信号处理方面有广泛的应用.

如果用三角公式把模型(1.1)进行展开,则可以得到等价的模型

$$x_t = \sum_{j=1}^{k}[a_j\cos(\omega_j t) + b_j\sin(\omega_j t)] + \xi_t, \quad t \in \mathbb{N}_+, \tag{1.4}$$

其中 $$a_j = A_j\cos(\varphi_j), \quad b_j = - A_j\sin(\varphi_j).$$

模型(1.1)还可以写成复的形式. 在模型(1.1)中,定义

$$\begin{aligned} & q = 2k, \\ & \lambda_j = \begin{cases} \omega_j, & j = 1,2,\cdots,k, \\ -\omega_{j-k}, & j = k+1,k+2,\cdots,q, \end{cases} \\ & \alpha_j = \begin{cases} \dfrac{1}{2}A_j\exp(\mathrm{i}\varphi_j), & j = 1,2,\cdots,k, \\ \dfrac{1}{2}A_{j-k}\exp(-\mathrm{i}\varphi_{j-k}), & j = k+1,k+2,\cdots,q \end{cases} \end{aligned} \tag{1.5}$$

就得到

$$x_t = \sum_{j=1}^{q}\alpha_j\exp(\mathrm{i}t\lambda_j) + \xi_t, \quad t \in \mathbb{N}_+. \tag{1.6}$$

模型(1.6)是复值潜周期模型. 为了方便起见,对潜周期模型(1.6)通常还要求如下的条件:

(1) $\{\xi_t\}$是一个零均值线性平稳序列,它是对周期叠加项

$$y_t = \sum_{j=1}^{q} \alpha_j \exp(\mathrm{i}t\lambda_j) \tag{1.7}$$

的随机干扰.

(2) 实向量 $\boldsymbol{\lambda} = (\lambda_1, \lambda_2, \cdots, \lambda_q)^{\mathrm{T}}$ 满足

$$-\pi < \lambda_1 < \lambda_2 < \cdots < \lambda_q \leqslant \pi. \tag{1.8}$$

(3) 复值向量 $\boldsymbol{\alpha} = (\alpha_1, \alpha_2, \cdots, \alpha_q)^{\mathrm{T}}$ 中的每一个分量不等于零:

$$\prod_{j=1}^{q} \alpha_j \neq 0.$$

当 $q \geqslant 1$ 时,$\boldsymbol{\lambda}$ 是潜频率序列 $\{x_t\}$ 的角频率, $\boldsymbol{\alpha}$ 是 $\{x_t\}$ 的振幅向量. 对于 $\lambda_j \neq 0$,由于

$$\exp(\mathrm{i}\lambda_j(t + 2\pi/\lambda_j)) = \exp(\mathrm{i}\lambda_j t), \quad t \in \mathbb{Z},$$

所以相应于角频率 λ_j 的周期是 $T_j = 2\pi/\lambda_j$,振幅是 α_j.

满足模型(1.6)的时间序列也被称为**潜频率序列**. 在模型(1.6)中,只有潜频率序列 $\{x_t\}$ 是可以观测的. 如果观测序列 $\{x_t\}$ 和随机干扰项 $\{\xi_t\}$ 都是实值的,由(1.7)定义的 $\{y_t\}$ 就是实值的. 这时如果设实数 a_j, b_j,使得 $\alpha_j = a_j + \mathrm{i}b_j$,利用三角公式就可以得到

$$\begin{aligned} y_t &= \sum_{j=1}^{q} \alpha_j \exp(\mathrm{i}\lambda_j t) = \sum_{j=1}^{q} (a_j + \mathrm{i}b_j)[\cos(\lambda_j t) + \mathrm{i}\sin(\lambda_j t)] \\ &= \sum_{j=1}^{q} [a_j \cos(\lambda_j t) - b_j \sin(\lambda_j t)] + \mathrm{i} \sum_{j=1}^{q} [a_j \sin(\lambda_j t) + b_j \cos(\lambda_j t)] \\ &= \sum_{j=1}^{q} [a_j \cos(\lambda_j t) - b_j \sin(\lambda_j t)]. \end{aligned} \tag{1.9}$$

于是,利用

$$\sum_{j=1}^{q} [a_j \sin(\lambda_j t) + b_j \cos(\lambda_j t)] = 0, \quad t \in \mathbb{N}_+ \tag{1.10}$$

对(1.9)进行适当的整理合并,就得到(1.2). 参数之间的关系仍然由(1.5)式决定.

对实值的潜周期模型(1.1)进行统计分析不如对复值潜周期模型(1.6)的统计分析来的方便. 如果对复值模型(1.6)给出了参数 q, $\boldsymbol{\lambda}$ 和 $\boldsymbol{\alpha}$ 的估计,通过参数之间的变换(1.5)就可以得到模型(1.1)的参数估计.

为了分析潜周期模型中有色噪声项对周期信号$\{y_t\}$影响的大小，我们需要了解噪声$\{\xi_t\}$的加权部分和的收敛性质.

定理 1.1(见文献[13]) 设$\{\varepsilon_t\}$是独立同分布的 WN$(0,\sigma^2)$，线性滤波器$\{c_j\}$满足

$$\sum_{j=0}^{\infty} j|c_j| < \infty. \tag{1.11}$$

平稳噪声$\{\xi_t\}$由

$$\xi_t = \sum_{j=0}^{\infty} c_j \varepsilon_{t-j} \tag{1.12}$$

定义. 则有如下的结果

$$\limsup_{N\to\infty} \frac{1}{\sqrt{N\ln N}} \sup_{\lambda} \left| \sum_{t=1}^{N} \xi_t \mathrm{e}^{-\mathrm{i}\lambda t} \right| \leqslant \sqrt{2\pi \sup_{\lambda} f(\lambda)},\ \text{a.s.},$$

其中

$$f(\lambda) = \frac{\sigma^2}{2\pi} \left| \sum_{j=0}^{\infty} c_j \mathrm{e}^{\mathrm{i}j\lambda} \right|^2$$

是$\{\xi_t\}$的谱密度.

定理 1.1 是对模型(1.6)进行统计分析的基本定理. 除了它，我们还需要了解 Dirichlet 核(图 7.1.1)

$$D_N(\lambda) = \frac{\sin(N\lambda/2)}{\sin(\lambda/2)},\quad \lambda \in (-\pi,\pi]$$

的基本性质. $D_N(\lambda)$是偶函数，在$\lambda=0$取得最大值$D_N(0)=N$，在区

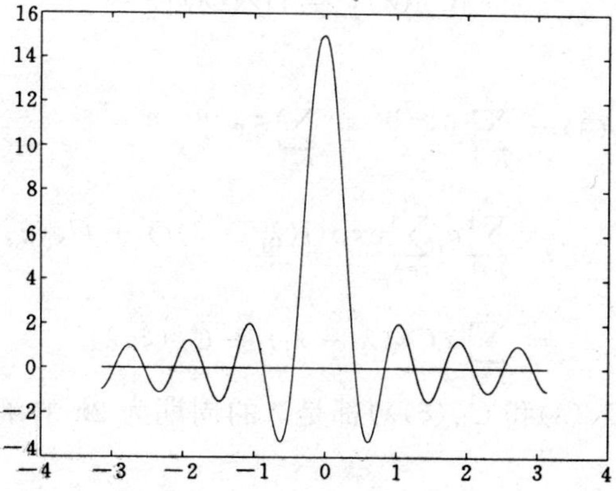

图 7.1.1 $D_N(\lambda)$的图形，$N=15$

间$[0,\pi/2N]$上单调减少,利用不等式

$$x \geqslant \sin x > 2x/\pi, \quad x \in (0,\pi/2),$$

得到

$$D_N(x) \geqslant D_N(\pi/2N) = \frac{\sin(\pi/4)}{\sin(\pi/4N)} \geqslant \frac{2\sqrt{2}N}{\pi}, \quad x \in \left[0, \frac{\pi}{2N}\right]. \tag{1.13}$$

另一方面,对于 $\lambda \geqslant 1/(2\sqrt{N})$,

$$|D_N(\lambda)| \leqslant \left(\sin\left(\frac{1}{4\sqrt{N}}\right)\right)^{-1} \leqslant \frac{4\pi\sqrt{N}}{2} = 2\pi\sqrt{N}. \tag{1.14}$$

A. 复值潜周期模型的初估计

在利用数据进行参数估计前应当先对数据进行零均值化处理,以下设数据已经零均值化. 对于来自复值潜周期模型(1.6)的观测数据 $x_1, x_2, \cdots, x_N$,引入函数

$$S_N(\lambda) = \sum_{t=1}^{N} x_t e^{-i\lambda t}, \tag{1.15}$$

类似地定义

$$C_N(\xi,\lambda) = \sum_{t=1}^{N} \xi_t e^{-i\lambda t}, \quad C_N(\lambda) = \sum_{t=1}^{N} e^{-i\lambda t}.$$

利用求和公式 $C_N(-\lambda) = D_N(\lambda)\exp(i\lambda(N+1)/2)$,得到

$$|C_N(\lambda)| = |D_N(\lambda)|. \tag{1.16}$$

于是有

$$\begin{aligned} S_N(\lambda) &= \sum_{t=1}^{N} y_t e^{-i\lambda t} + \sum_{t=1}^{N} \xi_t e^{-i\lambda t} \\ &= \sum_{j=1}^{q} \alpha_j \sum_{t=1}^{N} \exp(i(\lambda_j - \lambda)t) + C_N(\xi,\lambda) \\ &= \sum_{j=1}^{q} \alpha_j C_N(\lambda - \lambda_j) + C_N(\xi,\lambda). \end{aligned} \tag{1.17}$$

由于 $S_N(\lambda)$,$C_N(\lambda)$和 $C_N(\xi,\lambda)$都是 λ 的周期为 2π 的函数,为方便起见,引入

$$\lambda_{q+1} = \lambda_1 + 2\pi, \quad \lambda_0 = \lambda_q - 2\pi. \tag{1.18}$$

对于角频率 λ_j $(1\leqslant j\leqslant q)$定义

$$\delta=\min_{1\leqslant j\leqslant q}(\delta_j), \tag{1.19}$$

其中

$$\delta_j=\min\{|\lambda_j-\lambda_{j+1}|,|\lambda_j-\lambda_{j-1}|\}.$$

如果样本量 N 充分大，且使得

$$\sqrt{N}\geqslant\frac{1}{\delta_j},$$

我们就可以检测出 λ_j. 实际上，在 λ_j 的 $\pi/2N$ 邻域内，利用(1.13)和(1.14)得到

$$\begin{aligned}|S_N(\lambda)|&\geqslant|\alpha_jC_N(\lambda-\lambda_j)|-\sum_{l\neq j}|\alpha_lC_N(\lambda-\lambda_l)|-|C_N(\xi,\lambda)|\\&\geqslant|\alpha_jD_N(\lambda-\lambda_j)|-\sum_{l\neq j}|\alpha_l|2\pi\sqrt{N}-|C_N(\xi,\lambda)|\\&\geqslant|\alpha_j|2\sqrt{2}N/\pi-O(\sqrt{N\ln N})\\&\geqslant0.9|\alpha_j|N,\ \text{a.s.},\end{aligned} \tag{1.20}$$

而在所有的 λ_j $(0\leqslant j\leqslant q+1)$的 $1/(2\sqrt{N})$邻域外，也就是在集合

$$\mathscr{A}=\{\lambda\in[-\pi,\pi]:\ |\lambda-\lambda_j|\geqslant1/(2\sqrt{N}),\ j=0,1,2,\cdots,q+1\} \tag{1.21}$$

上，利用(1.14)和定理 1.1 得到

$$\begin{aligned}|S_N(\lambda)|&\leqslant\sum_{l=1}^{q}|\alpha_lC_N(\lambda_l-\lambda)|+|C_N(\xi,\lambda)|\\&\leqslant\sum_{l=1}|\alpha_l|2\pi\sqrt{N}+|C_N(\xi,\lambda)|\\&=O(\sqrt{N\ln N}).\end{aligned} \tag{1.22}$$

于是看出，当 N 充分大后，实值连续函数$|S_N(\lambda)|$在区间$[-\pi,\pi]$上的图形具有如下的形状：

(1) $|S_N(\lambda)|$在每个 λ_j 的 $1/(2\sqrt{N})$邻域内有一峰群，其最高峰的高度大于 $0.9|\alpha_j|N$. 最高峰的下面隐藏着角频率 λ_j；

(2) 在所有的 λ_j 的 $1/(2\sqrt{N})$邻域外，也就是在集合 $\mathscr{A}$ 上，

$$|S_N(\lambda)|=O(\sqrt{N\ln N});$$

(3) 峰群的个数就是潜周期模型中的周期(或角频率)个数的估计.

根据$|S_N(\lambda)|$的图形形状，可以给出对潜周期模型(1.6)中的角频率个数q，角频率向量$\boldsymbol{\lambda}$和振幅向量$\boldsymbol{\alpha}$进行估计的方法. 由于很难把$|S_N(\lambda)|$的所有取值计算出来，为了节约计算时间，同时也能够大致地保持$|S_N(\lambda)|$的图形，可以采用如下的离散化计算方法.

方法 1 当潜周期模型中的各振幅α_j的绝对值差别不大，并且平稳噪声$\{\xi_t\}$的谱密度$f(\lambda)$没有明显的峰值时可以采用本方法.

取$A_N>0$满足：当$N\to\infty$时，$A_N=O(N^{0.75})$.

第一步 定义$\mu(j)=j\pi/(2N)-\pi$，计算

$$d(\mu(j)) = |S_N(\mu(j))|, \quad j = 1,2,\cdots,4N. \tag{1.23}$$

在下面计算中，如果最大值不惟一，可任取其中一个.

第二步 计算$d(\mu(j))$的最大值$d(\mu(j_1))$. 当$d(\mu(j_1))\leqslant A_N$，定义$\hat{q}=0$，停止计算. 否则，定义

$$\mathscr{A}(1)=\{\lambda\in(-\pi,\pi]:\ 1/\sqrt{N}\leqslant|\lambda-\mu(j_1)|\leqslant 2\pi-1/\sqrt{N}\}.$$

在$\mathscr{A}(1)$中，计算$d(\mu(j))$的最大值$d(\mu(j_2))$. 当$d(\mu(j_2))\leqslant A_N$，定义$\hat{q}=1,\hat{\lambda}_1=\mu(j_1)$，停止计算. 依次类推. 当$d(\mu(j_l))$在

$$\mathscr{A}(p-1)=\{\lambda\in(-\pi,\pi]:\ 1/\sqrt{N}\leqslant|\lambda-\mu(j_l)|\leqslant 2\pi-1/\sqrt{N},l=1,2,\cdots,p-1\}$$

中的最大值$d(\mu(j_p))>A_N$，在

$$\mathscr{A}(p)=\{\lambda\in(-\pi,\pi]:\ 1/\sqrt{N}\leqslant|\lambda-\mu(j_l)|\leqslant 2\pi-1/\sqrt{N},l=1,2,\cdots,p\}$$

中的最大值$d(\mu(j_{p+1}))\leqslant A_N$时，定义$q$的估计为$\hat{q}=p$. 并将最大值点$\mu(j_1),\mu(j_2),\cdots,\mu(j_{\hat{q}})$按从小到大重排后得到角频率向量$\boldsymbol{\lambda}$的初估计

$$\hat{\boldsymbol{\lambda}} = (\hat{\lambda}_1,\hat{\lambda}_2,\cdots,\hat{\lambda}_{\hat{q}(N)})^{\mathrm{T}}. \tag{1.24}$$

方法 2 当潜周期模型中的各振幅α_j的绝对值有较大差别，但是平稳噪声$\{\xi_t\}$的谱密度$f(\lambda)$没有明显的峰值时可以采用本方法.

取正整数$A_N>0$满足：当$N\to\infty$时，

$$A_N=o(N) \quad 和 \quad \sqrt{N\ln N}=o(A_N).$$

第一步 定义$\mu(j)=j\pi/(2N)-\pi$. 计算

$$d(\mu(j)) = |S_N(\mu(j)) - S_N(\mu(j-6))|, \quad j = 1,2,\cdots,4N. \tag{1.25}$$

第二步和方法 1 中的第二步相同. 最后得到角频率向量$\boldsymbol{\lambda}$的初

估计(1.24).

方法 3 当潜周期模型中的各振幅 α_j 的绝对值差别较大,并且平稳噪声$\{\xi_t\}$的谱密度 $f(\lambda)$有陡峭的峰值时可以采用本方法.

第一步 取正数 $B_0\in(1,3\sqrt{2})$,定义 $\mu(j)=j\pi/(2N)-\pi$. 计算

$$d(\mu(j))=\frac{S_N(\mu(j))+\sqrt{N}\ln N}{S_N(\mu(j-6))+\sqrt{N}\ln N},\quad j=1,2,\cdots,4N. \tag{1.26}$$

第二步和方法 1 中的第二步相同. 最后得到角频率向量 $\boldsymbol{\lambda}$ 的初估计(1.24).

应当说明,上面的三种计算方法只是为了计算机编写程序的方便. 实际问题中根据$|S_N(\lambda)|$的具体形状确定潜周期的个数是最行之有效的. 按上面的方法得到的估计量实际上已经是很准确的估计了. 它的估计精度可以由以下的定理进行描述.

定理 1.2(见文献[25]) 设模型(1.6)中的平稳噪声$\{\xi_t\}$满足定理 1.1 中的条件,则几乎必然地当 N 充分大后,由上面的三种方法定义的 $\hat{q}$ 和初估计 $\hat{\lambda}_1,\hat{\lambda}_2,\cdots,\hat{\lambda}_q$ 满足

$$\hat{q}=q,\quad |\hat{\lambda}_j-\lambda_j|\leqslant \pi/N.$$

有了角频率的估计量(1.24),就可以定义振幅 α_j 的估计如下:

$$\hat{\alpha}_j=\frac{1}{N}\sum_{t=1}^{N}x_t\mathrm{e}^{-\mathrm{i}\hat{\lambda}_j t},\quad 1\leqslant j\leqslant \hat{q}. \tag{1.27}$$

由角频率的初估计 $\hat{\lambda}_j$ 定义的 $\hat{\alpha}_j$ 在理论上还不能保证有很好的估计精度. 也就是说,当 $N\to\infty$时, $\hat{\alpha}_j$ 收敛到 α_j 速度还不够好. 为了得到精度更高的估计量,还需要对角频率的初估计 $\hat{\lambda}_j$ 进行改造,以得到更精确的估计,称为**精估计**.

B. 角频率的精估计

得到了角频率的初估计(1.24)后,可以用以下的方法改进估计的精度,得到精度更高的估计量.

方法 1 周期图最大估计.

对每一个初估计 $\hat{\lambda}_j$,我们在它的 $8/N$ 邻域$[\hat{\lambda}_j-4/N,\hat{\lambda}_j+4/N]$

中用加密计算函数$|S_N(\lambda)|$的方法来得到经加密计算后$|S_N(\lambda)|$的最大值点$\tilde{\lambda}_j$. 如果计算的密度可以达到$o(N^{-1.6})$,就称$\tilde{\lambda}_j$为λ_j的**周期图最大估计**. 用周期图最大估计$\tilde{\lambda}_j$代替(1.27)中的初估计$\hat{\lambda}_j$,从而得到振幅α_j的精估计:

$$\tilde{\alpha}_j = \frac{1}{N}\sum_{t=1}^{N} x_t \mathrm{e}^{-\mathrm{i}\tilde{\lambda}_j t}, \quad 1 \leqslant j \leqslant \hat{q}. \tag{1.28}$$

对于潜周期模型(1.6)的精估计,有以下的强相合性结果.

定理 1.3(见文献[25])　设模型(1.6)中的平稳噪声$\{\xi_t\}$满足定理 1.1 中的条件,则有如下的结果:

$$\limsup_{N\to\infty}\sqrt{\frac{N^3}{\ln N}}\,|\tilde{\lambda}_j - \lambda_j| = 0,\ \text{a.s.},$$

$$\limsup_{N\to\infty}\sqrt{\frac{N}{\ln N}}\,|\tilde{\alpha}_j - \alpha_j| = 0,\ \text{a.s.}.$$

在参数估计问题中,估计量的 a.s. 收敛速度一般只达到

$$O((N/\ln\ln N)^{-1/2}),$$

这里角频率λ_j的周期图最大估计$\tilde{\lambda}$的 a.s. 收敛速度可以达到

$$o((N^3/\ln N)^{-1/2}).$$

方法 2　角频率估计的二次分析法.

改进角频率的初估计$\hat{\lambda}_j$还可以采用二次分析法以减少计算量. 传统的二次分析方法在 Fourier 分析和时间序列分析中有很多的应用. 利用角频率的初估计和二次分析方法可以给出改进角频率的初估计的方法如下(见文献[19]).

用$\arg(c)$表示复数c的辐角. 取正整数$M>1$,则存在正整数m,满足

$$N = mM + M', \quad 0 \leqslant M' < M. \tag{1.29}$$

对于$s=1,2,\cdots,M$,定义

$$T_j(s) = \sum_{t=(s-1)m+1}^{sm} x_t \exp(-\mathrm{i}t\hat{\lambda}_j),$$

$$\theta_j = \arg\left[\sum_{s=1}^{M} T_j(s)/|T_j(s)|\right],$$

$$z_j(s) = \arg[T_j(s)\exp(-\mathrm{i}\theta_j)],$$

$$\beta_j = \sum_{s=1}^{M} z_j(s)\left(s - \frac{M+1}{2}\right) \Big/ \sum_{s=1}^{M}\left(s - \frac{M+1}{2}\right)^2.$$

最后,改进的初估计由

$$\tilde{\lambda}_j = \hat{\lambda}_j + \beta_j/m \tag{1.30}$$

定义. 将改进的初估计 $\tilde{\lambda}_j$ 代入(1.28),就得到 α_j 的估计 $\tilde{\alpha}_j$. 对于用二次分析法改进的估计量,也可以证明定理 1.3 中的收敛速度.

C. 实值模型(1.1)的参数估计

最后回到实值潜周期模型(1.1)的参数估计问题. 由于观测数据是实值的,所以 $|S_N(\lambda)|$ 是偶函数,因而只要按照前述的方法在 $[0,\pi]$ 上找出峰群的个数 $\hat{k}$ 作为角频率个数 k 的估计. 每个峰群中的最高峰下对应于一个角频率的估计 $\hat{\lambda}_j$. 设 $\hat{\alpha}_j$ 由(1.27)或(1.28)定义. 定义 A_k 的估计 $\hat{A}_k$ 如下:

如果 $\hat{\lambda}_k=\pi$, 取

$$\hat{A}_k=\hat{\alpha}_k,\ \hat{\varphi}_1=0,\ \hat{\omega}_1=\pi;$$

如果 $\hat{\lambda}_j\in(0,\pi)$, 取

$$\hat{\omega}_j = \hat{\lambda}_j, \quad \hat{A}_j = 2|\hat{\alpha}_j|,$$

初始相位 φ_j 的估计取作 $\hat{\varphi}_j=\arg(\hat{\alpha}_j)$.

不难看出,这样定义的估计量都有很好的强相合性质.

D. 模型的检测

对于实值模型(1.1),在得到周期个数的估计 $\hat{k}$,角频率的估计 $\hat{\omega}_j$ $(1\leqslant j\leqslant\hat{k})$,振幅的估计 $\hat{A}_j$ $(1\leqslant j\leqslant\hat{k})$和初相位的估计 $\hat{\varphi}_j$ $(1\leqslant j\leqslant\hat{k})$后,为了检测拟合的模型

$$x_t = \sum_{j=1}^{\hat{k}} \hat{A}_j\cos(\hat{\omega}_j t + \hat{\varphi}_j) + \xi_t, \quad t\in\mathbb{N}_+$$

是否合理,需要计算残差

$$\hat{\xi}_t = x_t - \sum_{j=1}^{\hat{k}} \hat{A}_j\cos(\hat{\omega}_j t + \hat{\varphi}_j), \quad t=1,2,\cdots,N \tag{1.31}$$

和它的样本自协方差函数

$$\hat{\gamma}_k = \frac{1}{N}\sum_{j=1}^{N-k}(\hat{\xi}_j - \hat{\mu})(\hat{\xi}_{j+k} - \hat{\mu}),$$
$$k = 1,2,\cdots,[\sqrt{N}],$$

这里 $\hat{\mu}$ 是 $\hat{\xi}_t$ 的样本均值.

如果 $\hat{\gamma}_k$ 有收敛到零的性质,就可以认为模型合适.需要的话,对于实值的潜周期模型(1.1),还可以进一步为残差(1.31)建立 AR 或 ARMA 模型.如果建立的 AR 或 ARMA 模型可以通过模型检测,就应当肯定拟合模型的合理性.

例 1.1　观测序列$\{x_t\}$来自潜周期模型(1.1),其中 $k=5$,

$$\boldsymbol{\omega} = (0.23, 0.98, 1.54, 1.98, 2.67)^{\mathrm{T}},$$
$$\boldsymbol{A} = (1.44, 2.89, 1.98, 4.98, 1.78)^{\mathrm{T}},$$
$$\boldsymbol{\varphi} = (0.2, 2.9, 0.8, 2.3, 1.6)^{\mathrm{T}}.$$

有色噪声$\{\xi_t\}$是由

$$\xi_t = 1.16\xi_{t-1} - 0.37\xi_{t-2} - 0.11\xi_{t-3} + 0.18\xi_{t-4} + \varepsilon_t \tag{1.32}$$

产生的 AR(4)序列.这里$\{\varepsilon_t\}$是正态 WN(0,1),$\mathrm{var}(\xi_t)=4.422$,信噪比

$$\frac{\boldsymbol{A}}{\sqrt{\mathrm{var}\xi_t}} = (0.6847, 1.3741, 0.9414, 2.3678, 0.8463)^{\mathrm{T}}. \tag{1.33}$$

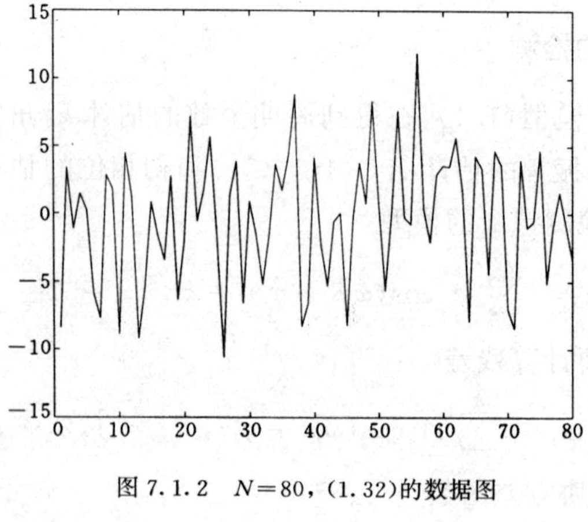

图 7.1.2　$N=80$,(1.32)的数据图

观测数据的 80 个样本由图 7.1.2 给出. 仅从数据图很难判断数据的潜周期个数. 图 7.1.3 和 7.1.4 分别是 $N=30$ 和 200 时,函数 $|S_N(\lambda)|$ 的图形. 由于观测数据是实值的,只需绘出 $[0,\pi]$ 部分. 计算密度是 $\pi/2N$. 实际计算 $S_N(\lambda)$ 时,先对数据进行了零均值化处理.

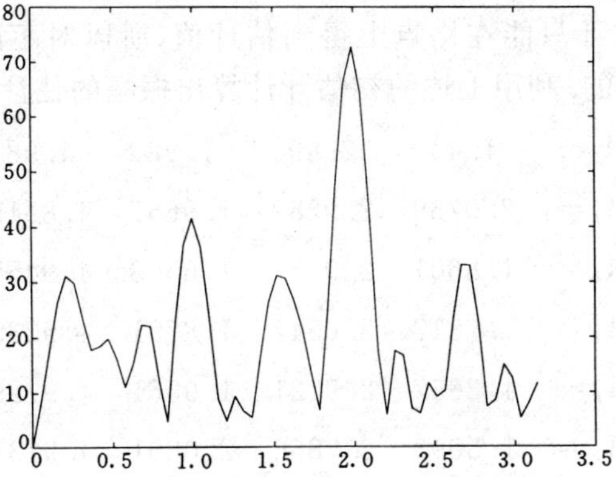

图 7.1.3 $N=30$, $|S_N(\lambda)|$ 的图形

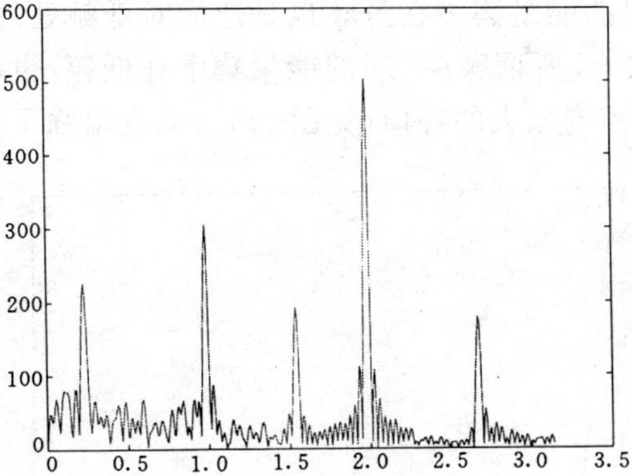

图 7.1.4 $N=200$, $|S_N(\lambda)|$ 的图形

从上述图形看出,信噪比高的角频率更容易被识别出来. 从方法 1 可以得到角频率的估计如下:

真值	$\omega_k=$	0.23	0.98	1.54	1.98	2.67
$N=30$	$\hat{\omega}_k=$	0.2094	0.9948	1.5708	1.9897	2.6704
$N=50$	$\hat{\omega}_k=$	0.2513	0.9739	1.5394	1.9792	2.6704
$N=100$	$\hat{\omega}_k=$	0.2513	0.9739	1.5394	1.9792	2.6861
$N=200$	$\hat{\omega}_k=$	0.2356	0.9739	1.5394	1.9792	2.6861
$N=500$	$\hat{\omega}_k=$	0.2278	0.9817	1.5394	1.9792	2.6704

由于初估计只能在格点上得到估计值，所以对不同的 N，估计值有时是一样的. 利用上述的初估计计算出振幅的估计如下：

真值	$A_k=$	1.44	2.89	1.98	4.98	1.78
$N=30$	$\hat{A}_k=$	2.0759	2.9289	1.9657	4.8515	2.2403
$N=50$	$\hat{A}_k=$	1.8601	2.9187	1.6503	4.9458	2.1115
$N=100$	$\hat{A}_k=$	1.7817	3.0542	1.8791	4.9235	1.8209
$N=200$	$\hat{A}_k=$	1.3657	2.9121	1.9561	4.9729	1.8273
$N=500$	$\hat{A}_k=$	1.5093	2.7866	2.0801	4.9734	1.8009

可以看出，当 $N\leqslant 100$，对角频率 $\omega_1=0.23$ 和振幅 $A_1=1.44$ 的估计精度较差. 这是因为角频率 ω_1 的信噪比最小的原因. 另外，在本例中，噪声 $\{\xi_t\}$ 的能量集中在低频也是造成对低频处的角频率估计不准的原因之一. 所谓噪声 $\{\xi_t\}$ 的能量集中在低频，也就是说，$\{\xi_t\}$ 的谱密度在零点有较大的峰值(见图 7.1.5)，它增强了 $|C_N(\xi,\lambda)|$ 在

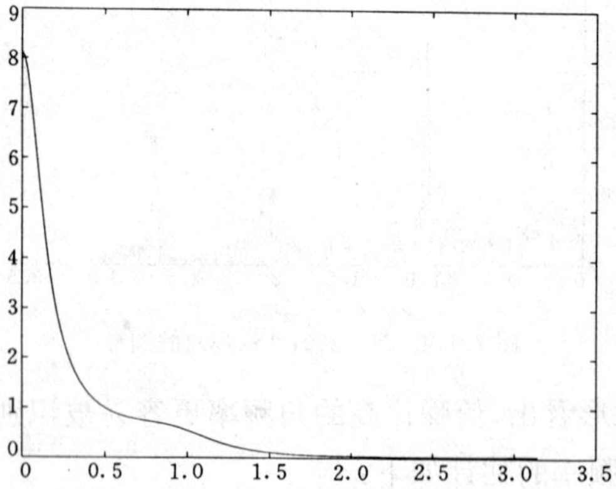

图 7.1.5 $\{\xi_t\}$的谱密度函数

零点的振荡,以致影响到对潜频率 λ_1 和振幅 A_1 的估计精度,见图 7.1.6. 本例中, $|C_N(\xi,\lambda)|$ 在低频比其他地方的振荡要大很多.

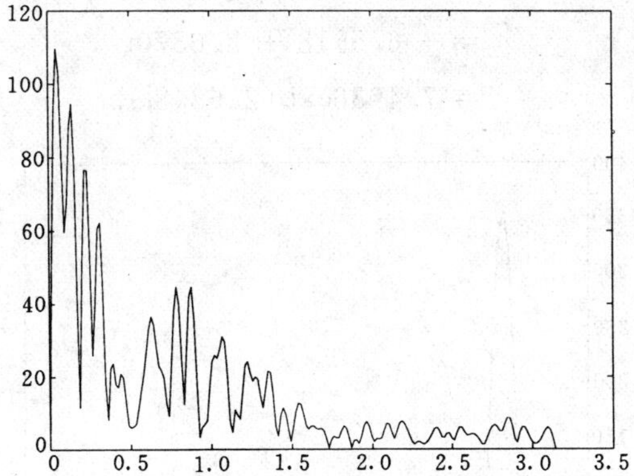

图 7.1.6 $|C_N(\xi,\lambda)|$ 的图形, $N=100$

对于参数估计来讲,为了进一步弄清有色噪声和白噪声的不同影响,我们把有色噪声 $\{\xi_t\}$ 改为方差为 4.422 的正态白噪声,以保证信噪比(1.33)不变. 经过计算,得到的角频率估计在低频确是有所改进. 计算的结果如下:

真值	$\omega_k=$	0.23	0.98	1.54	1.98	2.67
$N=30$	$\hat{\omega}_k=$	0.2094	0.9425	1.5184	1.9897	2.6704
$N=50$	$\hat{\omega}_k=$	0.2369	0.9739	1.4017	2.0154	2.8636
$N=100$	$\hat{\omega}_k=$	0.2356	0.9739	1.5394	1.9792	2.6861
$N=200$	$\hat{\omega}_k=$	0.2278	0.9739	1.5394	1.9792	2.6704
$N=500$	$\hat{\omega}_k=$	0.2293	0.9802	1.5394	1.9792	2.6672

例 1.2 附录 B 中的 B1 是 1985～2000 年北京的月平均气温,数据摘自中国气象年鉴. 但是缺少 1989 年的数据. 用 $\{z_t\}$ 表示 1985～1988 年的数据,样本均值是

$$\bar{z} = 12.15.$$

$x_t=z_t-\bar{z}$ 是 $\{z_t\}$ 的零均值化. 设函数 $|S_N(\lambda)|$ 由(1.15)定义,其图形见图 7.1.7. $|S_N(\lambda)|$ 在 $\lambda=0.5236$ 有最大值 359.6916,这是 $|S_N(\lambda)|$

的惟一显著的峰值.如果要为数据$\{z_t\}$建立潜周期模型就应当取

$$\omega_1 = 0.5236,$$

相应的周期是$T=2\pi/0.5236=12$.利用(1.28)计算出

$$\tilde{\alpha}_1 = -6.5518 + 3.6370\mathrm{i} = 7.4936\exp(2.6348\mathrm{i}).$$

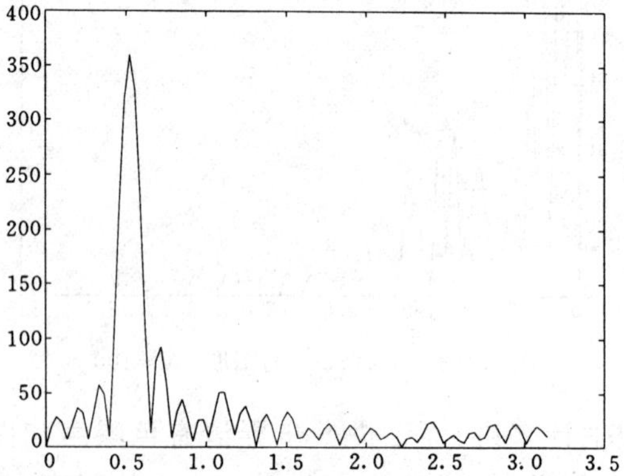

图 7.1.7　$|S_N(\lambda)|$的图形，$N=48$

于是模型(1.1)中的振幅是$A_1=2|\tilde{\alpha}_1|=14.9871$,初始相位是$\varphi_1=\arg(\tilde{\alpha}_1)=2.6348$.不考虑随机干扰时可以建立模型

$$z_t = 12.15 + 14.9871\cos(0.5236t + 2.6348),\quad t \in \mathbb{N}_+. \tag{1.34}$$

用这个模型可以给出 1989 年 12 个月的月平均气温的预测(横读)：

−2.8350	−0.7012	4.8760	12.4023	19.8610	25.2535
27.1350	25.0012	19.4240	11.8977	4.4390	−0.9535

图 7.1.8 的实线是 1985～1988 的数据,星点是由模型(1.34)给出的数据.

用完全相同的方法为北京 1990～2000 年的月平均气温建立的模型是：

$$z_t = 12.9818 + 14.647\cos(0.5236t + 2.6503),\quad t \in \mathbb{N}_+. \tag{1.35}$$

用(1.35)补出 1989 年 12 个月的平均气温是(横读)：

−1.6576	0.5404	6.0720	13.4551	20.7114	25.8965
27.6212	25.4232	19.8916	12.5085	5.2522	0.0671

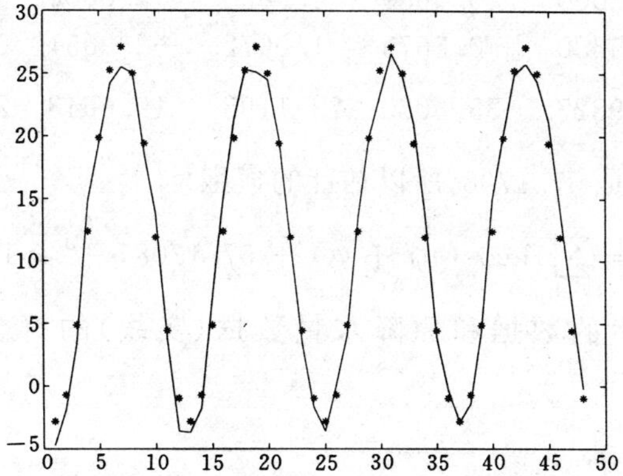

图 7.1.8 1985～1988 年北京月平均气温

例 1.3 用例 1.2 完全相同的方法处理 1990～2000 年北京月降水量(见附录 B 中的 B2)时,发现 1995 年 1 月的数据缺失,利用所有 1 月份的平均数补起这个数据后看出 $|S_N(\lambda)|$ 有 5 个峰值,见图 7.1.9.

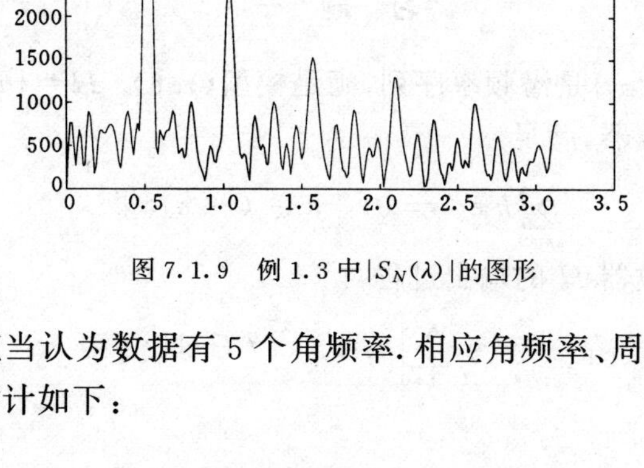

图 7.1.9 例 1.3 中 $|S_N(\lambda)|$ 的图形

于是应当认为数据有 5 个角频率. 相应角频率、周期、初相位和振幅的初估计如下:

k	1	2	3	4	5
$\hat{\omega}_k$	0.5236	1.0353	1.5708	2.0944	2.7251
$\hat{T}_k$	12.000	6.0689	4.0000	3.0000	2.3057
$\hat{\varphi}_k$	2.5630	−0.5673	1.0072	−2.9051	0.5022
$\hat{A}_k$	69.9827	35.6033	23.1198	19.6548	2.1903

由于样本均值是 57.1708,所以估计的模型是

$$y_t = \sum_{j=1}^{5} A_j \cos(\omega_j t + \varphi_j) + 57.1708, \quad t \geqslant 1. \tag{1.36}$$

用(1.36)产生的数据和原降水量数据(实线)的符合情况见图 7.1.10.

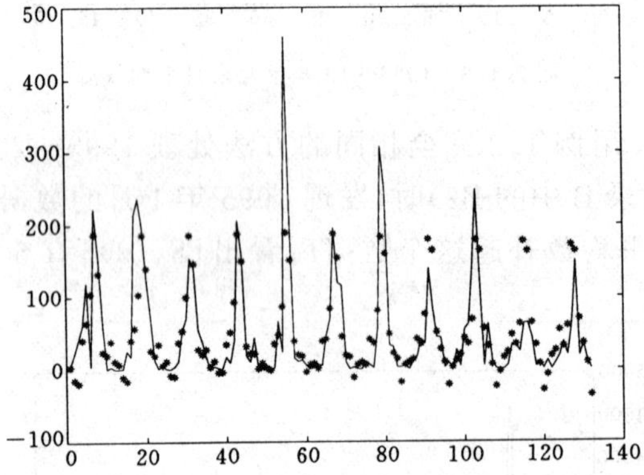

图 7.1.10 模型(1.36)和降水量数据

习 题 一

1.1 设$\{x_t\}$是潜频率序列,满足模型(1.6). $H=\{h_j\}$是绝对可和的线性滤波器,满足

$$\sum_{j=0}^{\infty} h_j \mathrm{e}^{\mathrm{i}j\lambda} \neq 0, \quad \lambda \in (-\pi, \pi].$$

证明线性滤波器 H 的输出过程

$$y_t = \sum_{j=0}^{\infty} h_j x_{t-j}, \quad t \in \mathbb{N}_+$$

也是潜频率序列，并且和$\{x_t\}$有相同的角频率成分.

1.2 对广州 1990～2000 年的月平均气温建立潜周期模型，数据见附录 B 中的 B3. 并利用建立的模型对 1989 年的缺失数据进行补充.

1.3 对广州 1990～2000 年的月降水量建立潜周期模型，数据见附录 B 中的 B4. 并利用建立的模型对 1989 年的缺失数据进行补充.

1.4 对 1989～2000 年各月外国人入境旅游人数建立潜周期模型，数据见附录 B 中的 B5. 并利用建立的模型对 1991 年的缺失数据进行补充.

1.5 如果模型(1.6)中角频率 λ_j 的周期图最大估计 $\tilde{\lambda}_j$ 满足

$$|\tilde{\lambda}_j - \lambda_j| = o(\sqrt{\ln N/N^3}), \text{ a.s.},$$

证明由(1.28)定义的振幅的估计是强相合的：$\tilde{\alpha}_j \to \alpha_j$, a.s..

*§7.2 混合自回归潜周期模型的参数估计

A. 混合自回归潜周期模型

潜周期模型(1.1)或(1.6)对噪声项$\{\xi_t\}$的要求不高，只要求它是有色噪声. 这是模型的优点. 但是由于有色噪声无法观测，这又给利用所述的潜周期模型进行预测带来问题. 在模型(1.6)中，如果有色噪声$\{\xi_t\}$是 AR(p)序列，则可以写成

$$\xi_t = A^{-1}(\mathscr{B})\varepsilon_t, \tag{2.1}$$

其中$\{\varepsilon_t\}$是 WN$(0,\sigma^2)$，实系数多项式 $A(z)$满足最小相位条件

$$A(z) = 1 - \sum_{j=1}^{p} a_j z^j \neq 0, \quad 当\ |z| \leqslant 1,\ a_p \neq 0. \tag{2.2}$$

利用(2.1)可以将(1.6)写成

$$x_t = \sum_{j=1}^{q} \alpha_j \exp(\mathrm{i}\lambda_j t) + A^{-1}(\mathscr{B})\varepsilon_t, \quad t \in \mathbb{N}_+. \tag{2.3}$$

在上式两边同时乘上 $A(\mathscr{B})$，取 $a_0=-1$，就得到

$$A(\mathscr{B})X_t = \sum_{j=1}^{q} \alpha_j A(\mathscr{B})\exp(\mathrm{i}\lambda_j t) + \varepsilon_t$$

$$= -\sum_{j=1}^{q}\alpha_j\sum_{l=0}^{p}a_l\exp(\mathrm{i}\lambda_j(t-l)) + \varepsilon_t$$

$$= \sum_{j=1}^{q}\left(-\alpha_j\sum_{l=0}^{p}a_l\exp(-\mathrm{i}\lambda_j l)\right)\exp(\mathrm{i}\lambda_j t) + \varepsilon_t$$

$$= \sum_{j=1}^{q}\beta_j\exp(\mathrm{i}\lambda_j t) + \varepsilon_t,$$

其中
$$\beta_j = -\alpha_j\sum_{l=0}^{p}a_l\exp(-\mathrm{i}\lambda_j l) \neq 0.$$

于是,可以将潜周期模型(2.3)写成

$$x_t = \sum_{j=1}^{p}a_j x_{t-j} + \sum_{j=1}^{q}\beta_j\exp(\mathrm{i}\lambda_j t) + \varepsilon_t,\quad t\in\mathbb{N}_+. \tag{2.4}$$

(2.4)是一个混合自回归潜周期模型,其中$\{\varepsilon_t\}$是 $\mathrm{WN}(0,\sigma^2)$,自回归部分的系数 $\boldsymbol{a}=(a_1,a_2,\cdots,a_p)^{\mathrm{T}}$ 是实向量,满足最小相位条件(2.2).潜周期部分的参数满足对模型(1.6)的相应要求.

混合自回归潜周期模型(2.4)描述的时间序列比自回归模型或潜周期模型更加广泛.它不仅考虑多个频率成分的叠加,还考虑了历史对现状的影响.实值的混合自回归潜周期模型具有如下的一般形式:

$$x_t = \sum_{j=1}^{p}a_j x_{t-j} + \sum_{j=1}^{k}A_j\cos(\omega_j t + \varphi_j) + \varepsilon_t,\quad t\in\mathbb{N}_+. \tag{2.5}$$

为了方便,可以按§7.1中的方法将(2.5)改写成复值混合自回归潜周期模型(2.4).

设 $z_1,z_2,\cdots,z_r$ 是多项式 $A(z)$的所有互异根,$r(j)$是 z_j 的重数.利用差分方程的知识,知道满足模型(2.4)的任何时间序列具有以下的形式:

$$x_t = \sum_{j=1}^{q}\beta_j\sum_{l=0}^{\infty}c_l\mathrm{e}^{\mathrm{i}(t-l)\lambda_j} + \sum_{j=0}^{\infty}c_j\varepsilon_{t-j} + \sum_{j=1}^{r}\sum_{l=0}^{r(j)-1}C_{j,l}t^l z_j^{-t}, \tag{2.6}$$

其中$\{c_j\}$由 $1/A(z)$的 Taylor 展开公式

$$A(z)^{-1} = \sum_{j=0}^{\infty}c_j z^j$$

决定,并且满足条件(1.11),$C_{j,k}$是随机变量.

B. 模型(2.5)的参数估计

设观测数据

$$x_1,\ x_2,\ \cdots,\ x_N \tag{2.7}$$

满足模型(2.5),它就有(2.4)和(2.6)的形式. 定义

$$\begin{cases} e_t = \sum_{j=1}^{r}\sum_{l=0}^{r(j)-1} C_{l,j}t^l z_j^{-t}, \\ \xi_t = \sum_{j=0}^{\infty} c_j\varepsilon_{t-j}, \quad t\in\mathbb{N}_+,\ l=1,2,\cdots,q, \\ B(j) = \beta_j\sum_{l=0}^{\infty} c_l \mathrm{e}^{-\mathrm{i}l\lambda_j}. \end{cases} \tag{2.8}$$

利用$|z_j|>1$知道序列$\{e_t:\ t\in\mathbb{N}_+\}$绝对可和，$\{\xi_t:\ t\in\mathbb{N}_+\}$是平稳AR($p$)序列，$\{B(j):\ j=1,2,\cdots,q\}$是复值的随机向量.

利用(2.8)和(2.6)可以把(2.5)改写成

$$x_t = \sum_{j=1}^{q} B(j)\mathrm{e}^{\mathrm{i}t\lambda_j} + \xi_t + e_t,\quad t\in\mathbb{N}_+. \tag{2.9}$$

这是一个潜周期模型,只是多出了一个加项e_t. 观测数据(2.7)满足这个模型. 由于$\{e_t\}$绝对可和，$\{\xi_t\}$满足定理1.1中的条件,于是由定理1.1得到

$$\begin{aligned}\sup_\lambda|C_N(\xi+e,\lambda)| &= \sup_\lambda\left|\sum_{t=1}^{N}[\xi_t+e_t]\mathrm{e}^{-\mathrm{i}\lambda t}\right| \\ &\leqslant \sup_\lambda|C_N(\xi,\lambda)| + \sup_\lambda|C_N(e,\lambda)| \\ &= O(\sqrt{N/\ln N}).\end{aligned}$$

所以模型(2.4)中的潜频率个数和潜频率的估计可以利用上节的方法得到. 注意,计算时也要先对数据进行零均值化处理.

假设已经得到潜周期个数q的估计$\hat{q}$和角频率$(\lambda_1,\lambda_2,\cdots,\lambda_q)$的初估计(或周期图最大估计)

$$\hat{\lambda}_1,\ \hat{\lambda}_2,\ \cdots,\ \hat{\lambda}_{\hat{q}}. \tag{2.10}$$

定义

$$\widetilde{B}(j) = \frac{1}{N}\sum_{t=1}^{N} x_t\exp(-\mathrm{i}\hat{\lambda}_j t),\quad j=1,2,\cdots,\hat{q}. \tag{2.11}$$

定义

$$y_t = x_t - \sum_{j=1}^{\hat{q}} \widetilde{B}(j)\exp(\mathrm{i}t\hat{\lambda}_j), \quad t = 1,2,\cdots,N. \tag{2.12}$$

因为观测数据(2.7)是实值的，所以对应(2.10)中的每一个 $\hat{\lambda}_j \in (0,\pi)$，$-\hat{\lambda}_j$ 也在(2.10)中出现，于是$\{y_t\}$是实值的. 按§6.1的方法对 $y_1, y_2, \cdots, y_N$ 进行 AR(p)模型拟合，可以得到自回归的阶数 p，自回归系数 $a_1, a_2, \cdots, a_p$ 和白噪声方差 σ^2 的估计

$$\hat{p},\ \hat{a}_1,\ \hat{a}_2,\ \cdots,\ \hat{a}_p,\ \hat{\sigma}^2.$$

定义模型(2.4)的振幅 β_j 的估计

$$\hat{\beta}_j = \frac{1}{N-\hat{p}}\sum_{t=\hat{p}+1}^{N}\left(x_t - \sum_{j=1}^{\hat{p}}\hat{a}_j x_{t-j}\right)\mathrm{e}^{-\mathrm{i}\hat{\lambda}_j t}, \quad 1 \leqslant j \leqslant \hat{q}. \tag{2.13}$$

最后，对于实值模型(2.5)，定义 k 的估计如下

$$\hat{k} = {}^{\#}\{j: \lambda_j > 0, j = 1,2,\cdots,\hat{q}\}.$$

模型(2.5)中的振幅 A_j、角频率 ω_j 和初相位 φ_j 的估计按§7.1的C中的方法得到：

如果 $\hat{\lambda}_q = \pi$，取 $\hat{A}_q = \hat{\beta}_q, \hat{\varphi}_q = 0, \omega_1 = \pi$；

如果 $\hat{\lambda}_j \in (0,\pi)$，取 $\hat{A}_j = 2|\hat{\beta}_j|, \hat{\omega}_j = \hat{\lambda}_j$，初始相位 φ_j 的估计取作 $\hat{\varphi}_j = \arg(\hat{\beta}_j)$.

可以证明(见文献[25])，如果$\{\varepsilon_t\}$是独立同分布的白噪声，$\hat{\lambda}_1, \hat{\lambda}_2, \cdots, \hat{\lambda}_{\hat{q}}$ 是周期图最大估计，则在几乎必然的意义下，当 $N\to\infty$ 时，有

$$\begin{cases} \hat{k} \to k,\ \hat{p} \to p,\ \hat{\sigma}^2 \to \sigma^2, \\ \max\limits_{1\leqslant j\leqslant q} |\hat{\lambda}_j - \lambda_j| = o(\sqrt{\ln N/N^3}), \\ \max\limits_{1\leqslant j\leqslant q} |\hat{\beta}_j - \beta_j| = o(\sqrt{\ln N/N}), \\ \max\limits_{1\leqslant j\leqslant p} |\hat{a}_j - a_j| = o(\sqrt{\ln N/N}). \end{cases}$$

C. 模型(2.5)的拟合检验和预测

得到模型(2.5)的参数估计后就可以计算残差

$$\varepsilon_t = x_t - \sum_{j=1}^{\hat{p}}\hat{a}_j x_{t-j} - \sum_{j=1}^{\hat{k}}\hat{A}_j\cos(\hat{\omega}_j t + \hat{\varphi}_j)$$
$$(t = \hat{p}+1, \hat{p}+2, \cdots, N). \tag{2.14}$$

如果残差(2.14)可以通过白噪声的检验,就认为模型参数的选择是合理的.这时可以用

$$\hat{x}_{N+1}=\sum_{j=1}^{\hat{p}}\hat{a}_j x_{N+1-j}+\sum_{j=1}^{\hat{k}}\hat{A}_j\cos[\hat{\omega}_j(N+1)+\hat{\varphi}_j]$$

对 X_{N+1}进行预测.对 $l=1,2,\cdots,M$ 依次定义

$$\tilde{x}_t=\begin{cases}x_t, & t\leqslant N,\\ \hat{x}_t, & t=N+l-1\end{cases}$$

后,可以用

$$\hat{x}_{N+l}=\sum_{j=1}^{\hat{p}}\hat{a}_j\tilde{x}_{N+l-j}+\sum_{j=1}^{\hat{k}}\hat{A}_j\cos[\hat{\omega}_j(N+l)+\hat{\varphi}_j]$$

对 $X_{N+l},l=2,\cdots,M+1$ 进行递推预测.

D. 混合 ARMA 潜周期模型的参数估计

更一般地还可以对数据拟合混合 ARMA 潜周期模型

$$x_t=\sum_{j=1}^{p}a_j x_{t-j}+\sum_{j=1}^{k}A_j\cos(\omega_j t+\varphi_j)+\sum_{j=0}^{l}b_j\varepsilon_{t-j},\quad t\in\mathbb{N}_+,\tag{2.15}$$

其中,除了要求自回归和潜周期部分满足模型(2.5)中的所有条件外,还要求运动平均部分的系数满足可逆条件

$$\sum_{j=0}^{l}b_j z^j\neq 0,\quad 当\ |z|\leqslant 1,\ b_0=1,\ b_l\neq 0.$$

模型(2.15)的参数估计方法和自回归潜周期模型的估计方法相同.首先可以将模型(2.15)改写成

$$x_t=\sum_{j=1}^{p}a_j x_{t-j}+\sum_{j=1}^{q}\beta_j\exp(\mathrm{i}\lambda_j t)+\sum_{j=0}^{l}b_j\varepsilon_{t-j},\quad t\in\mathbb{N}_+.\tag{2.16}$$

利用观测数据$\{x_t\}$计算出(2.10)和(2.11)的 $\hat{\lambda}_j$ 和 $\widetilde{B}(j)$后,对用(2.12)定义的$\{y_t\}$按§6.3的方法建立 ARMA(p,l)模型.设得到的 ARMA 模型的参数估计是

$$\hat{p},\ (\hat{a}_1,\hat{a}_2,\cdots,\hat{a}_{\hat{p}}),\ \hat{l},\ (\hat{b}_1,\hat{b}_2,\cdots,\hat{b}_{\hat{l}}),\ \hat{\sigma}^2,$$

再利用(2.13)估计(2.16)的振幅 β_j.最后得到模型(2.15)中 k 的估计

$$\hat{k} = {}^{\#}\{j:\lambda_j > 0, j = 1,2,\cdots,\hat{q}\}.$$

振幅 A_j、角频率 ω_j 和初相位 φ_j 的估计按如下的方法给出：

如果 $\hat{\lambda}_q=\pi$，取 $\hat{A}_q=\hat{\beta}_q, \hat{\varphi}_q=0, \hat{\omega}_1=\pi$；

如果 $\hat{\lambda}_j\in(0,\pi)$，取 $\hat{A}_j=2|\hat{\beta}_j|, \hat{\omega}_j=\hat{\lambda}_j$，初始相位 φ_j 的估计取作

$$\hat{\varphi}_j=\arg(\hat{\beta}_j).$$

习　题　二

2.1　证明由(2.6)定义的时间序列是差分方程(2.4)的通解.

*§7.3　二维随机场的潜周期模型及其参数估计

二维随机场也称为二维时空序列，它是定义在平面格点

$$\mathbb{Z}^2 = \{(i,j):i,j = 0, \pm 1, \pm 2,\cdots\}$$

上的随机变量的集合

$$\{Y(n,m):(n,m) \in \mathbb{Z}^2\}.$$

如果对 $\mathbb{Z}^2$ 中的任何 (n_1,m_1) 和 (n_2,m_2)，有

$$\mathrm{E}Y^2(n_1,m_1) < \infty;$$

$$\mathrm{E}Y(n_1,m_1) = \mathrm{E}Y(0,0);$$

$$\operatorname{cov}[Y(n_1,m_1),Y(n_2,m_2)] = \operatorname{cov}[Y(n_2-n_1,m_2-m_1),Y(0,0)],$$

就称 $\{Y(n,m):(n,m)\in \mathbb{Z}^2\}$ 是**平稳随机场**或**平稳时空序列**.

二维离散信号场是定义在 $\mathbb{Z}^2$ 上的信号阵列

$$z = \{z(n,m):(n,m) \in \mathbb{Z}^2\},$$

这里 $z(n,m)$ 是点 (n,m) 的信号. 一些重要的信号场有它们自己的名字. 最简单的二维复三角信号场是一个重要的例子，它具有如下形式

$$z(n,m) = \exp(\mathrm{i}n\lambda_1 + \mathrm{i}m\mu_1), \quad (n,m) \in \mathbb{Z}^2,$$

其中 $\mathrm{i}=\sqrt{-1}$，λ_1 和 μ_1 是 $(-\pi,\pi]$ 中的实数，分别称做**水平角频率**和**垂直角频率**.

和一维复三角信号一样，二维复三角信号场的角频率成分通过线性滤波器后也是不变的. 实际上，当输入信号是 p 个复三角成分

的线性叠加

$$z(n,m) = \sum_{j=1}^{p} a_j \exp(\mathrm{i}n\lambda_j + \mathrm{i}m\mu_j), \quad (n,m) \in \mathbb{Z}^2 \tag{3.1}$$

时，经过(绝对可和的)线性滤波器$\{h(n,m):(n,m)\in\mathbb{Z}^2\}$后的输出信号

$$\sum_{k_1=-\infty}^{\infty}\sum_{k_2=-\infty}^{\infty} h(k_1,k_2) z(n-k_1, m-k_2)$$

$$= \sum_{j=1}^{p} \beta_j \exp(\mathrm{i}n\lambda_j + \mathrm{i}m\mu_j), \quad (n,m) \in \mathbb{Z}^2$$

仍然是 p 个具有相同角频率(λ_j,μ_j) $(j=1,2,\cdots,p)$的复三角分量的叠加. 只不过角频率(λ_j,μ_j)的振幅$|a_j|$改变成了$|\beta_j|$，这里

$$\beta_j = a_j \sum_{k_1=-\infty}^{\infty}\sum_{k_2=-\infty}^{\infty} h(k_1,k_2)\exp(-\mathrm{i}\lambda_j k_1 - \mathrm{i}\mu_j k_2).$$

于是，角频率(λ_j,μ_j)的初相位也由 $\arg(a_j)$变成 $\arg(\beta_j)$.

在上述的输入输出系统中如果有随机干扰的存在，输出信号就变成

$$Y(n,m) = \sum_{j=1}^{p} \beta_j \exp(\mathrm{i}n\lambda_j + \mathrm{i}m\mu_j) + X(n,m), \quad (n,m) \in \mathbb{Z}^2, \tag{3.2}$$

其中$(\lambda_j,\mu_j)\in(-\pi,\pi]^2$，$\{X(n,m)\}=\{X(n,m):(n,m)\in\mathbb{Z}^2\}$是一个二维零均值实值噪声，满足

$$\begin{aligned} &\mathrm{E}X^2(n,m) = \sigma^2, \\ &\mathrm{E}[X(n_1,m_1)X(n_2,m_2)] = 0, \quad (n_1,m_1) \neq (n_2,m_2). \end{aligned} \tag{3.3}$$

满足(3.3)的时空序列被称为**二维白噪声**.

模型(3.2)被称为二维潜周期模型，它是一维潜周期模型(1.6)在随机场上的体现. 我们的统计问题是对观测数据

$$\{Y(n,m):1 \leqslant n \leqslant N, 1 \leqslant m \leqslant M\} \tag{3.4}$$

建立模型(3.2).

由于实际问题中的观测数据往往是实值的，我们也需要说明任何实值的三角成分叠加

$$z(n,m) = \sum_{j=1}^{q} [a_j \cos(n\lambda_j + m\mu_j) + b_j \sin(n\lambda_j + m\mu_j)], \quad n,m \in \mathbb{Z}^2$$

都可以写成(3.1)的形式. 实际上,只要取 $p=2q$ 和对 $j=1,2,\cdots,q$ 定义

$$\lambda_{q+j}=-\lambda_j,\ \mu_{q+j}=-\mu_j,\ \beta_j=(a_j-\mathrm{i}b_j)/2,\ \beta_{q+j}=\overline{\beta}_j$$

就可得到

$$\sum_{j=1}^{q}[a_j\cos(n\lambda_j+m\mu_j)+b_j\sin(n\lambda_j+m\mu_j)]=\sum_{j=1}^{p}\beta_j\exp(\mathrm{i}n\lambda_j+\mathrm{i}m\mu_j).$$

下面介绍从观测数据(3.4)出发,估计模型(3.2)的潜周期个数 p 和潜频率(λ_j,μ_j)的方法. 为方便,我们需要给(3.2)中的角频率(λ_j,μ_j)按字典次序排序:对 $k<j$ 假定 $\lambda_k<\lambda_j$,或者 $\lambda_k=\lambda_j,\mu_k<\mu_j$. 当 $p=0$ 时定义 $\sum_{j=1}^{0}=0$,这时$\{Y(n,m)\}=\{X(n,m)\}$,表示没有任何频率成分存在. 在下面的行文中,我们总设 β_j $(j=1,2,\cdots,p)$是非零常数.

设观测数据(3.4)满足模型(3.2). 经简单的计算得到

$$\begin{aligned}J(\lambda,\mu,N,M)&\equiv\sum_{n=1}^{N}\sum_{m=1}^{M}Y(n,m)\mathrm{e}^{-\mathrm{i}n\lambda-\mathrm{i}m\mu}\\&=\sum_{j=1}^{p}\beta_jD_N(\lambda-\lambda_j)D_M(\mu-\mu_j)\exp\left[\mathrm{i}\frac{(N+1)(\lambda_j-\lambda)+(M+1)(\mu_j-\mu)}{2}\right]\\&\quad+S(\lambda,\mu,N,M),\end{aligned}\tag{3.5}$$

其中 $D_N(\lambda)=\sin(N\lambda/2)/\sin(\lambda/2)$是 Dirichlet 核,

$$S(\lambda,\mu,N,M)=\sum_{n=1}^{N}\sum_{m=1}^{M}X(n,m)\mathrm{e}^{-\mathrm{i}n\lambda-\mathrm{i}m\mu}.$$

设$\{X(n,m)\}$是独立同分布的白噪声. 可以证明(见文献[4]),当 $N,M\to\infty$时,

$$\sup|S(\lambda,\mu,N,M)|=O(\sqrt{NM\ln NM}),\quad \text{a.s.}.\tag{3.6}$$

Dirichlet 核 $D_N(\lambda-\lambda_j)D_M(\mu-\mu_j)$的绝对值在$(\lambda_j,\mu_j)$处有一个高度为 NM 的最高峰,在它的附近有越来越小的峰群.

利用(1.13)知道,当$|\lambda-\lambda_j|\leqslant\pi/(2N)$和$|\mu-\mu_j|\leqslant\pi/(2M)$时,

$$D_N(\lambda-\lambda_j)D_M(\mu-\mu_j)\geqslant 8NM/\pi^2.$$

利用(1.14)知道,当$|\lambda-\lambda_j|\geqslant1/(2\sqrt{N})$或$|\mu-\mu_j|\geqslant1/(2\sqrt{M})$时,

$$|D_N(\lambda-\lambda_j)D_M(\mu-\mu_j)|\leqslant 2\pi(N\sqrt{M}+M\sqrt{N}).$$

所以，不难对充分大的 N,M 勾画出函数 $|J(\lambda,\mu,N,M)|$ 的大致图形. 连续函数 $|J(\lambda,\mu,N,M)|$ 在每个角频率点 (λ_j,μ_j) 的附近处都有一个峰群，最高峰的高度约为 $|\beta_j|MN$. 在所有角频率点 (λ_j,μ_j) 的 $(1/\sqrt{N}+1/\sqrt{M})$ 邻域外，$|J(\lambda,\mu,N,M)|$ 被某 $A_0(N,M)=o(NM)$ 一致控制. 于是，潜频率个数 p 的估计就是函数 $|J(\lambda,\mu,N,M)|$ 在 $(-\pi,\pi]\times(-\pi,\pi]$ 上的峰群数. 注意，各个峰群之间的距离应当大于 $2\pi(1/\sqrt{N}+1/\sqrt{M})$. 在每个峰群的最高峰下面是一个角频率点的估计 $(\hat{\lambda}_j,\hat{\mu}_j)$. 有了角频率的估计后，可以定义 β_j 的估计如下：

$$\hat{\beta}_j=\frac{1}{NM}\sum_{n=1}^{N}\sum_{m=1}^{M}x(n,m)\exp(-\mathrm{i}n\hat{\lambda}_j-\mathrm{i}m\hat{\mu}_j),\quad j=1,2,\cdots,\hat{p}. \tag{3.7}$$

可以证明以上的估计量都是强相合的(见文献[4]).

第八章　时间序列的谱估计

*§ 8.1　平稳序列的谱表示

平稳序列的谱表示揭示了平稳序列的谱密度和频率特性的关系. 为了叙述平稳序列的谱表示定理,需要引入随机积分的概念. 先回忆复值随机变量和复值时间序列的定义：如果 ξ,η 是实值的随机变量,就称 $Z=\xi+\mathrm{i}\eta$ 是复值随机变量. 如果$\{\xi(t)\}$,$\{\eta(t)\}$是实值时间序列,就称$\{Z(t)\}=\{\xi(t)+\mathrm{i}\eta(t)\}$是复值时间序列.

A. 随机积分的定义

定义 1.1　称复值时间序列$\{Z(\lambda)\}=\{Z(\lambda):\lambda\in[-\pi,\pi]\}$是**正交增量过程**,如果它满足

(1) 对一切 $\lambda\in[-\pi,\pi]$,$\mathrm{E}Z(\lambda)=0$,$\mathrm{E}|Z(\lambda)|^2<\infty$；

(2) 对任何 $-\pi\leqslant\lambda_1<\lambda_2\leqslant\lambda_3<\lambda_4\leqslant\pi$,有

$$\mathrm{E}[(Z(\lambda_2)-Z(\lambda_1))(\bar{Z}(\lambda_4)-\bar{Z}(\lambda_3))]=0,$$

其中 $\bar{Z}(\lambda)$表示 $Z(\lambda)$的共轭.

定义 1.2　称正交增量过程$\{Z(\lambda)\}$是**右连续的**,如果当 $\delta\downarrow 0$ 时,对任何 $\lambda\in[-\pi,\pi)$,有

$$\mathrm{E}|Z(\lambda+\delta)-Z(\lambda)|^2\to 0.$$

无特殊声明,以下的正交增量过程总是右连续的,并且满足 $Z(-\pi)=0$. 为方便起见,称$[-\pi,\pi]$上的任何单调不减、右连续的非负有界函数为**分布函数**.

下面的定理告诉我们,每一个正交增量过程都对应一个分布函数. 在忽略一个常数加项的意义下,这个分布函数是惟一的.

定理 1.1　设$\{Z(\lambda)\}$是正交增量过程,则有惟一的分布函数 $F(\lambda)$,使得对任何 $-\pi\leqslant\lambda<\mu\leqslant\pi$,有

$$F(\mu) - F(\lambda) = \mathrm{E}|Z(\mu) - Z(\lambda)|^2, \quad F(-\pi) = 0. \tag{1.1}$$

证明 取 $F(\lambda)=\mathrm{E}|Z(\lambda)|^2$，则 $F(-\pi)=0$. 对 $\mu>\lambda$，利用正交增量性得到

$$\begin{aligned} F(\mu) &= \mathrm{E}|Z(\mu) - Z(\lambda) + Z(\lambda) - Z(-\pi)|^2 \\ &= \mathrm{E}|Z(\mu) - Z(\lambda)|^2 + \mathrm{E}|Z(\lambda) - Z(-\pi)|^2 \\ &= \mathrm{E}|Z(\mu) - Z(\lambda)|^2 + \mathrm{E}|Z(\lambda)|^2 \\ &= \mathrm{E}|Z(\mu) - Z(\lambda)|^2 + F(\lambda). \end{aligned}$$

于是(1.1)成立且 $F(\lambda)$ 单调不减. 由 $\{Z(\lambda)\}$ 的右连续性和(1.1)得到 F 的右连续性. 在(1.1)中令 $\lambda=-\pi$ 得到 $F(\lambda)$ 的惟一性.

为了方便，以后称由(1.1)定义的 $F(\lambda)$ 为相应于正交增量过程 $\{Z(\lambda)\}$ 的分布函数.

例 1.1 设 $\{B(t)\}$ 是 $[-\pi,\pi]$ 上的独立增量过程，对 $\mu>\lambda$，

$$B(\mu) - B(\lambda) \sim N(0,\sigma^2(\mu - \lambda)).$$

这时 $\{B(t)\}$ 是 $[-\pi,\pi]$ 上的布朗运动(参考第一章的例 2.4)，因而是正交增量过程，$F(\lambda)=\sigma^2(\lambda+\pi)$.

设 $\Omega=[-\pi,\pi]$，$\mathscr{B}$ 是 Ω 上的 Borel σ 代数，则分布函数 F 是可测空间 $(\Omega,\mathscr{B})$ 上的有限测度. 于是 $(\Omega,\mathscr{B},F)$ 是一个测度空间. 用 $L^2(F)$ 表示 $(\Omega,\mathscr{B},F)$ 上的复值平方可积函数的全体：

$$L^2(F) = \left\{g(x):\int_{-\pi}^{\pi}|g(x)|^2\mathrm{d}F(x) < \infty\right\}, \tag{1.2}$$

则在内积

$$\langle f,g\rangle = \int_{-\pi}^{\pi} f(s)\overline{g}(s)\mathrm{d}F(s)$$

下，$L^2(F)$ 是复数域上的 Hilbert 空间(见习题一的题 1.1).

当 F 是相应于正交增量过程 $\{Z(\lambda)\}$ 的分布函数时，我们对 $g\in L^2(F)$ 定义随机积分

$$I(g) = \int_{-\pi}^{\pi} g(s)\mathrm{d}Z(s).$$

在下面的 A1 中先对阶梯函数 g 定义随机积分 $I(g)$，在 A2 中给出 A1 中定义的随机积分的性质，在 A3 中再将随机积分的定义推广到 $L^2(F)$ 上.

A1　当 g 是 $L^2(F)$ 中的阶梯函数，可以将 g 表示成

$$g(s) = \sum_{j=0}^{n} a_j I_{(\lambda_j,\lambda_{j+1}]}(s), \quad -\pi = \lambda_0 < \lambda_1 < \cdots < \lambda_{n+1} = \pi, \tag{1.3}$$

其中 a_j 是复常数，$I_A(s)$是集合 A 的示性函数. 定义

$$I(g) = \sum_{j=0}^{n} a_j [Z(\lambda_{j+1}) - Z(\lambda_j)], \tag{1.4}$$

则

$$\mathrm{E}I(g) = 0.$$

可以看出，阶梯函数 $g(s)$的表达式(1.3)不必惟一. 但是无论 $g(s)$的表达式如何，由(1.4)定义的复值随机变量 $I(g)$是惟一的.

A2　用 $\mathscr{D}$ 表示形如(1.3)的阶梯函数的全体：

$$\mathscr{D} = \left\{ g(s) = \sum_{j=0}^{n} a_j I_{(\lambda_j,\lambda_{j+1}]}(s)：n \geqslant 1, -\pi = \lambda_0 < \cdots < \lambda_{n+1} = \pi \right\}.$$

对于复常数 a,b 和 $g,f \in \mathscr{D}$，$af+bg$ 仍是阶梯函数，并且有 λ_j 和正整数 n，使得

$$f(s) = \sum_{j=0}^{n} a_j I_{(\lambda_j,\lambda_{j+1}]}(s), \quad g(s) = \sum_{j=0}^{n} b_j I_{(\lambda_j,\lambda_{j+1}]}(s),$$

于是

$$af(s) + bg(s) = \sum_{j=0}^{n} (aa_j + bb_j) I_{(\lambda_j,\lambda_{j+1}]}(s) \in \mathscr{D}. \tag{1.5}$$

我们证明下面的(1.6)，(1.7)和(1.8)：

$$I(af + bg) = aI(f) + bI(g), \tag{1.6}$$

$$\mathrm{E}[I(f)\bar{I}(g)] = \int_{-\pi}^{\pi} f(s)\bar{g}(s)\mathrm{d}F(s), \tag{1.7}$$

$$\mathrm{E}|I(f) - I(g)|^2 = \int_{-\pi}^{\pi} |g(s) - f(s)|^2 \mathrm{d}F(s). \tag{1.8}$$

实际上，利用定义(1.5)直接得到(1.6)如下：

$$\begin{aligned} I(af + bg) &= \sum_{j=0}^{n} (aa_j + bb_j)[Z(\lambda_{j+1}) - Z(\lambda_j)] \\ &= aI(f) + bI(g). \end{aligned}$$

利用$\{Z(\lambda)\}$的正交增量性得到

$$\begin{aligned}\mathrm{E}[I(f)\bar{I}(g)] &= \sum_{j=0}^{n}\sum_{k=0}^{n} a_j\bar{b}_k \mathrm{E}[(Z(\lambda_{j+1}) - Z(\lambda_j))(\bar{Z}(\lambda_{k+1}) - \bar{Z}(\lambda_k))] \\ &= \sum_{j=0}^{n} a_j\bar{b}_j \mathrm{E}|Z(\lambda_{j+1}) - Z(\lambda_j)|^2 \\ &= \sum_{j=0}^{n} a_j\bar{b}_j [F(\lambda_{j+1}) - F(\lambda_j)] \\ &= \sum_{j=0}^{n}\int_{-\pi}^{\pi} a_j\bar{b}_j I_{(\lambda_j,\lambda_{j+1}]}(s)\mathrm{d}F(s) \\ &= \int_{-\pi}^{\pi} f(s)\bar{g}(s)\mathrm{d}F(s).\end{aligned}$$

最后，在(1.7)中将 f,g 都取成 $f-g$，利用(1.6)得到

$$\begin{aligned}\mathrm{E}|I(f) - I(g)|^2 &= \mathrm{E}[|I(f-g)\bar{I}(f-g)|] \\ &= \int_{-\pi}^{\pi} |g(s) - f(s)|^2 \mathrm{d}F(s).\end{aligned}$$

A3 用 L^2 表示方差有限的复值随机变量的全体. 则在内积

$$\langle X,Y\rangle = \mathrm{E}(X\bar{Y})$$

下，L^2 是复数域上的 Hilbert 空间(参考习题一的题 1.1). 明显地，对 $g(s)\in\mathscr{D}$，$I(g)\in L^2$. 我们可以将 $I(g)$ 的定义域推广到 $L^2(F)$ 上.

利用函数论的知识知道(见文献[15])，对 $L^2(F)$ 中的任何函数 $g(s)$，有 $g_n(s)\in\mathscr{D}$ 使得

$$\int_{-\pi}^{\pi} |g_n(s) - g(s)|^2 \mathrm{d}F(s) \to 0, \quad n\to\infty.$$

我们证明 $\{I(g_n)\}$ 是 L^2 中的基本列. 实际上，利用(1.8)和不等式

$$|a+b|^2 \leqslant 2|a|^2 + 2|b|^2$$

得到

$$\begin{aligned}\mathrm{E}|I(g_n) - I(g_m)|^2 &= \int_{-\pi}^{\pi} |g_n(s) - g_m(s)|^2 \mathrm{d}F(s) \\ &\leqslant 2\int_{-\pi}^{\pi} |g_n(s) - g(s)|^2 \mathrm{d}F(s) + 2\int_{-\pi}^{\pi} |g_m(s) - g(s)|^2 \mathrm{d}F(s) \\ &\to 0, \quad n,m\to\infty.\end{aligned}$$

利用 Hilbert 空间的完备性知道，存在和 g 有关的随机变量 $I(g)\in L^2$，使得

$$\mathrm{E}|I_n(g)-I(g)|^2\to 0,\quad \text{当 } n\to\infty \text{ 时}. \tag{1.9}$$

如果想把 $I(g)$ 定义为 g 的随机积分,必须说明 $I(g)$ 不依赖于 $\{g_n\}$ 的选取. 下面说明这点. 假设又有 f_n,使得

$$\int_{-\pi}^{\pi}|f_n(s)-g(s)|^2\mathrm{d}F(s)\to 0,\quad \text{当 } n\to\infty \text{ 时}$$

成立,利用(1.8)可得到

$$\begin{aligned}\mathrm{E}|I(f_n)-I(g)|^2&\leqslant 2\mathrm{E}|I(f_n)-I(g_n)|^2+2\mathrm{E}|I(g_n)-I(g)|^2\\&=2\int_{-\pi}^{\pi}|g_n(s)-f_n(s)|^2\mathrm{d}F(s)+2\mathrm{E}|I(g_n)-I(g)|^2\\&\leqslant 4\int_{-\pi}^{\pi}|g_n(s)-g(s)|^2\mathrm{d}F(s)\\&\quad+4\int_{-\pi}^{\pi}|f_n(s)-g(s)|^2\mathrm{d}F(s)+2\mathrm{E}|I(g_n)-I(g)|^2\\&\to 0,\quad n\to\infty.\end{aligned}$$

于是满足(1.9)的 $I(g)$(在 a.s. 的意义下)是惟一的. 我们把 $I(g)$ 称为 g 的**随机积分**,并且记作

$$I(g)=\int_{-\pi}^{\pi}g(s)\mathrm{d}Z(s). \tag{1.10}$$

B. 随机积分的性质

定理 1.2 设 $\{Z(\lambda)\}$ 是正交增量过程,有相应的分布函数 $F(\lambda)=\mathrm{E}|Z(\lambda)|^2$. 对于 $f,g\in L^2(F)$,随机积分 $I(g)$ 有如下的性质:

(1) $\mathrm{E}I(f)=0$;

(2) $I(af+bg)=aI(f)+bI(g)$,这里 a,b 是复常数;

(3) $\mathrm{E}[I(f)\bar{I}(g)]=\int_{-\pi}^{\pi}f(s)\bar{g}(s)\mathrm{d}F(s)$;

(4) $\mathrm{E}|I(f)-I(g)|^2=\int_{-\pi}^{\pi}|f(s)-g(s)|^2\mathrm{d}F(s)$.

证明 设阶梯函数 $f_n,g_n\in\mathscr{D}$,使得当 $n\to\infty$ 时,

$$\mathrm{E}|I(f_n)-I(f)|^2\to 0,\quad \mathrm{E}|I(g_n)-I(g)|^2\to 0.$$

利用内积的连续性得到

(1) $\mathrm{E}I(f)=\lim\limits_{n\to\infty}\mathrm{E}[I(f_n)\cdot 1]=0$.

(2) 因为阶梯函数 af_n+bg_n 在 $L^2(F)$ 中收敛到 $af+bg$，随机变量 $I(af_n+bg_n)=aI(f_n)+bI(g_n)$ 在 L^2 中收敛到 $aI(f)+bI(g)$，所以按随机积分的定义得到(2).

(3) 利用内积的连续性和(1.7)得到

$$\begin{aligned}\mathrm{E}[I(f)\overline{I}(g)] &= \lim_{n\to\infty}\mathrm{E}[I(f_n)\overline{I}(g_n)] \\ &= \lim_{n\to\infty}\int_{-\pi}^{\pi} f_n(s)\overline{g}_n(s)\mathrm{d}F(s) \\ &= \int_{-\pi}^{\pi} f(s)\overline{g}(s)\mathrm{d}F(s).\end{aligned}$$

最后一个等号用到 $L^2(F)$ 中内积的连续性.

(4) 在(3)中将 f,g 都取成 $(f-g)$，再利用(2)得到

$$\mathrm{E}|I(f)-I(g)|^2=\mathrm{E}|I(f-g)|^2=\int_{-\pi}^{\pi}|f(s)-g(s)|^2\mathrm{d}F(s).$$

C. 平稳序列的谱表示

设 $\{Z(\lambda)\}$ 是正交增量过程，有相应的分布函数 F. 由于 $\mathrm{e}^{\mathrm{i}t\lambda}\in L^2(F)$，所以可以定义随机积分

$$X_t=I(\mathrm{e}^{\mathrm{i}t\lambda})=\int_{-\pi}^{\pi}\mathrm{e}^{\mathrm{i}t\lambda}\mathrm{d}Z(\lambda),\quad t\in\mathbb{Z}. \tag{1.11}$$

从定理 1.2 知道，

$$\mathrm{E}X_t=0,$$

$$\mathrm{E}[X_{t+k}\overline{X}_t]=\int_{-\pi}^{\pi}\mathrm{e}^{\mathrm{i}(t+k)\lambda}\mathrm{e}^{-\mathrm{i}t\lambda}\mathrm{d}F(\lambda).$$

于是 $\{X_t\}$ 是复值平稳序列，有谱函数 F 和自协方差函数

$$\gamma(k)=\mathrm{E}[X_{t+k}\overline{X}_t]=\int_{-\pi}^{\pi}\mathrm{e}^{\mathrm{i}k\lambda}\mathrm{d}F(\lambda).$$

平稳序列的谱表示定理说明任何零均值平稳序列都可以表示成(1.11)的形式.

定理 1.3 (谱表示定理) 对零均值平稳序列 $\{X_t\}$，有右连续的正交增量过程 $\{Z_X(\lambda)\}$，使得 $Z(-\pi)=0$ 和

$$X_t=\int_{-\pi}^{\pi}\mathrm{e}^{\mathrm{i}t\lambda}\mathrm{d}Z_X(\lambda),\quad t\in\mathbb{Z}, \tag{1.12}$$

并且相应于$\{Z_X(\lambda)\}$的分布函数恰好是$\{X_t\}$的谱函数. 如果另有右连续的正交增量过程$\{\xi(\lambda)\}$也满足上述的条件,则

$$P(\xi(\lambda)=Z_X(\lambda))=1,\quad \lambda\in[-\pi,\pi].$$

在上述定理中,称正交增量过程$\{Z_X(\lambda)\}$为$\{X_t\}$的**随机测度**. 定理的证明可见文献[18].

例 1.2(接例 1.1)　对于布朗运动$\{B(t): t\in[-\pi,\pi]\}$,定义平稳序列

$$\varepsilon_t=\int_{-\pi}^{\pi}\mathrm{e}^{\mathrm{i}t\lambda}\mathrm{d}B(\lambda),\quad t\in\mathbb{Z},$$

则$\{\varepsilon_t\}$有谱函数$F(\lambda)=\sigma^2(\pi+\lambda)$,有谱密度$f(\lambda)=\sigma^2$. 于是$\{\varepsilon_t\}$是白噪声. 又从随机积分的定义知道,$\{\varepsilon_t\}$是一个复值的正态白噪声.

D. 线性平稳序列的谱表示

设$\{\varepsilon_t\}$是$\mathrm{WN}(0,\sigma^2)$,从谱表示定理知道,存在惟一的正交增量过程$\{Z_\varepsilon(\lambda)\}$,使得

$$\varepsilon_t=\int_{-\pi}^{\pi}\mathrm{e}^{\mathrm{i}t\lambda}\mathrm{d}Z_\varepsilon(\lambda),\quad t\in\mathbb{Z},$$

而且

$$F_\varepsilon(\lambda)=\mathrm{E}|Z_\varepsilon(\lambda)|^2=\frac{\sigma^2}{2\pi}(\pi+\lambda)$$

是$\{\varepsilon_t\}$的谱函数. 设实数列$\{a_j\}$平方可和,$\{X_t\}$是由$\{\varepsilon_t\}$生成的线性平稳序列

$$X_t=\sum_{j=-\infty}^{\infty}a_j\varepsilon_{t-j},\quad t\in\mathbb{Z},$$

则它有谱密度$f(\lambda)$和谱函数$F(\lambda)$如下:

$$f(\lambda)=\frac{\sigma^2}{2\pi}\left|\sum_{j=-\infty}^{\infty}a_j\mathrm{e}^{-\mathrm{i}j\lambda}\right|^2,\quad F(\lambda)=\int_{-\pi}^{\lambda}f(s)\mathrm{d}s.\tag{1.13}$$

由于级数$\sum\limits_{j=-\infty}^{\infty}a_j\mathrm{e}^{-\mathrm{i}j\lambda}$在$L^2[-\pi,\pi]$中均方收敛(见§1.6的例6.4),所以在$L^2$中

$$X_t=\sum_{j=-\infty}^{\infty}a_j\int_{-\pi}^{\pi}\mathrm{e}^{\mathrm{i}(t-j)\lambda}\mathrm{d}Z_\varepsilon(\lambda)=\int_{-\pi}^{\pi}\mathrm{e}^{\mathrm{i}t\lambda}\sum_{j=-\infty}^{\infty}a_j\mathrm{e}^{-\mathrm{i}j\lambda}\mathrm{d}Z_\varepsilon(\lambda)$$

$$= \int_{-\pi}^{\pi} e^{it\lambda} dZ_X(\lambda),$$

其中
$$Z_X(\lambda) = \int_{-\pi}^{\lambda} \left(\sum_{j=-\infty}^{\infty} a_j e^{-ijs} \right) dZ_\varepsilon(s)$$
是右连续的正交增量过程,有分布函数 $F(\lambda)$. 于是, $\{Z_X(\lambda)\}$是$\{X_t\}$的随机测度.

E. 离散谱序列的特征

设平稳序列$\{X_t\}$的谱函数 $F(\lambda)$是阶梯函数,我们证明$\{X_t\}$是离散谱序列. 设$\{X_t\}$有谱表示

$$X_t = \int_{-\pi}^{\pi} e^{it\lambda} dZ_X(\lambda), \quad t \in \mathbb{Z}, \tag{1.14}$$

则 $F(\lambda) = \mathrm{E}|Z_X(\lambda)|^2$. 以下设 $F(\lambda)$只在 λ_j $(j=1,2,\cdots)$处有跳跃,并且设

$$\lambda_1 < \lambda_2 < \cdots, \quad \lambda_j \in (-\pi, \pi]. \tag{1.15}$$

如果 $F(\lambda)$在 λ_j 的跳跃高度是 σ_j^2 时,则有

$$F(\lambda) = \sum_{j=1}^{\infty} \sigma_j^2 I_{[\lambda_j, \pi]}(\lambda) = \sum_{j=1}^{\infty} F_j(\lambda),$$

其中

$$F_j(\lambda) = \sigma_j^2 I_{[\lambda_j, \pi]}(\lambda), \quad j \in \mathbb{N}_+,$$

$$F(\pi) = \sum_{j=1}^{\infty} \sigma_j^2 < \infty.$$

这时,

$$\mathrm{E}(X_{t+k}\overline{X}_t) = \int_{-\pi}^{\pi} e^{ik\lambda} dF(\lambda) = \sum_{j=1}^{\infty} \int_{-\pi}^{\pi} e^{ik\lambda} dF_j(\lambda)$$

$$= \sum_{j=1}^{\infty} \sigma_j^2 \exp(ik\lambda_j).$$

定义

$$g_j(s) = \begin{cases} 1, & s = \lambda_j, \\ 0, & s \neq \lambda_j, \end{cases}$$

则 $g_j(s) \in L^2(F)$. 于是可以定义随机积分

$$\xi_j = I(g_j) = \int_{-\pi}^{\pi} g_j(\lambda)\mathrm{d}Z_X(\lambda), \quad j = 1,2,\cdots.$$

利用定理 1.2 的(3)得到

$$\mathrm{E}(\xi_j\bar{\xi}_k) = \int_{-\pi}^{\pi} g_j(s)\bar{g}_k(s)\mathrm{d}F(s) = \delta_{j-k}\sigma_j^2. \tag{1.16}$$

定义

$$Y_t = \int_{-\pi}^{\pi}\Big[1 - \sum_{j=1}^{\infty} g_j(\lambda)\Big]\mathrm{e}^{\mathrm{i}t\lambda}\mathrm{d}Z_X(\lambda),$$

则 $\mathrm{E}Y_t=0$,

$$\begin{aligned}\mathrm{E}|Y_t|^2 &= \int_{-\pi}^{\pi}\Big[1 - \sum_{j=1}^{\infty} g_j(\lambda)\Big]^2\mathrm{d}F(\lambda)\\ &= \sum_{k=1}^{\infty}\int_{-\pi}^{\pi}\Big[1 - \sum_{j=1}^{\infty} g_j(\lambda)\Big]^2\mathrm{d}F_k(\lambda) = 0.\end{aligned}$$

所以 $P(Y_t=0)=1$. 于是在 a.s. 的意义下得到

$$\begin{aligned}X_t &= \int_{-\pi}^{\pi}\mathrm{e}^{\mathrm{i}t\lambda}\mathrm{d}Z_X(\lambda) = \int_{-\pi}^{\pi}\sum_{j=1}^{\infty} g_j(\lambda)\mathrm{e}^{\mathrm{i}t\lambda}\mathrm{d}Z_X(\lambda) + Y_t\\ &= \sum_{j=1}^{\infty}\int_{-\pi}^{\pi} g_j(\lambda)\mathrm{e}^{\mathrm{i}t\lambda_j}\mathrm{d}Z_X(\lambda) = \sum_{j=1}^{\infty}\xi_j\mathrm{e}^{\mathrm{i}t\lambda_j}.\end{aligned}$$

说明$\{X_t\}$是复值离散谱序列. 我们把上述的结果总结成一个定理.

定理 1.4　如果平稳序列$\{X_t\}$的谱函数 $F(\lambda)$是阶梯函数,且只在 λ_j 有跳跃高度 σ_j^2 $(j=1,2,\cdots)$,则当$-\pi<\lambda_1<\lambda_2<\cdots\leqslant\pi$ 时,存在零均值随机变量序列$\{\xi_j\}$,使得(1.16)和

$$X_t = \sum_{j=1}^{\infty}\xi_j\mathrm{e}^{\mathrm{i}t\lambda_j}, \text{ a.s.} \tag{1.17}$$

成立. 特别,当谱函数 $F(\lambda)$只有 p 个跳跃点 $\lambda_1<\lambda_2<\cdots<\lambda_p$ 时,

$$X_t = \sum_{j=1}^{p}\xi_j\mathrm{e}^{\mathrm{i}t\lambda_j}, \quad t \in \mathbb{N}_+.$$

F. 离散谱序列的随机测度

如果离散谱序列$\{X_t\}$由(1.17)定义,其中$-\pi<\lambda_1<\lambda_2<\cdots\leqslant\pi$,$\{\xi_j\}$满足(1.16),我们证明

$$Z_X(\lambda) = \sum_{j=1}^{\infty} \xi_j I[\lambda_j, \pi] \tag{1.18}$$

是$\{X_t\}$的随机测度.

定义

$$Z_j(\lambda) = \xi_j I_{[\lambda_j, \pi]}(\lambda), \quad j \in \mathbb{N}_+.$$

对每个确定的 j,容易验证,对任何 $t_1 < t_2 \leqslant t_3 < t_4$,有

$$[Z_j(t_2) - Z_j(t_1)][Z_j(t_4) - Z_j(t_3)] = \xi_j^2 I_{[t_1, t_2)}(\lambda) I_{[t_3, t_4)}(\lambda) \equiv 0.$$

于是,$\{Z_j(\lambda)\}$是正交增量过程. 对 $\lambda_j < \pi$,利用

$$Z_j(\lambda) = Z_j(\lambda + \varepsilon), \quad 当 \varepsilon 充分小$$

得到$\{Z_j(\lambda)\}$的右连续性. 相应于$\{Z_j(\lambda)\}$的分布函数是

$$F_j(\lambda) = \sigma_j^2 I_{[\lambda_j, \pi]}(\lambda), \quad j \in \mathbb{N}_+,$$

并且

$$\xi_j \mathrm{e}^{\mathrm{i} j \lambda_j} = \int_{-\pi}^{\pi} \mathrm{e}^{\mathrm{i} j \lambda} \mathrm{d} Z_j(\lambda), \quad j \in \mathbb{N}_+.$$

定义正交增量过程

$$Z(\lambda) = \sum_{j=1}^{\infty} Z_j(\lambda), \quad \lambda \in [-\pi, \pi],$$

则$\{Z(\lambda)\}$有分布函数

$$\begin{aligned} F(\lambda) &= \mathrm{E}|Z(\lambda)|^2 = \sum_{j=1}^{\infty} \sum_{k=1}^{\infty} \mathrm{E}[Z_j(\lambda) \overline{Z}_k(\lambda)] \\ &= \sum_{j=1}^{\infty} \mathrm{E}|Z_j(\lambda)|^2 = \sum_{j=1}^{\infty} \sigma_j^2 I_{[\lambda_j, \pi]}(\lambda). \end{aligned}$$

定义平稳序列

$$Y_t = \int_{-\pi}^{\pi} \mathrm{e}^{\mathrm{i} t \lambda} \mathrm{d} Z_X(\lambda), \quad t \in \mathbb{Z}.$$

利用内积的连续性和随机积分的定义,得到

$$\begin{aligned} Y_t &= \int_{-\pi}^{\pi} \sum_{j=1}^{\infty} \mathrm{e}^{\mathrm{i} t \lambda} \mathrm{d} Z_j(\lambda) = \sum_{j=1}^{\infty} \int_{-\pi}^{\pi} \mathrm{e}^{\mathrm{i} t \lambda} \mathrm{d} Z_j(\lambda) \\ &= \sum_{j=1}^{\infty} \xi_j \mathrm{e}^{\mathrm{i} \lambda_j t} = X_t, \quad t \in \mathbb{Z}. \end{aligned}$$

于是,$\{Z_X(\lambda)\}$是$\{X_t\}$的随机测度.

注 在 E,F 中为推导方便要求 $\lambda_1 < \lambda_2 < \cdots$,实际上没有这个条件相应的结论也成立.

G. 平稳序列的频率性质

设平稳序列有谱表示(1.12),谱函数 $F(\lambda)=\mathrm{E}|Z_X(\lambda)|^2$. 当 $F(\lambda)$绝对连续时, $\{X_t\}$有谱密度 $f(\lambda)=F'(\lambda)$. 如果 $f(\lambda)$在 λ_0 处有一个峰值,则 $F(\lambda)$在 λ_0 有增量

$$F(\lambda_0+\delta)-F(\lambda_0-\delta)=\mathrm{E}|Z(\lambda_0+\delta)-Z(\lambda_0-\delta)|^2$$

$$=\int_{\lambda_0-\delta}^{\lambda_0+\delta} f(\lambda)\mathrm{d}\lambda,$$

这是正交增量过程$\{Z(\lambda)\}$在 λ_0 集中的能量.

例 1.2 图 8.1.1 是 AR(2)序列

$$X_t+0.276X_{t-1}+0.756X_{t-2}=\varepsilon_t,\quad t\in\mathbb{Z},\quad \mathrm{var}(\varepsilon_t)=4$$

的谱密度 $f(\lambda)$. 谱函数 $F(\lambda)$在 $\lambda_0=1.73$ 处的增量是图中阴影部分的面积.

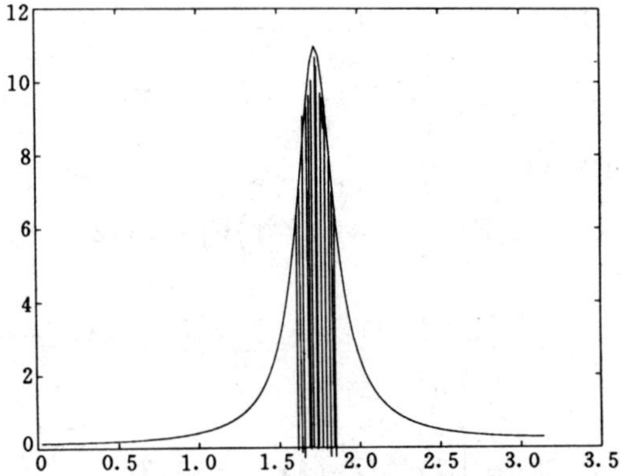

图 8.1.1 AR(2)序列的谱密度

用 $g(s)$表示集合$(\lambda_0-\delta,\lambda_0+\delta]$的示性函数. 当 $f(\lambda)$在 λ_0 处的峰的形状十分陡峭,可以将 δ 取成比较小的正数. 这时对 $1\leqslant t\leqslant T_0$,

$$X_t=\int_{-\pi}^{\pi} g(\lambda)\mathrm{e}^{\mathrm{i}t\lambda}\mathrm{d}Z_X(\lambda)+\int_{-\pi}^{\pi}(1-g(\lambda))\mathrm{e}^{\mathrm{i}t\lambda}\mathrm{d}Z_X(\lambda)$$

$$\overset{\text{def}}{=\!=}X_1(t)+X_2(t),\tag{1.19}$$

其中 $X_1(t)$是平稳序列,有自协方差函数

$$\mathrm{E}[X_1(t+k)\overline{X}_1(t)]=\int_{-\pi}^{\pi}\mathrm{e}^{\mathrm{i}k\lambda}g(\lambda)f(\lambda)\mathrm{d}\lambda$$

和谱密度 $g(\lambda)f(\lambda)$. $X_2(t)$是平稳序列,有自协方差函数

$$\mathrm{E}[X_2(t+k)\overline{X}_2(t)]=\int_{-\pi}^{\pi}\mathrm{e}^{\mathrm{i}k\lambda}(1-g(\lambda))f(\lambda)\mathrm{d}\lambda$$

和谱密度 $f_2(\lambda)=(1-g(\lambda))f(\lambda)$.

由正交增加过程的定义知道,平稳序列$\{X_1(t)\}$和$\{X_2(t)\}$正交. 这样

$$\begin{aligned}\gamma_k&=\mathrm{E}(X_{t+k}\overline{X}_t)\\&=\mathrm{E}[X_1(t+k)\overline{X}_1(t)]+\mathrm{E}[X_2(t+k)\overline{X}_2(t)]\\&=\int_{\lambda_0-\delta}^{\lambda_0+\delta}\mathrm{e}^{\mathrm{i}k\lambda}f(\lambda)\mathrm{d}\lambda+\int_{-\pi}^{\pi}\mathrm{e}^{\mathrm{i}k\lambda}[1-g(\lambda)]f(\lambda)\mathrm{d}\lambda.\end{aligned}$$

于是,在角频率 λ_0 附近,谱密度 $f(\lambda)$为自协方差函数$\{\gamma_k\}$提供的能量是

$$\int_{\lambda_0-\delta}^{\lambda_0+\delta}\mathrm{e}^{\mathrm{i}k\lambda}f(\lambda)\mathrm{d}\lambda\approx\mathrm{e}^{\mathrm{i}k\lambda_0}\int_{\lambda_0-\delta}^{\lambda_0+\delta}f(\lambda)\mathrm{d}\lambda.$$

同样,形式上利用

$$X_1(t)\approx\mathrm{e}^{\mathrm{i}t\lambda_0}[Z_X(\lambda+\delta)-Z_X(\lambda_0-\delta)],$$

知道随机测度$\{Z_X(\lambda)\}$为平稳序列在角频率 λ_0 处提供的频率成分大致是

$$\mathrm{e}^{\mathrm{i}t\lambda_0}[Z_X(\lambda+\delta)-Z_X(\lambda_0-\delta)].$$

于是从(1.19)看出,对 $t=1,2,\cdots,T_0$,平稳序列$\{X_t\}$表现出有角频率 λ_0 的特点. 谱密度 $f(\lambda)$在 λ_0 处的峰值越大、形状越陡峭、频率性质越明显.

类似地可以解释,当谱密度 $f(\lambda)$在 $\lambda_1,\lambda_2,\cdots,\lambda_p$ 处有峰值时,平稳序列$\{X_t\}$有角频率 $\lambda_1,\lambda_2,\cdots,\lambda_p$ 的特性. $f(\lambda)$在 λ_j 处的峰值越大、形状越陡峭、角频率 λ_j 的性质越明显.

因为$\{X_t\}$是实值平稳序列,故谱密度 $f(\lambda)$是偶函数. 这时谱密度 $f(\lambda)$在角频率$-\lambda_0$ 处为自协方差函数提供的能量是

$$\int_{-\lambda_0-\delta}^{-\lambda_0+\delta}\mathrm{e}^{\mathrm{i}k\lambda}f(\lambda)\mathrm{d}\lambda\approx\mathrm{e}^{-\mathrm{i}k\lambda_0}\int_{\lambda_0-\delta}^{\lambda_0+\delta}f(\lambda)\mathrm{d}\lambda.$$

于是,谱密度 $f(\lambda)$ 在 λ_0 和 $-\lambda_0$ 处为 $\{X_t\}$ 的自协方差函数 $\{\gamma_k\}$ 提供的总能量大致是

$$\mathrm{e}^{-\mathrm{i}k\lambda_0}\int_{-\lambda_0-\delta}^{-\lambda_0+\delta} f(\lambda)\mathrm{d}\lambda + \mathrm{e}^{\mathrm{i}k\lambda_0}\int_{\lambda_0-\delta}^{\lambda_0+\delta} f(\lambda)\mathrm{d}\lambda$$

$$= 2\cos(k\lambda_0)\int_{\lambda_0-\delta}^{\lambda_0+\delta} f(\lambda)\mathrm{d}\lambda.$$

同样,随机测度 $\{Z_X(\lambda)\}$ 为平稳序列在角频率 $-\lambda_0$ 处提供的频率成分大致是

$$\mathrm{e}^{-\mathrm{i}t\lambda_0}[Z_X(-\lambda_0+\delta) - Z_X(-\lambda_0-\delta)].$$

于是随机测度 $\{Z_X(\lambda)\}$ 为平稳序列在角频率 $-\lambda_0$ 和 λ_0 处提供的频率成分大致是

$$\mathrm{e}^{-\mathrm{i}t\lambda_0}[Z_X(-\lambda_0+\delta)-Z_X(-\lambda_0-\delta)]+\mathrm{e}^{\mathrm{i}t\lambda_0}[Z_X(\lambda_0+\delta)-Z_X(\lambda_0-\delta)].$$

H. 平稳序列的分解

作为本节的结束,我们介绍平稳序列的分解定理.它帮助我们了解平稳序列的组成.

从实变函数论知道,每个分布函数 $F(\lambda)$ 可以惟一分解成绝对连续部分 $F_1(\lambda)$,纯跳跃部分 $F_2(\lambda)$ 和奇异部分 $F_3(\lambda)$:

$$F(\lambda) = F_1(\lambda) + F_2(\lambda) + F_3(\lambda). \tag{1.20}$$

这种分解被称为 **Lebesgue 分解**(见文献[10]).

定理 1.5 设零均值平稳序列 $\{X_t\}$ 有谱函数 $F(\lambda)$. 相应于 $F(\lambda)$ 的 Lebesgue 分解(1.20), $\{X_t\}$ 可以惟一分解成三个相互正交的零均值平稳序列的和

$$X_t = X_1(t) + X_2(t) + X_3(t), \quad t \in \mathbb{Z}, \tag{1.21}$$

其中 $\{X_j(t)\}$ 有谱函数 $F_j(\lambda)$.

从 E 中的结论知道, $\{X_2(t)\}$ 是离散谱序列. 实际上还可以证明 $\{X_1(t)\}$ 是某个零均值白噪声的双边滑动和. 也就是说, $\{X_1(t)\}$ 是线性平稳序列. 在实际问题中,如果不考虑奇异部分的存在,上述定理说明,每个平稳序列可以惟一分解成有谱密度的线性平稳序列和与其正交的离散谱序列的和.

习 题 一

1.1 用 L^2 表示二阶矩有限的复值随机变量的全体. 在 L^2 上定义 $\langle X,Y\rangle=\mathrm{E}(X\overline{Y})$. 证明 $\langle X,Y\rangle$ 是 L^2 上的内积. 利用 §1.6 的定理 6.1 证明, L^2 是复数域上的 Hilbert 空间.

1.2 设 $\Omega=[-\pi,\pi]$, $\mathscr{B}$ 是 Ω 上的 Borel σ-代数, 分布函数 F 满足 $F(-\pi)=0, F(\pi)=1$. 对 $A\in\mathscr{B}$ 定义测度

$$F(A)=\int_{-\pi}^{\pi} I_A(s)\mathrm{d}F(s),$$

证明 $(\Omega,\mathscr{B},F)$ 是一个概率空间. 证明 $L^2(F)$ 恰好是概率空间 $(\Omega,\mathscr{B},F)$ 中二阶矩有限的随机变量的全体. 对任何分布函数 F, 定义

$$L^2(F)=\left\{g(x):\int_{-\pi}^{\pi}|g(x)|^2\mathrm{d}F(x)<\infty\right\}.$$

证明在内积

$$\langle f,g\rangle=\int_{-\pi}^{\pi}f(s)\overline{g}(s)\mathrm{d}F(s)$$

下, $L^2(F)$ 是复数域上的 Hilbert 空间.

1.3 设 $f(\lambda)$ 是 $[-\pi,\pi]$ 上的非负可积函数, 则 $\sqrt{f(\lambda)}$ 有 Fourier 级数

$$\sqrt{f(\lambda)}=\sum_{j=-\infty}^{\infty}a_j\mathrm{e}^{-\mathrm{i}j\lambda},$$

其中的 Fourier 系数

$$a_j=\frac{1}{2\pi}\int_{-\pi}^{\pi}\sqrt{f(\lambda)}\mathrm{e}^{\mathrm{i}j\lambda}\mathrm{d}\lambda,\quad j=1,2,\cdots$$

满足 Parseval 等式:

$$\frac{1}{2\pi}\int_{-\pi}^{\pi}f(\lambda)\mathrm{d}\lambda=\sum_{j=-\infty}^{\infty}|a_j|^2.$$

如果 $f(\lambda)$ 是偶函数, 证明: 存在零均值白噪声 $\{\varepsilon_t\}$ 和平方可和实数列 $\{b_j\}$, 使得线性序列

$$X_t=\sum_{j=-\infty}^{\infty}b_j\varepsilon_{t-j}$$

以 $f(\lambda)$ 为谱密度.

1.4　对 $a\in(0,\pi)$，证明

$$\gamma_0 = a,\quad \gamma_k = \frac{\sin(ka)}{k},\quad k \neq 0$$

是平稳序列的自协方差函数，求相应的谱密度.

1.5　设 ARMA 序列 $\{X_t\}$ 和 $\{Y_t\}$ 正交，证明

$$Z_t = X_t + Y_t,\quad t \in \mathbb{Z}$$

有有理谱密度，从而证明 $\{Z_t\}$ 仍是 ARMA 序列.

§8.2　平稳序列的周期图

由于平稳序列的谱密度形状能体现该平稳序列的频率特性，所以对于平稳序列的谱密度进行估计，特别是估计谱密度的峰值情况是应用时间序列分析的重要任务之一. 平稳序列的周期图中蕴含了谱密度的信息，所以有必要对周期图详加考察. 本节假设所述的平稳序列是零均值和实值的.

A. 周期图的定义

设平稳序列 $\{X_t\}$ 有谱密度 $f(\lambda)$ 和自协方差函数 $\{\gamma_k\}$，则

$$\gamma_k = \int_{-\pi}^{\pi} e^{ik\lambda} f(\lambda)\,d\lambda,\quad k \in \mathbb{Z}. \tag{2.1}$$

如果 $\{\gamma_k\}$ 绝对可和：$\sum\limits_{k=1}^{\infty} |\gamma_k| < \infty$，利用 §2.3 的定理 3.1 得到

$$f(\lambda) = \frac{1}{2\pi} \sum_{k=-\infty}^{\infty} \gamma_k e^{-ik\lambda},\quad \lambda \in [-\pi, \pi]. \tag{2.2}$$

于是从观测数据 $x_1, x_2, \cdots, x_N$ 出发，谱密度 $f(\lambda)$ 的估计应当定义为

$$\widetilde{f}(\lambda) = \frac{1}{2\pi} \sum_{k=-N+1}^{N-1} \hat{\gamma}_k e^{-ik\lambda},\quad \lambda \in [-\pi, \pi], \tag{2.3}$$

这里

$$\hat{\gamma}_{\pm k} = \frac{1}{N} \sum_{t=1}^{N-k} (x_t - \overline{x})(x_{t+k} - \overline{x}),$$

$$\overline{x} = \frac{1}{N} \sum_{t=1}^{N} x_t,\quad k = 0, 1, \cdots, N-1$$

是样本自协方差函数. 下面研究 $\tilde{f}(\lambda)$的基本性质. 定义

$$J_N(\lambda) = \frac{1}{2\pi N}\left|\sum_{k=1}^{N}(x_k - \bar{x})\mathrm{e}^{-\mathrm{i}k\lambda}\right|^2.$$

引理 2.1

$$\tilde{f}(\lambda) = J_N(\lambda). \tag{2.4}$$

证明 记 $y_t = (x_t - \bar{x})\mathrm{e}^{-\mathrm{i}t\lambda}, t = 1, 2, \cdots, N$, 用 $\boldsymbol{e}$ 表示元素都是 1 的 N 维列向量, 则

$$\begin{aligned}
J_N(\lambda) &= \frac{1}{2\pi N}\sum_{j=1}^{N}\sum_{k=1}^{N}(x_k - \bar{x})(x_j - \bar{x})\mathrm{e}^{-\mathrm{i}(k-j)\lambda} \\
&= \frac{1}{2\pi N}\sum_{j=1}^{N}\sum_{k=1}^{N} y_k\bar{y}_j \\
&= \frac{1}{2\pi N}\boldsymbol{e}^{\mathrm{T}}\begin{bmatrix} y_1\bar{y}_1 & y_1\bar{y}_2 & \cdots & y_1\bar{y}_N \\ y_2\bar{y}_1 & y_2\bar{y}_2 & \cdots & y_2\bar{y}_N \\ \vdots & \vdots & & \vdots \\ y_N\bar{y}_1 & y_N\bar{y}_2 & \cdots & y_N\bar{y}_N \end{bmatrix}\boldsymbol{e} \\
&= \frac{1}{2\pi}(\hat{\gamma}_0 + \hat{\gamma}_1\mathrm{e}^{\mathrm{i}\lambda} + \cdots + \hat{\gamma}_{N-1}\mathrm{e}^{\mathrm{i}(N-1)\lambda} \\
&\quad + \hat{\gamma}_1\mathrm{e}^{-\mathrm{i}\lambda} + \cdots + \hat{\gamma}_{N-1}\mathrm{e}^{-\mathrm{i}(N-1)\lambda}) \\
&= \tilde{f}(\lambda).
\end{aligned}$$

于是, 可以用 $J_N(\lambda)$作为谱密度 $f(\lambda)$的估计. 定义

$$I_N(\lambda) = \frac{1}{2\pi N}\left|\sum_{k=1}^{N} x_k\mathrm{e}^{-\mathrm{i}k\lambda}\right|^2. \tag{2.5}$$

利用求和公式

$$\sum_{k=1}^{N}\mathrm{e}^{-\mathrm{i}k\lambda} = \frac{1-\mathrm{e}^{-\mathrm{i}N\lambda}}{1-\mathrm{e}^{-\mathrm{i}\lambda}}\mathrm{e}^{-\mathrm{i}\lambda}$$

知道, 在每一个 **Fourier 频率点** $\lambda_j = 2\pi j/N$ 处,

$$\sum_{k=1}^{N}\mathrm{e}^{-\mathrm{i}k\lambda_j} = 0, \quad j = 1, 2, \cdots, N-1. \tag{2.6}$$

于是在 Fourier 频率点 $\lambda_j = 2j\pi/N$ 处,

$$I_N(\lambda_j) = J_N(\lambda_j), \quad j = 1, 2, \cdots, N-1.$$

由于 $J_N(\lambda)$的实际计算都是通过离散化完成的,而且一般只需在 Fourier 频率点 $\lambda_j=2j\pi/N$ 处计算 $J_N(\lambda)$的取值,所以为了分析的方便,人们也用 $I_N(\lambda)$作为 $f(\lambda)$的估计.

定义 2.1　称(2.5)定义的 $I_N(\lambda)$为观测数据 $x_1,x_2,\cdots,x_N$ 的**周期图**.

定理 2.2　对于时间序列的观测值 $x_1,x_2,\cdots,x_N$,定义

$$\hat{\gamma}_{\pm k}=\frac{1}{N}\sum_{t=1}^{N-k}x_t x_{t+k},\quad k=0,1,\cdots,N-1, \tag{2.7}$$

则

$$I_N(\lambda)=\frac{1}{2\pi}\sum_{k=-N+1}^{N-1}\hat{\gamma}_k \mathrm{e}^{-\mathrm{i}k\lambda},\quad \lambda\in[-\pi,\pi]. \tag{2.8}$$

证明　在引理 2.1 的证明中将 $\bar{x}$ 都换成 0,就得到(2.8).

B. 周期图的性质

定理 2.3　如果零均值平稳序列$\{X_t\}$的自协方差函数绝对可和：$\sum_{k=1}^{\infty}|\gamma_k|<\infty$,则 $I_N(\lambda)$是 $f(\lambda)$的渐近无偏估计：

$$\mathrm{E}I_N(\lambda)\to f(\lambda),\quad N\to\infty.$$

证明　利用(2.7),(2.8)和 Kronecker 引理得到

$$\begin{aligned}\mathrm{E}I_N(\lambda)&=\frac{1}{2\pi}\sum_{k=-N+1}^{N-1}\mathrm{E}\hat{\gamma}_k\mathrm{e}^{-\mathrm{i}k\lambda}\\&=\frac{1}{2\pi}\sum_{k=-N+1}^{N-1}\frac{1}{N}(N-|k|)\gamma_k\mathrm{e}^{-\mathrm{i}k\lambda}\\&=\frac{1}{2\pi}\sum_{k=-N+1}^{N-1}\gamma_k\mathrm{e}^{-\mathrm{i}k\lambda}-\frac{1}{2\pi N}\sum_{k=-N+1}^{N-1}|k|\gamma_k\mathrm{e}^{-\mathrm{i}k\lambda}\\&\to\frac{1}{2\pi}\sum_{k=-\infty}^{\infty}\gamma_k\mathrm{e}^{-\mathrm{i}k\lambda}=f(\lambda).\end{aligned}$$

通常,一个好的估计量应当是相合的.为了考察周期图的相合性,我们介绍如下的定理.

定理 2.4(见文献[8])　设$\{\varepsilon_t\}$是独立同分布的 WN$(0,\sigma^2)$,实数列$\{c_j\}$满足 $\sum_{j=0}^{\infty}j|c_j|<\infty$.线性平稳序列$\{X_t\}$由

$$X_t = \sum_{j=0}^{\infty} c_j \varepsilon_{t-j} \tag{2.9}$$

定义. 用 $I_N(\lambda)$表示 $X_1, X_2, \cdots, X_N$ 的周期图,则有如下的结果

$$\overline{\lim_{N\to\infty}} \frac{1}{\ln\ln N} I_N(\lambda) = \begin{cases} f(\lambda), & \lambda \neq 0, \pi, \\ 2f(\lambda), & \lambda = 0, \pi, \end{cases} \quad \text{a.s.}, \tag{2.10}$$

其中

$$f(\lambda) = \frac{\sigma^2}{2\pi} \left| \sum_{j=0}^{\infty} c_j \mathrm{e}^{-\mathrm{i}j\lambda} \right|^2$$

是$\{X_t\}$的谱密度.

于是可以看出, $I_N(\lambda)$不收敛到 $f(\lambda)$,所以不是 $f(\lambda)$的强相合估计. 下面的例子说明,在很强的条件下,周期图不是弱相合估计.

例 2.1 设$\{X_t\}$是标准正态白噪声,则$\{X_t\}$有谱密度 $f(\lambda) = \frac{1}{2\pi}$, $\frac{1}{\sqrt{N}} \sum_{j=1}^{N} X_j$ 服从标准正态分布 $N(0,1)$. 于是

$$I_N(0) = \frac{1}{2\pi N} \left(\sum_{j=1}^{N} X_j \right)^2$$

的分布和 N 无关. 因而 $I_N(0) - f(0)$不依概率收敛到零. 也就是说, $I_N(0)$不是 $f(0)$的弱相合估计.

周期图作为谱密度 $f(\lambda)$的估计一般是不相合的. 造成上述不相合主要有以下两个原因:

(1) (2.8)中的求和项过多;

(2) 对于接近 N 的 k,由(2.8)定义的样本自协方差 $\hat{\gamma}_k$ 的偏差增大:

$$\mathrm{E}\hat{\gamma}_k - \gamma_k = \frac{N-k}{N} \gamma_k - \gamma_k = -\frac{k}{N} \gamma_k.$$

对于较大的数据量,以上的两个因素引起了周期图围绕 $f(\lambda)$的剧烈振动.

例 2.2 平稳 AR(2)序列

$$X_t = 0.1132 X_{t-1} - 0.64 X_{t-1} + \varepsilon_t, \quad \operatorname{var}(\varepsilon_t) = 4$$

的谱密度是

$$f(\lambda) = \frac{4}{2\pi |1 - 0.113\mathrm{e}^{-\mathrm{i}\lambda} + 0.64\mathrm{e}^{-\mathrm{i}2\lambda}|^2}.$$

图 8.2.1 是 120 个观测数据的周期图,它围绕 $f(\lambda)$剧烈摆动.

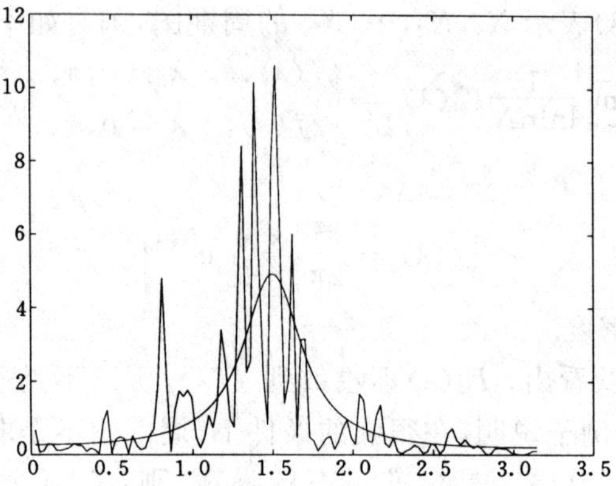

图 8.2.1 例 2.2 中的谱密度(光滑曲线)和周期图 ($N=120$)

如果 N_1 是小于 N 的正整数,用

$$\hat{f}(\lambda)=\frac{1}{2\pi}\sum_{k=-N_1}^{N_1}\hat{\gamma}_k e^{-ik\lambda} \tag{2.11}$$

作为 $f(\lambda)$的估计,得到的效果会有所改进(图 8.2.2). 人们称(2.11)是观测数据的**截断周期图**.

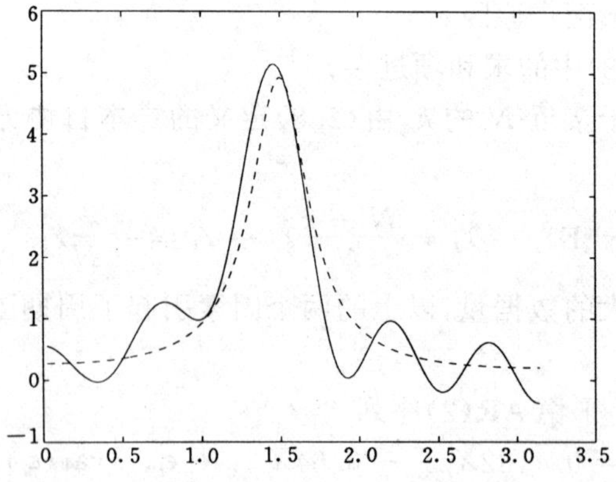

图 8.2.2 例 2.2 中的谱密度(虚线)和截断周期图(实线)

($N=120$, $N_1=10$)

习 题 二

2.1 构造一个AR(2)模型,使得它的谱密度$f(\lambda)$在$\lambda_1=0.987$附近有一个明显的峰值.给出这个AR(2)模型的自回归系数和特征多项式零点的模和辐角.利用计算机产生200个数据,画出周期图.

2.2 构造一个ARMA(4,2)模型,使得它的谱密度$f(\lambda)$在$\lambda_1=1.9$和$\lambda_2=2.8$附近有明显的峰值.给出这个ARMA(4,2)模型的参数和特征多项式$A(z)$,$B(z)$的零点的模和辐角.利用计算机产生200个数据,画出周期图.

§8.3 加窗谱估计

为了克服周期图的不相合性,需要对周期图加以改造.常用方法是加窗.

A. 时窗

对周期图

$$I_N(\lambda)=\frac{1}{2\pi}\sum_{k=-N+1}^{N-1}\hat{\gamma}_k e^{-ik\lambda}$$

加上权函数$\{\lambda_N(k)\}$后得到加权谱估计

$$\hat{f}(\lambda)=\frac{1}{2\pi}\sum_{k=-N+1}^{N-1}\lambda_N(k)\hat{\gamma}_k e^{-ik\lambda}. \tag{3.1}$$

容易看出,为了克服周期图的振动,$\lambda_N(k)$应当是$|k|$的单调减少函数.通常将(3.1)中的权函数$\{\lambda_N(k)\}$称为**时窗**.称(3.1)是**加时窗谱估计**,简称为**加窗谱估计**.

例 3.1 在例2.2中,如果取时窗

$$\lambda_N(k)=\begin{cases}1, & |k|\leqslant\sqrt{N},\\ 0, & |k|>\sqrt{N},\end{cases}$$

就得到由(2.11)定义的谱估计.对于ARMA(p,q)序列来讲,这个加窗谱估计要比周期图好得多.一般来讲,如果时窗$\{\lambda_N(k)\}$取得合适,都会得到相合的加窗谱估计.

例 3.2　设$\{X_t\}$是MA(q)序列,满足

$$X_t = B(\mathscr{B})\varepsilon_t, \quad t \in \mathbb{Z}.$$

由于自协方差函数 q 后截尾,所以$\{X_t\}$的谱密度是

$$f(\lambda) = \frac{1}{2\pi}\sum_{k=-q}^{q}\gamma_k e^{-ik\lambda}.$$

对正整数 $M \geqslant q$,取时窗

$$\lambda_N(k) = \begin{cases} 1, & |k| \leqslant M, \\ 0, & |k| > M, \end{cases}$$

则加窗谱估计(3.1)成为

$$\hat{f}(\lambda) = \frac{1}{2\pi}\sum_{k=-M}^{M}\hat{\gamma}_k e^{-ik\lambda}. \tag{3.2}$$

如果$\{\varepsilon_t\}$是独立同分布的白噪声,则当 $N\to\infty$时,$\hat{\gamma}_k$ a.s. 收敛到 γ_k(参考§4.2的定理2.1).于是

$$\lim_{N\to\infty}\hat{f}(\lambda) = \frac{1}{2\pi}\sum_{k=-M}^{M}\gamma_k e^{-ik\lambda} = \frac{1}{2\pi}\sum_{k=-q}^{q}\gamma_k e^{-ik\lambda} = f(\lambda).$$

这表明加窗谱估计是 $\hat{f}(\lambda)$的强相合估计.图8.3.1是MA(2)序列

$$X_t = \varepsilon_t + 0.0943\varepsilon_{t-1} - 0.4444\varepsilon_{t-2}, \quad \mathrm{var}(\varepsilon_t) = 1$$

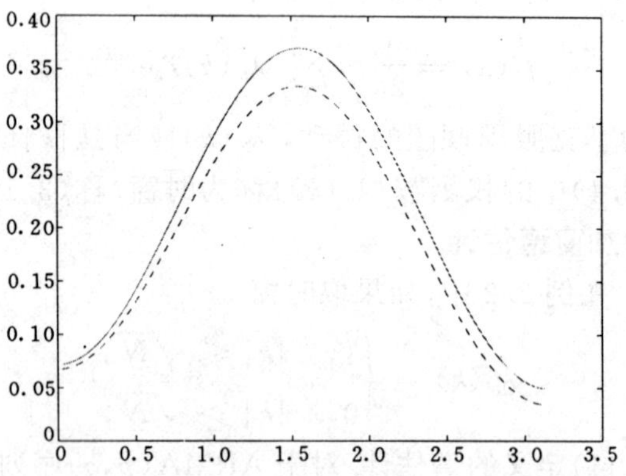

图 8.3.1　利用(3.2)计算的MA(2)的谱密度估计 $\hat{f}(\lambda)$(实线)和 $f(\lambda)$(虚线)($M=3$)

的谱密度和由 100 个数据计算的(3.2)中的 $\hat{f}(\lambda)$的值,其中 $M=3$.

B. 谱窗

从周期图的表达式(2.8)得到

$$\hat{\gamma}_k = \int_{-\pi}^{\pi} I_N(s)\mathrm{e}^{\mathrm{i}ks}\mathrm{d}s, \quad |k| \leqslant N-1. \tag{3.3}$$

这样,可将加窗谱估计(3.1)写成

$$\begin{aligned}\hat{f}(\lambda) &= \frac{1}{2\pi}\sum_{k=-N+1}^{N-1}\lambda_N(k)\hat{\gamma}_k\mathrm{e}^{-\mathrm{i}k\lambda} \\ &= \frac{1}{2\pi}\sum_{k=-N+1}^{N-1}\lambda_N(k)\int_{-\pi}^{\pi} I_N(s)\mathrm{e}^{\mathrm{i}ks}\mathrm{e}^{-\mathrm{i}k\lambda}\mathrm{d}s \\ &= \int_{-\pi}^{\pi} I_N(s)\,\frac{1}{2\pi}\sum_{k=-N+1}^{N-1}\lambda_N(k)\mathrm{e}^{-\mathrm{i}k(\lambda-s)}\mathrm{d}s \\ &= \int_{-\pi}^{\pi} I_N(s)W_N(\lambda-s)\mathrm{d}s,\end{aligned}$$

其中

$$W_N(\lambda) = \frac{1}{2\pi}\sum_{k=-N+1}^{N-1}\lambda_N(k)\mathrm{e}^{-\mathrm{i}k\lambda}.$$

定义 3.1 如果谱密度 $f(\lambda)$的估计 $\hat{f}(\lambda)$可以写成

$$\hat{f}(\lambda) = \int_{-\pi}^{\pi} I_N(s)W_N(\lambda-s)\mathrm{d}s, \tag{3.4}$$

就称 $\hat{f}(\lambda)$是 $f(\lambda)$的**加谱窗谱估计**,也简称为**加窗谱估计**. 称权函数 $W_N(\lambda)$为**谱窗**.

加窗谱估计的时窗$\{\lambda_N(k)\}$和谱窗 $W_N(\lambda)$之间有以下的换算关系:

$$\begin{cases} W_N(\lambda) = \dfrac{1}{2\pi}\displaystyle\sum_{k=-N+1}^{N-1}\lambda_N(k)\mathrm{e}^{-\mathrm{i}k\lambda}, \\ \lambda_N(k) = \displaystyle\int_{-\pi}^{\pi} W_N(s)\mathrm{e}^{\mathrm{i}ks}\mathrm{d}s. \end{cases} \tag{3.5}$$

可以从谱窗的角度解释对周期图加谱窗的必要性. 对于较大的样本量,周期图 $I_N(\lambda)$总是围绕谱密度 $f(\lambda)$振动. 所以取一个较小的正数 δ,利用周期图在 λ_0 附近的平均

$$\frac{1}{2\delta}\int_{-\pi}^{\pi} I_N(s) I_{[\lambda_0-\delta,\lambda_0+\delta]}(s)\mathrm{d}s \tag{3.6}$$

作为 $f(\lambda_0)$的估计是有道理的. 它可以有效地对周期图在 λ_0 的 δ 邻域内进行光滑,降低周期图的振动. 如果把(3.6)写成更一般的形式就得到 λ_0 处的加谱窗的谱估计

$$\hat{f}(\lambda_0) = \int_{-\pi}^{\pi} I_N(s) W_N(\lambda_0 - s)\mathrm{d}s.$$

由于 λ_0 是任意选取的,所以加窗谱估计(3.4)恰好是周期图的光滑平均.

从上述的分析可以看出,谱窗 $W_N(\lambda)$应当是在 $\lambda=0$ 处有一个单峰的对称函数. 为了进一步研究加窗谱估计的统计性质,一般要求谱窗 $W_N(s)$满足下面的性质(1)~(5):

(1) $\int_{-\pi}^{\pi} W_N(\lambda)\mathrm{d}\lambda=1$ (等价于 $\lambda_N(0)=1$);

(2) $\int_{-\pi}^{\pi} W_N^2(\lambda)\mathrm{d}\lambda<\infty$;

(3) 对任何 $\varepsilon>0$,当 $N\to\infty$时, $\sup\limits_{|\lambda|\geqslant\varepsilon} W_N(\lambda)\to 0$;

(4) 对称性: $W_N(-\lambda)=W_N(\lambda)$;

(5) 对任何正数 A,当 $N\to\infty$时,

$$\max_{|\mu|\leqslant A/N}\left|\frac{\int_{-\pi}^{\pi} W_N(\lambda)W_N(\mu+\lambda)\mathrm{d}\lambda}{\int_{-\pi}^{\pi} W_N^2(\lambda)\mathrm{d}\lambda} - 1\right| \to 0.$$

可以看出,满足上述条件的谱窗 $W_N(\lambda)$的质量随着 N 的增加向 $\lambda=0$ 处集中.

C. 几个常用的谱窗和时窗

设 $x_1,x_2,\cdots,x_N$ 是经过零均值化的观测样本. 样本自协方差函数是

$$\hat{\gamma}_k = \frac{1}{N}\sum_{j=1}^{N-k} x_j x_{j+k},\quad k=0,1,\cdots,N-1,$$

周期图是

$$I_N(\lambda)=\frac{1}{2\pi N}\left|\sum_{k=1}^{N}x_k\mathrm{e}^{-\mathrm{i}k\lambda}\right|^2.$$

取正整数 M_N,满足 $M_N=o(N)$和 $M_N\to\infty$. 实际应用时可以将 M_N 取成 $A[\sqrt{N}]$,这里 A 是正常数,一般取值在 1 和 3 之间.

C1　截断窗. 截断窗的时窗是

$$\lambda_N(k)=\begin{cases}1, & |k|\leqslant M_N,\\ 0, & |k|>M_N,\end{cases}$$

这时,相应的加窗谱估计是

$$\hat{f}(\lambda)=\frac{1}{2\pi}\sum_{k=1-N}^{N-1}\lambda_N(k)\hat{\gamma}_k\mathrm{e}^{-\mathrm{i}k\lambda}=\frac{1}{2\pi}\sum_{|k|\leqslant M_N}\hat{\gamma}_k\mathrm{e}^{-\mathrm{i}k\lambda}.$$

利用(3.5),得到相应的谱窗

$$\begin{aligned}W_N(\lambda)&=\frac{1}{2\pi}\sum_{k=1-N}^{N-1}\lambda_N(k)\mathrm{e}^{-\mathrm{i}k\lambda}=\frac{1}{2\pi}\sum_{|k|\leqslant M_N}\mathrm{e}^{-\mathrm{i}k\lambda}\\&=\frac{1}{2\pi}\sum_{k=-M_N}^{M_N}\cos(k\lambda)=\frac{1}{2\pi}\frac{\sin[(2M_N+1)\lambda/2]}{\sin(\lambda/2)}\\&=\frac{1}{2\pi}D_{2M+1}(\lambda),\end{aligned}\tag{3.7}$$

这里 $M=M_N$,$D_{2M+1}(\lambda)$是 Dirichlet 核(见图 7.1.1).

由谱窗表示的谱估计是

$$\hat{f}(\lambda)=\int_{-\pi}^{\pi}I_N(s)D_M(\lambda-s)\mathrm{d}s.\tag{3.8}$$

由于 Dirichlet 核可以取到负值,因而加截断窗的谱估计也有可能在某些 λ 处取到负值. 这是截断窗的不足. 用例 2.2 中的 120 个数据计算的加截断窗谱估计见图 8.2.2 中的实曲线.

C2　Bartlett 窗(见文献[16]). Bartlett 时窗是

$$\lambda_N(k)=\begin{cases}1-\dfrac{|k|}{M_N}, & |k|\leqslant M_N,\\ 0, & |k|>M_N.\end{cases}$$

这时,相应的加窗谱估计是

$$\hat{f}(\lambda)=\frac{1}{2\pi}\sum_{|k|\leqslant M_N}(1-|k|/M_N)\hat{\gamma}_k\mathrm{e}^{-\mathrm{i}k\lambda}.$$

相应的谱窗是 Fejer 核：

$$W_N(\lambda) = \frac{1}{2\pi}\sum_{k=1-N}^{N-1}\lambda_N(k)\mathrm{e}^{-\mathrm{i}k\lambda} = \frac{1}{2\pi}\sum_{|k|\leqslant M_N}[1-|k|/M_N]\mathrm{e}^{-\mathrm{i}k\lambda}$$

$$= \frac{1}{2\pi M_N}\left(\frac{\sin(M_N\lambda/2)}{\sin\lambda/2}\right)^2 \overset{\text{def}}{=\!=} F_M(\lambda), \tag{3.9}$$

这里 $M=M_N$，Fejer 核(3.9)的图形见图 8.3.2. 由谱窗表示的谱估计是

$$\hat{f}(\lambda) = \int_{-\pi}^{\pi} I_N(s)F_M(\lambda-s)\mathrm{d}s.$$

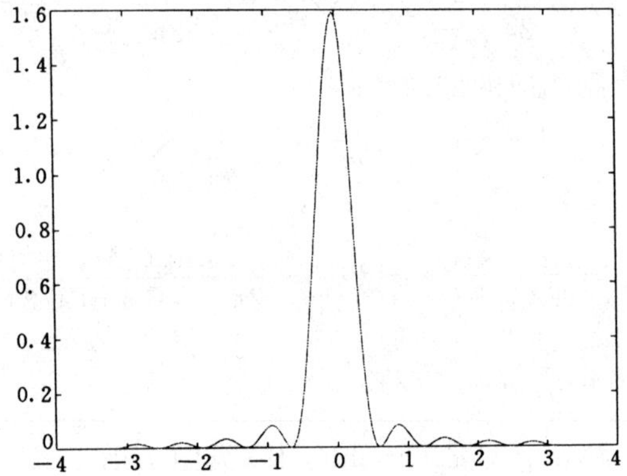

图 8.3.2　Fejer 核 $F_M(\lambda)$的图形 $(M=10)$

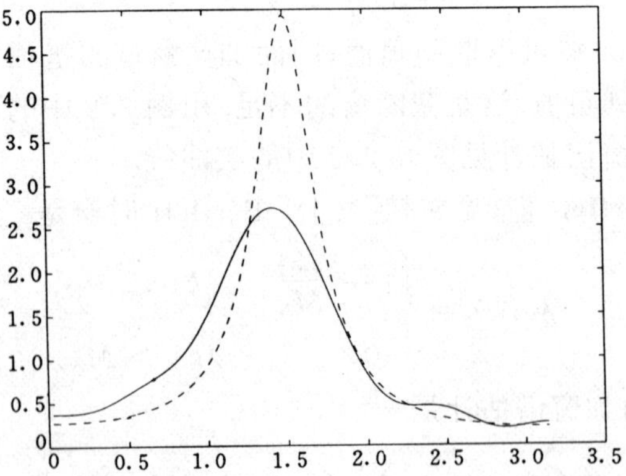

图 8.3.3　加 Bartlett 窗谱估计 $\hat{f}(\lambda)$(实线)和 $f(\lambda)$(虚线) $(M_N=10)$

用例 2.2 中的 120 个数据计算得到的加 Bartlett 窗谱估计见图 8.3.3. 取 $M_N=15$ 时效果会更好.

C3 Daniell 窗. Daniell 谱窗是

$$W_N(\lambda)=\begin{cases}M_N/2\pi, & |\lambda|\leqslant \pi/M_N,\\ 0, & |\lambda|>\pi/M_N.\end{cases}$$

利用(3.5)得到相应的时窗

$$\lambda_N(k)=\int_{-\pi}^{\pi}W_N(\lambda)\mathrm{e}^{\mathrm{i}k\lambda}\mathrm{d}\lambda=\frac{M_N}{2\pi}\int_{-\pi/M_N}^{\pi/M_N}\mathrm{e}^{\mathrm{i}k\lambda}\mathrm{d}\lambda$$

$$=\frac{M_N}{2k\pi}2\sin\frac{k\pi}{M_N}=\sin\left(\frac{k\pi}{M_N}\right)\Big/\frac{k\pi}{M_N}.$$

这时,相应的加窗谱估计是

$$\hat{f}(\lambda)=\frac{1}{2\pi}\sum_{|k|\leqslant N-1}\left[\sin\left(\frac{k\pi}{M_N}\right)\Big/\frac{k\pi}{M_N}\right]\hat{\gamma}_k\mathrm{e}^{-\mathrm{i}k\lambda}$$

$$=\int_{-\pi}^{\pi}I_N(s)W_N(\lambda-s)\mathrm{d}s.$$

用例 2.2 中的 120 个观测数据计算得到的加 Daniell 窗谱估计见图 8.3.4. 取 $M_N=15$ 时效果会更好.

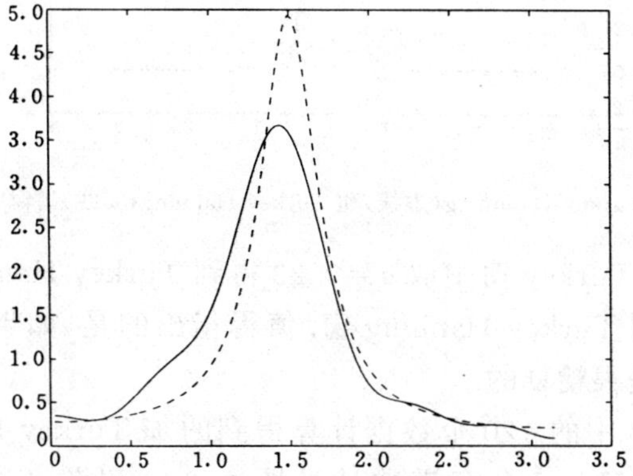

图 8.3.4 加 Daniell 窗谱估计 $\hat{f}(\lambda)$(实线)和 $f(\lambda)$(虚线) ($M_N=10$)

C4　Turkey 窗. 设 a 是 $(0,1/4]$ 中的常数，Turkey 时窗由下式定义

$$\lambda_N(k)=\begin{cases}1-2a+2a\cos(k\pi/M_N), & |k|\leqslant M_N,\\ 0, & |k|>M_N.\end{cases}$$

相应的 Turkey 谱窗是

$$W_N(\lambda)=aD(\lambda-\pi/M_N)+(1-2a)D(\lambda)+aD(\lambda+\pi/M_N),$$

其中

$$D(\lambda)=\frac{\sin[(2M_N+1)\lambda/2]}{2\pi\sin\lambda/2}$$

是 Dirichlet 核. $W_N(\lambda)$的图形见图 8.3.5. 加窗谱估计可利用(3.1)或(3.4)计算.

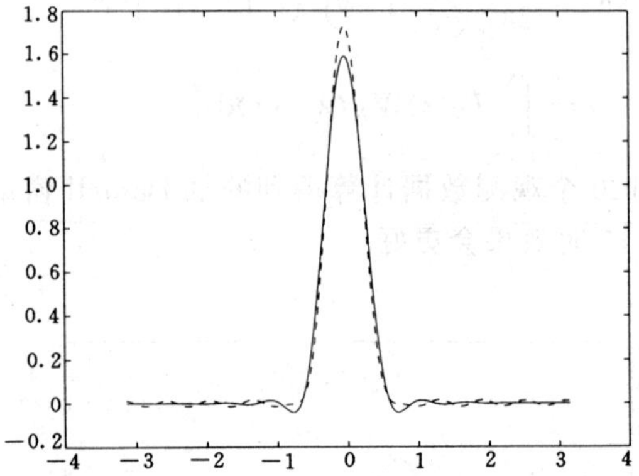

图 8.3.5　Turkey-Hamming(虚线)和 Turkey-Hanning(实线)谱窗 ($M_N=10$)

特别，在 Turkey 窗中取 $a=0.23$ 得到 Turkey-Hamming 窗. 取 $a=0.25$ 得到 Turkey-Hanning 窗. 值得指出的是，如果取 $a>1/4$，得到的结果是很糟糕的.

用例 2.2 中的 120 个数据计算得到的加 Turkey-Hamming 窗和加 Turkey-Hanning 窗谱估计见图 8.3.6 和图 8.3.7. 本例中 $M_N=10$. 如果取 $M_N=15$ 效果会更好.

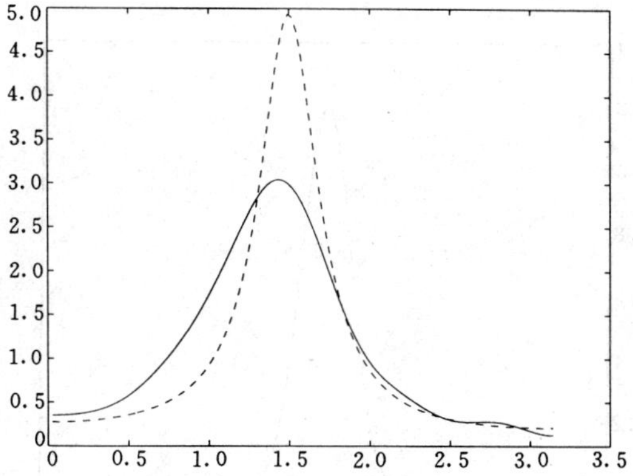

图 8.3.6 加 Turkey-Hamming 窗谱估计 $\hat{f}(\lambda)$(实线)和 $f(\lambda)$(虚线)的图形 ($M_N=10$)

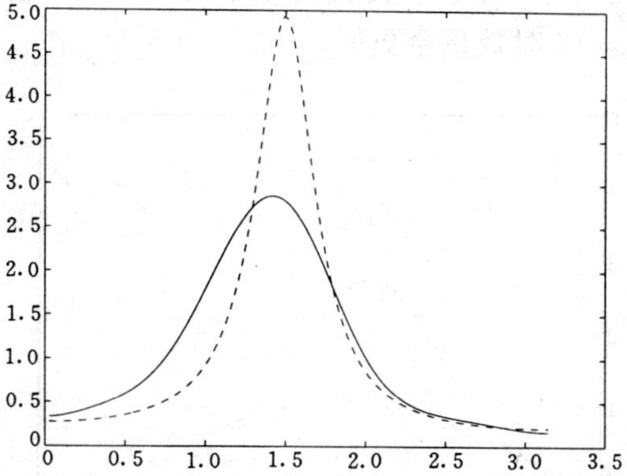

图 8.3.7 加 Turkey-Hanning 窗谱估计 $\hat{f}(\lambda)$(实线)和 $f(\lambda)$(虚线)的图形 ($M_N=10$)

C5 Parzen 窗. Parzen 时窗由下式定义

$$\lambda_N(k)=\begin{cases}1-6(k/M_N)^2+6(|k|/M_N)^3, & |k|\leqslant M_N/2,\\ 2(1-|k|/M_N)^3, & M_N/2<k\leqslant M_N,\\ 0, & |k|>M_N,\end{cases}$$

Parzen 谱窗是(见图 8.3.8)

$$W_N(\lambda)=\frac{3}{8\pi M_N^3}\left[\frac{\sin(M_N\lambda/4)}{\sin(\lambda/2)/2}\right]^4\left(1-\frac{2}{3}\sin^2\frac{\lambda}{2}\right).$$

加窗谱估计可利用(3.1)或(3.4)进行计算.

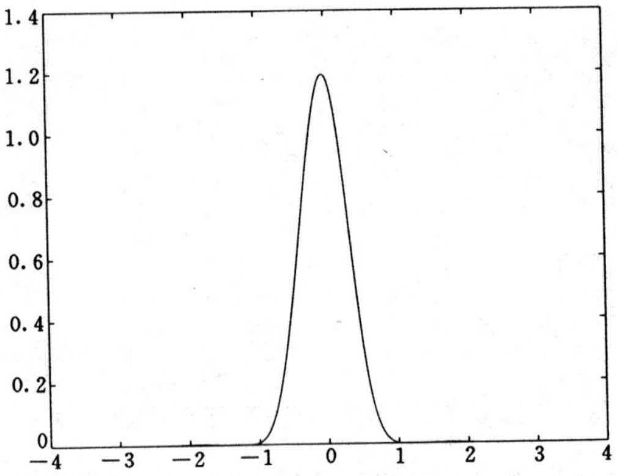

图 8.3.8 Parzen 谱窗 ($M_N=10$)

用例 2.2 中的 120 个数据计算的加 Parzen 窗谱估计见图 8.3.9. 取 $M_N=15$ 时效果会更好.

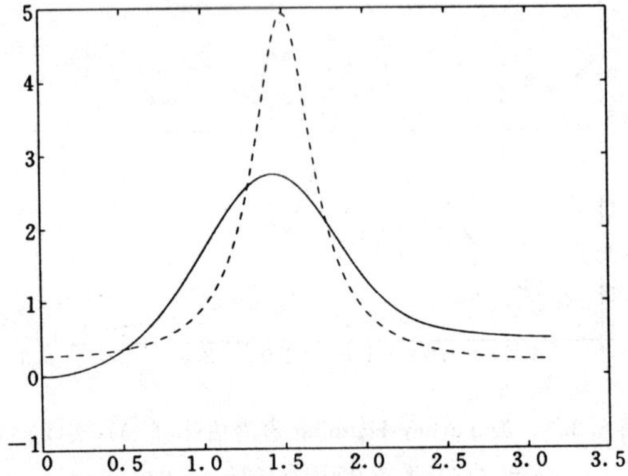

图 8.3.9 加 Parzen 窗谱估计 $\hat{f}(\lambda)$(实线)
和 $f(\lambda)$(虚线)的图形 ($M_N=10$)

C6 Bartlett-Priestley 窗. Bartlett-Priestley 时窗是

$$\lambda_N(k)=\begin{cases}\dfrac{3M_N^2}{(\pi k)^2}\left[\dfrac{\sin(\pi k/M_N)}{\pi k/M_N}-\cos\dfrac{\pi k}{M_N}\right], & 0<|k|\leqslant M_N,\\ 1, & k=0,\\ 0, & |k|>M_N.\end{cases}$$

Bartlett-Priestley 谱窗是开口向下的细长抛物线(图 8.3.10),

$$W_N(\lambda)=\begin{cases}\dfrac{3M_N}{4\pi}[1-(M_N\lambda/\pi)^2], & |\lambda|\leqslant\pi/M_N,\\ 0, & |\lambda|>\pi/M_N.\end{cases}$$

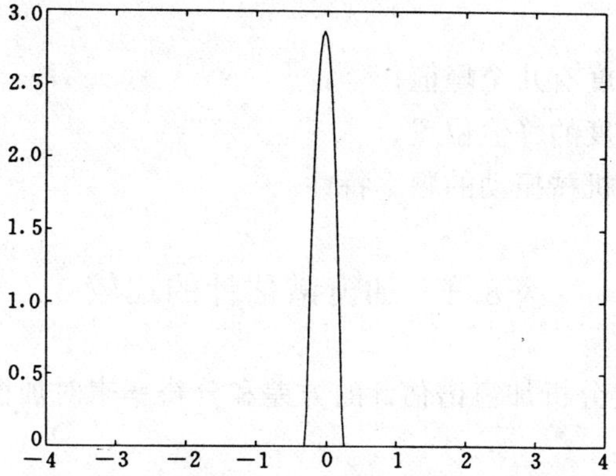

图 8.3.10 Bartlett-Priestley 谱窗 ($M_N=12$)

加窗谱估计可利用(3.1)或(3.4)进行计算. 用例 2.2 中的 120 个数据计算的加 Bartlett-Priestley 窗谱估计见图 8.3.11.

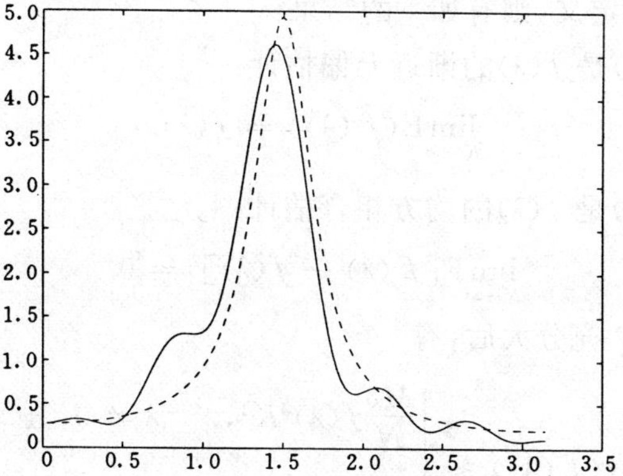

图 8.3.11 加 Bartlett-Priestley 窗谱估计 $\hat{f}(\lambda)$(实线)
和 $f(\lambda)$(虚线)的图形 ($M_N=12$)

习　题　三

3.1　附录 B 中 B9 给出的数据是对一台振动机械的离散等间隔抽样. 试用加窗谱估计分析这台机械振动的谱密度,回答以下问题:

(1) 谱密度有几个峰值;

(2) 谱密度的峰值位置;

(3) 这台机械振动的频率特性.

§8.4　加窗谱估计的比较

可以通过分析加窗谱估计的方差和分辨率来对加窗谱估计进行比较.

A. 方差的比较

定理 4.1　设$\{X_t\}$是平稳正态序列,有连续可微的谱密度 $f(\lambda)$,谱窗函数 $W_N(\lambda)$满足§8.3 中的条件(1),(2),…,(5). 加窗谱估计 $\hat{f}(\lambda)$由(3.4)定义,则有如下的结果:

(1) $\hat{f}(\lambda)$是 $f(\lambda)$的渐近无偏估计:

$$\lim_{N\to\infty}\mathrm{E}(\hat{f}(\lambda)) = f(\lambda).$$

(2) $\hat{f}(\lambda)$是 $f(\lambda)$的均方相合估计:

$$\lim_{N\to\infty}\mathrm{E}[\hat{f}(\lambda) - f(\lambda)]^2 = 0.$$

(3) 当 N 充分大后,有

$$\operatorname{var}(\hat{f}(\lambda)) \approx \begin{cases} \dfrac{M_N}{N} f(\lambda)^2 K^2, & \lambda \neq 0, \pm\pi, \\ 2\dfrac{M_N}{N} f(\lambda)^2 K^2, & \lambda = 0, \pm\pi, \end{cases} \tag{4.1}$$

其中

$$K^2 = \frac{2\pi}{M_N}\int_{-\pi}^{\pi} W_N^2(\lambda)\mathrm{d}\lambda.$$

证明可参考文献[11].

由于加窗谱估计 $\hat{f}(\lambda)$是谱密度 $f(\lambda)$的渐近无偏估计和均方相合估计.所以方差 $\mathrm{var}(\hat{f}(\lambda))$的大小表示了加窗谱估计 $\hat{f}(\lambda)$的估计精度的高低. 选取适当的谱窗(或时窗) 使得 $\mathrm{var}(\hat{f}(\lambda))$ 的取值较小,一般会得到较好的估计精度.从公式(4.1)看出,选取相同的 M_N 时,要比较不同的加窗谱估计的方差的大小,只需要比较 K^2 的大小.下面列出了取相同的 M_N 时,不同谱窗的 K^2 的近似取值:

窗名	K^2
截断窗	2.0000
Bartlett	0.6667
Daniell	1.0000
Turkey-Hamming	0.7948
Turkey-Hanning	0.7500
Parzen	0.5392
Bartlett-Priestley	1.2000

从中看出, Parzen 的加窗谱估计的方差最小,加截断窗的谱估计的方差最大.

对每个固定的窗,加窗谱估计的方差随着 M_N 的降低而减少.但是实际中不应当过于追求较小方差,因为这样会增加估计的偏差和降低谱估计的分辨率(见下页B).以 Parzen 窗为例,在利用例 2.2 中的 120 个数据计算加 Parzen 窗谱估计时,如果取 $M_N=20$ 时,尽管加窗谱估计的渐近方差 $\mathrm{var}(\hat{f}(\lambda))$比 $M_N=10$ 的渐近方差增加大约 2倍,但是估计的精度大大改善(见图 8.4.1).如果继续增加 M_N 的值,加窗谱估计在峰值以外的地方开始失真.图 8.4.2 是 $M_N=30$ 的情况.对于加 Bartlett, Daniell, Turkey-Hamming, Turkey-Hanning 窗谱估计也都有相似的计算结果.

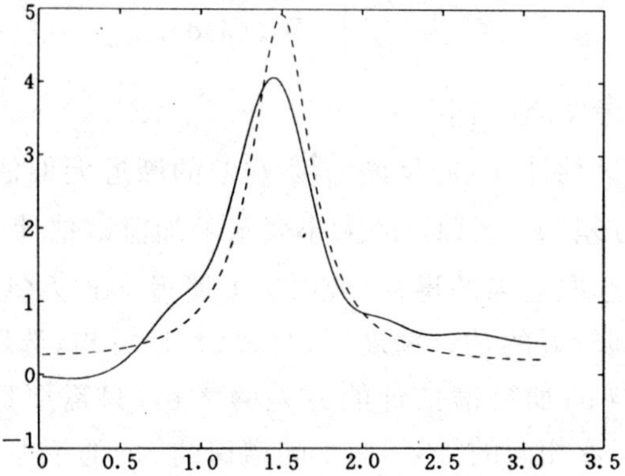

图 8.4.1 加 Parzen 窗谱估计 $\hat{f}(\lambda)$(实线)
和 $f(\lambda)$(虚线)的图形 ($M_N=20$)

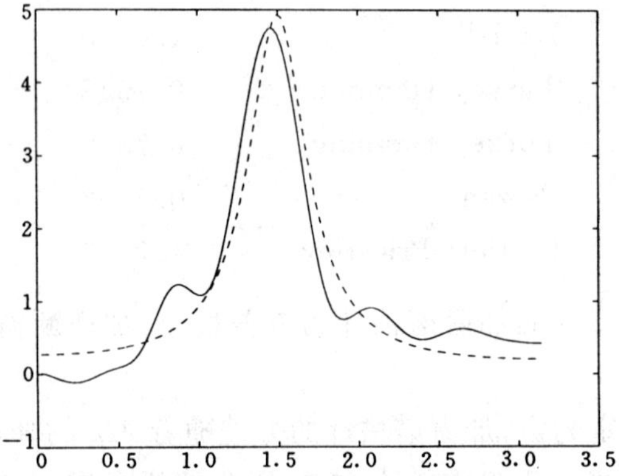

图 8.4.2 加 Parzen 窗谱估计 $\hat{f}(\lambda)$(实线)
和 $f(\lambda)$(虚线)的图形 ($M_N=30$)

B. 分辨率的比较

在应用时间序列分析中,谱估计的目的往往在于分辨出原始数据的谱密度的频率特性. 这就需要找到谱密度的峰值个数和峰值的位置. 如果谱密度 $f(\lambda)$在 λ_1 和 λ_2 处分别有峰值(图 8.4.3),好的加窗谱估计应当能够把这两个峰值区分开. 也就是说,好的加窗谱估计

也应当分别在 λ_1 和 λ_2 处有峰值(图 8.4.4). 下面看怎样做到这点.

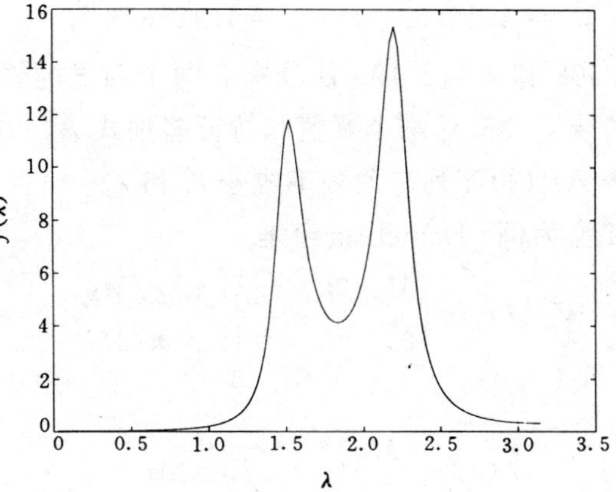

图 8.4.3 AR(4)模型(4.2)的谱密度

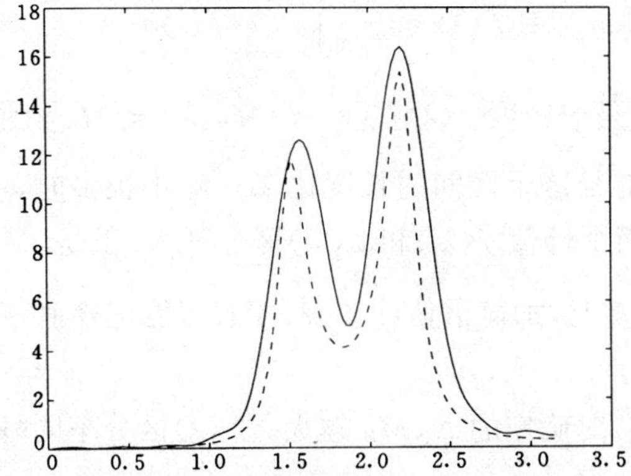

图 8.4.4 加 Daniell 窗谱估计 $\hat{f}(\lambda)$(实线)
和 $f(\lambda)$(虚线)的图形 ($M_N=20$)

例 4.1 图 8.4.3 是 AR(4)序列

$$X_t = a_1X_{t-1} + a_2X_{t-2} + a_3X_{t-3} + a_4X_{t-4} + \varepsilon_t, \quad t \in \mathbb{Z} \tag{4.2}$$

的谱密度 $f(\lambda)$,其中$\{\varepsilon_t\}$是 WN(0,4),

$$\boldsymbol{a} = -\ (0.9337, 1.4599, 0.7528, 0.6355).$$

特征多项式 $A(z)=1-a_1z-\cdots-a_4z^4$ 有两对共轭根

$$z_1 = 1.115\mathrm{e}^{1.5\mathrm{i}}, \quad z_2 = 1.115\mathrm{e}^{-1.5\mathrm{i}},$$
$$z_3 = 1.125\mathrm{e}^{2.21\mathrm{i}}, \quad z_4 = 1.125\mathrm{e}^{-2.21\mathrm{i}}.$$

$f(\lambda)$在 $\lambda_1=1.508$ 和 $\lambda_2=2.199$ 处分别有两个明显的峰值 $f(\lambda_1)=11.79$ 和 $f(\lambda_2)=15.35$. 这两个峰值和特征多项式 $A(z)$根的辐角相对应. 表明这个 AR(4)序列有角频率成分 λ_1 和 λ_2.

以 Daniell 窗为例. Daniell 谱窗是

$$W_N(\lambda) = \begin{cases} M_N/2\pi, & |\lambda| \leqslant \pi/M_N, \\ 0, & |\lambda| > \pi/M_N, \end{cases}$$

加窗谱估计是

$$\hat{f}(\lambda) = \frac{M_N}{2\pi}\int_{\lambda-\pi/M_N}^{\lambda+\pi/M_N} I_N(s)\mathrm{d}s.$$

利用周期图的渐近无偏性 $\mathrm{E}I_N(\lambda)\to f(\lambda)$,得到

$$\mathrm{E}\,\hat{f}(\lambda) \approx \frac{M_N}{2\pi}\int_{\lambda-\pi/M_N}^{\lambda+\pi/M_N} f(s)\mathrm{d}s.$$

于是, $\mathrm{E}\,\hat{f}(\lambda)$是谱密度 $f(\lambda)$在$[\lambda-\pi/M_N,\lambda+\pi/M_N]$上的近似平均. 可以看出,只有当这个区间的长度比 $\lambda_2-\lambda_1$ 小很多时, $\mathrm{E}\,\hat{f}(\lambda)$才可能把 $f(\lambda)$的两个峰值 $f(\lambda_1)$和 $f(\lambda_2)$区分开来. 于是,只有当 $2\pi/M_N$ 比 $\lambda_2-\lambda_1$ 小很多时,加窗谱估计 $\hat{f}(\lambda)$才有可能把峰值 $f(\lambda_1)$和 $f(\lambda_2)$区分开来.

可以看出,对确定的 N,M_N 越大, $\hat{f}(\lambda)$区分不同峰值的能力越强,这时我们称 $\hat{f}(\lambda)$的分辨率越高. 但是 M_N 也不能被取得过大,否则加窗谱估计就接近于周期图 $I_N(\lambda)$,从而失去了加窗谱估计的相合性. 过大的 M_N 还会造成虚假峰值,其原因仍是周期图的剧烈摆动性.

为了更加方便地描述加窗谱估计的分辨率,需要引入谱密度带宽的定义.

设谱密度 $f(\lambda)$连续,在 λ_0 处有一个明显的峰值,如果有 $\omega_1<\lambda_0<\omega_2$ 满足

$$f(\omega_1) = f(\omega_2) = \frac{1}{2}f(\lambda_0), \quad f(\lambda) > \frac{1}{2}f(\lambda_0), \text{当 } \lambda \in (\omega_1, \omega_2), \tag{4.3}$$

称 $\omega_2 - \omega_1$ 是 $f(\lambda)$在 λ_0 处的**带宽**.完全类似地,当 $f(\lambda)$在 λ_0 处有一个明显低谷,取 $\omega_1 < \lambda_0 < \omega_2$ 满足

$$f(\omega_1) = f(\omega_2) = 2f(\lambda_0), \quad f(\lambda) < 2f(\lambda_0), \text{当 } \lambda \in (\omega_1, \omega_2), \tag{4.4}$$

称 $\omega_2 - \omega_1$ 是 $f(\lambda)$在 λ_0 处的**带宽**,记做 $B_f(\lambda_0)$.当 λ_0 靠近 $\pm\pi$ 时,应当对 $f(\lambda)$作周期为 2π 的延拓.

例 4.2 例 4.1 中的谱密度 $f(\lambda)$在 $\lambda_0 = 1.83$ 处有一个低谷(图 8.4.3),最小值 $f(\lambda_0) = 4.12$. $f(\lambda)$在 λ_0 处的带宽是 $B_f(\lambda_0) = 0.7$.

由于加窗谱估计的带宽由谱窗的带宽决定,所以对于谱密度 $f(\lambda)$进行加窗谱估计时,应当要求谱窗的带宽比谱密度的带宽小很多.只有这样加窗谱估计才能分辨出谱密度的峰值情况,从而得到原平稳序列$\{X_t\}$的频率特性.

用 $W_N(\lambda)$表示谱窗,关于谱窗的带宽有以下几种常用的定义.

B1 半功率带宽. $B_{HP} = 2\theta_1$,其中 θ_1 由

$$W_N(\theta_1) = \frac{1}{2}W_N(0)$$

决定.由于谱窗在 $\lambda = 0$ 处有一个峰值,所以半功率带宽和(4.3)中的带宽定义是一致的.

B2 Parzen 带宽. $B_P = 1/W_N(0)$. 现以 Daniell 窗为例, $B_P = 2\pi/M_N$.该带宽的定义有如下的解释:对于谱窗 $W_N(\lambda)$,以 $W_N(0)$为高,在 x 轴的上部关于 y 轴对称地做一个面积等于 1 的矩形.矩形底边长是 B_P.

B3 Jenkin 带宽. Jenkin 利用时窗$\{\lambda_N(k)\}$定义的带宽如下:

$$B_J = \frac{2\pi}{\sum_{|k| \leqslant N-1} \lambda_N^2(k)}.$$

下面给出了常用窗的带宽比较:

	B_{HP}	B_P	B_J
Bartlett	$2\pi/M_N$	$2\pi/M_N$	$3\pi/M_N$
Daniell	$2\pi/M_N$	$2\pi/M_N$	$2\pi/M_N$
Turkey-Hamming	$2\pi/M_N$	$2\pi/M_N$	$2.52\pi/M_N$
Turkey-Hanning	$2\pi/M_N$	$2\pi/M_N$	$8\pi/3M_N$
Parzen	$4\pi/M_N$	$8\pi/3M_N$	$3.72\pi/3M_N$
Bartlett-Priestley	$1.41\pi/M_N$	$4\pi/3M_N$	$5\pi/3M_N$

应当注意,尽管降低谱窗的带宽可以提高加窗谱估计分辨率,但这是以增加加窗谱估计的方差为代价的.因为提高加窗谱估计的分辨率就要增加 M_N,从(4.1)知道这样会导致 $\mathrm{var}(\hat{f}(\lambda))$增加.

例 4.3 设 $x_1,x_2,\cdots,x_N$ 是 AR(4)模型(4.2)的 120 个观测数据.利用加 Daniell 窗计算的加窗谱估计(见图 8.4.4,8.4.5 和 8.4.6),这时,$f(\lambda)$在 λ_0 处的带宽是 $B(\lambda_0)=0.7$.

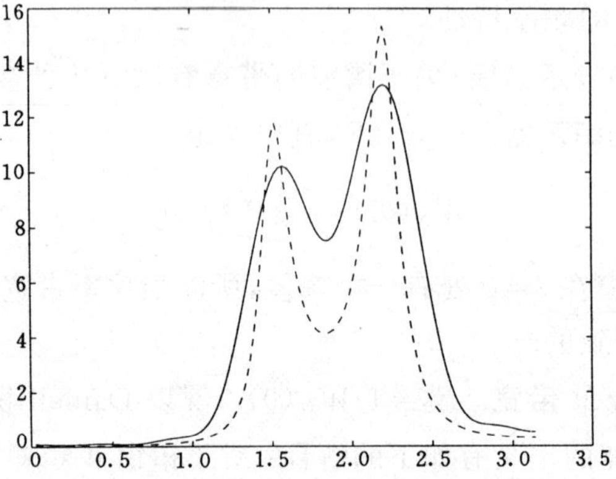

图 8.4.5 加 Daniell 窗谱估计 $\hat{f}(\lambda)$(实线)和 $f(\lambda)$(虚线)的图形 ($M_N=14$)

当 $M_N=20$ 时,$B_P=0.31<0.7$,加窗谱估计可以很好地分辨 $f(\lambda)$的两个峰值;

当 $M_N=14$ 时,$B_P=0.45<0.7$,用加窗谱估计还可以分辨 $f(\lambda)$的两个峰值,但是结果比 $M_N=20$ 时要差;

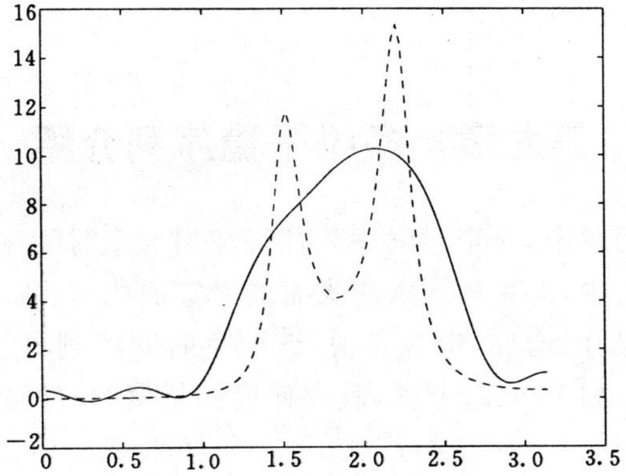

图 8.4.6 加 Daniell 窗谱估计 $\hat{f}(\lambda)$(实线)
和 $f(\lambda)$(虚线)的图形 ($M_N=10$)

当 $M_N=10$ 时, $B_P=0.62$ 接近 0.7,这时从加窗谱估计不能分辨 $f(\lambda)$的两个峰值.

习 题 四

4.1 设 ARMA(4,1)模型由

$$X_t = a_1X_{t-1} + a_2X_{t-2} + \cdots + a_4X_{t-4} + \varepsilon_t + b_1\varepsilon_{t-1}, \quad t \in \mathbb{Z}$$

定义,其中$\{\varepsilon_t\}$是正态 WN(0,4),

$$\boldsymbol{a} = (0.39, 0.06, 0.46, -0.60), \quad b_1 = 0.76.$$

利用计算机产生 200 个观测数据. 对 $M_N=10,15,20,25,30$ 计算加 Bartlett-Priestley 窗谱估计,并画出谱估计的图形.

4.2 对于附录 B 中的数据 B7 进行加窗谱估计. 画出谱估计的图形,列出使用的方法和参数.

4.3 在定理 4.1 中,利用(2)证明(1).

第九章　多维平稳序列介绍

在实际问题中,一个时间序列往往和另一个时间序列相关.在第一章的例1.1中,北京地区洪涝灾害的受灾面积 X_t 总是伴随着成灾面积 Y_t 的增加而增加.也就是说,这两个时间序列具有正相关的关系.如果把 X_t 和 Y_t 一起考虑,就要研究向量值的时间序列

$$(X_t,Y_t)^{\mathrm{T}},\quad t\in\mathbb{N}.$$

向量值的时间序列本身比每个分量时间序列含有更多的信息.对向量值时间序列的研究会比对每个分量时间序列的研究得到更好的结果.向量值的时间序列被称为多维时间序列.限于篇幅的限制,本章只对多维平稳序列进行简单的介绍.

§9.1　多维平稳序列

定义1.1　称 m 维随机序列 $\boldsymbol{X}_t=(X_{1t},X_{2t},\cdots,X_{mt})^{\mathrm{T}},t\in\mathbb{Z}$ 是平稳序列,如果对任何 $t,n\in\mathbb{Z}$,

(1) $\mathrm{E}\boldsymbol{X}_t=\boldsymbol{\mu}=(\mu_1,\mu_2,\cdots,\mu_m)^{\mathrm{T}}$ 与 t 无关;

(2) $\Gamma(n)=\mathrm{E}[(\boldsymbol{X}_{t+n}-\boldsymbol{\mu})(\boldsymbol{X}_t-\boldsymbol{\mu})^{\mathrm{T}}]$ 与 t 无关.

这时称 $\{\Gamma(n):n\in\mathbb{Z}\}$ 为平稳序列 $\{\boldsymbol{X}_t\}$ 的自协方差函数(矩阵).定义

$$\gamma_{jk}(n)=\mathrm{E}[(X_{j,t+n}-\mu_j)(X_{kt}-\mu_k)],\tag{1.1}$$

就有

$$\Gamma(n)=(\gamma_{jk}(n))_{j,k=1,\cdots,m}.\tag{1.2}$$

为了简单起见,以后略去脚标 $j,k=1,\cdots,m$,并且规定 $0/0=0$.

引入自相关系数

$$\rho_{jk}(n)=\frac{\gamma_{jk}(n)}{\sqrt{\gamma_{jj}(0)\gamma_{kk}(0)}},\tag{1.3}$$

称

$$R(n)=(\rho_{jk}(n))\tag{1.4}$$

为$\{\boldsymbol{X}_t\}$的自相关系数(矩阵). 由于$R(n)$是平稳序列

$$\boldsymbol{Y}_t=\left(\frac{X_{1t}}{\sqrt{\gamma_{11}(0)}},\frac{X_{2t}}{\sqrt{\gamma_{22}(0)}},\cdots,\frac{X_{mt}}{\sqrt{\gamma_{mm}(0)}}\right)^{\mathrm{T}},\quad t\in\mathbb{Z}$$

的自协方差函数,因而有与$\{\Gamma(n):n\in\mathbb{Z}\}$相同的性质. 和一维平稳序列的自协方差函数相同,多维平稳序列的自协方差函数有如下的基本性质.

定理 1.1 对任何$n\in\mathbb{Z}$,

(1) $\Gamma(-n)=\Gamma^{\mathrm{T}}(n)$;

(2) $|\gamma_{jk}(n)|\leqslant[\gamma_{jj}(0)\gamma_{kk}(0)]^{1/2}$;

(3) 非负定性: 对任何实向量$\boldsymbol{\xi}_1,\boldsymbol{\xi}_2,\cdots,\boldsymbol{\xi}_n\in\boldsymbol{R}^m$,

$$\sum_{k=1}^{n}\sum_{j=1}^{n}\boldsymbol{\xi}_k^{\mathrm{T}}\Gamma(k-j)\boldsymbol{\xi}_j\geqslant 0.$$

证明 (1) 简单的推导得到

$$\begin{aligned}\Gamma(-n)&=\mathrm{E}[(\boldsymbol{X}_t-\boldsymbol{\mu})(\boldsymbol{X}_{t+n}-\boldsymbol{\mu})^{\mathrm{T}}]\\&=(\mathrm{E}[(\boldsymbol{X}_{t+n}-\boldsymbol{\mu})(\boldsymbol{X}_t-\boldsymbol{\mu})^{\mathrm{T}}])^{\mathrm{T}}=\Gamma^{\mathrm{T}}(n).\end{aligned}$$

(2) 正是 Schwarz 不等式.

(3) 记$\boldsymbol{Y}_t=\boldsymbol{X}_t-\boldsymbol{\mu}$,则有

$$\begin{aligned}\sum_{k=1}^{n}\sum_{j=1}^{n}\boldsymbol{\xi}_k^{\mathrm{T}}\Gamma(k-j)\boldsymbol{\xi}_j&=\sum_{k=1}^{n}\sum_{j=1}^{n}\boldsymbol{\xi}_k^{\mathrm{T}}\mathrm{E}[\boldsymbol{Y}_k\boldsymbol{Y}_j^{\mathrm{T}}]\boldsymbol{\xi}_j\\&=\mathrm{E}\sum_{k=1}^{n}\sum_{j=1}^{n}(\boldsymbol{Y}_k^{\mathrm{T}}\boldsymbol{\xi}_k)(\boldsymbol{Y}_j^{\mathrm{T}}\boldsymbol{\xi}_j)=\mathrm{E}\Big[\sum_{j=1}^{n}\boldsymbol{Y}_j^{\mathrm{T}}\boldsymbol{\xi}_j\Big]^2\geqslant 0.\end{aligned}$$

例 1.1 m维白噪声. 如果m维平稳序列$\{\boldsymbol{X}_t\}$满足

$$\mathrm{E}\boldsymbol{X}_1=\boldsymbol{\mu},\quad \Gamma(n)=Q\delta_n,$$

就称$\{\boldsymbol{X}_t\}$是m维白噪声,简记为 $\mathrm{WN}(\boldsymbol{\mu},Q)$. 这时对任何$k,j$,只要$n\neq0$,就有

$$\mathrm{E}[(X_{kt}-\mu_k)(X_{j,t+n}-\mu_j)]=0,$$

于是$\{\boldsymbol{X}_t\}$的每个分量过程$\{X_{jt}\}$ $(j=1,2,\cdots,m)$都是白噪声. 特别当$\Gamma(0)$是对角阵时, $\{X_{jt}\}$ $(j=1,2,\cdots,m)$是m个互不相关的白噪声.

例 1.2 设$\{\boldsymbol{\varepsilon}_t;t\in\mathbb{Z}\}$是$m$维的 $\mathrm{WN}(0,Q)$, $Q=\mathrm{E}[\boldsymbol{\varepsilon}_t\boldsymbol{\varepsilon}_t^{\mathrm{T}}]$. 如果$m\times m$实系数矩阵列$\{C_j\}$满足$\sum\limits_{j=-\infty}^{\infty}C_jQC_j^{\mathrm{T}}<\infty$,就称

$$X_t = \sum_{j=-\infty}^{\infty} C_j \varepsilon_{t-j}, \quad t \in \mathbb{Z} \tag{1.5}$$

为 m 维平稳线性序列. 这时可以证明(1.5)中的每个分量都是均方收敛的,并且有

$$\mathrm{E}X_t = 0, \quad \Gamma(n) = \mathrm{E}[X_{t+n}X_t^{\mathrm{T}}] = \sum_{j=-\infty}^{\infty} C_{j+n} Q C_j^{\mathrm{T}}. \tag{1.6}$$

例 1.3 m 维 MA(q)序列. 设$\{\varepsilon_t\}$是 m 维 WN$(0,Q)$. 如果 B_1, $B_2,\cdots,B_q$ 是 $m\times m$ 实矩阵,满足

$$\det(I_m + B_1 z + B_2 z^2 + \cdots + B_q z^q) \neq 0, \quad |z| < 1,$$

就称

$$X_t = \varepsilon_t + B_1 \varepsilon_{t-1} + B_2 \varepsilon_{t-2} + \cdots + B_q \varepsilon_{t-q}, \quad t \in \mathbb{Z}$$

为一个 m 维 MA(q)序列. 若进一步要求

$$\det(I_m + B_1 z + B_2 z^2 + \cdots + B_q z^q) \neq 0, \quad |z| \leqslant 1,$$

就称

$$X_t = \varepsilon_t + B_1 \varepsilon_{t-1} + B_2 \varepsilon_{t-2} + \cdots + B_q \varepsilon_{t-q}, \quad t \in \mathbb{Z}$$

为可逆的 MA(q)序列.

设 $A_1,A_2,\cdots,A_p,B_1,B_2,\cdots,B_q$ 是 $p+q$ 个 $m\times m$ 实矩阵,记

$$A(z) = I_m - A_1 z - A_2 z^2 - \cdots - A_p z^p,$$
$$B(z) = I_m + B_1 z + B_2 z^2 + \cdots + B_q z^q.$$

形如 $A(z)$,$B(z)$的多项式被称为**矩阵系数多项式**. 如果有 $m\times m$ 矩阵系数多项式 $C(z)$,使得 $A(z)=C(z)A_1(z)$,$B(z)=C(z)B_1(z)$时,必有 $\det(C(z))=$常数,就称 $A(z)$和 $B(z)$是**左互素的**.

例 1.4 多维 ARMA(p,q)模型的不可识别性.

设 $A(z)$,$B(z)$如前定义,$\{\varepsilon_t\}$是 m 维 WN$(0,Q)$. 称 m 维平稳序列$\{X_t\}$满足 m 维平稳可逆的 ARMA(p,q)模型,如果对任何 $t\in\mathbb{Z}$,

$$X_t = \sum_{j=1}^{p} A_j X_{t-j} + \varepsilon_t + \sum_{j=1}^{q} B_j \varepsilon_{t-j}, \tag{1.7}$$

其中多项式 $A(z)$,$B(z)$满足:

(1) $A(z)$,$B(z)$左互素;

(2) $\det(A(z)B(z))\neq 0$, $|z|\leqslant 1$.

仍用 $\mathscr{B}$ 表示时间 t 的向后推移算子,可将 m 维 ARMA(p,q)模型改写成:

$$A(\mathscr{B})\boldsymbol{X}_t = B(\mathscr{B})\,\boldsymbol{\varepsilon}_t, \quad t \in \mathbb{Z}. \tag{1.8}$$

对于一维的 ARMA(p,q)序列,我们知道$\{X_t\}$的自协方差函数$\{\gamma_n\}$可以惟一决定 ARMA(p,q)模型的所有参数,但是,对于 m 维 ARMA(p,q)模型来讲,这个结果不再成立.

在模型(1.8)中,如果 $\det(A(z))=c$ 是常数,则 $A^{-1}(z)$仍然是一个矩阵系数多项式,并且 $\det(A^{-1}(z))=c^{-1}$. 从(1.8)得到

$$\boldsymbol{X}_t = A^{-1}(\mathscr{B})B(\mathscr{B})\,\boldsymbol{\varepsilon}_t = B_1(\mathscr{B})\,\boldsymbol{\varepsilon}_t, \quad t \in \mathbb{Z},$$

其中 $B_1(z)\equiv A^{-1}(z)B(z)$是矩阵系数多项式,满足

$$\det(B_1(z)) = c^{-1}\det(B(z)) \neq 0, \quad |z| \leqslant 1.$$

这样,同一个 m 维平稳序列可以满足两个(或两个以上)m 维 ARMA(p,q)模型. 由此看来, ARMA(p,q)模型的参数不可以由$\{\boldsymbol{X}_t\}$惟一决定,当然也不可以由$\{\boldsymbol{X}_t\}$的自协方差函数$\{\Gamma(n)\}$惟一决定. 这种不惟一性就是多维 ARMA 模型的不可识别性,它给多维 ARMA(p,q)模型参数估计的研究带来困难.

§9.2 多维平稳序列的均值和自协方差函数的估计

A. 均值的估计

设$\{\boldsymbol{X}_t\}$是 m 维平稳序列, $\boldsymbol{X}_1,\boldsymbol{X}_2,\cdots,\boldsymbol{X}_N$ 是观测值. 均值 $\boldsymbol{\mu} = \mathrm{E}\boldsymbol{X}_t$ 的点估计定义为

$$\hat{\boldsymbol{\mu}}_N = (\hat{\mu}_1,\hat{\mu}_2,\cdots,\hat{\mu}_m)^{\mathrm{T}} = \frac{1}{N}\sum_{t=1}^{N}\boldsymbol{X}_t.$$

从每个分量的角度不难得到下面的定理.

定理 2.1 如果$\{\boldsymbol{X}_t\}$的每个分量序列$\{X_{jt}:t\in\mathbb{Z}\}$都是严平稳遍历序列,则当 $N\to\infty$时,

$$\hat{\boldsymbol{\mu}}_N \to \boldsymbol{\mu}, \quad \text{a.s.}.$$

定理 2.2 如果自协方差函数 $\Gamma(n)\to 0$,当 $n\to\infty$时,则

$$\mathrm{E}|\hat{\boldsymbol{\mu}}_N-\boldsymbol{\mu}|^2\to 0, \quad \text{当 } N\to\infty \text{ 时},$$

其中 $|\hat{\boldsymbol{\mu}}_N-\boldsymbol{\mu}|^2=\sum_{j=1}^{m}(\hat{\mu}_j-\mu_j)^2$.

证明
$$\begin{aligned}\mathrm{E}|\hat{\mu}_N-\boldsymbol{\mu}|^2&=\sum_{j=1}^{m}\mathrm{E}(\hat{\mu}_j-\mu_j)^2=\sum_{j=1}^{m}\mathrm{E}\left(\frac{1}{N}\sum_{t=1}^{N}X_{jt}-\mu_j\right)^2\\&=\sum_{j=1}^{m}\frac{1}{N^2}\mathrm{E}\left(\sum_{t=1}^{N}(X_{jt}-\mu_j)\right)^2\\&=\sum_{j=1}^{m}\frac{1}{N^2}\sum_{l=1}^{N}\sum_{k=1}^{N}\gamma_{jj}(l-k)\\&=\sum_{j=1}^{m}\frac{1}{N^2}\sum_{k=1-N}^{N-1}(N-|k|)\gamma_{jj}(k)\\&\leqslant\sum_{j=1}^{m}\frac{1}{N}\sum_{k=1-N}^{N-1}|\gamma_{jj}(k)|\to 0, \quad \text{当 } N\to\infty.\end{aligned}$$

定理 2.3 如果 $\sum_{k=0}^{\infty}|\gamma_{jj}(k)|<\infty$. $j=1,2,\cdots,m$,则当 $N\to\infty$ 时,

$$N\mathrm{E}|\hat{\boldsymbol{\mu}}_N-\boldsymbol{\mu}|^2\to\sum_{j=1}^{m}\sum_{k=-\infty}^{\infty}\gamma_{jj}(k).$$

证明 按定理 2.2 的证明,有

$$\begin{aligned}N\mathrm{E}(|\hat{\boldsymbol{\mu}}_N-\boldsymbol{\mu}|^2)&=\sum_{j=1}^{m}\frac{1}{N}\sum_{k=1-N}^{N-1}(N-|k|)\gamma_{jj}(k)\\&=\sum_{j=1}^{m}\sum_{k=1-N}^{N-1}\gamma_{jj}(k)-\sum_{j=1}^{m}\frac{1}{N}\sum_{k=1-N}^{N-1}|k|\gamma_{jj}(k)\\&\to\sum_{j=1}^{m}\sum_{k=-\infty}^{\infty}\gamma_{jj}(k).\end{aligned}$$

关于 $\hat{\boldsymbol{\mu}}_N$ 的渐近分布我们介绍下面的定理(见文献[18]).

定理 2.4 设 $\{\boldsymbol{\varepsilon}_t\}$ 是 m 维独立同分布的 $\mathrm{WN}(\boldsymbol{\mu},Q)$,$m\times m$ 矩阵 $C_n=(c_{j,k}(n))$ 的每个元素 $\{c_{j,k}(n)\}$ 对 $n\in\mathbb{Z}$ 绝对可和,平稳序列 $\{\boldsymbol{X}_t\}$ 由(1.5)定义,如果

$$\Sigma=\left(\sum_{j=-\infty}^{\infty}C_j\right)Q\left(\sum_{j=-\infty}^{\infty}C_j^{\mathrm{T}}\right)\neq 0,$$

则 $\sqrt{N}(\hat{\boldsymbol{\mu}}_N-\boldsymbol{\mu})$ 依分布收敛到 $N(0,\Sigma)$.

B. 自协方差函数的估计

设$\{\boldsymbol{X}_t\}$是m维平稳序列. 给定观测值$\boldsymbol{X}_1,\boldsymbol{X}_2,\cdots,\boldsymbol{X}_N$, $\Gamma(n)$的估计由

$$\begin{cases}\hat{\Gamma}(n)=\dfrac{1}{N}\displaystyle\sum_{t=1}^{N-n}(\boldsymbol{X}_{t+n}-\hat{\boldsymbol{\mu}}_N)(\boldsymbol{X}_t-\hat{\boldsymbol{\mu}}_N)^{\mathrm{T}}, & 0\leqslant n\leqslant N-1,\\ \hat{\Gamma}(-n)=\hat{\Gamma}^{\mathrm{T}}(n), & 1\leqslant n\leqslant N-1\end{cases}$$

定义. 这个估计量是一维平稳序列情况的推广, 也具有良好的统计性质. 如果用$\hat{\gamma}_{jk}(n)$表示$\hat{\Gamma}(n)$的第(j,k)元素, 则相关系数$\rho_{jk}(n)$的估计是

$$\hat{\rho}_{jk}(n)=\frac{\hat{\gamma}_{jk}(n)}{\sqrt{\hat{\gamma}_{jj}(0)\hat{\gamma}_{kk}(0)}},\tag{2.1}$$

自相关系数矩阵的估计是

$$\hat{R}(n)=(\hat{\rho}_{jk}(n)).\tag{2.2}$$

利用严平稳序列的遍历定理可以证明如下的结论.

定理 2.5 在定理 2.4 的条件下, 对固定的n, 当$N\to\infty$时,

$$\hat{\Gamma}(n)\to\Gamma(n),\ \text{a.s.},\quad \hat{R}(n)\to R(n),\ \text{a.s.},$$

其中的$\Gamma(n)$由(1.6)给出.

关于$\hat{R}(n)$的渐近分布, 我们只介绍下面的定理 2.6(见文献[18]).

定理 2.6 设$\{Z_{1t}\}$和$\{Z_{2t}\}$都是一维独立同分布的零均值白噪声, $\{a_j\}$和$\{b_j\}$是绝对可和的实数列,

$$X_{1t}=\sum_{j=-\infty}^{\infty}a_jZ_{1,t-j},\quad t\in\mathbb{N}_+,$$

$$X_{2t}=\sum_{j=-\infty}^{\infty}b_jZ_{2,t-j},\quad t\in\mathbb{N}_+,$$

$\hat{\rho}_{jk}(n)$由(2.1)定义. 如果$\{Z_{1t}\}$和$\{Z_{2t}\}$相互独立, 则有下面的结果:

(1) 对$k\geqslant 0$, 当$N\to\infty$时, $\sqrt{N}\hat{\rho}_{12}(k)$依分布收敛到$N(0,\sigma_{11}^2)$;

(2) 对$h,k\geqslant 0$且$h\neq k$, $\sqrt{N}(\hat{\rho}_{12}(h),\hat{\rho}_{12}(k))^{\mathrm{T}}$依分布收敛到$N(0,\Sigma)$, 其中

$$\Sigma = \begin{bmatrix} \sigma_{11}^2 & \sigma_{12}^2 \\ \sigma_{12}^2 & \sigma_{11}^2 \end{bmatrix}, \quad \begin{aligned} \sigma_{11}^2 &= \sum_{j=-\infty}^{\infty} \rho_{11}(j)\rho_{22}(j), \\ \sigma_{12}^2 &= \sum_{j=-\infty}^{\infty} \rho_{11}(j)\rho_{22}(j+k-h). \end{aligned}$$

§ 9.3 多维 AR(p)序列

定义 3.1 设$\{\boldsymbol{\varepsilon}_t\}$是 m 维 WN$(0,Q)$,$A_1,A_2,\cdots,A_p$ 是 $m\times m$ 实矩阵,使得

$$\det\left(I_m - \sum_{j=1}^{p} A_j z^j\right) \neq 0, \quad |z| \leqslant 1. \tag{3.1}$$

称如下的模型

$$\boldsymbol{X}_t = \sum_{j=1}^{p} A_j \boldsymbol{X}_{t-j} + \boldsymbol{\varepsilon}_t, \quad t \in \mathbb{Z} \tag{3.2}$$

是一个 m 维 AR(p)**模型**;如果平稳序列$\{\boldsymbol{X}_t\}$满足 m 维 AR(p)模型,就称$\{X_t\}$是一个 m 维的 AR(p)**序列**.

利用时间 t 的向后推移算子 $\mathscr{B}$ 和矩阵系数多项式

$$A(z) = I_m - \sum_{j=1}^{p} A_j z^j,$$

可以将模型(3.2)写成

$$A(\mathscr{B})\boldsymbol{X}_t = \boldsymbol{\varepsilon}_t, \quad t \in \mathbb{Z}. \tag{3.3}$$

利用 $A(z)$的伴随矩阵表示 $A^{-1}(z)$后,知道 $A^{-1}(z)$的每个元素有 Taylor 展式,于是 $A^{-1}(z)$有 Taylor 展式

$$A^{-1}(z) = \sum_{j=0}^{\infty} C_j z^j, \quad |z| \leqslant 1. \tag{3.4}$$

在(3.3)两边同乘 $A^{-1}(\mathscr{B})$后得到(3.2)的平稳解

$$\boldsymbol{X}_t = A^{-1}(\mathscr{B})\,\boldsymbol{\varepsilon}_t = \sum_{j=0}^{\infty} C_j \mathscr{B}^j \boldsymbol{\varepsilon}_t = \sum_{j=0}^{\infty} C_j \boldsymbol{\varepsilon}_{t-j}, \quad t \in \mathbb{Z}. \tag{3.5}$$

设 $C_n=(c_{jk}(n))$时,对任何 $j,k=1,2,\cdots,m$,当 $n\to\infty$时, $c_{jk}(n)$以负指数阶收敛到0. 所以由(3.5)定义的时间序列是平稳序列,并且是模型(3.2)的惟一平稳解.

例 3.1 设一维 AR(p)序列$\{X_t\}$满足 AR(p)模型

$$X_t = \sum_{j=1}^{p} a_j X_{t-j} + \varepsilon_t,\quad t \in \mathbb{Z},\quad \{\varepsilon_t\}\text{ 是 } \mathrm{WN}(0,\sigma^2). \tag{3.6}$$

取 $\boldsymbol{X}_t = (X_t, X_{t-1}, \cdots, X_{t-p+1})^{\mathrm{T}}$，$\boldsymbol{\varepsilon}_t = (\varepsilon_t, 0, \cdots, 0)^{\mathrm{T}}$，

$$A = \begin{bmatrix} a_1 & a_2 & \cdots & a_{p-1} & a_p \\ 1 & 0 & \cdots & 0 & 0 \\ 0 & 1 & \cdots & 0 & 0 \\ \vdots & \vdots & & \vdots & \vdots \\ 0 & 0 & \cdots & 1 & 0 \end{bmatrix},$$

可以将(3.6)写成

$$\boldsymbol{X}_t = A\boldsymbol{X}_{t-1} + \boldsymbol{\varepsilon}_t,\quad t \in \mathbb{Z}. \tag{3.7}$$

这是一个 p 维的 AR(1)模型，满足

$$\det(I_p - Az) = \det \begin{bmatrix} 1 - a_1 z & -a_2 z & \cdots & -a_{p-1} z & -a_p z \\ -z & 1 & \cdots & 0 & 0 \\ 0 & -z & \cdots & 0 & 0 \\ \vdots & \vdots & & \vdots & \vdots \\ 0 & 0 & \cdots & -z & 1 \end{bmatrix}$$

$$= 1 - a_1 z - a_2 z^2 - \cdots - a_p z^p \neq 0,\quad |z| \leqslant 1.$$

上面的计算是通过将第 j 列乘以 z^{j-1} $(2 \leqslant j \leqslant p)$再加到第一列完成的.

A. 多维 AR(p)序列的自协方差函数

设 m 维 AR(p)序列 $\{\boldsymbol{X}_t\}$ 由(3.5)决定，则对 $n \geqslant 1$，

$$\mathrm{E}[\boldsymbol{X}_t \boldsymbol{\varepsilon}_{t+n}^{\mathrm{T}}] = 0,$$

所以多维 AR(p)序列也有合理性：t 和 t 以前的随机现象不受 t 以后的随机干扰的影响. 这样对 $n \geqslant 0$，就有

$$\Gamma(n) = \mathrm{E}[\boldsymbol{X}_{t+n}\boldsymbol{X}_t^{\mathrm{T}}] = \mathrm{E}\left[\left(\sum_{j=1}^{p} A_j \boldsymbol{X}_{t+n-j} + \boldsymbol{\varepsilon}_{t+n}\right)\boldsymbol{X}_t^{\mathrm{T}}\right]$$

$$= \sum_{j=1}^{p} A_j \Gamma(n-j) + \mathrm{E}[\boldsymbol{\varepsilon}_{t+n}\boldsymbol{X}_t^{\mathrm{T}}]. \tag{3.8}$$

于是有

$$A(\mathscr{B})\Gamma(t) = 0,\quad t \geqslant 1. \tag{3.9}$$

因为

$$\mathrm{E}[\boldsymbol{\varepsilon}_t \boldsymbol{X}_t^{\mathrm{T}}] = \mathrm{E}\left(\sum_{j=0}^{\infty} \boldsymbol{\varepsilon}_t \boldsymbol{\varepsilon}_{t-j}^{\mathrm{T}} C_j^{\mathrm{T}}\right) = QC_0^{\mathrm{T}} = Q,$$

所有由(3.8)又得到

$$A(\mathscr{B})\Gamma(t)\big|_{t=0} = Q. \tag{3.10}$$

总结(3.9)和(3.10),我们即得到 $\Gamma(n)$满足的 Yule-Walker 方程

$$\begin{cases} \Gamma(0) = \sum_{j=1}^{p} A_j \Gamma(-j) + Q, \\ \Gamma(n) = \sum_{j=1}^{p} A_j \Gamma(n-j), \quad n \geqslant 1. \end{cases} \tag{3.11}$$

把(3.11)的第二式写成矩阵的形式,得到

$$\begin{bmatrix} \Gamma^{\mathrm{T}}(1) \\ \Gamma^{\mathrm{T}}(2) \\ \vdots \\ \Gamma^{\mathrm{T}}(p) \end{bmatrix} = \begin{bmatrix} \Gamma(0) & \Gamma(1) & \cdots & \Gamma(p-1) \\ \Gamma(-1) & \Gamma(0) & \cdots & \Gamma(p-2) \\ \vdots & \vdots & & \vdots \\ \Gamma(-p+1) & \Gamma(-p+2) & \cdots & \Gamma(0) \end{bmatrix} \begin{bmatrix} A_1^{\mathrm{T}} \\ A_2^{\mathrm{T}} \\ \vdots \\ A_p^{\mathrm{T}} \end{bmatrix}. \tag{3.12}$$

(3.12)的系数矩阵是向量

$$(\boldsymbol{X}_p^{\mathrm{T}}, \boldsymbol{X}_{p-1}^{\mathrm{T}}, \cdots, \boldsymbol{X}_1^{\mathrm{T}})^{\mathrm{T}}$$

的协方差矩阵,如果它是正定的,则 $A_1, A_2, \cdots, A_p$ 和 Q 可以由

$$\Gamma(0),\ \Gamma(1),\ \cdots,\ \Gamma(p)$$

惟一决定.这时条件(3.1)自然成立.

和一维的情况相同,对于任何 m 维平稳序列$\{\boldsymbol{X}_t\}$,当

$$(\boldsymbol{X}_{p+1}^{\mathrm{T}}, \boldsymbol{X}_p^{\mathrm{T}}, \cdots, \boldsymbol{X}_1^{\mathrm{T}})^{\mathrm{T}}$$

的协方差矩阵正定,则由(3.12)惟一解出的 $A_1, A_2, \cdots, A_p$ 满足条件(3.1).证明可参考附录 A.1 或文献[18].

B. 多维 AR(p)序列的参数估计

B1 Yule-Walker 估计. 在 Yule-Walker 方程(3.11)中,将 $\Gamma(n)$用样本自协方差函数 $\hat{\Gamma}(n)$代替,就得到样本 Yule-Walker 方

程. 解样本 Yule-Walker 方程就可以得到 Yule-Walker 估计:

$$(\hat{A}_1, \hat{A}_2, \cdots, \hat{A}_p, \hat{Q}).$$

解样本 Yule-Walker 方程也可用类似一维时的 Levinson 递推公式(见文献[11]).

可以证明,只要

$$\begin{bmatrix} \hat{\Gamma}(0) & \hat{\Gamma}(1) & \cdots & \hat{\Gamma}(p) \\ \hat{\Gamma}(-1) & \hat{\Gamma}(0) & \cdots & \hat{\Gamma}(p-1) \\ \vdots & \vdots & & \vdots \\ \hat{\Gamma}(-p) & \hat{\Gamma}(-p+1) & \cdots & \hat{\Gamma}(0) \end{bmatrix}$$

正定,则 Yule-Walker 估计满足条件(3.1).

B2 最小二乘估计. 假设给定的观测值 $\boldsymbol{X}_1, \boldsymbol{X}_2, \cdots, \boldsymbol{X}_N$ 满足(3.2),则有

$$\boldsymbol{X}_t^{\mathrm{T}} = \sum_{j=1}^{p} \boldsymbol{X}_{t-j}^{\mathrm{T}} A_j^{\mathrm{T}} + \boldsymbol{\varepsilon}_t^{\mathrm{T}}, \quad t = p+1, p+2, \cdots, N. \tag{3.13}$$

引入

$$\mathbf{Y}_n = \begin{bmatrix} \boldsymbol{X}_{p+1}^{\mathrm{T}} \\ \boldsymbol{X}_{p+2}^{\mathrm{T}} \\ \vdots \\ \boldsymbol{X}_n^{\mathrm{T}} \end{bmatrix}_{(n-p)\times m}, \quad \mathbf{X}_n = \begin{bmatrix} \boldsymbol{X}_p^{\mathrm{T}} & \boldsymbol{X}_{p-1}^{\mathrm{T}} & \cdots & \boldsymbol{X}_1^{\mathrm{T}} \\ \boldsymbol{X}_{p+1}^{\mathrm{T}} & \boldsymbol{X}_p^{\mathrm{T}} & \cdots & \boldsymbol{X}_2^{\mathrm{T}} \\ \vdots & \vdots & & \vdots \\ \boldsymbol{X}_{n-1}^{\mathrm{T}} & \boldsymbol{X}_{n-2}^{\mathrm{T}} & \cdots & \boldsymbol{X}_{n-p}^{\mathrm{T}} \end{bmatrix}_{(n-p)\times mp}$$

$$\mathbf{E}_n = \begin{bmatrix} \boldsymbol{\varepsilon}_{p+1}^{\mathrm{T}} \\ \boldsymbol{\varepsilon}_{p+2}^{\mathrm{T}} \\ \vdots \\ \boldsymbol{\varepsilon}_n^{\mathrm{T}} \end{bmatrix}_{(n-p)\times m}, \quad \mathbf{A} = \begin{bmatrix} A_1^{\mathrm{T}} \\ A_2^{\mathrm{T}} \\ \vdots \\ A_p^{\mathrm{T}} \end{bmatrix}_{mp\times m},$$

可以把(3.13)写成

$$\mathbf{Y}_n = \mathbf{X}_n \mathbf{A} + \mathbf{E}_n.$$

这时求 $A_1, A_2, \cdots, A_p$ 的最小二乘估计 $\hat{\mathbf{A}}$,就是要求 $\hat{\mathbf{A}}$,使得

$$S(\mathbf{A}) = (\mathbf{Y}_n - \mathbf{X}_n \mathbf{A})^{\mathrm{T}} (\mathbf{Y}_n - \mathbf{X}_n \mathbf{A})$$

达到最小. 这里对两个对称矩阵 A 和 B,当且仅当 $A-B$ 非负定和非零时称 A **大于** B. 从最小二乘的思想知道 $\hat{\mathbf{A}}$ 应当满足

$$\mathbf{X}_n^{\mathrm{T}} (\mathbf{Y}_n - \mathbf{X}_n \hat{\mathbf{A}}) = 0.$$

所以 $\hat{\mathbf{A}}$ 由 $(\mathbf{X}_n^{\mathrm{T}} \mathbf{X}_n) \hat{\mathbf{A}} = \mathbf{X}_n^{\mathrm{T}} \mathbf{Y}_n$ 决定. 特别当 $(\mathbf{X}_n^{\mathrm{T}} \mathbf{X}_n)$ 可逆时,有

$$\hat{\mathbf{A}} = (\mathbf{X}_n^{\mathrm{T}}\mathbf{X}_n)^{-1}\mathbf{X}_n^{\mathrm{T}}\mathbf{Y}_n.$$

实际上这时对任何和 $\hat{\mathbf{A}}$ 同阶的 $\mathbf{B}$,有

$$\begin{aligned}
&(\mathbf{Y}_n - \mathbf{X}_n\mathbf{B})^{\mathrm{T}}(\mathbf{Y}_n - \mathbf{X}_n\mathbf{B}) \\
&\quad = (\mathbf{Y}_n - \mathbf{X}_n\hat{\mathbf{A}} + \mathbf{X}_n\hat{\mathbf{A}} - \mathbf{X}_n\mathbf{B})^{\mathrm{T}}(\mathbf{Y}_n - \mathbf{X}_n\hat{\mathbf{A}} + \mathbf{X}_n\hat{\mathbf{A}} - \mathbf{X}_n\mathbf{B}) \\
&\quad = (\mathbf{Y}_n - \mathbf{X}_n\hat{\mathbf{A}})^{\mathrm{T}}(\mathbf{Y}_n - \mathbf{X}_n\hat{\mathbf{A}}) + (\mathbf{X}_n(\hat{\mathbf{A}} - \mathbf{B}))^{\mathrm{T}}(\mathbf{X}_n(\hat{\mathbf{A}} - \mathbf{B})) \\
&\quad \geqslant (\mathbf{Y}_n - \mathbf{X}_n\hat{\mathbf{A}})^{\mathrm{T}}(\mathbf{Y}_n - \mathbf{X}_n\hat{\mathbf{A}}).
\end{aligned}$$

C. AR(p)**序列的预测**

我们先证明任何一个 m 维 AR(p)模型可以写成一个 mp 维的 AR(1)模型. 在 AR(p)模型

$$\boldsymbol{X}_t = \sum_{j=1}^{p} A_j\boldsymbol{X}_{t-j} + \boldsymbol{\varepsilon}_t, \quad t \in \mathbb{Z} \tag{3.14}$$

中,取

$$\mathbf{Y}_t = \begin{bmatrix} \boldsymbol{X}_t \\ \boldsymbol{X}_{t-1} \\ \vdots \\ \boldsymbol{X}_{t-p+1} \end{bmatrix}, \quad \mathbf{A} = \begin{bmatrix} A_1 & A_2 & \cdots & A_{p-1} & A_p \\ I_m & 0 & \cdots & 0 & 0 \\ 0 & I_m & \cdots & 0 & 0 \\ \vdots & \vdots & & \vdots & \vdots \\ 0 & 0 & \cdots & I_m & 0 \end{bmatrix}, \quad \boldsymbol{\eta}_t = \begin{bmatrix} \boldsymbol{\varepsilon}_t \\ 0 \\ \vdots \\ 0 \end{bmatrix},$$

可以将(3.14)改写成

$$\mathbf{Y}_t = \mathbf{A}\mathbf{Y}_{t-1} + \boldsymbol{\eta}_t, \quad t \in \mathbb{Z}.$$

这是一个 mp 维的 AR(1)模型,系数矩阵 $\mathbf{A}$ 满足

$$\begin{aligned}
\det(I_{mp} - \mathbf{A}z) &= \det\begin{bmatrix} I_p - A_1z & -A_2z & \cdots & -A_{p-1}z & -A_pz \\ -I_pz & I_p & \cdots & 0 & 0 \\ \vdots & \vdots & & \vdots & \vdots \\ 0 & 0 & \cdots & -I_pz & I_p \end{bmatrix} \\
&= \det(I_p - A_1z - A_2z^2 - \cdots - A_pz^p) \neq 0, \quad |z| \leqslant 1,
\end{aligned} \tag{3.15}$$

并且 $\boldsymbol{\eta}_t$ 为一个 mp 维的零均值白噪声.

由此知道,只需要研究 AR(1)序列的预测问题. 对随机向量 $\boldsymbol{Y} = (Y_1, Y_2, \cdots, Y_m)^{\mathrm{T}}$ 定义

$$L(\boldsymbol{Y}|\boldsymbol{Z})=(L(Y_1|\boldsymbol{Z}),L(Y_2|\boldsymbol{Z}),\cdots,L(Y_m|\boldsymbol{Z}))^{\mathrm{T}},$$

这里 $L(Y_k|\boldsymbol{Z})$是 $\boldsymbol{Z}$ 对 Y_k 的最佳线性预测.

设$\{\boldsymbol{X}_t\}$为 m 维 AR(1)序列,满足 $\boldsymbol{X}_t=A\boldsymbol{X}_{t-1}+\boldsymbol{\varepsilon}_t$. 考虑用 $\boldsymbol{X}_1,\boldsymbol{X}_2,\cdots,\boldsymbol{X}_n$ 对 $\boldsymbol{X}_{n+k}$进行最佳线性预测. 首先利用 AR(p)序列的合理性得到

$$\begin{aligned}L(\boldsymbol{X}_{n+1}|\boldsymbol{X}_1,\boldsymbol{X}_2,\cdots,\boldsymbol{X}_n)&=(A\boldsymbol{X}_n+\boldsymbol{\varepsilon}_{n+1}|\boldsymbol{X}_1,\boldsymbol{X}_2,\cdots,\boldsymbol{X}_n)\\&=L(A\boldsymbol{X}_n|\boldsymbol{X}_1,\cdots,\boldsymbol{X}_n)=A\boldsymbol{X}_n,\quad n\in\mathbb{N}_+.\end{aligned}$$

于是对 $k\geqslant1$,有

$$\begin{aligned}L(\boldsymbol{X}_{n+k}|\boldsymbol{X}_1,\boldsymbol{X}_2,\cdots,\boldsymbol{X}_n)&=L(A\boldsymbol{X}_{n+k-1}+\boldsymbol{\varepsilon}_{n+k}|\boldsymbol{X}_1,\boldsymbol{X}_2,\cdots,\boldsymbol{X}_n)\\&=L(A\boldsymbol{X}_{n+k-1}|\boldsymbol{X}_1,\boldsymbol{X}_2,\cdots,\boldsymbol{X}_n)=AL(\boldsymbol{X}_{n+k-1}|\boldsymbol{X}_1,\boldsymbol{X}_2,\cdots,\boldsymbol{X}_n)\\&=\cdots=A^k\boldsymbol{X}_n.\end{aligned}$$

最后得到

$$L(\boldsymbol{X}_{n+k}|\boldsymbol{X}_1,\boldsymbol{X}_2,\cdots,\boldsymbol{X}_n)=L(\boldsymbol{X}_{n+k}|\boldsymbol{X}_n)=A^k\boldsymbol{X}_n,\quad n,k\in\mathbb{N}_+.$$

习 题 三

3.1 证明(3.15).

§9.4 多维平稳序列的谱分析

A. 多维平稳序列的谱函数

设$\{\boldsymbol{X}_t=(X_{1t},X_{2t})^{\mathrm{T}}: t\in\mathbb{Z}\}$是一个 2 维零均值平稳序列. 对复数 z 定义

$$Y_t=X_{1t}+zX_{2t},\quad t\in\mathbb{Z}.$$

由于 $\mathrm{E}Y_t=0$,

$$\begin{aligned}\gamma_z(k)&\overset{\text{def}}{=\!=\!=}\mathrm{E}[Y_{t+k}\overline{Y}_t]=\mathrm{E}[(X_{1,t+k}+zX_{2,t+k})(X_{1t}+\bar{z}X_{2t})]\\&=\gamma_{11}(k)+z\gamma_{21}(k)+\bar{z}\gamma_{12}(k)+|z|^2\gamma_{22}(k)\end{aligned}$$

与 t 无关,所以$\{Y_t\}$是一个复值平稳序列. 设$\{Y_t\}$有谱函数 F_z,则对 $n\in\mathbb{Z}$,

$$\gamma_z(n)=\int_{-\pi}^{\pi}\mathrm{e}^{\mathrm{i}n\lambda}\mathrm{d}F_z(\lambda),\quad F_z(-\pi)=0.$$

当取 $z=\pm 1,\pm \mathrm{i},\mathrm{i}=\sqrt{-1}$时,得到

$\gamma_1(n)=\gamma_{11}(n)+\gamma_{21}(n)+\gamma_{12}(n)+\gamma_{22}(n)$ 有谱函数 $F_1(\lambda)$,

$\gamma_{-1}(n)=\gamma_{11}(n)-\gamma_{21}(n)-\gamma_{12}(n)+\gamma_{22}(n)$ 有谱函数 $F_{-1}(\lambda)$,

$\gamma_{\mathrm{i}}(n)=\gamma_{11}(n)+\mathrm{i}\gamma_{21}(n)-\mathrm{i}\gamma_{12}(n)+\gamma_{22}(n)$ 有谱函数 $F_{\mathrm{i}}(\lambda)$,

$\gamma_{-\mathrm{i}}(n)=\gamma_{11}(n)-\mathrm{i}\gamma_{21}(n)+\mathrm{i}\gamma_{12}(n)+\gamma_{22}(n)$ 有谱函数 $F_{-\mathrm{i}}(\lambda)$,

从上面四个等式中可解出

$$\gamma_{12}(n)=\frac{1}{4}[\gamma_1(n)-\gamma_{-1}(n)+\mathrm{i}\gamma_{\mathrm{i}}(n)-\mathrm{i}\gamma_{-\mathrm{i}}(n)],$$

$$\gamma_{21}(n)=\frac{1}{4}[\gamma_1(n)-\gamma_{-1}(n)-\mathrm{i}\gamma_{\mathrm{i}}(n)+\mathrm{i}\gamma_{-\mathrm{i}}(n)].$$

现在用 $F_{11}(\lambda)$和 $F_{22}(\lambda)$分别表示$\{X_{1t}\}$和$\{X_{2t}\}$的谱函数. 引入

$$F_{12}(\lambda)=\frac{1}{4}[F_1(\lambda)-F_{-1}(\lambda)+\mathrm{i}F_{\mathrm{i}}(\lambda)-\mathrm{i}F_{-\mathrm{i}}(\lambda)],$$

$$F_{21}(\lambda)=\frac{1}{4}[F_1(\lambda)-F_{-1}(\lambda)-\mathrm{i}F_{\mathrm{i}}(\lambda)+\mathrm{i}F_{-\mathrm{i}}(\lambda)].$$

由于 $F_1,F_{-1},F_{\mathrm{i}},F_{-\mathrm{i}}$都是谱函数,所以有 $F_{21}(\lambda)=\overline{F}_{12}(\lambda)$,并且

$$\gamma_{11}(n)=\int_{-\pi}^{\pi}\mathrm{e}^{\mathrm{i}n\lambda}\mathrm{d}F_{11}(\lambda),\quad \gamma_{12}(n)=\int_{-\pi}^{\pi}\mathrm{e}^{\mathrm{i}n\lambda}\mathrm{d}F_{12}(\lambda),$$

$$\gamma_{21}(n)=\int_{-\pi}^{\pi}\mathrm{e}^{\mathrm{i}n\lambda}\mathrm{d}F_{21}(\lambda),\quad \gamma_{22}(n)=\int_{-\pi}^{\pi}\mathrm{e}^{\mathrm{i}n\lambda}\mathrm{d}F_{22}(\lambda).$$

引入矩阵函数

$$\mathbf{F}(\lambda)=\begin{bmatrix}F_{11}(\lambda) & F_{12}(\lambda)\\ F_{21}(\lambda) & F_{22}(\lambda)\end{bmatrix},\quad \lambda\in[-\pi,\pi], \tag{4.1}$$

则有

$$\begin{aligned}\boldsymbol{\Gamma}(n)&=\mathrm{E}[\boldsymbol{X}_{t+n}\boldsymbol{X}_t^{\mathrm{T}}]=\int_{-\pi}^{\pi}\mathrm{e}^{\mathrm{i}n\lambda}\mathrm{d}\mathbf{F}(\lambda)\\ &=\begin{bmatrix}\int_{-\pi}^{\pi}\mathrm{e}^{\mathrm{i}n\lambda}\mathrm{d}F_{11}(\lambda) & \int_{-\pi}^{\pi}\mathrm{e}^{\mathrm{i}n\lambda}\mathrm{d}F_{12}(\lambda)\\ \int_{-\pi}^{\pi}\mathrm{e}^{\mathrm{i}n\lambda}\mathrm{d}F_{21}(\lambda) & \int_{-\pi}^{\pi}\mathrm{e}^{\mathrm{i}n\lambda}\mathrm{d}F_{22}(\lambda)\end{bmatrix},\quad n\in\mathbb{Z}.\end{aligned} \tag{4.2}$$

以后称 $\mathbf{F}(\lambda)$为 2 维平稳序列$\{\boldsymbol{X}_t\}$的谱函数矩阵. 由于 $\mathbf{F}(\lambda)$中的每个元素都是$[-\pi,\pi]$上分布函数的线性组合,因而 $\mathbf{F}(\lambda)$的每个元素都是有界变差函数. 另外 $\mathbf{F}(\lambda)$还是 Hermite 矩阵:

$$\mathbf{F}^*(\lambda) = \mathbf{F}(\lambda),$$

这里 * 表示共轭转置. 另外还可以证明 $\mathbf{F}(\lambda)$关于 λ 单调不减,即对任何 $\lambda>\mu,\lambda,\mu\in[-\pi,\pi]$矩阵 $\mathbf{F}(\lambda)-\mathbf{F}(\mu)$非负定.

又当 $\mathbf{F}(\lambda)$的每个元素的实部和虚部都是连续函数,并且除去有限个点外导函数连续时,称

$$\mathbf{f}(\lambda) = \begin{bmatrix} f_{11}(\lambda) & f_{12}(\lambda) \\ f_{21}(\lambda) & f_{22}(\lambda) \end{bmatrix} = \begin{bmatrix} F'_{11}(\lambda) & F'_{12}(\lambda) \\ F'_{21}(\lambda) & F'_{22}(\lambda) \end{bmatrix}, \quad \lambda \in [-\pi,\pi] \tag{4.3}$$

为$\{\boldsymbol{X}_t\}$的谱密度矩阵,称 f_{12}是$\{X_{1t}\}$和$\{X_{2t}\}$互谱密度. 因为 $\mathbf{F}(\lambda)$是 Hermite 矩阵,并且单调不减,所以 $\mathbf{f}(\lambda)$是 Hermite 非负定的. 这时

$$\begin{aligned}\Gamma(n) &= \int_{-\pi}^{\pi} \mathrm{e}^{in\lambda}\mathbf{f}(\lambda)\mathrm{d}\lambda \\ &\stackrel{\text{def}}{=\!=} \begin{bmatrix} \int_{-\pi}^{\pi} \mathrm{e}^{in\lambda} f_{11}(\lambda)\mathrm{d}\lambda & \int_{-\pi}^{\pi} \mathrm{e}^{in\lambda} f_{12}(\lambda)\mathrm{d}\lambda \\ \int_{-\pi}^{\pi} \mathrm{e}^{in\lambda} f_{21}(\lambda)\mathrm{d}\lambda & \int_{-\pi}^{\pi} \mathrm{e}^{in\lambda} f_{22}(\lambda)\mathrm{d}\lambda \end{bmatrix}, \quad n \in \mathbb{Z}. \end{aligned} \tag{4.4}$$

对于一般的 m 维平稳序列,我们有如下的定理.

定理 4.1 设 m 维平稳序列$\{\boldsymbol{X}_t\}$有自协方差函数$\{\Gamma(n)\}$,则存在惟一的 $m\times m$ 函数矩阵

$$\mathbf{F}(\lambda) = (F_{jk}(\lambda)), \quad \lambda \in [-\pi,\pi],$$

使得下面的(1),(2)和(3)成立:

(1) $\Gamma(n)=\int_{-\pi}^{\pi} \mathrm{e}^{in\lambda}\mathrm{d}\mathbf{F}(\lambda),\ n\in\mathbb{Z}$;

(2) $\mathbf{F}^*(\lambda)=\mathbf{F}(\lambda)$, $F(-\pi)=0$,当 $\mu>\lambda$ 时 $\mathbf{F}(\mu)-\mathbf{F}(\lambda)$非负定;

(3) $\mathbf{F}(\lambda)$的每个元素 $F_{jk}(\lambda)$是有界变差和右连续的.

定理 4.1 中的 $\mathbf{F}(\lambda)$称做$\{\boldsymbol{X}_t\}$的**谱函数矩阵**. 如果

$$\mathbf{F}(\lambda) = (F_{jk}(\lambda))$$

的每个元素 $F_{jk}(\lambda)$的实部和虚部都是连续函数,且除去有限个点外导函数连续,就称

$$\mathbf{f}(\lambda) = (f_{jk}(\lambda)) \equiv (F'_{jk}(\lambda))$$

为$\{\boldsymbol{X}_t\}$的**谱密度矩阵**,这时

$$\Gamma(n)=\int_{-\pi}^{\pi}\mathrm{e}^{\mathrm{i}n\lambda}\mathbf{f}(\lambda)\mathrm{d}\lambda\xlongequal{\text{def}}\left(\int_{-\pi}^{\pi}\mathrm{e}^{\mathrm{i}n\lambda}f_{jk}(\lambda)\mathrm{d}\lambda\right),\quad n\in\mathbb{Z}.\tag{4.5}$$

***注** 称实变复值函数是绝对连续函数，如果这个函数的实部和虚部都是绝对连续函数. 当 $\mathbf{F}$ 的每个元素 F_{jk} 都是绝对连续函数时，就称 $\mathbf{f}(\lambda)=(F'_{jk}(\lambda))$ 是 $\{\boldsymbol{X}_t\}$ 的**谱密度矩阵**. 这时(4.5)成立.

完全类似于 § 2.3 的定理 3.1 的证明，可以得到下面的定理.

定理 4.2 设 m 维平稳序列 $\{\boldsymbol{X}_t\}$ 有自协方差函数 $\Gamma(n)=(\gamma_{jk}(n))$，如果 $\sum\limits_{n=-\infty}^{\infty}|\gamma_{jk}(n)|<\infty$ 对 $j,k=1,2,\cdots,m$ 成立，则

$$\mathbf{f}(\lambda)=\frac{1}{2\pi}\sum_{n=-\infty}^{\infty}\Gamma(n)\mathrm{e}^{-\mathrm{i}n\lambda},\quad \lambda\in[-\pi,\pi]$$

是 $\{\boldsymbol{X}_t\}$ 的谱密度矩阵.

*B. 多维平稳序列的谱表示

设 $\{\boldsymbol{X}_t\}=(X_{1t},X_{2t},\cdots,X_{mt})^{\mathrm{T}}$ 是 m 维零均值平稳序列，则对每个固定的 j $(1\leqslant j\leqslant m)$，$\{X_{jt}\}$ 是一维平稳序列，从而有谱表示

$$X_{jt}=\int_{-\pi}^{\pi}\mathrm{e}^{\mathrm{i}t\lambda}\mathrm{d}Z_j(\lambda),\quad t\in\mathbb{Z},\tag{4.6}$$

其中 $\{Z_j(\lambda)\}$ 是 $[-\pi,\pi]$ 上右连续的正交增量过程. 记

$$\mathbf{Z}(\lambda)=(Z_1(\lambda),Z_2(\lambda),\cdots,Z_m(\lambda))^{\mathrm{T}},\quad \lambda\in[-\pi,\pi],\tag{4.7}$$

就得到

$$\boldsymbol{X}_t=\int_{-\pi}^{\pi}\mathrm{e}^{\mathrm{i}t\lambda}\mathrm{d}\mathbf{Z}(\lambda),\quad t\in\mathbb{Z}.\tag{4.8}$$

(4.8)是多维平稳序列的谱表示. 可以证明(4.8)中的 $\{\mathbf{Z}(\lambda)\}$ 满足下面的条件：

(1) 正交增量性：对 $-\pi\leqslant\lambda_1<\lambda_2\leqslant\lambda_3<\lambda_4\leqslant\pi$，

$$\mathrm{E}[(\mathbf{Z}(\lambda_2)-\mathbf{Z}(\lambda_1))(\mathbf{Z}(\lambda_4)-\mathbf{Z}(\lambda_3))^*]=0.$$

(2) 右连续性：当 $\delta\downarrow 0$，

$$\mathrm{E}[(\mathbf{Z}(\lambda+\delta)-\mathbf{Z}(\lambda))(\mathbf{Z}(\lambda+\delta)-\mathbf{Z}(\lambda))^*]\to 0.$$

(3) $\mathbf{F}(\lambda)=\mathrm{E}[\mathbf{Z}(\lambda)\mathbf{Z}^*(\lambda)]$ 是 $\{\boldsymbol{X}_t\}$ 的谱函数矩阵，满足

$$\mathbf{F}(\lambda)-\mathbf{F}(\mu)=\mathrm{E}([\mathbf{Z}(\lambda)-\mathbf{Z}(\mu)][\mathbf{Z}(\lambda)-\mathbf{Z}(\mu)]^*),\quad \lambda\geqslant\mu.$$

满足上述(1),(2),(3)的 m 维随机过程 $\{\boldsymbol{Z}(\lambda)\}$ 被称为**右连续的正交增量过程**.

定理 4.3 对 m 维零均值平稳序列 $\{\boldsymbol{X}_t\}$,有右连续的正交增量过程 $\{\boldsymbol{Z}(\lambda)\}$ 使得 $\boldsymbol{Z}(-\pi)=0$ 和(4.8)成立. 如果正交增量过程 $\{\boldsymbol{\xi}(\lambda)\}$ 也满足上述的条件,则

$$P(\boldsymbol{\xi}(\lambda)=\boldsymbol{Z}(\lambda))=1,\quad \lambda\in[-\pi,\pi].$$

例 4.1 设 $\{\boldsymbol{\varepsilon}_t\}$ 是 m 维 $\mathrm{WN}(0,Q)$, $Q=\mathrm{E}[\boldsymbol{\varepsilon}_t\boldsymbol{\varepsilon}_t^{\mathrm{T}}]$, $\{A_j\}$ 是一列 $m\times m$ 矩阵,满足

$$\sum_{j=-\infty}^{\infty}A_jQA_j^{\mathrm{T}}<\infty,$$

则

$$\boldsymbol{X}_t=\sum_{j=-\infty}^{\infty}A_j\boldsymbol{\varepsilon}_{t-j},\quad t\in\mathbb{Z}$$

是 m 维零均值平稳序列,有自协方差函数

$$\Gamma(n)=\mathrm{E}[\boldsymbol{X}_{t+n}\boldsymbol{X}_t^{\mathrm{T}}]=\sum_{j=-\infty}^{\infty}A_{j+n}QA_j^{\mathrm{T}},\quad n\in\mathbb{Z}.$$

对于实矩阵 $A=(a_{jk})_{m\times m}$, $B=(b_{jk})_{m\times m}$,用 $A\leqslant B$ 表示 $a_{jk}\leqslant b_{jk}$ 对所有的 $1\leqslant k,j\leqslant m$ 成立. 本例中定义 $[A]=(|a_{jk}|)_{m\times m}$,则有 $[AB]\leqslant[A][B]$. 按上面定义,如果要求 $\sum\limits_{j=-\infty}^{\infty}[A_j]<\infty$,就有

$$\begin{aligned}\sum_{n=-\infty}^{\infty}[\Gamma(n)]&=\sum_{n=-\infty}^{\infty}\left[\sum_{j=-\infty}^{\infty}A_{j+n}QA_j^{\mathrm{T}}\right]\\&\leqslant\sum_{n=-\infty}^{\infty}\sum_{j=-\infty}^{\infty}[A_{j+n}][Q][A_j^{\mathrm{T}}]\\&=\sum_{n=-\infty}^{\infty}[A_n][Q]\sum_{j=-\infty}^{\infty}[A_j^{\mathrm{T}}]<\infty.\end{aligned}$$

从而 $\{\boldsymbol{X}_t\}$ 有谱密度

$$\begin{aligned}\mathbf{f}(\lambda)&=\frac{1}{2\pi}\sum_{n=-\infty}^{\infty}\Gamma(n)\mathrm{e}^{-\mathrm{i}n\lambda}\\&=\frac{1}{2\pi}\sum_{n=-\infty}^{\infty}\sum_{j=-\infty}^{\infty}A_{j+n}QA_j^{\mathrm{T}}\mathrm{e}^{-\mathrm{i}n\lambda}\\&=\frac{1}{2\pi}\left(\sum_{k=-\infty}^{\infty}A_k\mathrm{e}^{-\mathrm{i}k\lambda}\right)Q\left(\sum_{k=-\infty}^{\infty}A_k\mathrm{e}^{-\mathrm{i}k\lambda}\right)^*.\end{aligned}$$

例 4.2　对于平稳可逆的 m 维 ARMA(p,q)模型

$$A(\mathscr{B})\boldsymbol{X}_t = B(\mathscr{B})\,\boldsymbol{\varepsilon}_t,\quad t\in\mathbb{Z},$$

由于 $\det(A(z))A^{-1}(z)$是 $A(z)$的伴随矩阵，所以仍是矩阵系数多项式. 于是 $A^{-1}(z)B(z)$的每个元素是有理多项式. 将 $A^{-1}(z)B(z)$的每个元素进行 Taylor 展开后得到 $A^{-1}(z)B(z)$的 Taylor 展开公式

$$A^{-1}(z)B(z) = \sum_{j=0}^{\infty} C_j z^j,\quad |z|\leqslant 1,$$

其中的系数矩阵满足

$$\sum_{j=0}^{\infty}[C_j] < \infty.$$

于是平稳解

$$\boldsymbol{X}_t = A^{-1}(\mathscr{B})B(\mathscr{B})\,\boldsymbol{\varepsilon}_t = \sum_{j=0}^{\infty} C_j\boldsymbol{\varepsilon}_{t-j},\quad t\in\mathbb{Z}$$

有谱密度矩阵

$$\begin{aligned}\mathbf{f}(\lambda) &= \frac{1}{2\pi}\Big(\sum_{k=-\infty}^{\infty} C_k \mathrm{e}^{-\mathrm{i}k\lambda}\Big)Q\Big(\sum_{k=-\infty}^{\infty} C_k \mathrm{e}^{-\mathrm{i}k\lambda}\Big)^*\\ &= \frac{1}{2\pi}(A^{-1}(\mathrm{e}^{-\mathrm{i}\lambda})B(\mathrm{e}^{-\mathrm{i}\lambda}))Q(A^{-1}(\mathrm{e}^{-\mathrm{i}\lambda})B(\mathrm{e}^{-\mathrm{i}\lambda}))^*.\end{aligned}$$

例 4.3　设二维零均值平稳序列$\{\boldsymbol{X}_t\}$有谱表示

$$\boldsymbol{X}_t = \int_{-\pi}^{\pi}\mathrm{e}^{\mathrm{i}t\lambda}\mathrm{d}\begin{bmatrix}Z_1(\lambda)\\ Z_2(\lambda)\end{bmatrix},\quad t\in\mathbb{Z}.$$

取 $t\in[-\pi,\pi]$，对充分小的正数 Δt，定义

$$\Delta Z_i(t) = Z_i(t+\Delta t) - Z_i(t),$$

则有

$$\begin{aligned}\mathbf{F}(t+\Delta t) - \mathbf{F}(t) &= \mathrm{E}\begin{bmatrix}\Delta Z_1(t)\\ \Delta Z_2(t)\end{bmatrix}(\Delta\overline{Z}_1(t),\Delta\overline{Z}_2(t))\\ &= \begin{bmatrix}\mathrm{E}|\Delta Z_1(t)|^2 & \mathrm{E}[\Delta Z_1(t)\Delta\overline{Z}_2(t)]\\ \mathrm{E}[\Delta\overline{Z}_1(t)\Delta Z_2(t)] & \mathrm{E}|\Delta Z_2(t)|^2\end{bmatrix}.\end{aligned}$$

如果 $\mathbf{F}'(t)$连续，则有

$$\mathrm{d}\mathbf{F}(t) = \mathbf{f}(t)\mathrm{d}t = \begin{bmatrix}\mathrm{E}|\mathrm{d}Z_1(t)|^2 & \mathrm{E}[\mathrm{d}Z_1(t)\mathrm{d}\overline{Z}_2(t)]\\ \mathrm{E}[\mathrm{d}\overline{Z}_1(t)\mathrm{d}\overline{Z}_2(t)] & \mathrm{E}|\mathrm{d}Z_2(t)|^2\end{bmatrix}.$$

从而 $\mathrm{d}Z_1(\lambda)$ 和 $\mathrm{d}Z_2(\lambda)$ 的相关系数为

$$\begin{aligned}\rho_{12}(\lambda) &= \frac{\mathrm{E}[\mathrm{d}Z_1(\lambda)\mathrm{d}\overline{Z}_2(\lambda)]}{\sqrt{\mathrm{E}|\mathrm{d}Z_1(\lambda)|^2\mathrm{E}|\mathrm{d}Z_2(\lambda)|^2}} \\ &= \frac{f_{12}(\lambda)\mathrm{d}\lambda}{\sqrt{f_{11}(\lambda)\mathrm{d}\lambda f_{22}(\lambda)\mathrm{d}\lambda}} \\ &= \frac{f_{12}(\lambda)}{\sqrt{f_{11}(\lambda)f_{22}(\lambda)}}.\end{aligned}$$

注意已经规定 $0/0=0$. 通常称

$$K_{12}^2(\lambda) = |\rho_{12}(\lambda)|^2 = \frac{|f_{12}(\lambda)|^2}{f_{11}(\lambda)f_{22}(\lambda)}$$

为 $\{\boldsymbol{X}_t: t\in \mathbb{Z}\}$ 的**二次相干函数**. 从上述的推导可以看出,二次相干函数 $K_{12}^2(\lambda)$ 描述了 $\{X_{1t}\}$ 和 $\{X_{2t}\}$ 在角频率 λ 处的线性相关性. 如果 $K_{12}^2(\lambda)=1$, 说明 $\{X_{1t}\}$ 和 $\{X_{2t}\}$ 在角频率点 λ 处线性相关.

例 4.4 设平稳序列 $\{X_{1t}\}$ 有谱密度 $f(\lambda)$, $\{h_j\}$ 是绝对可和的保时线性滤波器,则输出过程

$$X_{2t} = \sum_{j=-\infty}^{\infty} h_j X_{1,t-j}, \quad t \in \mathbb{Z}$$

有谱密度(见第一章的定理 7.4)

$$f_{22}(\lambda) = |h(\lambda)|^2 f(\lambda),$$

其中

$$h(\lambda) = \sum_{j=-\infty}^{\infty} h_j \mathrm{e}^{-\mathrm{i}j\lambda}.$$

利用

$$\begin{aligned}\gamma_{12}(n) &= \mathrm{E}[X_{1,t+n}X_{2t}] \\ &= \sum_{j=-\infty}^{\infty} h_j \mathrm{E}[X_{1,t+n}X_{1,t-j}] \\ &= \sum_{j=-\infty}^{\infty} h_j \int_{-\pi}^{\pi} f(\lambda)\mathrm{e}^{\mathrm{i}(n+j)\lambda}\mathrm{d}\lambda \\ &= \int_{-\pi}^{\pi} h(-\lambda)f(\lambda)\mathrm{e}^{\mathrm{i}n\lambda}\mathrm{d}\lambda\end{aligned}$$

得到 $\{X_{1t}\}$ 和 $\{X_{2t}\}$ 的互谱密度

$$f_{12}(\lambda)=h(-\lambda)f(\lambda).$$

于是 $\boldsymbol{X}_t=(X_{1t},X_{2t})^{\mathrm{T}}$ 有退化的谱密度矩阵

$$\mathbf{f}(\lambda)=\begin{bmatrix} f(\lambda) & h(-\lambda)f(\lambda) \\ h(\lambda)f(\lambda) & |h(\lambda)|^2 f(\lambda)\end{bmatrix}.$$

这时二次相干函数 $K^2(\lambda)=1$ 对所有 $\lambda\in[-\pi,\pi]$成立.

C. 谱密度矩阵的估计

二维零均值平稳序列$\{\boldsymbol{X}_t\}$的观测值 $\boldsymbol{X}_1,\boldsymbol{X}_2,\cdots,\boldsymbol{X}_N$ 的周期图定义为

$$I_N(\lambda)=\frac{1}{2\pi N}\left(\sum_{j=1}^{N}\boldsymbol{X}_j\mathrm{e}^{-\mathrm{i}j\lambda}\right)\left(\sum_{j=1}^{N}\boldsymbol{X}_j\mathrm{e}^{-\mathrm{i}j\lambda}\right)^*.$$

周期图 $I_N(\lambda)$是一个 2×2 方阵. 和一维的情况一样,可以通过改造 $I_N(\lambda)$构造出谱密度矩阵的估计. 下面介绍平滑周期图估计.

设 $\lambda_j=2j\pi/N$,对 $\lambda\in[0,\pi]$用 $g(N,\lambda)$表示$\{\lambda_j:0\leqslant j\leqslant N/2\}$中距离 λ 最近的 λ_j(若有两个,取左边的). 取 $M_N=O(\sqrt{N})$满足 $M_N\to\infty$,当 $N\to\infty$. 又设 $W_N(k)$为满足下面条件的实值权函数:

(1) $W_N(k)=W_N(-k)$, $W_N(k)\geqslant 0$, $|k|\leqslant M_N$;

(2) $\sum\limits_{|k|\leqslant M_N} W_N(k)=1$;

(3) $\sum\limits_{|k|\leqslant M_N} W_N^2(k)\to 0$, 当 $N\to\infty$时.

$\mathbf{f}(\lambda)$的平滑周期图谱估计定义为

$$\begin{cases}\hat{\mathbf{f}}(\lambda)=\sum\limits_{|k|\leqslant M_N} W_N(k)I_N(g(N,\lambda)+\lambda_k), & \lambda\in[0,\pi],\\ \hat{\mathbf{f}}(\lambda)=(\mathbf{f}(-\lambda))^{\mathrm{T}}, & \lambda\in[-\pi,0).\end{cases}$$

设

$$\hat{\mathbf{f}}(\lambda)=\begin{bmatrix}\hat{f}_{11} & \hat{f}_{12}\\ \hat{f}_{21} & \hat{f}_{22}\end{bmatrix},$$

二次相干函数 $K_{12}^2(\lambda)$的估计定义为

$$\hat{K}_{12}^2(\lambda)=\frac{|\hat{f}_{12}(\lambda)|^2}{\hat{f}_{11}(\lambda)\hat{f}_{22}(\lambda)}.$$

习 题 四

4.1 设$\{\boldsymbol{X}_t\}$是m维平稳序列,证明对任何m维列向量$\boldsymbol{a}$,

$$Y_t = \boldsymbol{a}^{\mathrm{T}}\boldsymbol{X}_t, \quad t \in \mathbb{Z}$$

是平稳序列.

4.2 设$\hat{\gamma}_{kk}(0)$在(2.1)中定义,求$\hat{\gamma}_{kk}(0)=0$的充分必要条件.

4.3 设$\{\varepsilon_t\}$是一维WN$(0,\sigma^2)$,$X_{1t}=\varepsilon_t$,$X_{2t}=\varepsilon_t+0.5\varepsilon_{t-1}$. 验证平稳序列$\boldsymbol{X}_t=(X_{1t},X_{2t})^{\mathrm{T}}$,$t\in\mathbb{Z}$的谱密度矩阵是

$$\mathbf{f}(\lambda) = \frac{\sigma^2}{2\pi}\begin{bmatrix} 1 & 1+0.5\mathrm{e}^{\mathrm{i}\lambda} \\ 1+0.5\mathrm{e}^{-\mathrm{i}\lambda} & 1.25+\cos\lambda \end{bmatrix};$$

验证二次相干函数$K_{12}^2(\lambda)=1$.

附录 A　部分定理的证明

A.1　§2.4 定理 4.1 的证明

以下用 I_n 表示 n 阶单位阵. 对正整数 m, $(X_{m-n}, X_{m-n+1}, \cdots, X_m)$ 和 $(X_1, X_2, \cdots, X_{n+1})$ 有相同的协方差矩阵 Γ_{n+1}, 所以

$$\hat{X}_m \xlongequal{\text{def}} L(X_m | X_{m-1}, X_{m-2}, \cdots, X_{m-n}) = \sum_{j=1}^{n} a_{n,j} X_{m-j}. \quad \text{(a.1)}$$

定义

$$V_m = X_m - \hat{X}_m = X_m - \sum_{j=1}^{n} a_{n,j} X_{m-j}. \quad \text{(a.2)}$$

利用 Γ_{n+1} 正定得到 $\mathrm{E}V_m^2 > 0$, 并且 $\mathrm{E}(V_m X_{m-j}) = 0, 1 \leqslant j \leqslant n$. 引入

$$\boldsymbol{Y}_m = \begin{bmatrix} X_m \\ X_{m-1} \\ \vdots \\ X_{m-n+1} \end{bmatrix}, \quad \boldsymbol{V}_m = \begin{bmatrix} V_m \\ 0 \\ \vdots \\ 0 \end{bmatrix},$$

$$A = \begin{bmatrix} a_{n,1} & a_{n,2} & \cdots & a_{n,n} \\ & I_{n-1} & & 0 \end{bmatrix},$$

则有

$$\boldsymbol{Y}_m - A\boldsymbol{Y}_{m-1} = \boldsymbol{V}_m. \quad \text{(a.3)}$$

于是

$$\begin{aligned} \begin{bmatrix} \sigma_n^2 & 0 \\ 0 & 0 I_{n-1} \end{bmatrix} &= \mathrm{E}[\boldsymbol{V}_m \boldsymbol{V}_m^{\mathrm{T}}] = \mathrm{E}[(\boldsymbol{Y}_m - A\boldsymbol{Y}_{m-1})\boldsymbol{Y}_m^{\mathrm{T}}] \\ &= \Gamma_n - A\mathrm{E}[\boldsymbol{Y}_{m-1}(A\boldsymbol{Y}_{m-1} + \boldsymbol{V}_m)^{\mathrm{T}}] \\ &= \Gamma_n - A\Gamma_n A^{\mathrm{T}}. \end{aligned} \quad \text{(a.4)}$$

设复数 $z_0 \neq 0$, 使得

$$\det(I_n - z_0 A) = \det\begin{bmatrix} 1-a_{n,1}z_0 & -a_{n,2}z_0 & \cdots & -a_{n,n-1}z_0 & -a_{n,n}z_0 \\ -z_0 & 1 & \cdots & 0 & 0 \\ 0 & -z_0 & \cdots & 0 & 0 \\ \vdots & \vdots & & \vdots & \vdots \\ 0 & 0 & \cdots & -z_0 & 1 \end{bmatrix}$$

$$= 1 - a_{n,1}z_0 - a_{n,2}z_0^2 - \cdots - a_{n,n}z_0^n = 0.$$

我们只需证明$|z_0|>1$.

因为有非零向量$\boldsymbol{\alpha}=(\alpha_1,\alpha_2,\cdots,\alpha_n)^{\mathrm{T}}$使得$\boldsymbol{\alpha}(I_n-z_0A)=0$. 所以有$\boldsymbol{\alpha}A=z_0^{-1}\boldsymbol{\alpha}$. 我们来证明$\alpha_1\neq 0$. 否则由$A$的定义得到

$$\alpha_{j+1} = z_0^{-1}\alpha_j = 0, \quad j = 1,2,\cdots,n-1.$$

这和$\boldsymbol{\alpha}\neq 0$矛盾，于是$\alpha_1\neq 0$成立.

利用$\sigma_n^2>0$和(a. 4)得到

$$0 < \alpha_1\sigma_n^2\bar{\alpha}_1 = \boldsymbol{\alpha}\begin{bmatrix} \sigma_n^2 & 0 \\ 0 & 0I_{n-1} \end{bmatrix}\boldsymbol{\alpha}^*$$

$$= \boldsymbol{\alpha}\Gamma_n\boldsymbol{\alpha}^* - z_0^{-1}\boldsymbol{\alpha}\Gamma_n\boldsymbol{\alpha}^*\bar{z}_0^{-1}$$

$$= (1 - |z_0|^{-2})\,\boldsymbol{\alpha}\Gamma_n\boldsymbol{\alpha}^*,$$

所以有$|z_0|>1$.

A. 2 §2. 4 定理 4. 2 的证明

对$k=1$递推公式(4. 4)明显成立. 设公式(4. 4)对k $(k\leqslant n-1)$已经成立. 引入正交矩阵

$$T_k = \begin{bmatrix} 0 & \cdots & 0 & 1 \\ 0 & \cdots & 1 & 0 \\ \vdots & & \vdots & \vdots \\ 1 & \cdots & 0 & 0 \end{bmatrix},$$

则

$$T_k^{\mathrm{T}} = T_k^{-1} = T_k.$$

可以看出

$$T_k\Gamma_kT_k = \Gamma_k, \quad \boldsymbol{g}_k \overset{\text{def}}{=\!=\!=} T_k\boldsymbol{\gamma}_k = (\gamma_k,\gamma_{k-1},\cdots,\gamma_1)^{\mathrm{T}}.$$

再引入

$$\Gamma_{k+1} = \begin{bmatrix} \Gamma_k & \boldsymbol{g}_k \\ \boldsymbol{g}_k^{\mathrm{T}} & \gamma_0 \end{bmatrix} = \begin{bmatrix} \Gamma_k & T_k \boldsymbol{\gamma}_k \\ (T_k \boldsymbol{\gamma}_k)^{\mathrm{T}} & \gamma_0 \end{bmatrix},$$

$$\boldsymbol{a}_{k+1} = \begin{bmatrix} \boldsymbol{\xi}_k \\ a_{k+1,k+1} \end{bmatrix}, \quad \boldsymbol{\gamma}_{k+1} = \begin{bmatrix} \boldsymbol{\gamma}_k \\ \gamma_{k+1} \end{bmatrix}.$$

由 $k+1$阶 Yule-Walker 方程

$$\begin{bmatrix} \Gamma_k & \boldsymbol{g}_k \\ \boldsymbol{g}_k^{\mathrm{T}} & \gamma_0 \end{bmatrix} \begin{bmatrix} \boldsymbol{\xi}_k \\ a_{k+1,k+1} \end{bmatrix} = \begin{bmatrix} \boldsymbol{\gamma}_k \\ \gamma_{k+1} \end{bmatrix}$$

得到

$$\Gamma_k \boldsymbol{\xi}_k + a_{k+1,k+1} \boldsymbol{g}_k = \boldsymbol{\gamma}_k, \tag{a. 5}$$

$$\boldsymbol{g}_k^{\mathrm{T}} \boldsymbol{\xi}_k + a_{k+1,k+1} \gamma_0 = \gamma_{k+1}. \tag{a. 6}$$

利用(a. 5)和 $T_k T_k = I_k, T_k \Gamma_k^{-1} T_k = \Gamma_k^{-1}$ 得到

$$\begin{aligned} \boldsymbol{\xi}_k &= \Gamma_k^{-1} \boldsymbol{\gamma}_k - a_{k+1,k+1} \Gamma_k^{-1} T_k \boldsymbol{\gamma}_k \\ &= \boldsymbol{a}_k - a_{k+1,k+1} T_k \Gamma_k^{-1} \boldsymbol{\gamma}_k \\ &= \boldsymbol{a}_k - a_{k+1,k+1} T_k \boldsymbol{a}_k. \end{aligned} \tag{a. 7}$$

将(a. 7)代入(a. 6)得到

$$\boldsymbol{g}_k^{\mathrm{T}} (\boldsymbol{a}_k - a_{k+1,k+1} T_k \boldsymbol{a}_k) + a_{k+1,k+1} \gamma_0 = \gamma_{k+1}.$$

所以有

$$\begin{aligned} a_{k+1,k+1} &= \frac{\gamma_{k+1} - \boldsymbol{g}_k^{\mathrm{T}} \boldsymbol{a}_k}{\gamma_0 - \boldsymbol{g}_k^{\mathrm{T}} T_k \boldsymbol{a}_k} \\ &= \frac{\gamma_{k+1} - \gamma_k a_{k,1} - \gamma_{k-1} a_{k,2} - \cdots - \gamma_1 a_{k,k}}{\gamma_0 - \gamma_1 a_{k,1} - \gamma_2 a_{k,2} - \cdots - \gamma_k a_{k,k}}. \end{aligned} \tag{a. 8}$$

再由(a. 7)得到

$$a_{k+1,j} = a_{k,j} - a_{k+1,k+1} a_{k,k+1-j}, \quad 1 \leqslant j \leqslant k.$$

下面推导 σ_k^2 的递推公式. 设 $\sigma_0^2 = \gamma_0, \boldsymbol{X}_k = (X_k, X_{k-1}, \cdots, X_1)^{\mathrm{T}}$,则有

$$\begin{aligned} \sigma_k^2 &= \mathrm{E}(X_{k+1} - \boldsymbol{a}_k^{\mathrm{T}} \boldsymbol{X}_k)^2 \\ &= \mathrm{E}[(X_{k+1} - \boldsymbol{a}_k^{\mathrm{T}} \boldsymbol{X}_k) X_{k+1}] - \mathrm{E}[(X_{k+1} - \boldsymbol{a}_k^{\mathrm{T}} \boldsymbol{X}_k) \boldsymbol{X}_k^{\mathrm{T}} \boldsymbol{a}_k] \\ &= \gamma_0 - \boldsymbol{a}_k^{\mathrm{T}} \boldsymbol{\gamma}_k, \quad 1 \leqslant k \leqslant n+1. \end{aligned} \tag{a. 9}$$

于是对 $k \leqslant n$,

$$
\begin{aligned}
\sigma_{k+1}^2 &= \gamma_0 - \boldsymbol{a}_{k+1}^{\mathrm{T}} \boldsymbol{\gamma}_{k+1} = \gamma_0 - (\xi_{k+1}^{\mathrm{T}}, a_{k+1,k+1}) \begin{bmatrix} \boldsymbol{\gamma}_k \\ \gamma_{k+1} \end{bmatrix} \\
&= \gamma_0 - \xi_{k+1}^{\mathrm{T}} \boldsymbol{\gamma}_k - a_{k+1,k+1} \gamma_{k+1} \\
&= \gamma_0 - \boldsymbol{a}_k^{\mathrm{T}} \boldsymbol{\gamma}_k + a_{k+1,k+1} \boldsymbol{a}_k^{\mathrm{T}} T_k \boldsymbol{\gamma}_k - a_{k+1,k+1} \gamma_{k+1} \quad (\text{用(a.7)}) \\
&= \sigma_k^2 - a_{k+1,k+1}(\gamma_{k+1} - \boldsymbol{a}_k^{\mathrm{T}} \boldsymbol{g}_k) \quad (\text{用(a.9)}) \\
&= \sigma_k^2 - a_{k+1,k+1}(a_{k+1,k+1} \sigma_k^2) \quad (\text{用(a.8)}) \\
&= \sigma_k^2 (1 - a_{k+1,k+1}^2).
\end{aligned}
$$

附录 B　时间序列数据

B1. 1985 至 2000 年北京月平均气温(单位：℃)(1989 年数据缺失,见《中国气象年鉴》)

1985	−4.7	−1.9	3.4	14.8	19.5	24.2	25.5	25.0	18.6	13.8	3.8	−3.6
1986	−3.7	−1.8	6.9	15.0	21.3	25.3	25.1	24.5	19.8	11.4	3.4	−1.7
1987	−3.6	0.1	4.1	13.5	19.9	23.3	26.6	24.8	21.0	13.7	3.9	−0.3
1988	−2.9	−1.4	4.4	15.0	20.1	24.9	25.8	24.4	21.2	14.1	6.9	−0.2
1990	−4.9	−0.6	7.6	13.7	19.6	24.8	25.6	25.4	20.2	15.3	6.4	−0.8
1991	−2.3	0.1	4.4	13.9	19.9	24.1	25.9	27.1	20.4	13.8	4.6	−1.8
1992	−1.1	1.8	6.7	15.5	20.5	23.5	26.8	24.6	20.5	12.2	3.4	−0.3
1993	−3.7	1.6	8.1	14.0	21.5	25.4	25.2	25.2	21.3	13.9	3.7	−0.8
1994	−1.6	0.8	5.6	17.3	21.0	26.8	27.7	26.5	21.1	14.1	6.4	−1.4
1995	−0.7	2.1	7.7	14.7	19.8	24.3	25.9	25.4	19.0	14.5	7.7	−0.4
1996	−2.2	−0.4	6.2	14.3	21.6	25.4	25.5	23.9	20.7	12.8	4.2	0.9
1997	−3.8	1.3	8.7	14.5	20.0	24.6	28.2	26.6	18.6	14.0	5.4	−1.5
1998	−3.9	2.4	7.6	15.0	19.9	23.6	26.5	25.1	22.2	14.8	4.0	0.1
1999	−1.6	2.1	4.7	14.4	19.3	25.3	28.0	25.5	20.9	12.9	5.9	−0.7
2000	−6.4	−1.5	8.0	14.6	20.4	26.7	29.6	25.7	21.8	12.6	3.0	−0.6

B2. 1985 至 2000 年北京月降水量(单位：mm)(1989 年数据缺失,见《中国气象年鉴》)

1985	1.5	7.5	7.8	13.6	24.5	32.0	289.5	297.7	38.4	3.8	4.6	0.1
1986	0.0	6.0	17.0	1.0	5.0	203.0	163.0	143.0	114.0	4.0	6.0	4.0
1987	4.3	2.4	13.0	41.8	64.6	91.2	130.9	246.5	46.2	4.1	35.4	3.5
1988	0.9	1.3	8.9	8.2	37.4	61.8	278.7	204.0	48.8	22.8	0.0	0.5
1990	4.7	21.6	40.5	59.7	119.6	4.0	223.0	157.0	63.1	0.3	3.6	0.2
1991	0.3	0.8	25.1	17.1	214.6	236.3	198.0	124.7	72.0	12.2	1.0	4.7
1992	0.7	0.0	3.4	10.5	52.8	69.4	153.9	141.4	54.5	38.1	16.7	0.1
1993	3.7	1.5	0.3	16.9	8.6	39.2	206.4	158.5	18.3	9.9	43.4	0.0
1994	0.0	5.0	0.0	1.9	66.0	23.6	459.2	214.2	15.2	10.3	12.7	5.1
1995	—	1.7	6.6	5.3	45.6	68.9	195.6	119.9	116.3	9.6	0.2	2.8
1996	0.2	0.0	11.0	6.2	1.8	55.1	307.4	250.0	32.9	30.8	2.6	2.9
1997	4.9	0.0	10.6	17.4	41.5	35.5	139.8	83.2	44.1	43.0	2.1	8.8
1998	1.3	26.3	4.3	54.7	61.5	142.9	247.9	114.4	4.7	61.8	11.3	0.6
1999	0.0	0.0	5.2	33.6	32.4	23.8	62.7	63.5	44.5	3.9	9.5	0.7
2000	11.9	0.0	8.8	18.3	37.7	19.0	61.5	150.5	18.4	35.2	9.7	0.1

B3. 1985 至 2000 年广州月平均气温(单位：℃)(1989 年数据缺失,见《中国气象年鉴》)

1985	13.0	13.9	15.0	20.4	27.1	27.5	28.1	28.3	26.4	25.1	20.4	14.2
1986	13.9	13.1	16.9	23.3	26.2	27.3	28.4	29.3	27.8	24.2	19.1	15.8
1987	15.9	17.4	20.5	22.0	25.5	27.4	28.5	28.3	26.8	24.8	19.8	14.8
1988	15.4	13.8	14.7	20.2	26.6	28.5	29.0	27.7	27.1	24.1	18.2	15.3
1990	13.7	14.8	18.9	21.1	24.8	28.2	29.3	30.2	28.2	24.7	20.8	17.0
1991	14.5	16.2	19.5	22.6	26.3	28.2	29.0	29.0	27.8	23.9	19.9	16.5
1992	13.3	13.1	15.9	22.3	25.2	27.3	28.5	29.6	28.3	23.6	19.3	17.7
1993	11.9	16.5	18.4	21.4	25.8	27.5	29.5	29.2	27.4	23.6	20.1	15.3
1994	15.4	15.3	16.6	24.3	27.2	27.7	28.4	28.2	27.4	24.4	22.4	17.2
1995	13.5	13.9	17.4	22.8	26.0	28.8	28.8	27.9	28.2	24.8	19.6	15.6
1996	13.9	12.0	16.9	19.3	24.9	25.0	28.5	27.9	27.1	24.6	21.1	15.4
1997	14.3	13.9	19.0	22.4	25.6	26.6	27.7	28.0	25.3	24.6	20.3	15.9
1998	13.2	15.2	18.8	24.4	25.9	27.5	28.8	29.4	27.2	25.4	21.4	16.9
1999	15.0	16.7	17.8	23.9	24.2	28.7	28.7	27.6	27.1	25.3	20.0	14.0
2000	14.6	14.0	19.0	22.7	26.1	28.4	28.9	28.2	27.1	24.9	19.0	16.5

B4. 1985 至 2000 年广州月降水量(单位：mm)(1989 年数据缺失. 见《中国气象年鉴》)

1985	38.0	268.7	144.8	167.5	186.3	166.3	191.8	296.7	205.3	24.4	10.0	6.2
1986	1.0	61.0	77.0	73.0	231.0	255.0	267.0	204.0	101.0	48.0	20.0	33.0
1987	0.1	23.1	155.0	246.3	368.1	165.2	438.4	224.4	214.9	13.8	44.0	9.3
1988	24.8	30.8	111.1	159.7	413.0	141.7	242.3	453.6	88.1	138.2	114.9	64.5
1990	92.3	187.7	32.0	183.3	108.1	194.1	142.7	47.1	132.7	26.6	32.5	0.4
1991	55.0	3.7	70.4	57.2	179.8	445.9	219.5	127.3	98.2	52.1	17.4	29.3
1992	45.7	223.0	163.7	281.6	34.5	198.7	150.6	101.3	324.4	10.8	0.5	43.2
1993	37.7	15.0	74.6	396.2	299.7	601.0	130.7	119.7	357.2	74.7	144.7	2.4
1994	1.0	72.6	59.0	239.7	124.8	354.3	379.2	293.4	108.3	13.8	0.1	140.9
1995	36.6	72.1	104.2	129.4	207.9	221.0	349.0	271.0	141.6	211.0	3.8	4.0
1996	15.7	45.8	105.3	112.4	320.6	273.1	276.8	378.8	15.0	1.6	0.4	2.8
1997	65.9	105.6	59.6	197.1	165.6	468.6	248.4	282.4	203.6	142.6	9.7	48.8
1998	73.2	112.0	40.8	245.3	305.9	369.8	223.1	120.7	164.8	48.3	22.4	9.8
1999	33.6	0.0	61.8	116.8	152.3	151.9	176.3	491.5	273.3	40.1	25.7	53.9
2000	10.6	29.7	27.7	418.7	202.9	197.4	288.9	185.0	56.7	304.3	34.0	43.0

B5. 中国 1989 至 2000 年各月外国人入境旅游人数统计(1991 年数据缺失. 见《中国旅游统计年鉴》)

1989	125281	115475	171360	173859	161769	71853
	79991	104489	109762	127866	116019	103246
1990	95229	95668	126591	138319	143967	132930
	156971	173583	175476	203492	165145	139994
1992	216552	232935	313709	320267	336514	344702
	335891	386590	415380	434453	333477	335957
1993	263099	311346	401663	385012	394548	380859
	394455	431889	435980	492129	404607	360270
1994	318748	295487	424434	451493	457562	443475
	427831	458795	496079	547786	479511	380859
1995	344154	348779	453406	477124	480918	484979
	519510	579808	545335	618219	537913	496571
1996	446305	384784	562327	611243	565543	548965
	569776	623772	592457	696998	593636	548528
1997	499714	470636	628258	642659	633821	589043
	608856	694419	696108	756545	648063	559884
1998	460761	509828	593636	629825	608473	577226
	585915	657766	582927	699036	624071	587283
1999	529323	494216	690393	716292	724188	693599
	718341	769209	769967	887492	776649	662627
2000	649039	628935	800689	900596	855883	831096
	866250	954164	932520	1059824	916494	764942

B6. 1973 至 1978 年各月美国在意外事故中的死亡人数(见文献[18])

1973	9007	8106	8928	9137	10017	10826	11317	10744	9713	9938	9161	8927
1974	7750	6981	8038	8422	8714	9512	10120	9823	8743	9192	8710	8680
1975	8162	7306	8124	7870	9387	9556	10093	9620	8285	8433	8160	8034
1976	7717	7461	7776	7925	8634	8945	10078	9179	8037	8488	7874	8647
1977	7792	6957	7726	8106	8890	9299	10625	9302	8314	8850	8265	8796
1978	7836	6892	7791	8129	9115	9434	10484	9827	9110	9070	8633	9240

B7. 第六章例 1.2 中的 AR(4)数据(横读)

2.21	2.79	1.80	1.26	1.10	2.84	3.27	2.84	1.77	1.26
1.09	0.34	1.31	1.66	2.44	2.24	1.32	-0.89	-1.71	-1.75
0.65	0.65	1.59	1.49	2.40	0.70	1.78	1.39	1.06	1.79
2.67	1.32	0.43	2.00	2.46	1.95	1.52	0.53	2.19	2.41
2.30	3.56	2.05	1.62	0.81	-0.01	0.41	0.60	-0.30	0.82
-0.28	-0.98	-1.86	-2.09	-2.30	-3.85	-3.94	-3.24	-3.37	-3.33
-2.23	-2.60	-3.83	-4.15	-3.63	-3.34	-4.14	-3.49	-3.03	-2.48
-2.47	-3.63	-3.64	-2.65	0.16	0.61	-0.64	-2.29	-3.19	-0.67
2.31	3.85	5.21	4.84	1.84	-1.63	-0.20	0.85	3.88	5.48
5.42	5.29	4.10	3.04	3.15	2.71	1.85	3.23	4.12	3.97
4.36	5.27	4.70	5.23	7.00	7.69	6.69	5.70	3.34	3.91
2.05	0.31	-0.54	-0.75	1.59	3.51	2.76	2.36	1.03	0.47
0.97	-0.12	0.33	1.62	1.19	-0.82	-2.52	-0.29	-0.87	-0.54
0.30	0.95	0.61	-1.08	-0.25	1.38	1.82	0.20	-0.22	-0.28
-2.11	-1.06	1.10	1.96	1.69	0.49	0.46	1.83	1.41	2.09
2.11	2.88	1.57	1.99	1.53	0.54	-0.94	0.32	0.73	1.74
-0.63	-1.49	-0.33	-0.83	-1.10	-2.30	-3.41	-2.93	-2.00	-1.95
-3.45	-4.23	-4.13	-1.98	0.01	2.18	1.29	0.14	0.71	1.02
1.33	-0.39	-1.10	-0.32	1.30	-0.19	-1.53	-2.36	-1.45	-1.87
-0.35	0.18	0.58	0.08	0.55	1.08	2.44	2.49	1.67	1.66
1.03	0.74	1.46	1.67	0.62	-0.62	-2.15	-2.54	-1.86	-0.38
-0.45	0.39	0.47	-1.16	-1.89	-2.56	-2.08	-2.77	-2.57	-3.33
-3.64	-1.35	-1.71	-1.81	-1.92	-1.24	0.17	0.02	-0.15	-0.46
0.82	-0.10	-0.86	0.03	1.09	1.63	0.26	-0.24	-0.72	0.22
0.68	0.27	0.19	-1.24	-2.53	-1.71	-2.65	-2.39	-2.32	-1.16
-1.35	-1.39	-1.55	-0.67	-1.46	0.50	0.07	1.17	1.15	0.86
-0.23	-2.08	-3.89	-3.74	-3.70	-1.57	-1.86	-1.25	-0.32	0.21
0.33	-0.09	-2.07	-3.72	-3.13	-3.65	-3.59	-4.04	-4.60	-4.54
-4.50	-3.89	-3.97	-3.29	-2.59	-2.56	-2.16	-2.94	-2.42	-1.02
-1.51	-3.48	-2.89	-3.04	-0.62	1.62	3.03	1.95	0.92	-0.13

B8. 化学反应过程中浓度的记录数据,每两小时一个数据(横读 $N=197$)

17.0	16.6	16.3	16.1	17.1	16.9	16.8	17.4	17.1	17.0	16.7	17.4	17.2
17.4	17.4	17.0	17.3	17.2	17.4	16.8	17.1	17.4	17.4	17.5	17.4	17.6
17.4	17.3	17.0	17.8	17.5	18.1	17.5	17.4	17.4	17.1	17.5	17.7	17.4
17.8	17.6	17.5	16.5	17.8	17.3	17.3	17.1	17.4	16.9	17.3	17.6	16.9
16.7	16.8	16.8	17.2	16.8	17.6	17.2	16.6	17.1	16.9	16.6	18.0	17.2
17.3	17.0	16.9	17.3	16.8	17.3	17.4	17.7	16.8	16.9	17.0	16.9	17.0
16.6	16.7	16.8	16.7	16.4	16.5	16.4	16.6	16.5	16.7	16.4	16.4	16.2
16.4	16.3	16.4	17.0	16.9	17.1	17.1	16.7	16.9	16.5	17.2	16.4	17.0
17.0	16.7	16.2	16.6	16.9	16.5	16.6	16.6	17.0	17.1	17.1	16.7	16.8
16.3	16.6	16.8	16.9	17.1	16.8	17.0	17.2	17.3	17.2	17.3	17.2	17.2
17.5	16.9	16.9	16.9	17.0	16.5	16.7	16.8	16.7	16.7	16.6	16.5	17.0
16.7	16.7	16.9	17.4	17.1	17.0	16.8	17.2	17.2	17.4	17.2	16.9	16.8
17.0	17.4	17.2	17.2	17.1	17.1	17.1	17.4	17.2	16.9	16.9	17.0	16.7
16.9	17.3	17.8	17.8	17.6	17.5	17.0	16.9	17.1	17.2	17.4	17.5	17.9
17.0	17.0	17.0	17.2	17.3	17.4	17.4	17.0	18.0	18.2	17.6	17.8	17.7
17.2	17.4											

B9. 机械振动数据(横读 $N=160$)

24.4	29.8	30.1	31.4	28.9	29.6	31.1	32.4	30.1	25.9	26.2	31.6
35.7	31.5	25.3	30.5	32.4	29.8	24.1	28.1	32.8	33.8	34.2	28.3
32.1	29.1	27.9	24.9	26.9	37.4	36.0	32.8	21.3	25.7	31.5	33.0
31.4	25.7	33.4	32.4	31.3	24.0	30.3	28.6	35.1	30.9	31.6	30.9
27.5	31.0	25.3	30.8	26.1	36.0	30.8	34.3	27.6	29.0	27.1	28.2
28.0	31.0	33.7	28.3	31.5	26.5	34.0	28.6	30.9	26.7	30.6	35.0
26.9	27.2	22.1	33.1	33.6	38.7	26.7	27.8	23.8	29.2	27.3	30.5
30.4	31.7	32.1	32.4	30.6	27.1	26.4	28.6	32.7	34.1	30.3	28.0
28.5	31.3	32.6	29.5	27.5	31.6	30.4	34.5	26.9	29.0	27.4	30.6
35.0	24.6	33.3	25.5	38.0	28.0	31.8	25.9	32.0	30.4	28.0	31.6
29.6	35.7	30.5	31.7	23.6	26.0	31.9	34.9	33.5	27.6	24.1	27.8
30.9	37.3	29.9	28.2	27.8	30.0	31.8	28.7	30.9	26.4	33.2	28.1
33.8	26.1	29.6	26.4	33.1	30.1	30.7	33.1	30.3	28.5	24.0	28.5
30.4	34.1	30.8	31.3								

部分习题答案和提示

第　一　章

1.2　(1) 用其余年份第 j 月的平均气温(降水量)作为 1989 年第 j 月的近似. (2),(3),(4)可参照例 1.2 中的方法,可使用回归直线趋势或二次曲线趋势.

1.3　用和例 1.2 中的相同方法.

1.4　(1) $P\{|\xi|\geqslant\varepsilon\}\leqslant \mathrm{E}\{(|\xi|^{\alpha}/\varepsilon^{\alpha})I[|\xi|\geqslant\varepsilon]\}\leqslant \mathrm{E}(|\xi|^{\alpha}/\varepsilon^{\alpha})$;

(2) $P(|\xi|\geqslant 1/n)\leqslant n\mathrm{E}|\xi|=0\Rightarrow P(|\xi|>0)=0$;

(3) 用(2)得到;

(4) $P(|\xi|=\infty)\leqslant \lim\limits_{n\to\infty}P(|\xi|\geqslant n)\leqslant \lim\limits_{n\to\infty}\mathrm{E}|\xi|/n=0$.

2.1　$\mathrm{cov}(X_t,X_s)=b_{t-s}-\mu^2$.

2.4　Γ_n.

3.2　参考 § 3.1 的定理 1.3.

3.3　是.

3.4　$\min(t,s)/\sqrt{st}$.

4.3　对$(X_t,X_s)\sim N(0,\Sigma)$, $\Sigma=(\sigma_{t,s})$.

$$\sigma_{t,s}=\begin{cases}([\min(t,s)/12]+1)\sigma^2, & t=s(\mathrm{mod}12),\ t\neq 12n;\\ [\min(t,s)/12]\sigma^2, & t=s(\mathrm{mod}12),\ t=12n;\\ 0, & \text{其他}.\end{cases}$$

5.1　0,当 $a\neq 2k\pi$; $b\cos(U)$,当 $a=2k\pi$.

5.3　$X_t=U$, U 在$[-\pi,\pi]$上均匀分布.

7.1　证明$[f(\lambda)+f(-\lambda)]/2$ 也是$\{X_t\}$的谱密度.

8.1　$\gamma_k=\sum\limits_{j=1}^{p}(A_j^2/2)\cos(k\lambda_j)$.

8.2　$\det(\Gamma_1)=\sigma^2$, $\det(\Gamma_2)=\sigma^4\sin^2(\lambda_0)$, $\det(\Gamma_m)=0, m\geqslant 3$.

第　二　章

1.3　(1) $a\alpha_1^{-t}+b\alpha_2^{-t}$; (2) $a\alpha_1^{-t}+bt\alpha_1^{-t}$;

(3) $a\rho^{-t}\cos(\lambda t)+b\rho^{-t}\sin(\lambda t)$.

2.1　平稳解 $X_t=-(a\mathscr{B})^{-1}[1-(a\mathscr{B})^{-1}]^{-1}\varepsilon_t=-\sum_{j=0}^{\infty}a^{-j-1}\varepsilon_{t+1+j}$.

2.3　$X_t=\sum_{j=0}^{\infty}\psi_j(\varepsilon_{t-j}-\mu)+\mu_X$;　$X_t+\sum_{j=1}^{k}\sum_{l=0}^{r(j)-1}U_{l,j}t^l z_j^{-t}$.

2.4　将 $A(z)$因式分解.

2.5　验证 $\eta_t=(1-0.5\mathscr{B})^{-1}X_t$ 的谱密度是常数.

3.3　用 $\sum_{j=1}^{n}b_j a_j=\sum_{j=1}^{n}b_j\left(\sum_{k=1}^{j}a_k-\sum_{k=1}^{j-1}a_k\right)$.

4.1　参考§4.2 定理 2.3.

5.3　$\rho_0=1,\rho_1<0,\rho_2>0,\cdots$.

5.4　AR($3p$). 用§1.7 定理 7.4 求$\{Y_t\}$的谱密度.

第 三 章

1.3　用反证法假设得到 $A(\mathscr{B})B(\mathscr{B})\varepsilon_t=\eta_t$,比较两边的协方差函数得到 $A(z)B(z)=1$. 最后得到 $A(z)=B(z)=1$.

1.4　8.0833,−4.6596,3.0600,0.5764,0.3786.

1.5　$b_1=-0.36,b_2=0.65,\sigma^2=8$.

2.1　$f(\lambda)=\sigma^2|B(e^{i\lambda})|^2/(2\pi|A(e^{i\lambda})|^2)\Rightarrow A(\mathscr{B})X_t$ 是 MA(q)$\Rightarrow\{X_t\}$是 ARMA.

2.3　有理谱密度.

2.4　$a_1=0.0211,a_2=-0.3953,b_1=-0.3302,b_2=-3715;\sigma^2=5.1235$.

3.7　(1) $f_Y(\lambda)=\sigma^6(2\pi)^{-1}|B(e^{i\lambda})|^6$; (2) MA($3q$); (3) ARMA($3p,3q$).

第 四 章

1.4　用特征函数.　　**2.1**　用§2.4 定理 4.1.　　**2.2**　不必.

3.2　$\sum_{j=1-N}^{N-1}\hat{\gamma}_j e^{-ij\lambda}\geqslant 0$.　　**3.3**　$\mu_n=1$, $\sigma_n=\sigma/[(1-a)\sqrt{n}]$.

第 五 章

1.1　用性质(7).

1.2　$\hat{X}_{n+k}=L\left(\sum_{j=k}^{\infty}\psi_j\varepsilon_{n+k-j}|X_n,\cdots,X_1\right)$,　$E\hat{X}_{n+k}^2\leqslant E\left(\sum_{j=k}^{\infty}\psi_j\varepsilon_{n+k-j}\right)^2\to 0$.

2.1　用 Wold 表示定理和§2.3 推论 3.6.

2.2　可以是决定性的,也可以是非决定性的: f_X 在$[-\pi/2,\pi/2)$中等于 1,其他地方等于 0;$f_Y=1-f_X$;则从定理 2.7 知道$\{X_t\}$和$\{Y_t\}$都是决定性的,

X_t+Y_t 是白噪声.

2.3 参考 $\sigma_{1,m}^2$ 与 n 无关的证明.

2.4 $X_{t+6}=X_t$.

3.1 $\psi_0=1$, $\psi_k=a^k+ba^{k-1}$.

4.2 $$\begin{cases}\mu_X+\sum_{j=1}^{p}a_j(X_{n+k+1-j}-\mu_X), & k=0,\\ \mu_X+\sum_{j=1}^{p}a_jL(X_{n+k+1-j}-\mu_X|X_n,\cdots,X_{n+1-p}), & k\geqslant 1.\end{cases}$$

4.4 (1) 参考习题 1.2 的证明;

(2) $\mathrm{E}(\hat{X}_{n+1}-X_{n+1})^2=\mathrm{E}[L(X_1|X_0,X_{-1},\cdots,X_{-n+1})-X_1]^2$. 再用定理 2.4、可逆性和内积的连续性.

第 六 章

1.2 用 $\gamma_0,\gamma_1,\cdots,\gamma_p$ 构造 Yule-Walker 方程.

1.3 $$\Gamma_k^{-1}=\frac{1}{\det(\Gamma_k)}\begin{bmatrix}\det(\Gamma_{k-1}) & \cdots & * \\ \cdots & \cdots & \cdots \\ * & \cdots & \det(\Gamma_{k-1})\end{bmatrix}.$$

于是 $(\Gamma_k^{-1})_{11}=(\Gamma_k^{-1})_{kk}=\dfrac{\det(\Gamma_{k-1})}{\det(\Gamma_k)}$. 对 $k\geqslant p$, 由

$$\Gamma_k a_k=\boldsymbol{\gamma}_k,\quad \sigma^2=\gamma_0-a_k^{\mathrm{T}}\boldsymbol{\gamma}_m$$

$$\Rightarrow \Gamma_{k+1}\begin{bmatrix}1\\ -a_k\end{bmatrix}=(\sigma^2,0,\cdots,0)^{\mathrm{T}}$$

$$\Rightarrow (\Gamma_{k+1}^{-1})_{11}=\sigma^{-2}=\det(\Gamma_k)/\det(\Gamma_{k+1}),\quad k\geqslant p.$$

2.1 $\{X_t\}$ 和 $\{Y_t\}=\{X_{-t}\}$ 有相同的协方差函数.

2.2 是. $\eta_t=A(\mathscr{B})Y_t$ 是白噪声.

2.3 是. $A(\mathscr{B})Y_t$ 是 MA(q) 序列.

第 七 章

1.5 用定理 1.1 和

$$|\tilde{\alpha}_j-\alpha_j|=\left|\frac{1}{N}\sum_{t=1}^{N}x_t\mathrm{e}^{-\mathrm{i}\tilde{\lambda}_jt}-\alpha_j\right|$$

$$=\left|\frac{1}{N}\lambda_j\sum_{t=1}^{N}(\mathrm{e}^{-\mathrm{i}(\tilde{\lambda}_j-\lambda_j)t}-1)\right|+\left|\frac{1}{N}\sum_{t=1}^{N}\xi_t\mathrm{e}^{-\mathrm{i}\tilde{\lambda}_jt}\right|$$

$$+\left|\frac{1}{N}\sum_{k\neq j}\lambda_k\sum_{t=1}^{N}\mathrm{e}^{-\mathrm{i}(\tilde{\lambda}_j-\lambda_k)t}\right|=o(1),\quad \text{a.s.}$$

第 八 章

1.4 $f(\lambda)=1/2$, $\lambda\in(-a,a)$.

第 九 章

4.2 X_n 的第 k 个分量是常数.

索　引

符号说明

A^{T}	矩阵 A 的转置
$\det(A)$	矩阵 A 的行列式
A^*	矩阵 A 的共轭转置
ave	样本均值：$\overline{x}=\frac{1}{N}\sum_{j=1}^{N}x_j$
Ave	m 次独立重复试验结果的平均
$a \xlongequal{\text{def}} b$	定义 $a=b$
a. s.	以概率 1 成立. 称作几乎处处成立或几乎必然成立
$\mathscr{B}$	时间 t 的向后推移算子
$\mathrm{cov}(X,Y)$	随机变量 X,Y 的协方差
δ_t	Kronecker 函数：$\delta_t=\begin{cases}1, & t=0,\\ 0, & t\neq 0\end{cases}$
$\mathrm{E}X$	随机变量 X 的数学期望
$\mathrm{var}(X)$	随机变量 X 的方差
$I[A]$	集合或事件 A 的示性函数
I_n	n 阶单位阵
$P(A)$	事件 A 的概率
$\mathbb{Z}$	全体整数$\{0,\pm 1,\pm 2,\cdots\}$
$\mathbb{N}_+$	全体正整数$\{1,2,\cdots\}$
$\mathbb{N}$	表示 $\mathbb{Z}$ 或 $\mathbb{N}_+$
$\mathbb{R}$	实数集合$(-\infty,\infty)$
$\mathbb{R}^n$	n 维实向量空间
std	样本标准差：$\mathrm{std}=\left[\frac{1}{N-1}\sum_{j=1}^{N}(x_j-\overline{x})^2\right]^{1/2}$
Std	m 次独立重复试验结果的标准差
$Y_n \xrightarrow{\text{m. s.}} Y$	Y_n 均方收敛到 Y
L_n	$L_n=\overline{\mathrm{sp}}\{X_1,X_2,\cdots,X_n\}$
H_n	$H_n=\overline{\mathrm{sp}}\{X_n,X_{n-1},\cdots\}$
$\lvert\boldsymbol{a}\rvert$	$\lvert\boldsymbol{a}\rvert=\left(\sum_{j=1}^{n}a_j^2\right)^{1/2}$，$\boldsymbol{a}\in\mathbb{R}^n$

参考文献

[1] 安鸿志.时间序列分析.上海：华东师范大学出版社，1992
[2] 北京水利局.北京水旱灾害.北京：中国水利水电出版社，1999
[3] 陈家鼎,刘婉如,汪仁官.概率统计讲义.北京：高等教育出版社，1982
[4] 何书元.随机场上潜频率模型的参数估计.中国科学(1999)，Vol. 20，No. 2，122～128
[5] 李雷.平稳过程的状态空间模型及随机实现算法时多元情况的解决.北京大学硕士论文，1991
[6] 李贵斌. ARUMA 模型的可识别性.北京大学硕士论文，1987
[7] Kolmogorov 等著,陶宗英,何声武,汪嘉冈等译.希尔伯脱空间中的平稳序列.上海：上海科学技术出版社，1963
[8] 王小保.周期图的重对数律.应用概率统计(1985)，Vol. 1，148～154
[9] 王梓坤.随机过程论.北京：科学出版社，1978
[10] 夏道行,吴卓人,严绍宗,舒五昌.实变函数论与泛函分析(上册),北京：高等教育出版社，1985
[11] 谢衷洁.时间序列分析.北京：北京大学出版社，1990
[12] 谢衷洁.滤波及其应用.长沙：湖南教育出版社，1995
[13] An Hongzhi, Chen Zhaoguo and Hannan, E J. The maximum of periodogram. J Multivariate Analy (1983), Vol. 13, 383～400
[14] Ansley C F. An algorithm for exact likelihood of a mixed autoregressive moving average process. Biometrika (1979), Vol. 66, 59～65
[15] Ash R B. Real Analysis and Probability, New York: Academic Press, 1972
[16] Bartlett M S. Periodogram analysis and continuous spectra. Biametrika (1950), Vol. 37, 1～16
[17] Box G & Jonkins G. Time Series Analysis: forecasting and control. San Francisco: Holden-Day, 1970
[18] Brockwell P J and Davis R A. Time Series: Theory and Methods (Second Edition). New York: Springer-Verlag, 1991 (中译本：田铮译.时间序列的理论和方法.北京：高等教育出版社，2001)
[19] Chen Zhaoguo. Consistent estimates for hidden frequencies in a linear

process. Adv Appl Prob (1988), Vol. 20, 295～314

[20] Cavazos C R. The asymptotic distribution of sample autocorrelations for a class of linear filters. J Multivariate Analy (1994), Vol. 48, 249～274

[21] Cleveland W S. The inverse autocorrelations of a time series and their applications. Tichnometrics (1972), Vol. 14, 277～293

[22] Gradshteyn I S and Ryzhiki M. Tables of Integrals (Series and Products). New York: Academic Press, 1965

[23] Hall P and Heyde C C. Martingale Limit Theory and Its Application. New York: Academic Press, 1980

[24] Hamilton J. Time Series Analysis. Princeton University Press, 1994 (中译本：刘明志译.时间序列分析.北京：中国社会科学出版社，1999)

[25] He Shuyuan. Estimation of the mixed AR and hidden periodic model. ACTA Math Appl Sinica (1997), Vol. 13, 196～208

[26] He Shuyuan. A Note on asymptotic normality of sample autocorrelations for a linear stationary sequence. J Multivariate Analy (1996), Vol. 58, No. 2, 182～188

[27] Shumway R H and Stoffer D S. Time Series Analysis and Its Application. New York: Springer-Verlag, 2000